普通高等教育农业部"十二五"规划教材
全国高等农林院校"十二五"规划教材
国家级精品资源共享课配套教材

画法几何与机械制图

第二版

张淑娟　全腊珍　主编

中国农业出版社

内 容 简 介

本教材是在全国高等农林院校"十一五"规划教材的基础上，以教育部2010年制订的"高等学校工科本科画法几何及机械制图课程教学基本要求"和最新发布的《机械制图》、《技术制图》国家标准为依据，结合作者多年教学研究及实践的成果，借鉴国内多所院校近年来教学改革的经验，以总体优化制图教学和提高学生机械设计表达能力为目标编写而成。

本教材主要内容有：制图的基本知识与技能，正投影法基础，直线与平面、平面与平面的相对位置，换面法，立体的投影，组合体，轴测投影图，机件的表达方法，标准件与常用件，零件图，装配图，展开图及焊接图，AutoCAD 基础及二维工程图绘制，AutoCAD 三维建模。

本书引入最新版本的 AutoCAD 2013 软件，采用最新机械制图和技术制图标准，体现了鲜明的时代特征。书中内容概念清楚，论述严谨、深入浅出，图例典型，绘制规范、清晰，易学易懂。

与本书配套出版有《画法几何与机械制图习题集》，内容的编排顺序与教材相同，可供选用。

本教材为张淑娟老师主讲及主持的国家级精品资源共享课程——"机械制图与计算机绘图"项目的配套教材。

本书可作为高等院校工科机类、近机类各专业机械制图教材及同等要求的自学读者使用。

第二版编写人员

主　编　张淑娟（山西农业大学）

　　　　全腊珍（湖南农业大学）

副主编　郭颖杰（吉林农业大学）

　　　　武志明（山西农业大学）

　　　　邓春香（湖南农业大学）

　　　　赵聪慧（山西农业大学）

　　　　袁昌富（石河子大学）

　　　　张黎骅（四川农业大学）

编　者　（以姓名笔画为序）

　　　　王秋生（山西农业大学）

　　　　王海霞（洛阳理工学院）

　　　　邓春香（湖南农业大学）

　　　　全腊珍（湖南农业大学）

　　　　许　伟（安徽农业大学）

　　　　杜　莹（华南农业大学）

　　　　李爱萍（黑龙江八一农垦大学）

　　　　李群卓（西北农林科技大学）

　　　　张淑娟（山西农业大学）

　　　　张黎骅（四川农业大学）

　　　　武志明（山西农业大学）

　　　　赵聪慧（山西农业大学）

　　　　袁昌富（石河子大学）

　　　　贾友苏（北京农学院）

　　　　郭颖杰（吉林农业大学）

第二版前言

本教材自 2007 年出版以来，被多所高等院校选用，受到读者和专家的好评，2008 年被评为全国高等农业院校优秀教材。

本次修订是在全国高等农林院校"十一五"规划教材的基础上，根据教育部 2010 年制定的"高等学校工科本科画法几何及机械制图课程教学基本要求"和最新发布的《机械制图》、《技术制图》国家标准，结合作者多年教学研究及实践的成果，借鉴国内多所院校近年来教学改革的经验，以总体优化制图教学和提高学生机械设计表达能力为目标编写而成的。修订版被列入"普通高等教育农业部'十二五'规划教材"。

修订过程中，我们力图将图学理论与生产实际相结合，依据高校应用型人才培养的实际需要，突出工程应用性和先进性。本次修订主要有以下特点：

（1）突出应用性。注重将点、线、面投影与立体的投影相结合；将立体的形体分析与零件的构型设计相结合；本教材将零件的构形设计与其在装配体中的功用相结合，加强了部件测绘的内容，以进一步加强学生的工程意识和应用能力。

（2）注重先进性。本教材采用国家最新颁布的《机械制图》、《技术制图》国家标准。选用最新版本的 AutoCAD 2013 计算机绘图软件进行机械图的绘制，而且增加了三维立体建模实例，以加强学生计算机三维造型设计能力的培养。

（3）加强实践环节。本教材内容注重尺规绘图、徒手绘图和计算机绘图能力的培养，也特别注重学生读图能力的培养。全面修订了与本教材配套使用的《画法几何与机械制图习题集》，其内容编排顺序与教材相同，且精选了更多实例，题目典型、多样，数量和难度适中，可根据教学要求选择。

（4）本教材融传统教学手段和现代教学手段于一体，体现多媒体、网络学习等先进的学习方式。读者也可登录"http：//jpkc. jstu. edu. cn/xdgctx/"（山西农业大学《机械制图与计算机绘图》课程网站），获取与教材配套的多媒体教学课件、模型库、习题答案等网上资源，以利于提高教学质量和学习效果。

本教材由山西农业大学张淑娟、湖南农业大学全腊珍教授主编。参加编写的有全国十一所院校的十五位教师。编写分工如下：吉林农业大学郭颖杰编写第一章；石河子大学袁昌富编写第二章，湖南农业大学邓春香编写第三章，洛阳理工学院王海霞编写第四章，四川农业大学张黎骅编写第五章，华南农业大学杜莹编写第六章，安徽农业大学许伟编写第七章，北京农学院贾友苏编写第八章，山西农业大学赵聪慧编写第九章，山西农业大学张淑娟编写第十章，湖南农业大学全腊珍编写第十一章，黑龙江八一农垦大学李爱萍编写第十二章，西北农林科技大学李群卓编写第十三章，山西农业大学武志明编写第十四章，山西农业大学王秋生编写附录。

在本教材的编写过程中得到了教育部工程图学教学指导委员会副主任、北京工程图学学会理事长刘静华教授和中国工程图学学会图学教育专业委员会主任、北京工程图学学会副理事长、国家教学名师焦永和教授的指导和帮助。另外，在编写过程中也参考了很多国内的优秀教材，从中得到了很多启发，在此一并表示诚挚的感谢。

由于编者水平有限，教材中难免有不妥之处，恳切希望读者提出宝贵意见和建议。联系邮箱：zsujuan1@163.com

编 者

2014 年 3 月

目　　录

绪　　论

一、本课程的研究对象

在现代工业生产中，设计、制造、使用和维修各种机器、设备以及进行各种工程建设都离不开工程图样。设计者把物体按一定的投影方法并遵守有关的规定绘制出工程图，用以表达自己的设计思想；制造者把工程图样作为产品生产过程中的依据；使用者通过图样来了解产品的结构和性能。因此，工程图样是人们用以表达设计意图、交流技术思想的重要工具，被称为是"工程界的语言"，是工程技术部门的一项重要技术文件。每个工程技术人员都必须具备绘制和阅读工程图样的能力。

在机械工程中常用的机械图样有零件图和装配图。本课程是研究绘制和阅读机械图样的理论和方法的一门学科，是工科各专业必修的一门实践性很强的技术基础课。

本课程的内容包括投影理论、制图基础、机械制图和计算机绘图四部分。投影理论部分，学习用正投影法表达空间几何形体和图解简单空间几何问题的基本原理和方法；制图基础部分通过学习和贯彻制图国家标准及其他有关标准规定，训练用仪器和徒手绘图的操作技能，培养绘制和阅读图样的基本能力；机械图部分培养绘制和阅读常见的机器或部件的零件图和装配图的基本能力；计算机绘图部分主要介绍 AutoCAD 2013 软件绘制机械图和三维建模的基本操作及主要命令的使用方法，培养学生计算机绘图的基本能力。

二、本课程的主要任务

（1）学习和掌握正投影法的基本理论及应用。

（2）培养尺规绘图、徒手绘图和计算机绘图的综合绘图能力。

（3）培养正确运用国家标准及有关规定绘制和阅读机械图样的基本能力。

（4）培养学生空间分析能力和空间构思表达能力。

（5）培养严谨细致的工作作风和认真负责的工作态度。

三、本课程的学习方法

本课程是一门实践性很强的课程，学习方法上要注意以下几点：

（1）扎实掌握基本理论。空间几何元素点、线、面的投影是掌握立体投影的基础，要熟练掌握。

（2）认真完成作业。在学习过程中，按时完成一定数量的习题，是巩固基本理论和培养绘图、读图能力的保证。因此，对于布置的作业，一定要按照规定的方法和步骤，认真地完成，同时注意深入理解、掌握平面和空间互相转换的规律与方法；要养成严格遵守国家标准的良好习惯，并掌握查阅国家制图标准的方法；要养成严肃认真的工作态度和耐心细致的工作作风。

（3）注重理论学习和生产实际相结合。在学习中，要注重理论联系实际，多观察、多想象、多画图，逐步提高空间想象能力和解决生产实际问题的能力。

（4）注意加强上机实践。在学习计算机绘图内容时，在掌握计算机绘图软件使用方法的前提下，注意不断提高应用计算机绘图软件绘制机械图样的能力。

第一章 制图的基本知识与技能

本章将重点介绍国家标准《技术制图》和《机械制图》的基本规定，同时介绍绘图工具的使用方法、绘图基本技能、几何作图方法及平面图形的绘图步骤等。

第一节 国家标准《技术制图》、《机械制图》的有关规定

工程图样是设计和生产过程中的重要技术文件，是技术交流的重要手段，素有"工程界的技术语言"之称。因此，为了适应生产管理的需要和便于技术交流，必须对图样画法、尺寸注法等方面有统一的规定，国家制订并颁布了一系列国家标准。国家标准《技术制图》和《机械制图》是绘制和阅读技术图样的准则和依据，每个工程技术人员均应熟悉并严格遵守。

国家标准简称"国标"，代号"GB"。本节介绍图纸幅面及格式、比例、字体、图线、尺寸注法等基本规定。

一、图纸幅面和格式、标题栏

（一）图纸幅面和格式（GB/T 14689—2008）

1. 图纸幅面 图纸幅面是指图纸宽度与长度组成的尺寸范围。为了便于图样的管理与交流，绘制图样时应优先采用表 1-1 中规定的基本幅面。基本幅面代号为 A0、A1、A2、A3、A4 五种。必要时，可按规定加长幅面，其尺寸是由基本幅面的短边成整数倍增加后形成的。

表 1-1 图纸基本幅面及图框尺寸

单位：mm

幅面代号	A0	A1	A2	A3	A4
$B \times L$	841×1189	594×841	420×594	297×420	210×297
a	25				
c	10			5	
e	20			10	

【提示】A3 幅面是学习中最常用的幅面，应记住其边长尺寸（297×420）。另外，各幅面的边长之间存在一种规律：长边和短边之比为 $\sqrt{2}$：1，大于 A4 的每张图纸对折可得到两张小一号的图纸。

2. 图框格式 在图纸幅面范围内不得随意画图，必须用粗实线画出图框之后，在图框内才能画图。图框格式有留装订边和不留装订边两种，图纸可以横放或竖放，如图 1-1、图 1-2 所示。图纸边界线与图框线之间有一个边界区间，称为周边。同一产品的图样只能采用同一种图框格式。装订时可采用 A4 幅面竖放或 A3 幅面横放。另外，若较大图纸画完后需要折叠，折叠后的图纸幅面一般应符合 A4 或 A3 的幅面规格。

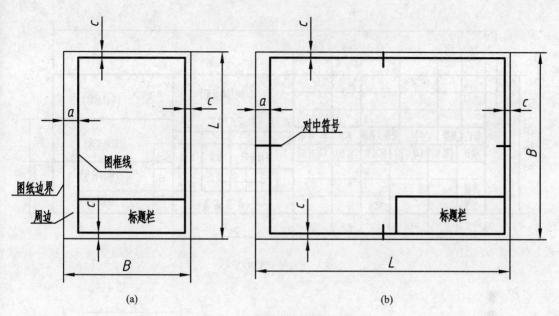

图 1-1　留装订边的图框格式

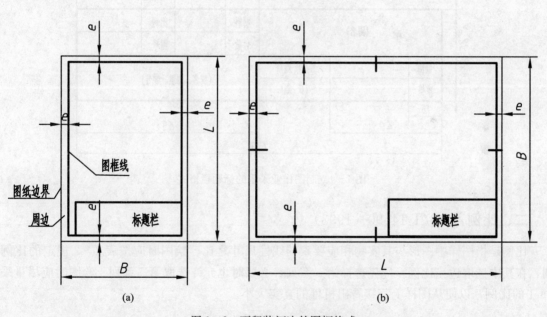

图 1-2　不留装订边的图框格式

（二）标题栏（GB/T 10609.1—2008）

标题栏的位置一般在图纸的右下角，国家标准规定长边置于水平方向，其右边和底边均与图框线重合，如图 1-1、图 1-2 所示。标题栏中的文字方向为看图方向。标题栏的格式、内容和尺寸在 GB/T 10609.1—2008 中有规定，如图 1-3 所示。学生的制图作业中推荐使用简化的标题栏格式，如图 1-4 所示。该标题栏外框为粗实线，内部图线为细实线，不要将标题栏全用粗实线或全用细实线画出。

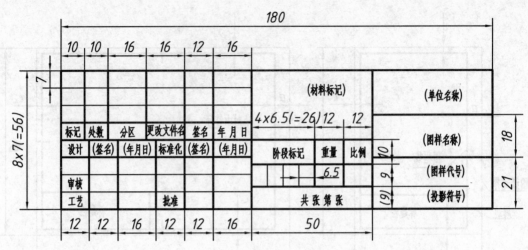

图 1-3 标题栏的格式

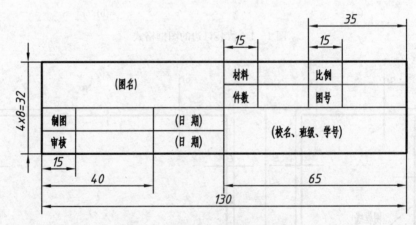

图 1-4 制图作业采用的标题栏格式

二、比例（GB/T 14690—1993）

比例是指图样中图形与其实物相应要素的线性尺寸之比。绘图时应按表 1-2 规定的比例系列，在其中选取适当比例。优先选择第一系列，必要时也允许选取第二系列。绘图时应尽量采用 1:1 的比例，以便从图样上直接看出机件的真实大小。

表 1-2 绘图的比例

种 类	第一系列	第二系列
原值比例	1:1	
缩小比例	1:2 1:5 1:10 $1:1\times10^n$ $1:2\times10^n$ $1:5\times10^n$	1:1.5 1:2.5 1:3 1:4 1:6 $1:1.5\times10^n$ $1:2.5\times10^n$ $1:3\times10^n$ $1:4\times10^n$ $1:6\times10^n$
放大比例	2:1 5:1 $1\times10^n:1$ $2\times10^n:1$ $5\times10^n:1$	4:1 2.5:1 $4\times10^n:1$ $2.5\times10^n:1$

注：n 为正整数

同一张图样上的各个图形应尽可能采用相同的比例，并标注在标题栏中的"比例"栏内，如"1∶1"、"2∶1"等。当某个图形需采用不同的比例时，可在该图形的上方标注，如"2∶1"、"5∶1"等。

必须指出，不论采用哪种比例绘制图样，其尺寸一律按机件的实际大小标注。

三、字体（GB/T 14691—1993）

图样中除表示机件形状的图形外，还要用汉字、字母和数字来说明机件的大小、技术要求和其他内容。标准规定在图样中字体书写必须做到：字体工整、笔画清楚、间隔均匀、排列整齐。

字体的号数，即字体高度 h，其公称尺寸系列为：1.8，2.5，3.5，5，7，10，14，20 mm。如需要书写更大的字，字体高度应按 $\sqrt{2}$ 的比率递增。

（一）汉字

汉字应写成长仿宋体，并应采用国家正式公布推行的简化字。汉字的高度不应小于 3.5 mm，其字宽一般为 $h/\sqrt{2}$。汉字不分直体或斜体。长仿宋体的汉字结构示例如图 1-5 所示。

10号字

画法几何　机械制图

7号字

字体工整 笔画清楚 间隔均匀 排列整齐

5号字

在现代工业生产中设计和制造机器
机器设备要通过阅读图样了解机器

3.5号字

在现代工业生产中设计和制造机器
机器设备要通过阅读图样了解机器

图 1-5　长仿宋体汉字示例

（二）数字和字母

数字和字母分为 A 型和 B 型。A 型字体的笔画宽度 d 为字高 h 的 1/14；B 型字体的笔画宽度 d 为字高 h 的 1/10。A 型字体用于机器书写，B 型字体用于手工书写。同一图样上，只允许选用一种形式的字体。

数字和字母分为斜体和直体两种。斜体字的字头向右倾斜，与水平基准线约成 75°角。数字和字母的书写形式和综合运用示例见图1-6。

用作指数、分数、极限偏差、注脚等的数字和字母，一般应采用小一号字体。图样中的数学符号、物理量符号、计量单位符号以及其他符号、代号应分别符合国家有关法令和标准的规定。

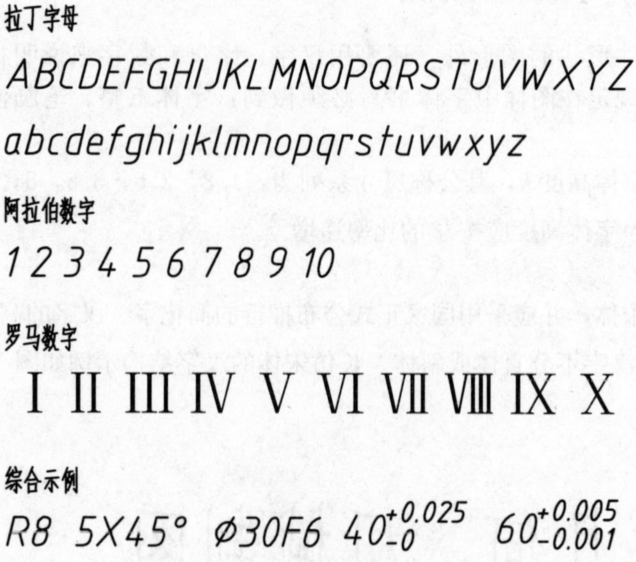

拉丁字母

ABCDEFGHIJKLMNOPQRSTUVWXYZ

abcdefghijklmnopqrstuvwxyz

阿拉伯数字

1 2 3 4 5 6 7 8 9 10

罗马数字

Ⅰ Ⅱ Ⅲ Ⅳ Ⅴ Ⅵ Ⅶ Ⅷ Ⅸ Ⅹ

综合示例

$R8 \quad 5X45° \quad Ø30F6 \quad 40_{-0}^{+0.025} \quad 60_{-0.001}^{+0.005}$

图1-6 字母和数字示例

四、图线 (GB/T 4457.4—2002)

(一) 线型

按GB/T 4457.4—2002规定，绘制机械工程图样常使用9种图线：粗实线、细实线、波浪线、双折线、细虚线、粗虚线、细点画线、粗点画线、双点画线。在机械图样中通常采用粗、细两种线宽，它们之间的比例为2:1。设粗实线的线宽为d，d应在0.25 mm、0.35 mm、0.5 mm、0.7 mm、1 mm、1.4 mm、2 mm中根据图样的大小和复杂程度而定，优先采用0.5 mm或0.7 mm。表1-3所示是各种图线的名称、线型、线宽和主要用途。各种图线的用途示例如图1-7所示。

表1-3 图线型式及应用

图线名称	图线型式	线宽	主要用途
粗实线		d	可见轮廓线
细实线		$0.5d$	尺寸线、尺寸界线、剖面线、引出线等
波浪线		$0.5d$	断裂处的边界线视图和剖视图的分界线
双折线			

（续）

图线名称	图线型式	线宽	主要用途
细虚线	2~6　1	0.5d	不可见轮廓线
粗虚线		d	允许表面处理的表示线
细点画线	15　3	0.5d	轴线、中心线、对称线
粗点画线		d	限定范围表示线
双点画线	15　5	0.5d	相邻辅助零件的轮廓线 可动零件极限位置轮廓线

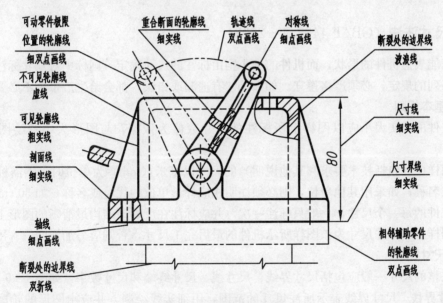

图1-7　图线应用举例

（二）图线的画法

画图线时应注意以下几点（图1-8）：

（1）画图线要做到：清晰整齐、均匀一致、粗细分明、交接正确。

（2）画圆的中心线时，圆心应为点画线的线段与线段相交。

（3）点画线和双点画线的首尾两端应为长画，不能画成点。

（4）在较小的图形上绘制细点画线、双点画线有困难时，可用细实线代替。

（5）轴线、对称中心线、双折线和作为中断线的双点画线，应超出轮廓线2~5 mm。

（6）当虚线为粗实线的延长线时，粗实线应画到分界点，而虚线应留有间隔。

（7）当各种线型重合时，绘制图线的优先顺序为粗实线、虚线、点画线。

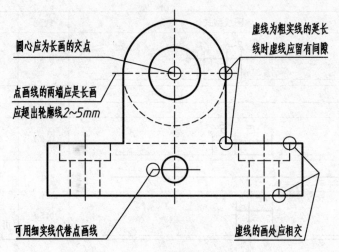

图 1-8　图线画法

五、尺寸注法（GB/T 4458.4—2003）

图形只能表达机件的形状，而机件的大小则由标注的尺寸确定。国标中对尺寸标注的基本方法做了一系列的规定，必须严格遵守。如果尺寸有遗漏或错误，都会给生产带来不必要的损失。

（一）基本规则

（1）机件的真实大小应以图样上所标注的尺寸数值为依据，与图形大小及绘图的准确度无关。

（2）图样中（包括技术要求和其他说明）的尺寸以毫米（mm）为单位时，不需标注计量单位的代号或名称；如采用其他单位，则必须注明相应计量单位的代号或名称，如 30 cm 等。

（3）机件的每一个尺寸，一般只标注一次，并应标注在反映该结构最清晰的图形上。

（4）图样上所标注尺寸为该图样所示机件的最后完工尺寸，否则应另加说明。

（二）尺寸要素

一个完整的尺寸一般应包括尺寸界线、尺寸线、尺寸终端和尺寸数字，如图 1-9 所示。

1. 尺寸界线　尺寸界线表示所注尺寸的范围，用细实线绘制，并应由图形的轮廓线、轴线或对称中心线处引出，也可以利用轮廓线、轴线或对称中心线作尺寸界线。尺寸界线一般应与尺寸线垂直，并超出尺寸线 2~5 mm，必要时也允许倾斜。

2. 尺寸线　尺寸线表明度量的方向，必须用细实线单独绘制，不能用其他图线代替，也不能与其他图线重合或画在其延长线上。标注线性尺寸时，尺寸线必须与所标注的线段平行。当有几条互相平行的尺寸线时，其间隔要均匀，间距约 7 mm，并将大尺寸注在小尺寸外面，以免尺寸线与尺寸界线相交。

3. 尺寸线终端　尺寸线终端有两种形式，箭头或斜线，见图 1-10。箭头适用于各种类型的图样，图中的 d 为粗实线的宽度，箭头尖端要与尺寸界线接触，不能超出或分离。斜线用细实线绘制，图中的 h 为字体高度。当采用斜线形式时，尺寸线与尺寸界线必须相互垂直。圆的直径、圆弧半径及角度的尺寸线的终端应画成箭头。

同一图样中只能采用一种尺寸线终端形式。机械图样中一般采用箭头作为尺寸线的终端。

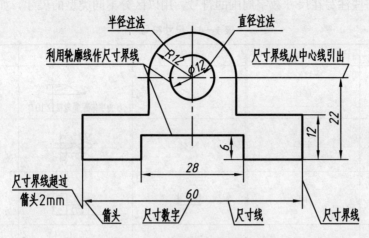

图 1-9　尺寸的组成要素

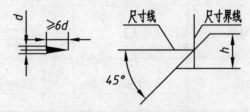

图 1-10　尺寸线终端

4. 尺寸数字　尺寸数字表明尺寸的大小，应按国家标准规定的字体书写。线性尺寸的数字一般应注写在尺寸线的上方，也允许注写在尺寸线的中断处。同一图样中尺寸数字的字号大小应一致，位置不够时可引出标注。尺寸数字不允许被任何图线通过，无法避免时必须将尺寸数字处的图线断开。

　　线性尺寸数字的位置和方向以标题栏方向为准。当尺寸线水平时，数字写在尺寸线的上方，数字字头朝上；当尺寸线垂直时，数字写在尺寸线的左方，数字字头朝左；当尺寸线倾斜时，数字写在尺寸线的上方，数字字头保持朝上的趋势。应尽量避免在图 1-11(a) 所示的 30°范围内标注尺寸，当无法避免时可按图 1-11(b) 所示的形式标注。

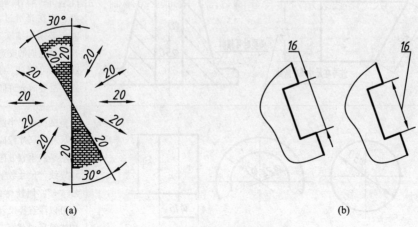

图 1-11　线性尺寸的数字方向

国标规定了一些注写在尺寸数字周围的符号，用以区分不同类型的尺寸，如表1-4所示。

表1-4　尺寸符号

符号	含义	符号	画法	含义
ϕ	直径	∠	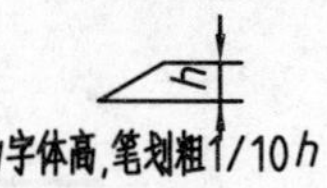 h为字体高,笔划粗1/10h	斜度
R	半径	∨	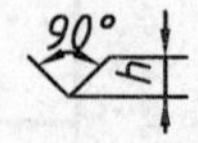 90°	埋头孔
S	球	⊔	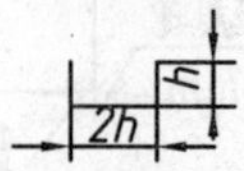 2h	沉孔或锪平
EQS	均布	▽	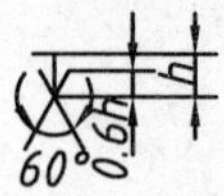 60°	深度
C	45°倒角	□	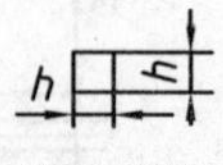 h	正方形
t	厚度	▷	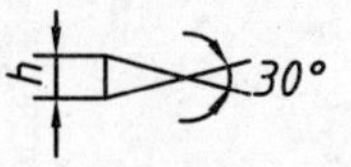 30°	锥度

（三）尺寸标注示例

表1-5列出了国标所规定的一些尺寸标注示例。

表1-5　尺寸标注示例

标注内容	图　例	说　明
直线	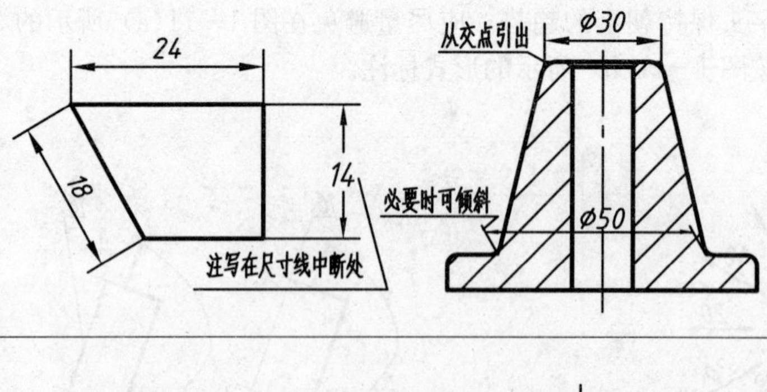	水平方向的尺寸数字一般注写在尺寸线上方，非水平方向的尺寸数字可以注写在尺寸线中断处。当在光滑过渡处标注尺寸时，必须用细实线将轮廓线延长，从它们的交点处引出尺寸界线。尺寸界线一般与尺寸线垂直，必要时允许倾斜
圆的直径	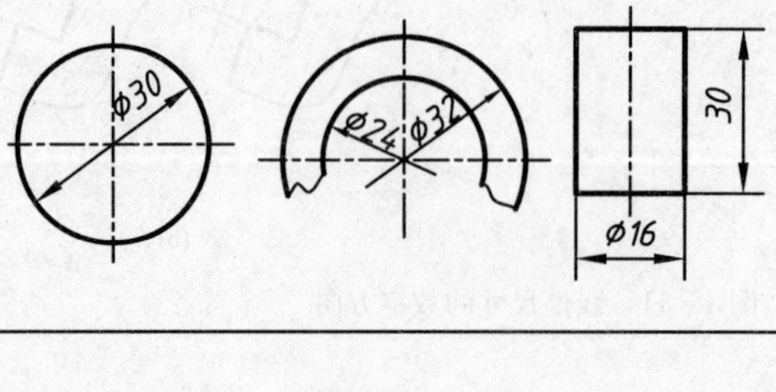	整圆或大于半圆的圆弧标注直径尺寸。尺寸线应通过圆心且为非水平或垂直方向，以圆周为尺寸界线，尺寸数字前加注直径符号"ϕ"。回转体的非圆视图上也可以注直径尺寸，且在数字前加注符号"ϕ"

（续）

标注内容	图　例	说　明
圆弧半径	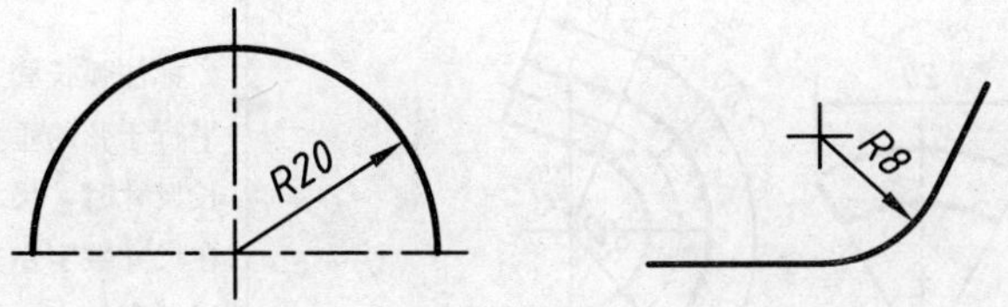 R20　R8	小于或等于半圆的圆弧标注半径尺寸。半径尺寸必须注在投影为圆弧的图形上，尺寸线或其延长线应经过圆心，箭头指向圆弧，尺寸数字前加注半径符号"R"
大圆弧	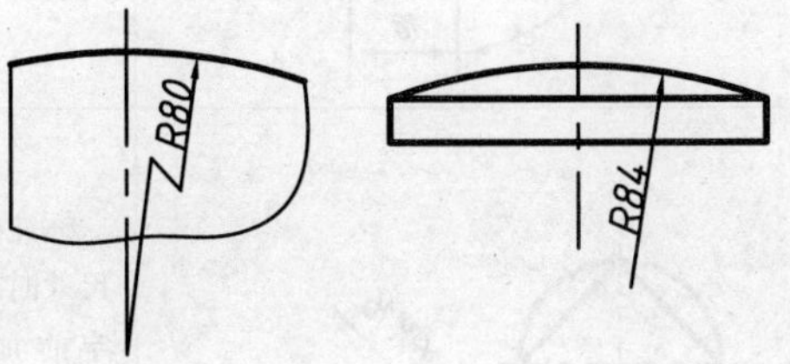 R80　R84	当圆弧的半径过大或在图纸范围内无法标注出圆心位置时，可采用左图所示折线形式。若圆心位置不需注明时，尺寸线可只画靠近箭头的一段
球　面	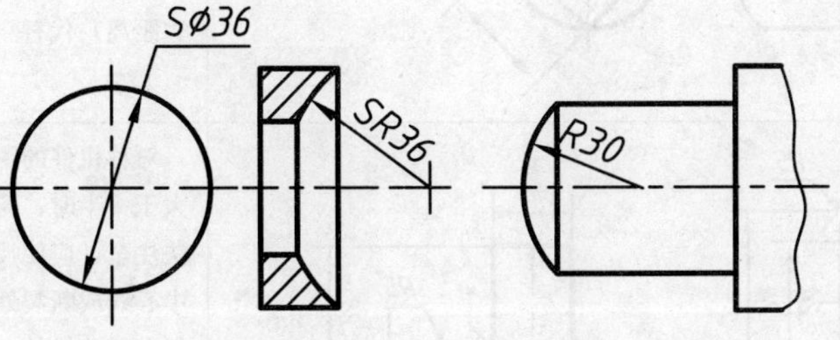 Sø36　SR36　R30	标注球面直径或半径时，应在"ø"或"R"前面再加注球面符号"S"。对标准件、轴及手柄的前端，在不引起误解的情况下，可省略"S"
角　度	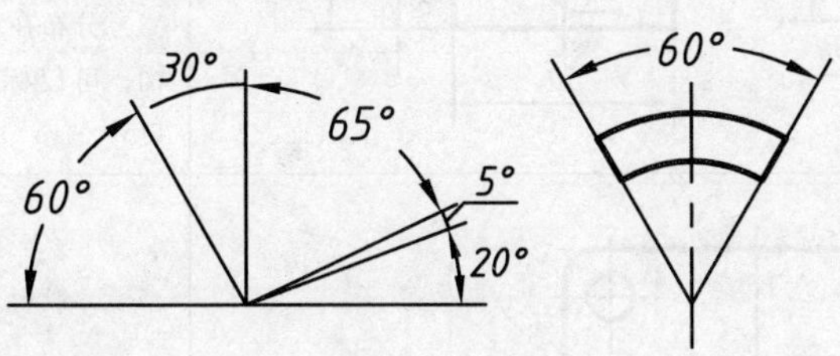 30°　65°　60°　5°　20°　60°	标注角度的尺寸界线应沿径向引出，尺寸线是以该角顶点为圆心的一段圆弧，角度的数字一律字头朝上水平书写，并配置在尺寸线的中断处，必要时可写在尺寸线的上方或外边，也可引出标注
小尺寸注法	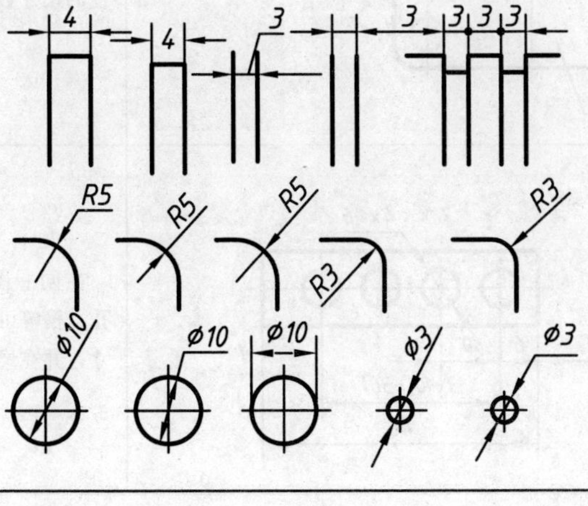 4　4　3　3　3　3　R5　R5　R5　R3　R3　ø10　ø10　ø10　ø3　ø3	对于较小的尺寸，当尺寸界线之间没有足够位置画箭头及写数字时，可把箭头或数字放在尺寸界线的外侧，尺寸数字也可引出标注。几个小尺寸连续标注而无法画箭头时，中间的箭头可用斜线或实心圆点代替

（续）

标注内容	图例	说明
弧长和弦长	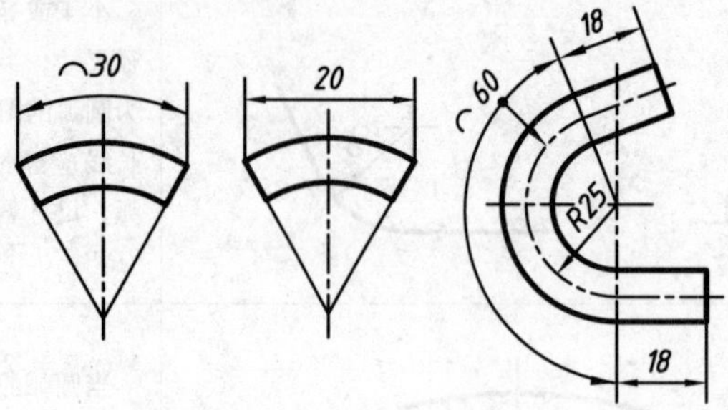	标注弧长和弦长的尺寸界线应平行于弦的垂直平分线。标注弧长尺寸时，尺寸线用圆弧，并应在尺寸数字左方加注符号"⌒"。当弧度较大时，尺寸界线可沿径向引出，如右图所示
正方形结构	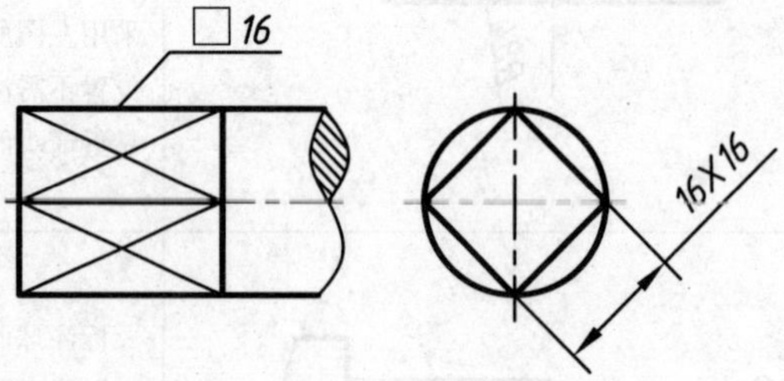	标注机件断面为正方形结构的尺寸时，可在正方形边长尺寸数字前加注符号"□"，或用"B×B"（B 为正方形断面的对边距离）代替
对称机件	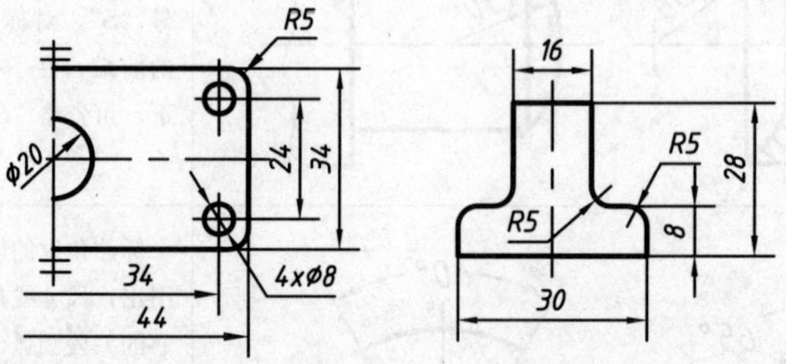	对称机件的图形只画一半或略大于一半时，若尺寸线的一端无法注全，应使尺寸线略超过对称中心线或断裂处的边界线，此时仅在尺寸线的一端画出箭头 分布在对称线两侧的相同结构，可仅标注其中一侧的结构尺寸
板状零件	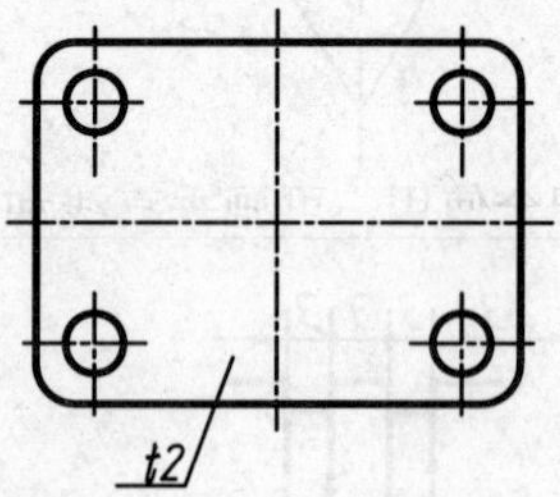	标注板状零件的尺寸时，在厚度的尺寸数字前加注符号"t"
相同要素的注法	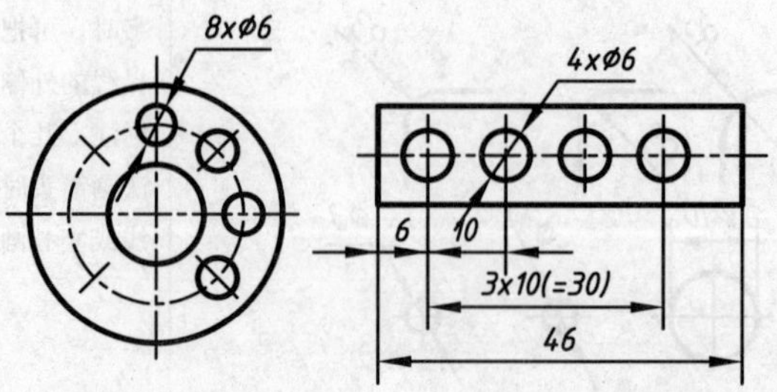	在同一图形中，相同结构的孔、槽等只注出一个结构的尺寸，并在尺寸前加注"个数×"

第二节　常用绘图工具及仪器的使用方法

尺规绘图是借助图板、丁字尺、三角板等绘图仪器进行手工绘图的一种方法。正确地使用和维护绘图工具，不但能提高图面质量和绘图速度，而且能延长工具的使用寿命。熟练掌握绘图工具的使用方法是一个工程技术人员必备的基本素质。

常用的绘图工具有：图板、丁字尺、三角板、圆规、分规、铅笔、曲线板等。下面分别介绍其使用方法。

一、图板、丁字尺、三角板

（一）图板和丁字尺

图板是用来铺放图纸的矩形木板，要求表面必须平坦光滑，图板的左右两侧为工作边（丁字尺上下移动的导向边），左右两导向边应平直。图板规格有 0♯、1♯、2♯、3♯ 等，其幅面大小比对应图纸 A0～A3 幅面略大一些，2♯ 图板大小为 45 cm×60 cm，图纸可用胶带固定在图板上，如图 1 - 12 所示。

丁字尺是画水平线的长尺，由尺头和尺身组成。尺头的内侧和尺身工作边必须垂直。使用时，左手扶住尺头，使其内侧边紧靠图板的工作边做上下移动，右手执笔，沿尺身上部工作边从左向右画线。画较长的水平线时，左手应按牢尺身。丁字尺用完后需挂在墙上，以免尺身弯曲变形。

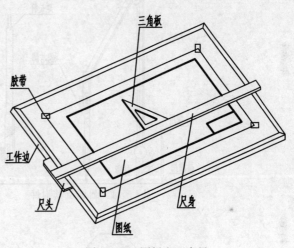

图 1 - 12　图板和丁字尺

（二）三角板

三角板分 45° 和 30°/60° 两块，与丁字尺配合使用，可画垂直线和与水平线成 15°、30°、45°、60°、75° 的倾斜线，如图 1 - 13 所示。

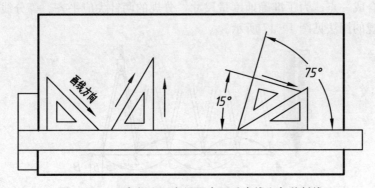

图 1 - 13　三角板和丁字尺配合画垂直线和各种斜线

二、圆规和分规

1. 圆规 圆规是用来画圆弧或圆的工具，有大圆规、弹簧规和点圆规。圆规主要结构分铅芯脚、针脚及旋转手柄三个部分。针脚为带有两个尖端的定心钢针，一端是画圆时定心用，另一端作分规用，如图 1-14 所示。

圆规使用前，应先调整针脚，使针尖略长于铅芯。画粗实线圆时，铅笔芯应用 2B 或 B（比画粗实线的铅笔芯软一号）并磨成矩形；画细线圆时，用 H 或 HB 的铅笔芯并磨成锥形（图 1-15）。画图时应注意用力均匀，匀速前进，并使圆规所在的平面应稍向前进方向倾斜。画大直径的圆或加深时，圆规的针脚与铅笔脚均应保持与纸面垂直。当画大圆时，可用延长杆来扩大所画圆的半径，其用法如图 1-16 所示。

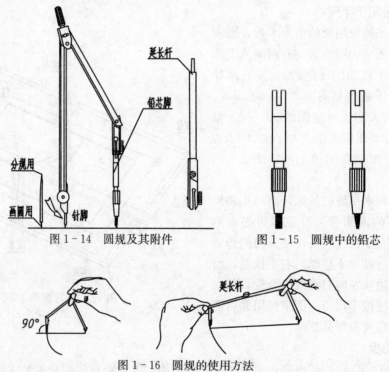

图 1-14　圆规及其附件　　　　　图 1-15　圆规中的铅芯

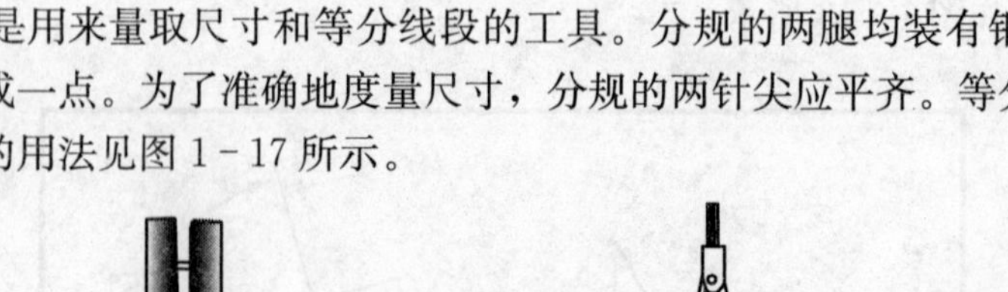

图 1-16　圆规的使用方法

2. 分规 分规是用来量取尺寸和等分线段的工具。分规的两腿均装有钢针，当分规两脚合拢时，两针尖应合成一点。为了准确地度量尺寸，分规的两针尖应平齐。等分线段时，先试分几次方可完成。分规的用法见图 1-17 所示。

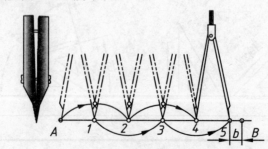

图 1-17　分规的使用方法

三、铅笔

在绘制工程图样时要选择专用的"绘图铅笔"。绘图铅笔分为软硬两种，其中字母 B 表示软铅芯，B 前数字愈大表示铅芯愈软；字母 H 表示硬铅芯，H 前数字愈大表示铅芯愈硬。绘图时建议用 HB 或 B 铅笔画粗实线；用 HB 或 H 铅笔写字、画细线；用 H 或 2H 画底稿线。画细线或写字时铅芯应磨成锥状；画粗实线时，铅芯应磨成矩形断面，如图 1-18所示。

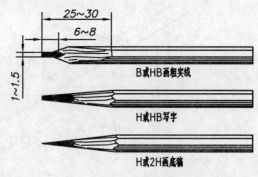

图 1-18　铅笔的磨削方式

四、曲线板

曲线板是描绘非圆曲线的常用工具。作图时，先徒手用铅笔轻轻地把已求出的各点勾画出来，然后选择曲线板上曲率合适的部分与徒手连接的曲线贴合，分数段将曲线描深。画曲线时，每段至少要有四个吻合点，并与已画出的相邻线段重合一部分，以保证曲线连接光滑，如图 1-19所示。

图 1-19　曲线板的使用方法

第三节　几何作图

机件的形状虽然多种多样，但都是由各种几何形体组合而成的，它们的图形也是由一些基本的几何图形组成。因此，熟练掌握这些几何图形的画法，是绘制好机械图的基础。现将常用的作图方法介绍如下。

一、过点作已知直线的平行线和垂直线

用两块三角板可以过点 K 作直线 AB 的平行线和垂直线，方法如图 1-20 所示。

（1）先使三角板的一条直角边过直线 AB，再移动该三角板，使这条直角边过点 K，即可作平行线，如图 1-20(a) 所示。

（2）先使三角板的一条直角边过直线 AB，再移动该三角板，使另外一条直角边过点 K，即可作垂直线，如图 1-20(b) 所示。

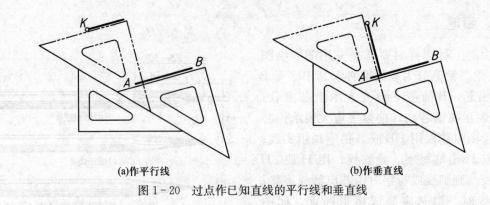

(a)作平行线   (b)作垂直线

图1-20　过点作已知直线的平行线和垂直线

二、分直线段为任意等分

已知线段 AB，现将其任意等分（如五等分），作图过程如图1-21所示。先过线段 AB 的一个端点 A 作一条与 AB 成一定角度的直线段 AC，然后用分规在此线段上截取5等份，将最后的等分点5与原线段 AB 的另一端点 B 相连，然后过各等分点作线段 $5B$ 的平行线与 AB 相交，交点即为所求的等分点。

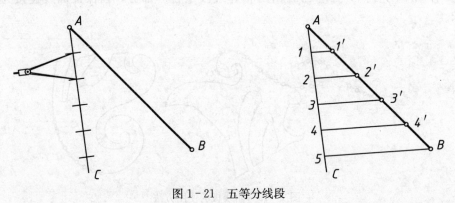

图1-21　五等分线段

三、正多边形

正多边形一般采用等分其外接圆，连各等分点的方法作图。

（一）正五边形

已知外接圆直径，作内接正五边形，如图1-22所示。

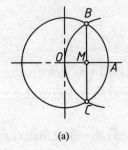

(a)

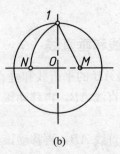

(b)   (c)

图1-22　正五边形的画法

作图步骤：

（1）以 A 为圆心，OA 为半径，画弧交圆周于点 B、C，连接 BC 得 OA 中点 M，如图 1-22（a）所示。

（2）以 M 为圆心，$M1$ 为半径画弧，得交点 N，$N1$ 线段长为五边形边长，如图 1-22（b）所示。

（3）以 $N1$ 长从点 1 起截圆周得点 2、3、4、5，依次连接即得正五边形，如图 1-22（c）所示。

（二）正六边形

方法 1： 已知外接圆直径，用圆规直接等分，如图 1-23（a）所示。

作图步骤： 以已知圆直径的两端点 A、D 为圆心，以已知圆半径 R 为半径，画弧交圆周于点 B、C、E、F，即得圆周的六等分点，依次连接各点即得正六边形。

方法 2： 用 30°/60°三角板等分，如图 1-23（b）所示。

作图步骤： 将三角板短直角边紧贴丁字尺，过两点 A、D 用三角板斜边直接画出六边形四条边，再用丁字尺连接点 B、C 和 E、F，即得正六边形。

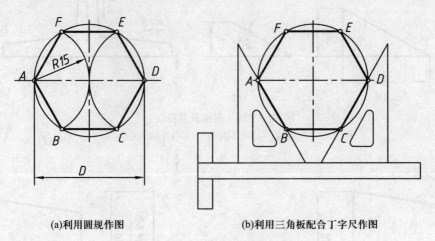

(a)利用圆规作图　　　　　　　(b)利用三角板配合丁字尺作图

图 1-23　正六边形的画法

（三）任意等分圆周和正 n 边形

已知外接圆直径，使用圆规和直尺配合作正多边形。以正七边形作法为例，如图 1-24 所示，作图步骤如下：

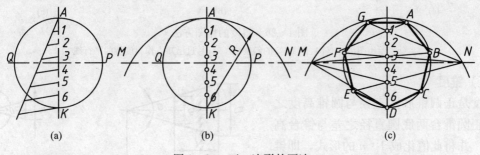

(a)　　　　　　　　(b)　　　　　　　　(c)

图 1-24　正 n 边形的画法

（1）将直径 AK 七等分（对 n 边形可 n 等分直径），如图 1-24（a）所示。

（2）以 K 为圆心，AK 为半径，画弧交 PQ 延长线于点 M 和 N，如图 1-24（b）所示。

（3）自 M、N 与 AK 上奇数点（或偶数点）连线，延长至圆周即得各等分点，依次连接得正七边形，如图 1-24(c) 所示。

四、斜度和锥度

（一）斜度

斜度是指一直线或平面相对另一直线或平面的倾斜程度。斜度大小通常用两直线或平面间夹角的正切来表示，并将此值化成 $1:n$ 的形式，即斜度 $=\tan\alpha=H/L=1:n$，如图 1-25(a) 所示。斜度符号的画法如图 1-25(b) 所示。标注斜度时，符号的斜线方向应与斜度的方向一致，如图 1-25(c) 所示。已知斜度作斜线的方法如图 1-26 所示。

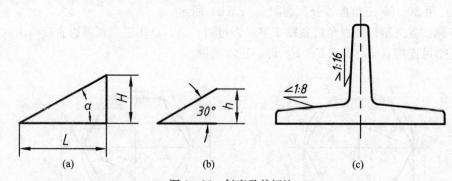

图 1-25　斜度及其标注

(a) 斜度　(b) 斜度符号　(c) 标注方法

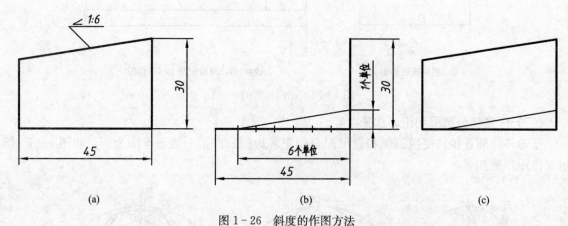

图 1-26　斜度的作图方法

(a) 给出图形　(b) 作 1:5 的斜度线　(c) 过已知点作斜度线的平行线

（二）锥度

锥度是正圆锥底圆直径与圆锥高度之比，或正圆锥台两底圆直径之差与锥台高度之比，并将此值化成 $1:n$ 的形式，即锥度 $=2\tan\alpha=D/L=(D-d)/l=1:n$，如图 1-27 所示。锥度的画法如图 1-28 所示。

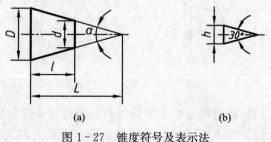

图 1-27　锥度符号及表示法

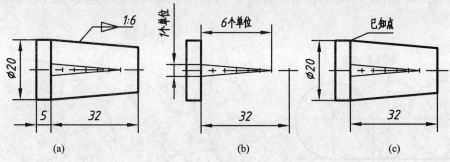

图 1-28　锥度的画法及标注

(a) 给出图形　　(b) 作 1∶5 的斜度线　　(c) 过已知点作斜度线的平行线

五、圆弧连接

在绘制图样时，常遇到要用圆弧将两条线（直线或圆弧）连接起来的情况，我们称其为圆弧连接，也称为相切，切点即为连接点。常见的连接形式有直线与直线、直线与圆弧、两圆弧连接，如图 1-29 所示，图中的 R10、R15、R40 均为连接弧。圆弧连接的作图方法可归结为：求连接圆弧的圆心和找出连接点即切点的位置。下面分别介绍其作图方法。

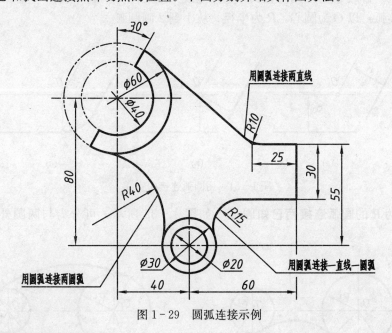

图 1-29　圆弧连接示例

（一）圆弧连接的基本原理

1. 圆弧与直线连接　如图 1-30(a) 所示，当半径为 R 的圆弧与一已知直线相切时，其圆心的轨迹是与已知直线相平行且相距为 R 的直线。自连接弧的圆心作已知直线的垂线，其垂足就是连接点（切点）。

2. 圆弧与圆弧连接

如图 1-30(b) 和图 1-30(c) 所示，当半径为 R 的圆弧与已知圆弧（R_1）相切时，连接弧圆心的轨迹是已知圆弧（R_1）的同心圆。外切时轨迹圆的半径为两圆弧半径之和 $R_0 = R_1 + R$，内切时轨迹圆的半径为两圆弧半径之差 $R_0 = R_1 - R$。连接点（切点）是两圆弧圆心连线与已知圆弧的交点。

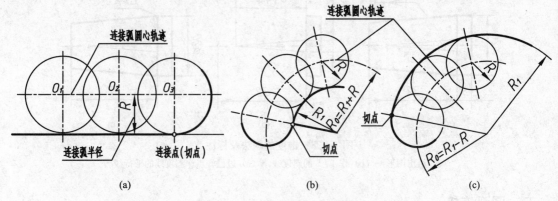

图 1-30　圆弧连接的作图原理

（二）圆弧连接的作图方法

1. 用半径为 R 的圆弧连接两已知直线　如图 1-31 所示，作图步骤如下：

（1）求圆心：分别作与两已知直线相距为 R 的平行线，得交点 O 为连接弧圆心；

（2）求切点：自点 O 向已知两直线分别作垂线，垂足即为切点 1 和 2；

（3）画连接弧：以 O 为圆心，R 为半径，从 1 到 2 画圆弧。

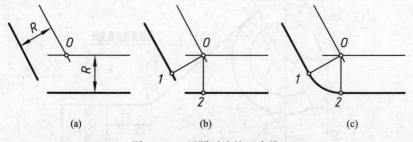

图 1-31　用圆弧连接两直线

2. 用半径为 R 的圆弧连接两已知圆弧　如图 1-32 所示，可分为与两圆外切和内切两种情况。

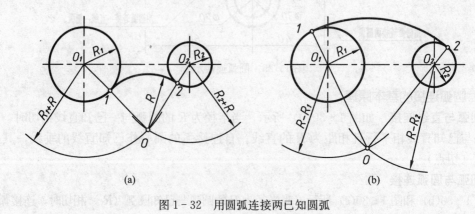

图 1-32　用圆弧连接两已知圆弧

(a) 外切　(b) 内切

（1）与两圆外切时：如图 1-32（a）所示，分别以 O_1、O_2 为圆心，$R+R_1$、$R+R_2$ 为半径画弧，两弧交点即为连接弧的圆心 O，连心线 OO_1、OO_2 与已知圆弧的交点即为切点 1、2，以 O 为圆心，R 为半径，从 1 到 2 画圆弧。

（2）与两圆内切时：如图 1-32（b）所示，分别以 O_1、O_2 为圆心，$R-R_1$、$R-R_2$ 为半径画圆弧，两弧交点即为连接弧的圆心 O，连心线 OO_1、OO_2 与已知圆弧的交点即为切点 1、2，以 O 为圆心，R 为半径，从 1 到 2 画圆弧。

3. 用半径为 R 的圆弧连接一直线和一圆弧　如图 1-33 所示，可分为外切圆弧与一直线、内切圆弧与一直线两种情况。

（1）外切圆弧与一直线时：如图 1-33（a）所示，作与已知直线相距为 R 的平行线，以 O_1 为圆心，$R+R_1$ 为半径画弧，圆弧和直线的交点即为连接弧的圆心 O；过 O 作已知直线的垂线，垂足为切点 1，连心线 OO_1 与已知圆弧的交点即为切点 2；以 O 为圆心，R 为半径，从 1 到 2 画圆弧。

（2）内切圆弧与一直线时：如图 1-33（b）所示，作与已知直线相距为 R 的平行线，以 O_1 为圆心，R_1-R 为半径画弧，圆弧和直线的交点即为连接弧的圆心 O；过 O 作已知直线的垂线，垂足为切点 2，连心线 OO_1 与已知圆弧的交点即为切点 1；以 O 为圆心，R 为半径，从 1 到 2 画圆弧。

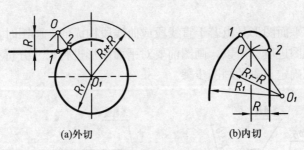

(a)外切　　　　　　　(b)内切

图 1-33　用圆弧连接一直线和一圆弧

六、椭圆画法

椭圆为常见的非圆曲线，用直尺和圆规无法精确画出椭圆。常用的椭圆画法有同心圆法和四心圆法两种，如图 1-34 所示。

（一）同心圆法

如图 1-34（a）所示，以 O 为圆心、长半轴 OA 和短半轴 OC 为半径分别作圆。由 O 作若干射线，与两圆相交，再由各交点分别作长、短轴的平行线，即可相应地交得椭圆上的各点（如 K_1 等）。最后，用曲线板将这些点连成椭圆。因为这种方法是用两个同心圆作出的，所以称为同心圆法。

（二）四心圆法

如图 1-34（b）所示，连长、短轴的端点 A、C，取 $CE=CF=OA-OC$。作 AF 的中垂线，与两轴交得点 1、2，再取对称点 3、4。分别以 1、2、3、4 为圆心，$1A$、$2C$、$3B$、$4D$ 为半径作弧，拼成近似椭圆。由于近似椭圆是由圆心在长轴和短轴延长线上的四段圆弧拼成，习惯上称为四心圆法。这是机械制图中用的较多的一种椭圆的近似作法。

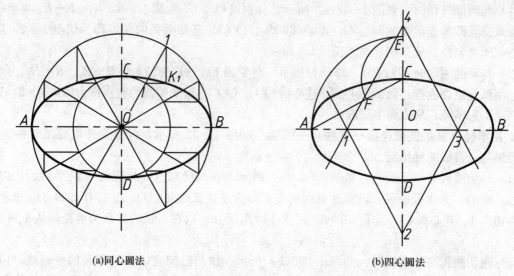

(a)同心圆法   (b)四心圆法

图1-34 椭圆的画法

第四节 平面图形的分析及画法

如图1-35所示，平面图形是由若干直线段或曲线段构成的，画图时，先画哪条线段并不明确，选择不当会影响画图进度。所以，画图前要对平面图形进行尺寸分析和线段分析，检查尺寸是否齐全和正确，从而确定正确的画图步骤。

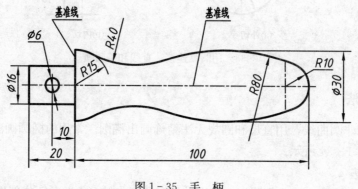

图1-35 手柄

一、平面图形的尺寸分析

对平面图形的尺寸进行分析，可以确定绘图时所需的尺寸数量及画图的先后顺序。尺寸按其在平面图形中所起的作用，可分为定形尺寸和定位尺寸两类。要想确定平面图形中各线段的相对位置关系，必须引入基准的概念。

1. 尺寸基准 确定尺寸位置的点、线或面称为尺寸基准，通常将对称图形的对称线、较大圆的中心线、较长的直线等作为尺寸基准。平面图形中有水平和垂直两个方向的尺寸基准。图1-35中的手柄是以水平的对称线和较长的竖直线作为垂直和水平方向的尺寸基准。

2. 定形尺寸 确定平面图形上各线段形状及其大小的尺寸称为定形尺寸，如直线的长度、圆及圆弧的直径或半径、角度大小等。图 1-35 中的 $\phi16$、$\phi6$、$R15$、$R40$、$R80$、$R10$、20 均为定形尺寸。

3. 定位尺寸 确定平面图形上各线段或线框间相对位置的尺寸称为定位尺寸。图 1-35 中的 10、100、$\phi30$ 均为定位尺寸。

二、平面图形的线段分析

平面图形是根据给定的尺寸绘成的。图形中线段的类型与给定的尺寸密切相关，根据给出其定位尺寸是否完整，可分为三大类：

1. 已知线段 定形尺寸和定位尺寸齐全，可独立画出的线段，称为已知线段。如图 1-35 中的直线段 20、$R15$、$R10$ 圆弧均为已知线段。

2. 中间线段 给出定形尺寸，而定位尺寸不全，但可根据与其他线段的连接关系画出的线段，称为中间线段。如图 1-35 中的 $R80$ 圆弧。

3. 连接线段 只给出定形尺寸，没有定位尺寸，只能在其他线段画出后，根据连接关系最后才能画出的线段，称为连接线段。如图 1-35 中的 $R40$ 圆弧。

三、平面图形的画法

以手柄为例，将平面图形的画图步骤归纳如下：

（1）分析构成平面图形的各线段的类型，确定画图的正确顺序，画出基准线和已知线段，如图 1-36(a) 所示。

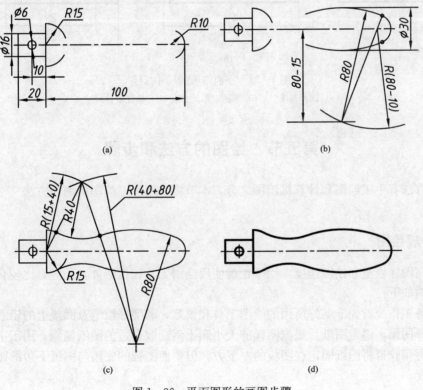

图 1-36 平面图形的画图步骤

（2）画出中间线段，如图 1-36(b) 所示。

（3）画出连接线段，如图 1-36(c) 所示。

（4）擦去多余的作图线，按线型要求描深图线，完成全图，如图 1-36(d) 所示。

四、平面图形的尺寸标注

标注平面图形尺寸时要求做到正确、完整、清晰。正确是指尺寸要按照国标的规定书写标注；完整是指尺寸要注写齐全，无重复和遗漏；清晰是指尺寸的位置要安排在图形的明显处，标注清楚，布局整齐。

以图 1-37 为例，说明标注尺寸的步骤：

（1）分析图形各部分的组成，确定尺寸基准，通常选择图中的对称线、较长的直线、过大圆圆心的两条中心线等做基准线，如图 1-37(a) 所示。

（2）标注定形尺寸，如图 1-37(b) 所示。

（3）标注定位尺寸，如图 1-37(c) 所示。检查标注的尺寸是否完整、清晰。

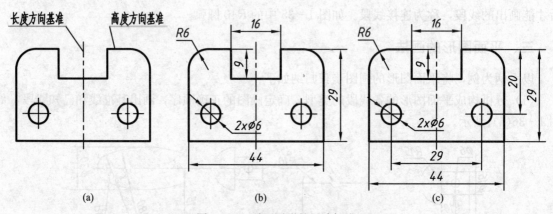

图 1-37　平面图形的尺寸标注
（a）选择基准　　（b）标注定形尺寸　　（c）标注定位尺寸

第五节　绘图的方法和步骤

绘图的方法有手工绘图和计算机绘图之分，本节将介绍手工绘图的两种方法——尺规绘图和徒手绘图。

一、尺规绘图

为了提高图样质量和绘图速度，除了正确使用绘图工具和仪器外，还应有比较合理的工作程序。具体归纳如下：

（1）准备工作。首先准备好所用的绘图工具和仪器，磨削好铅笔及圆规上的铅芯。

（2）选择图幅，固定图纸。根据图样的大小和比例选取合适的图纸幅面。用丁字尺作为参考摆正图纸，再用胶带将图纸固定在图板的左下方，但要使图板的底边与图纸下边的距离大于丁字尺尺身的宽度。

（3）画图框和标题栏。按国标规定的幅面、周边和标题栏位置画出图框和标题栏。

（4）布置图形的位置。图形在图纸上的布局应匀称、美观。根据每个图形的长、宽尺寸确定其位置，并考虑到标题栏和尺寸的占位。位置确定后，画出各图形的基准线（对称线、轴线等）。

（5）轻画底稿。用较硬的铅笔（如2H）轻、细、准地画出底稿线。先画主要轮廓，再画细节。底稿画好后应仔细检查并清理作图线。

（6）描深。描深时应做到线型正确、粗细分明、浓淡一致、连接光滑、图面整洁。描深不同类型的图线应选择不同型号的铅笔。尽可能将同一类型、同样粗细的图形一起描深。先描圆及圆弧，后描直线，先按从左向右的顺序用三角尺描垂直线，再从图的左上方开始用丁字尺顺次向下描水平线，最后用三角尺描斜线。

（7）绘制尺寸界线、尺寸线及箭头，注写尺寸数字、书写其他文字符号、填写标题栏。

（8）全面检查，改正错误，完成全图。

二、徒手绘图

（一）徒手绘图的概念

徒手图又叫草图，它是以目测估计图形与实物的比例，按一定画法要求徒手绘制的图形。在机器测绘、讨论设计方案、技术交流、现场参观时，受现场条件或时间的限制，经常需要绘制草图。尤其在计算机绘图广泛应用的情况下，工程技术人员具备徒手绘图的能力就更加重要。

（二）画草图的要求

徒手绘图的要求为画线要稳，图线要清晰；目测尺寸比较准，各部分比例匀称；绘图速度要快；尺寸标注无误，字体要工整。

（三）徒手绘图的方法

图形无论怎样复杂，总是由直线、圆、圆弧和曲线所组成。因此要画好草图，必须掌握徒手画各种线条的手法。

1. 握笔的方法　画草图时选用的铅笔芯一般稍软些（HB或B），并削成圆锥状。手握笔的位置要比尺规作图高些，以利于运笔和观察画线方向，笔杆与纸面应倾斜，执笔稳而有力。

2. 直线的画法　画直线时，眼睛看着图线的终点，姿势可参阅图1-38。由左向右画水平线，由上向下画铅垂线。当直线较长时，也可用目测在直线中间定出几个点，然后分几段画出。徒手绘图时，图纸不必固定，因此可以随时转动图纸，使需画的直线正好是顺手方向。画倾斜线时可将图纸旋转适当角度后画线。

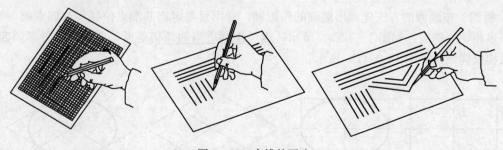

图1-38　直线的画法

画30°、45°、60°的斜线，可如图1-39所示的方法，按直角边的近似比例定出端点后，连成直线。

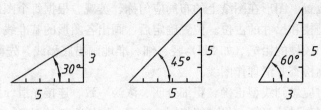

图 1-39　角度线的画法

3. 圆及圆弧的画法　徒手画圆时，应先定圆心，画出中心线，用目测估计半径的大小，在中心线上截得四点，然后过这四点画圆，如图 1-40(a) 所示。当圆的直径较大时，可过圆心增画两条 45° 的斜线，在线上再定四个点，然后过这八个点画圆，如图 1-40(b) 所示。

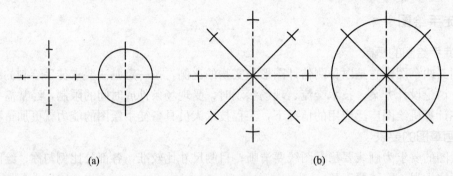

(a)　　　　　　　　　　　　(b)

图 1-40　徒手画圆的方法
(a) 画小圆　(b) 画大圆

画圆角时，先用目测在分角线上选取圆心位置，使它与角的两边距离等于圆角的半径大小。过圆心向两边引垂线定出圆弧与两边的切点，并在分角线上也定出一圆周点，然后徒手作圆弧把这三点连接起来，如图 1-41 所示。

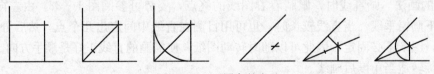

图 1-41　画圆角的方法

4. 椭圆　按画圆的方法先画出椭圆的长短轴，并用目测定出其端点位置，过四点画一矩形，再与矩形相切画椭圆，如图 1-42(a) 所示；也可先画适当的外切菱形，再根据此菱形画四段相切圆弧构成椭圆，如图 1-42(b) 所示。

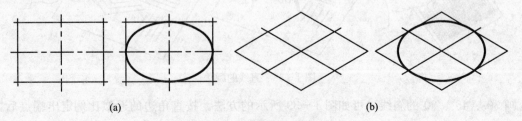

(a)　　　　　　　　　　　　(b)

图 1-42　画椭圆的方法

5. 徒手绘制草图示例 图 1－43 是在坐标纸上绘制的草图图样。

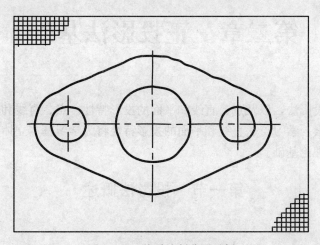

图 1－43 徒手绘制草图示例

第二章　正投影法基础

本章主要介绍正投影法，以及点、直线和平面的投影特性。点、直线和平面是构成空间物体形状最基本的几何元素，学习点、直线和平面的投影特性将为学习基本立体的投影及组合体的视图等内容打下必要的理论基础。

第一节　投影法概述

一、投影法

大家知道，灯光或阳光下的物体会在地面上留下影子，投影法就类似于这种自然现象。如图 2-1 所示，设定平面 P 为投影面，不属于投影面的定点 S 为投射中心，投射线均由投射中心发出。通过空间点 A、B、C 的投射线 SA、SB、SC 与投影面相交于点 a、b、c，则 a、b、c 称作空间点 A、B、C 在投影面 P 上的投影。将点 a、b、c 两两用粗实线相连就得到了 $\triangle ABC$ 的投影 $\triangle abc$，同理也可以得到一个物体在投影面上的投影。这种投射线通过物体，向选定的投影面投射，并在该面上得到物体投影的方法，称为投影法。

特别提示： 在表示投影时，空间点一般用大写拉丁字母表示，其投影用对应的小写字母表示。

二、投影法的分类

根据投射线之间的位置关系是相交于一点还是互相平行，可把投影法分为中心投影法和平行投影法。

1. 中心投影法　如图 2-1 所示，投射线都从同一点 S 发出的投影法称为中心投影法。所得的投影称为中心投影。采用中心投影法绘制立体的投影图与人眼的效果比较接近，立体感较好，这种投影图也称透视图。

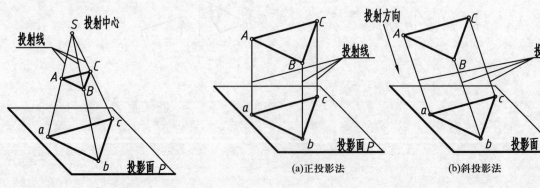

图 2-1　中心投影法　　　　　　　　　　图 2-2　平行投影法

2. 平行投影法 如图2-2所示，投射线 Aa、Bb、Cc 之间是互相平行的，根据投影法的原理可知，投射线 Aa、Bb、Cc 与投影面 P 的交点 a、b、c 即为空间点 A、B、C 在投影面 P 内的投影，$\triangle abc$ 是 $\triangle ABC$ 在投影面 P 上的投影。这种投射线相互平行的投影法，称为平行投影法。根据投射线与投影平面的位置关系，平行投影法又分为正投影法和斜投影法。正投影法的投射方向垂直于投影面，斜投影法的投射方向倾斜于投影面；正投影法所得的投影称为正投影（图2-2a）；斜投影法所得的投影称为斜投影（图2-2b）。

3. 平行投影法的基本性质

（1）点的投影仍为点。点的一个投影无法唯一确定点的空间位置。如图2-3所示。

（2）直线的投影一般仍为直线（同素性）。点在直线上，点的投影必在直线对应的投影上（从属性），且点分线段之比等于点的投影分线段的投影之比（定比性）。

如图2-4所示，点 K 在直线 AB 上，那么点 K 的投影 k 也一定在直线 AB 的投影 ab 上。且有 $AK : KB = ak : kb$。

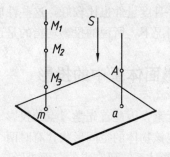 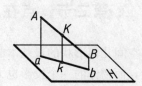

图2-3 点的投影　　　　　　图2-4 直线的投影

（3）两直线平行，其投影亦平行（平行性），且两平行线段之比等于其投影之比。如图2-5所示。$AB /\!/ CD$，则 $ab /\!/ cd$，且 $AB : CD = ab : cd$。

（4）平行于投影面的线段或者任意平面图形，它的投影反映实长或者实形（真实性）。如图2-6所示，直线 $MN /\!/ H$，MN 与其在 H 面上的投影 mn 长度相等；$\triangle ABC /\!/ H$，$\triangle ABC \cong \triangle abc$。

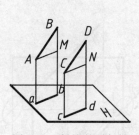 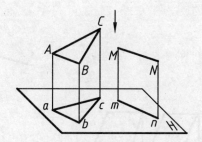

图2-5 投影的平行性　　　　　图2-6 投影的真实性

（5）当直线与投射线方向平行时，则其投影为一点。当平面（曲面）平行于投射线方向时，则其投影为一直线（曲线）。如图2-7所示，这种直线投射为点、面投射为线的性质叫做投影的积聚性。

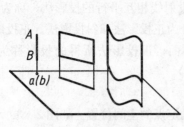

图 2-7 投影的积聚性

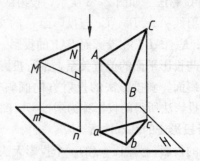

图 2-8 投影的类似性

(6) 当直线段或平面图形倾斜于投影面时，采用正投影法投影，直线段的投影变短了，平面图形的投影变成小于原图形的类似形（边数相同，凸凹性不变）。这被称为投影的类似性，如图 2-8 所示。

由于正投影具有真实性、积聚性及类似性，并且度量性也比较好，这些性质有利于几何立体的表达，因此在本书后面章节中如无特殊说明的情况下，所说的投影均指的是正投影。

第二节 点在三投影面体系中的投影

点是构成物体空间几何形状的最基本的几何元素，因此首先学习点的投影。点的一个投影无法确定其空间位置，而物体的一个投影也无法确定该物体的空间形状，有时两个投影也无法确定其形状，如图 2-9 所示。因此有必要建立三面投影体系，研究点的三面投影。

如图 2-10 所示，三面投影体系由三个互相垂直的投影面组成，其中 V 面称为正立投影面，简称正面；H 面称为水平投影面，简称水平面；W 面称为侧立投影面，简称侧面。在三投影面体系中，两投影面的交线称为投影轴，V 面与 H 面的交线为 OX 轴，H 面与 W 面的交线为 OY 轴，V 面与 W 面的交线为 OZ 轴。三条投影轴的交点为原点，记为 O。三个投影面把空间分成八个部分，称为八个分角，分角 I、II、III、IV、…、VIII 的划分顺序如图 2-10 所示。我国采用第一分角投影绘制工程图样，美、日等国家则使用第三分角投影体系。

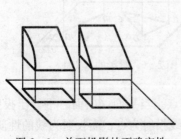

图 2-9 单面投影的不确定性

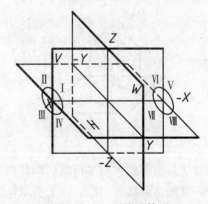

图 2-10 三投影面体系

一、点的三面投影图及投影特性

1. 点的三面投影   如图 2-11(a) 所示，第一分角内有一个点 A，将其分别向 H、V、W 面投射，得点的三面投影。其中 H 面的投影称为水平投影，记为 a；V 面的投影称为正面投影，记为 a'；W 面的投影称为侧面投影，记为 a''。

三面投影展开方法如下：把空间点 A 移去，保持 V 面不动，将 H 面绕 OX 轴向下旋转 $90°$，W 面绕 OZ 轴向右旋转 $90°$，使三投影面处于同一平面，便得到三面投影图，如图 2-11(b) 所示，图中 OY 轴被假想分为两条，随 H 面旋转的称为 OY_H 轴，随 W 面旋转的称为 OY_W 轴。由于平面具有无限延展性，绘制投影图时可不必画出投影面的边界，而只画出投影轴。如图 2-11(c) 所示。

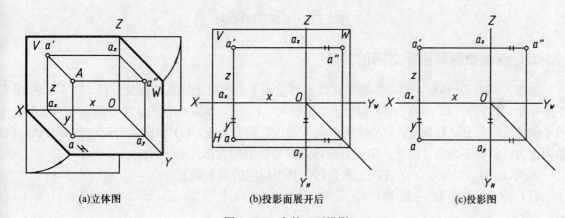

(a)立体图　　　　　　(b)投影面展开后　　　　　　(c)投影图

图 2-11　点的三面投影

2. 点的三面投影规律   如图 2-11(a) 所示，投射线 Aa、Aa' 构成的平面 Aaa_xa' 垂直于 H 面和 V 面，则必垂直于 OX 轴，因而 $aa_x \perp OX$，$a'a_x \perp OX$。当 a 随 H 面绕 OX 轴旋转至与 V 面共面后，a、a_x、a' 三点共线，且 $a'a \perp OX$ 轴，如图 2-11(c) 所示。同理可得，点 A 的正面投影与侧面投影的连线垂直于 OZ 轴，即 $a'a'' \perp OZ$。

空间点 A 的水平投影到 OX 轴的距离和侧面投影到 OZ 轴的距离均反映该点的 y 坐标，故 $aa_x = a''a_z = y$。

综上所述，点的三面投影规律为：

① 点的正面投影和水平投影的连线垂直于 OX 轴；

② 点的正面投影和侧面投影的连线垂直于 OZ 轴；

③ 点的水平投影到 OX 轴的距离等于点的侧面投影到 OZ 轴的距离。

［例 2-1］   如图 2-12(a) 所示，已知点 A、B 的两面投影，求其第三面投影。

作图：

(1) 过 a' 作 OX 轴的垂线，并量取 a 至 OX 轴的距离等于 a'' 至 OZ 的距离，即完成 a 的作图，如图 2-12(a) 所示。

(2) 过 b' 作 OZ 轴的垂线，并量取 b 到 OX 轴的距离等于 b'' 至 OX 轴的距离，即完成 b'' 的作图，如图 2-12(b) 所示。

以上作图过程也可以按照图 2-12(c) 中借助于 $45°$ 角平分线来作图。注意：作图过程中所画出的投影连线及 $45°$ 辅助线要用细实线表示。

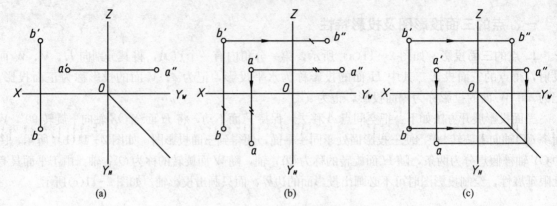

图 2-12　点的三面投影

二、点的投影和坐标之间的关系

如图 2-11(a) 所示，若将三投影面体系当做笛卡尔直角坐标系，则投影面 H、V、W 相当于坐标面，投影轴 OX、OY、OZ 相当于坐标轴 X、Y、Z，原点 O 相当于坐标原点 O。原点把每一个轴分成两部分，并规定：OX 轴从 O 向左为正，向右为负；OY 轴向前为正，向后为负；OZ 轴向上为正，向下为负。因此，第一分角内点的坐标值均为正。

如图 2-11(c) 所示，点 A 的三面投影与其坐标间的关系如下：

（1）空间点的任一投影，均反映了该点的两个坐标值，即 a (x_A, y_A)，a' (x_A, z_A)，$a''(y_A, z_A)$

（2）空间点的每一个坐标值，反映了该点到某投影面的距离，即

$x_A = aa_{YH} = a'a_z = A$ 到 W 面的距离；

$y_A = aa_x = a''a_z = A$ 到 V 面的距离；

$z_A = a'a_x = a''a_{YW} = A$ 到 H 面的距离。

由以上可知：点 A 的任意两个投影反映了点的三个坐标值，即已知点的两个投影即可唯一确定空间一点；有了点 A 的一组坐标 (x_A, y_A, z_A)，就能唯一确定该点的三面投影 (a, a', a'')。

[例 2-2]　已知空间点 A 的坐标 $(20, 10, 15)$，试作其三面投影图。

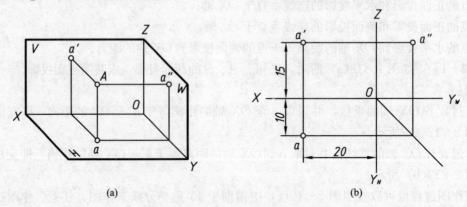

图 2-13　由点的坐标求点的三面投影

作图：在 OX 轴上截取 20，并作 OX 轴的垂线，在 OX 轴的上方量取 15 得 a'，在 OX 轴的下方量取 10 得 a，根据点的三面投影规律可得 a''，即完成作图。如图 2-13(b) 所示。

三、两点的相对位置

空间两点的相对位置是指它们之间上下、左右、前后的位置关系。根据两点的坐标，可以判断空间两点的相对位置。对于两点，x 坐标值大的在左，y 坐标值大的在前，z 坐标值大的在上。如图 2-14(b) 所示，$x_A>x_B$，则点 A 在点 B 之左；$y_A>y_B$，则点 A 在点 B 之前；$z_A>z_B$ 则点 A 在点 B 之上。即点 A 在点 B 之左、前、上方；反之，点 B 在点 A 之右、后、下方。如图 2-14(a) 所示。

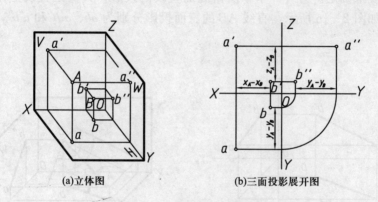

(a)立体图　　　　　(b)三面投影展开图

图 2-14　两点的相对位置

四、重影点

位于同一条投射线上的点，在同一投影面上的投影重合为一点，空间的这些点称为该投影面的重影点。如图 2-15 所示，空间两点 C、D 位于对 H 面的一条投射线上，则 C、D 两点称为 H 面的重影点，其水平投影重合为一点 $c(d)$。同理，点 A、B 称为对 V 面的重影点，其正面投影重合为一点 $a'(b')$。

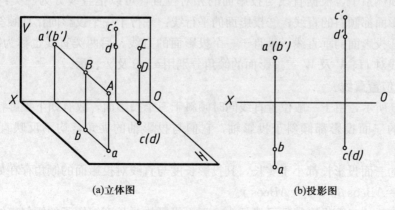

(a)立体图　　　　　(b)投影图

图 2-15　重影点

空间两点对某投影面上的投影重合时，必然出现投影的遮挡，即重影点的可见性问题。如图2-15(a)，点 A、B 为 V 面的重影点，由于 $y_A > y_B$，点 A 在点 B 的前方，故 a' 可见 b' 不可见（点的不可见投影加括号表示）。同理，点 C、D 为 H 面的重影点，由于 $z_C > z_D$，点 C 在点 D 的上方，故 c 可见，d 不可见。

显然，重影点具有以下特征：有两个坐标值相等而第三个坐标值不等。因此，判断重影点的可见性，可以根据不相等的坐标值来确定，即坐标值大的可见，坐标值小的不可见。

第三节 直线的投影

根据类似性，一般情况下直线的投影仍为直线，故直线的投影可由属于该直线的任意两点的同面投影连线来确定。另外，本章所研究的直线的投影，其实是直线上任意两点所连的直线段的投影。如图 2-16 所示，直线 AB 的三面投影分别为 ab、$a'b'$ 和 $a''b''$，它们均用粗实线绘制。

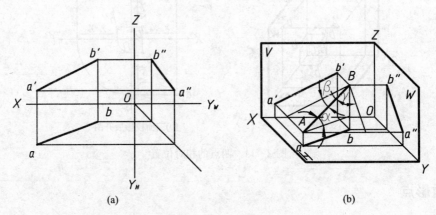

图 2-16 直线的投影
(a) 投影图　(b) 立体图

一、各种位置直线的投影特性

在三投影面体系中，根据直线与投影面的相对位置，可以把直线分为三类：①一般位置直线：与三个投影面都倾斜的直线；②投影面的平行线：平行于一个投影面，且倾斜于另外两个投影面的直线；③投影面的垂直线：垂直于一个投影面的直线。后两类直线也称为特殊位置直线。另外规定：直线对 H、V 及 W 三投影面的倾角分别用 α、β 及 γ 表示。

（一）一般位置直线

如图 2-16 所示，由于一般位置直线同时倾斜于三个投影面，故有如下投影特性：

(1) 直线的三面投影都倾斜于投影轴，它们与投影轴的夹角，均不反映直线对投影面的倾角。

(2) 直线的三面投影长都小于实长，其投影长度与直线对投影面的倾角存在如下关系：$ab = AB\cos\alpha$，$a'b' = AB\cos\beta$，$a''b'' = AB\cos\gamma$。

一般位置直线的三面投影特征可概括为：三面投影均为长度缩短了的倾斜直线。

（二）特殊位置直线

1. 投影面平行线　平行于一个投影面且与另外两投影面倾斜的直线称为投影面平行线。其中与立正投影面平行的直线称为正平线，与水平投影面平行的直线称为水平线，与侧立投影面平行的直线称为侧平线。

表 2-1 列出了三种投影面平行线的立体图、投影图和投影特性。表 2-1 中正平线的立体图分析如下：

因为 $a'b' /\!/ AB$，所以 $ABb'a'$ 是矩形，$a'b'=AB$。

因为 $AB /\!/ V$，所以其上各点与 V 面等距，即 y 坐标相等，所以 $ab /\!/ OX$，$a''b'' /\!/ OZ$。

因为 $a'b' /\!/ AB$，$ab /\!/ OX$，$a''b'' /\!/ OZ$，所以 $a'b'$ 与 OX、OZ 的夹角即为 AB 对 H 面、W 面的真实倾角 α、γ。

同时还可以看出：$ab=AB\cos\alpha<AB$，$a''b''=AB\cos\gamma<AB$。

从而得出正平线的投影特性。同理，也可得出水平线和侧平线的投影特性。见表 2-1。

表 2-1　投影面平行线的立体图、投影图及投影特性

名称	正平线（$/\!/H$，倾斜 V、W）	水平线（$/\!/V$，倾斜 H、W）	侧平线（$/\!/W$，倾斜 V、H）
立体图	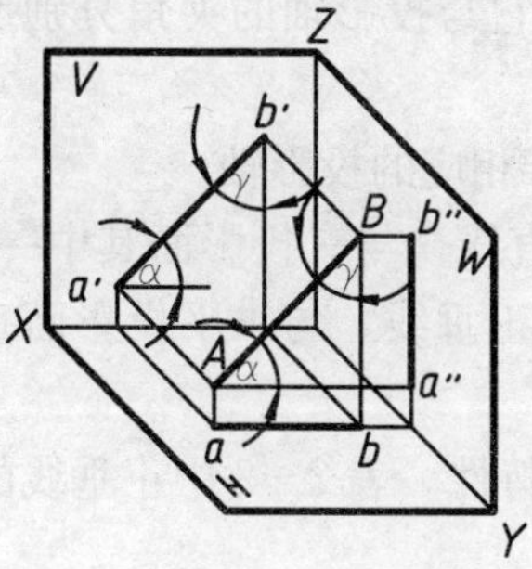	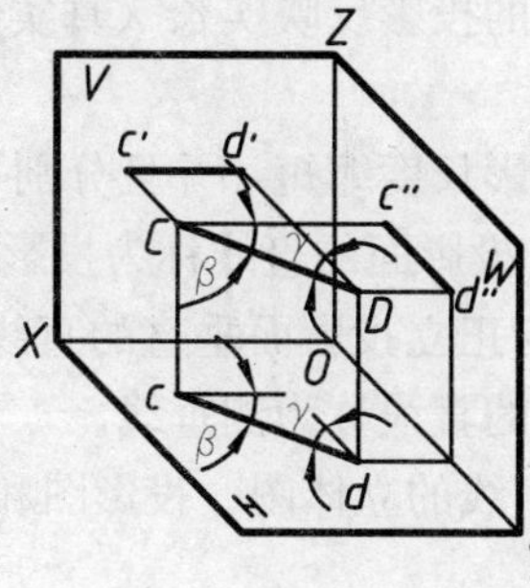	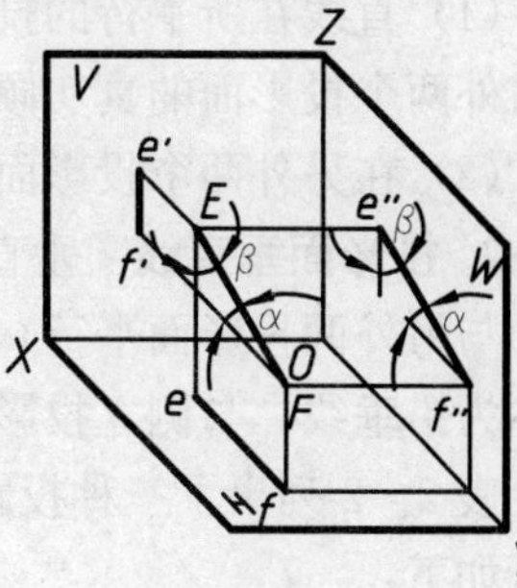
投影图	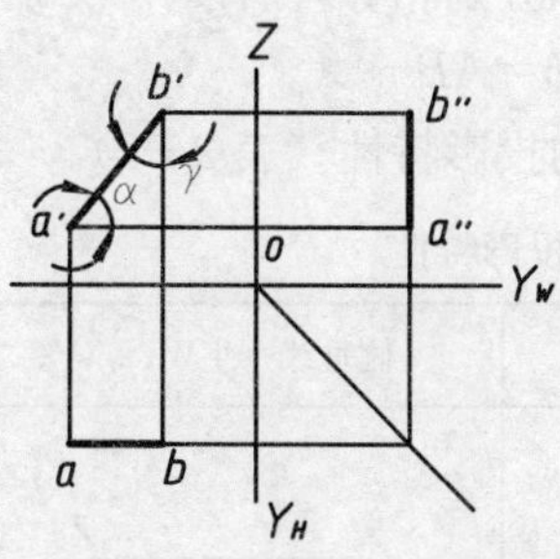	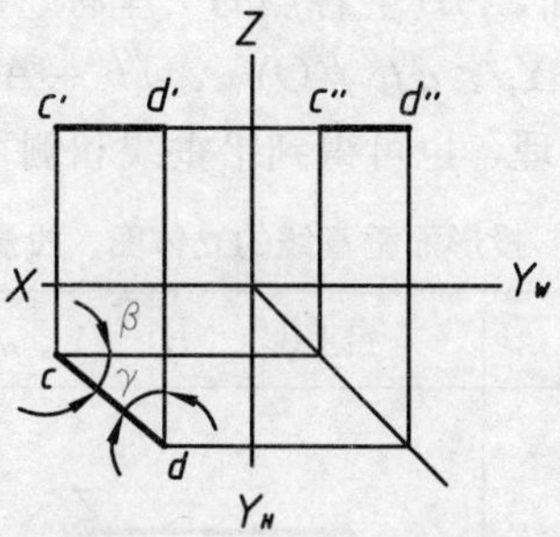	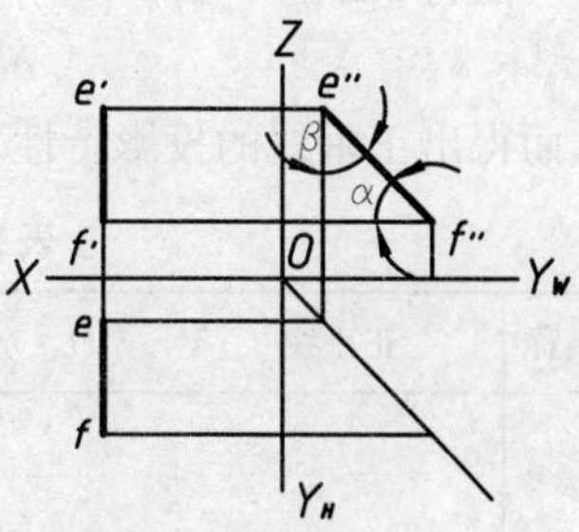
实例立体图	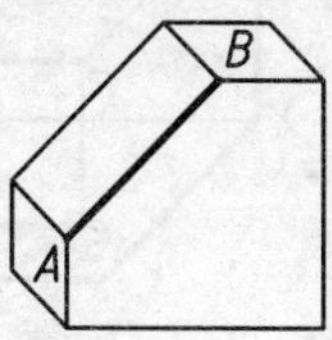	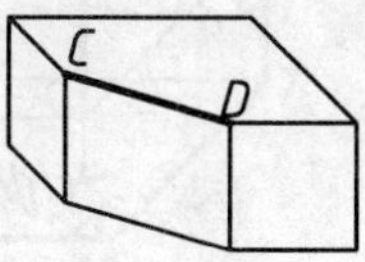	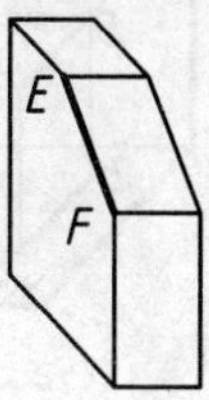

（续）

名称	正平线（//H，倾斜 V、W）	水平线（//V，倾斜 H、W）	侧平线（//W，倾斜 V、H）
实例投影图	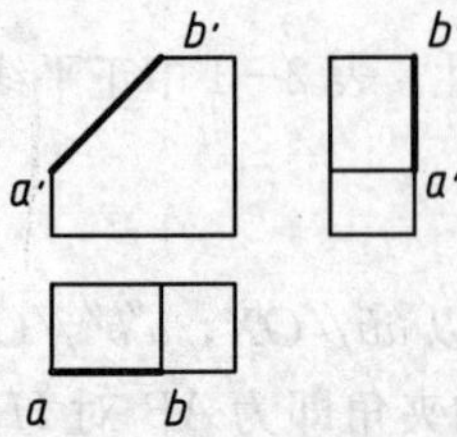 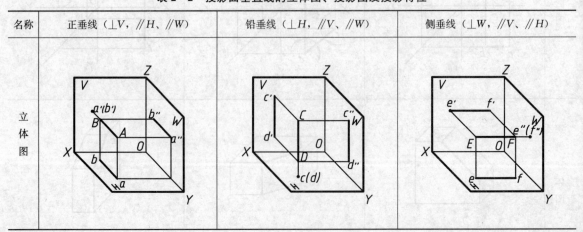	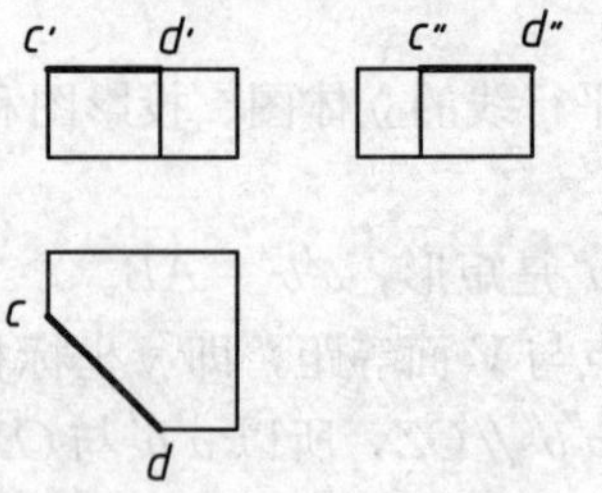	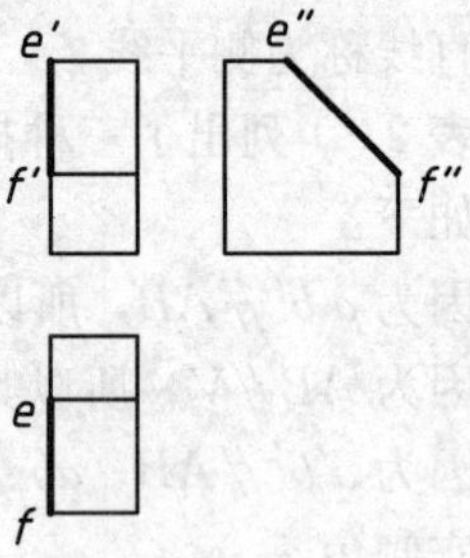
投影特性	1. $a'b'$ 反映实长和真实倾角 α、γ 2. $ab // OX$，$a''d'' // OZ$，长度缩短	1. cd 反映实长和真实倾角 β、γ 2. $c'd' // OX$，$c''d'' // OY_W$，长度缩短	1. $e''f''$ 反映实长和真实倾角 α、β 2. $e'f' // OZ$，$ef // OY_H$，长度缩短

投影面平行线的投影特性概括如下：

（1）直线在所平行的投影面上的投影反映实长（真实性），它与投影轴的夹角分别反映直线对另外两个投影面的真实倾角。

（2）在另外两个投影面上的投影长度缩短，并且分别平行于相应的投影轴。

2. 投影面垂直线　垂直于一个投影面的直线称为投影面垂直线（与三投影面其中一个垂直，则必与另外两投影面平行）。其中与正立投影面垂直的直线称为正垂线，与水平投影面垂直的直线称为铅垂线，与侧立投影面垂直的直线称为侧垂线。

表 2-2 列出了三种投影面垂直线的立体图、投影图和投影特性。表 2-2 中正垂线的立体图分析如下：

因为 $AB \perp V$，所以 $a'b'$ 积聚为一点；

因为 $AB // W$ 面，$AB // H$ 面，AB 上各点的 x 坐标、z 坐标分别相等，所以

$$ab // OY_H、a''b'' // OY_W、a''b'' = AB、ab = AB$$

从而得出正垂线的投影特性。同理，也可得到铅垂线和侧垂线的投影特性（表 2-2）。

表 2-2　投影面垂直线的立体图、投影图及投影特性

名称	正垂线（⊥V，//H、//W）	铅垂线（⊥H，//V、//W）	侧垂线（⊥W，//V、//H）
立体图			

（续）

名称	正垂线（⊥V，//H、//W）	铅垂线（⊥H，//V、//W）	侧垂线（⊥W，//V、//H）
投影图	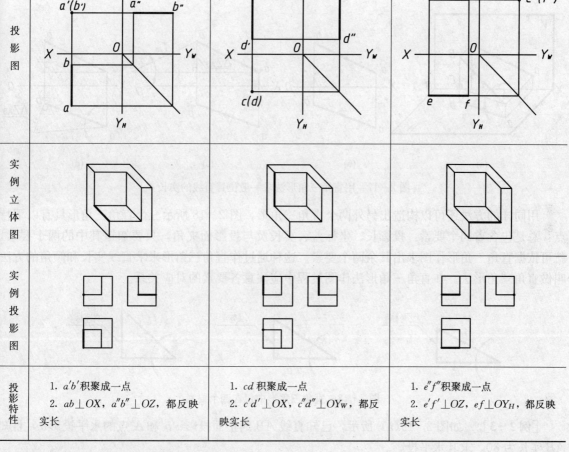		
实例立体图			
实例投影图			
投影特性	1. $a'b'$ 积聚成一点 2. $ab \perp OX$，$a''b'' \perp OZ$，都反映实长	1. cd 积聚成一点 2. $c'd' \perp OX$，$c''d'' \perp OY_W$，都反映实长	1. $e''f''$ 积聚成一点 2. $e'f' \perp OZ$，$ef \perp OY_H$，都反映实长

投影面垂直线的投影特性概括如下：

（1）在直线所垂直的投影面上的投影积聚成一点。

（2）在另外两个投影面上的投影反映实长，并垂直于相应的投影轴。

二、求一般位置直线的实长及其对投影面的倾角

由直线的投影特性可知，特殊位置直线的投影，能直接反映该直线的实长和对各投影面的倾角，而一般位置直线的投影则不能。在工程实际中，常用直角三角形法求一般位置直线实长和对投影面的倾角。

图 2-17(a) 为一般位置直线 AB 的立体图，过点 A 作 $AC // ab$，构成直角 $\triangle ABC$，其斜边 AB 是空间线段的实长，$\angle BAC = \alpha$。$AC = ab$；BC 长度等于直线端点 A 和 B 的 Z 坐标之差，即 $BC = |Z_A - Z_B| = \Delta Z_{AB}$。根据直角三角形两直角边的长度，可作出此直角三角形，从而得到倾角 α。

如图 2-17(b) 所示，已知直线两面投影，在投影图上作图求该直线的倾角 α。具体步骤如

下：以水平投影长 ab 为一直角边，ΔZ_{AB} 为另一直角边，作出一个直角三角形，其斜边即为线段 AB 的实长，直角边 ΔZ_{AB} 所对的角度即为直线 AB 对 H 面的倾角 α。在作图过程中对此直角三角形的位置没有限制，为作图简便，可将直角三角形直接画在投影图上，如图 2-17(c)、（d）所示。

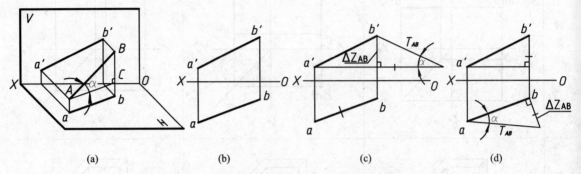

图 2-17　用直角三角形法求一般位置直线的实长

用同样的方法还可以构造出另外两个直角三角形，图 2-18 所示三个直角三角形具有以下特点：总是包含着四个要素：投影长、坐标差、实长及与投影面夹角，只要知道其中的两个要素，就可依据直角三角形作图求出其余两个要素。这种通过作直角三角形来求直线实长和倾角的方法叫做直角三角形法。在直角三角形法作图过程中应注意各要素的对应关系。

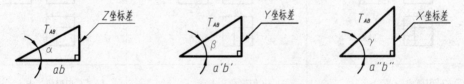

图 2-18　直角三角形中包含四个要素

[**例 2-3**]　如图 2-19(a) 所示，已知直线 AB 的正面投影 $a'b'$ 和 A 点的水平投影 a，且知 AB 实长为 30，求其水平投影。

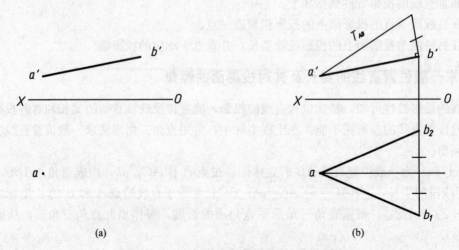

图 2-19　已知实长求线段 AB 的水平投影

作图：以正面投影长为一条直角边，以斜边长为 30 作直角三角形，得另外一条直角边为 Δy，在水平投影中与 b' 长对正方向上截取 Δy，即可得到点 B 的水平投影的位置，由图 2-19(b) 可知此题有两解。

[**例 2-4**] 已知直线 CD 的正面投影和 C 点的水平投影 c（图 2-20a），且知道直线 CD 对 H 面的倾角 $\alpha=30°$，求其水平投影。

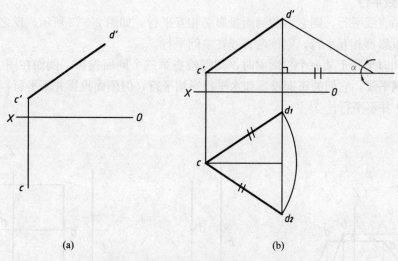

(a)   (b)

图 2-20 已知夹角求线段 AB 的水平投影

作图：以正面投影提供的 ΔZ 为一直角边，它所对的角为 30°，其相邻的直角边为水平投影 cd 的长，以该长度为半径，以水平投影 c 为圆心画圆弧，过 d' 作 X 轴垂线，与圆弧的交点即为水平投影 d_1、d_2。此题有两解（图 2-20b）。

三、直线上点的投影

如果一点在空间某直线上，则点的投影必在该直线的同面投影上，且点分该空间直线段之比等于点的投影分线段的投影之比。如图 2-21 所示，已知 $C\in AB$、$c\in ab$、$c'\in a'b'$、$c''\in a''b''$，并有 $AC:CB=ac:cb=a'c':c'b'=a''c'':c''b''$。这就是直线上的点所具备的投影性质，根据该性质可以判断投影图中的点是否在直线上，还可以用来求直线的分点。

[**例 2-5**] 已知线段 AB 的投影图，一点 K 将 AB 分成 1:2 两段，试求点 K 的投影。如图 2-22 所示。

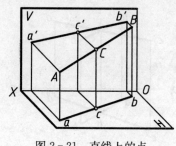
图 2-21 直线上的点

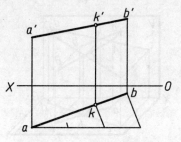
图 2-22 求点 K 的投影

作图：先将一个投影（如水平投影 ab）分成 $1:2$，定出 K 点水平投影 k，然后再过点 k 作 OX 轴的垂线，交 $a'b'$ 于 k'。点 K (k, k') 即为所求（图 2-22）。

四、两直线的相对位置

空间两直线的相对位置关系包括平行、相交和交叉三种情况。

（一）两直线平行

如果空间两直线平行，则它们的同面投影必相互平行，如图 2-23 所示。反之，若两直线在三个投影面的投影都相互平行，则该两直线在空间平行。

当两直线同时平行于某一个投影面时，则需检查第三个同面投影。例如在图 2-24 中，AB 和 CD 是两条侧平线，它们的正面投影和水平投影均平行，但侧面投影并不平行，所以，空间两直线 AB 和 CD 并不平行。

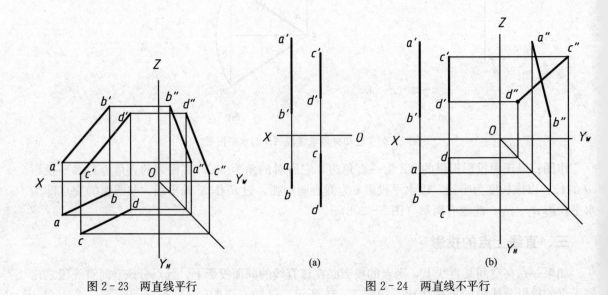

图 2-23 两直线平行   (a)   (b)   图 2-24 两直线不平行

（二）两直线相交

相交两直线的同面投影均相交，且各面投影的交点满足点的投影规律。如图 2-25 所示，两直线 AB 和 CD 相交，其水平投影 ab 和 cd 相交于 k，其正面投影 $a'b'$ 和 $c'd'$ 相交于 k'，且 $k'k \perp OX$。

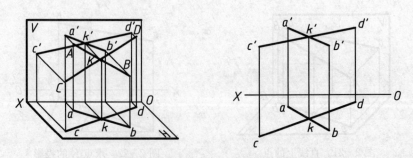

图 2-25 AB 与 CD 交于 K 点

反之，若两直线在同一投影面上的投影均相交，且交点满足点的投影规律，则该两直线相交。如图 2-25 所示，根据直线上的点分线段成比例的原理，由于 $a'k' : k'b' = ak : kb$，点 K 属于直线 AB。又由于 $c'k' : k'd' = ck : kd$，故点 K 属于直线 CD。由于点 K 同属于直线 AB 和 CD，因此两直线 AB 和 CD 相交。

（三）两直线交叉

既不平行也不相交的两条直线为交叉两直线。如图 2-26 所示，交叉两直线在同一投影面上的投影可能平行，但不可能三对同面投影同时平行；也可能相交，但其交点的投影不会符合点的投影规律。其投影的交点实际上是两直线上一对重影点的投影。这是用来判断两直线的相对位置的依据。

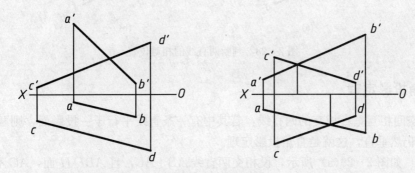

图 2-26　交叉两直线

图 2-27 所示为交叉两直线，它们在水平投影面上的投影 cd 和 ef 交于一点 $a(b)$，即为交叉两直线对 H 面的一对重影点 A、B 的水平投影。点 A 属于直线 CD，点 B 属于直线 EF，点 A 比点 B 高，故可判定包含点 A 的直线 CD 在包含点 B 的直线 EF 上方。

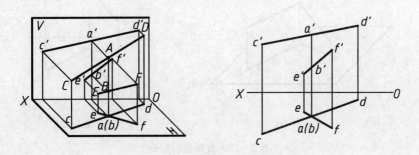

图 2-27　交叉两直线对 H 面的重影点

[例 2-6]　试判断图 2-28 中两直线的相对位置。

分析及作图：图 2-28(a) 中的直线 AB 为侧平线，EF 为水平线，它们在空间可能交叉，也可能相交。判断的方法除了使用第三投影作图以外，还可以用直线上的点分线段成比例的方法来判断。在水平投影上，用分割线段成比例的作图方法检查（图 2-28b）。结果 K 点的两面投影不符合点在直线 AB 上的条件，故 K 点不是两条直线的交点，直线 AB 和 EF 的位置关系为交叉。其实本题投影交点分 AB 明显不成比例，所以有时仅通过目测比例和排除法即可判断两直线的位置关系。

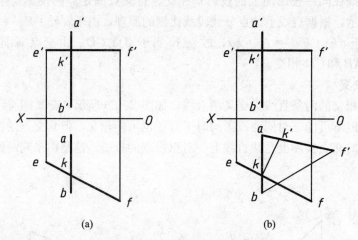

图 2-28　判断两直线的相对位置

五、直角投影定理

定理 1： 空间相互垂直相交的两直线，若其中有一条直线平行于一投影面，则两直线在该投影面上的投影仍然垂直，这就是直角投影定理。

证明如下：如图 2-29(a) 所示，设相交两直线 $AB \perp AC$，且 $AB // H$ 面，AC 不平行 H 面。显然，直线 AB 垂直于平面 $AacC$（因 $AB \perp Aa$，$AB \perp AC$）。因 $ab // AB$，则 $ab \perp$ 平面 $AacC$，所以 $ab \perp ac$，即 $\angle bac = 90°$。

图 2-29(b) 是它们的投影图，其中 $a'b' // X$ 轴（AB 为水平线），$\angle bac = 90°$。

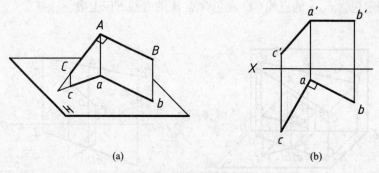

图 2-29　直角投影定理

定理 2： 两直线在同一投影面上投影垂直，并且其中一条直线平行于该投影面，则空间两条直线必垂直。该定理为定理 1 的逆定理，也是两直线垂直的判定定理。

证明如下：如图 2-29(a)，已知，$ba \perp ac$，且 $AB // H$，AC 不平行 H 面，显然有 $ba \perp$ 面 $AacC$，（因 $ba \perp AB \perp ACac$，$ba \perp Aa$）。于是有 $ba \perp AC$，因 $AB // H$，有 $ab // AB$，所以有 $AB \perp AC$。

以上定理及逆定理同样适合空间垂直交叉的两直线，证明从略。

［例 2-7］　试过点 A 作一直角三角形 ABC。已知一条直角边 BC 处于水平线 MN 上，另一直角边为 AB，且知 $AB : BC = 3 : 2$，如图 2-30(a) 所示。

分析及作图： 如图2-30(b) 所示，MN 为水平线故 BC 为水平线，$AB\perp BC$，因此有 $ab\perp bc$，AB 为一条一般位置直线，采用直角三角形法求其实长，并将其分成三等分，在直线 MN 的水平投影 mn 上取 $bc=\dfrac{2}{3}AB$，得 c，再作 c'，$\triangle ABC(abc,\ a'b'c')$ 即为所求。本题有两解，图中仅示出一解。

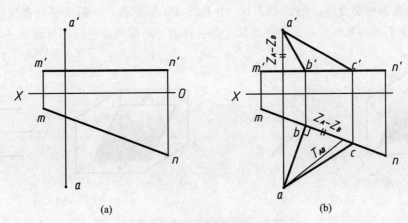

(a)　　　　(b)

图2-30 作直角三角形 ABC

第四节　平面的投影

一、平面的表示法

（一）几何元素表示法

初等几何中，确定一个平面的方法有不共线的三点、直线及直线外一点、两相交直线、两平行直线及任意的平面图形五种情况，与之对应，画法几何中使用以上五种情况的投影图来表示平面，如图2-31所示。这种用点、直线等几何元素表示平面的方法叫做几何元素表示法。

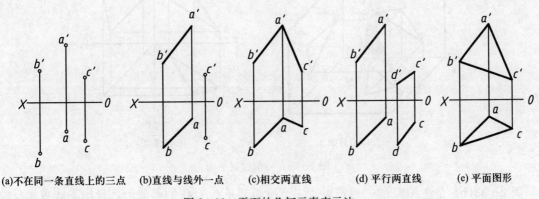

(a)不在同一条直线上的三点　(b)直线与线外一点　(c)相交两直线　(d)平行两直线　(e)平面图形

图2-31 平面的几何元素表示法

（二）迹线表示法

平面主要用几何元素表示，也可以用迹线表示。迹线是平面与投影面的交线。

如图 2-32 所示。平面 P 与 H 面的交线称为平面 P 的水平迹线，用 P_H 表示；平面 P 与 V 面的交线称为正面迹线，用 P_V 来表示。平面 P 与 W 面的交线称为侧面迹线，用 P_W 表示，P_H、P_V 的交点 P_X 一定在 X 轴上，它是 P、V、H 三面的共有点。由于 P_V 位于正面内，所以它的正面投影和它本身重合。同理，P_H 的水平投影和它本身重合，它的正面投影和 X 重合。为了简便起见，通常我们只标注迹线本身，而不再用符号标出它的各个投影，由于图 2-32(a) 中 P_H、P_V 是平面上的两条相交直线，图 2-32(b) 中 P_H、P_V 是平面上的两条平行直线，这种迹线表示法和确定一个平面的几何元素表示法本质上是一样的，所以两条迹线即可确定一个平面。

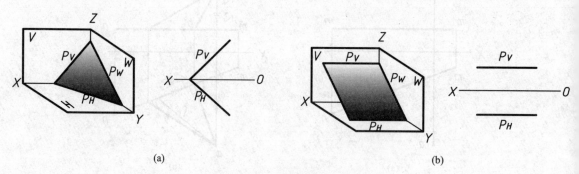

(a)

(b)

图 2-32 平面的迹线表示法

二、各种位置平面的投影特性

根据平面在三面投影体系中与三个投影面所处位置的不同，可将平面分为一般位置平面、投影面垂直面和投影面平行面三大类。

（一）一般位置平面

如图 2-33(a) 所示，$\triangle ABC$ 倾斜于 H、V、W 面，是一般位置平面。它与三个投影面的倾角，分别用 α、β、γ 表示。

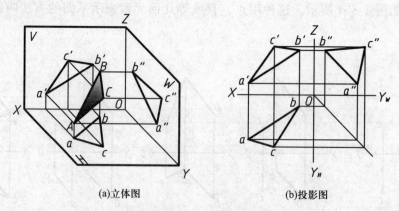

(a)立体图

(b)投影图

图 2-33 一般位置平面

图 2-33(b) 是 $\triangle ABC$ 的三面投影，三个投影都是 $\triangle ABC$ 的类似形，且均不能直接反映该平面对投影面的真实倾角。

由此可得到一般位置平面的投影特性：三面投影均是面积缩小了的类似图形（边数相等，凸凹性不变）。

（二）投影面垂直面

垂直于一个投影面而与另外两个投影面倾斜的平面，叫做投影面垂直面。根据该平面所垂直的投影面不同，可将投影面垂直面分为：正垂面（$\perp V$，倾斜于 H、W 面），铅垂面（$\perp H$，倾斜于 V、W 面），侧垂面（$\perp W$，倾斜于 V、H 面）。

表 2-3 列出了三种投影面垂直面的立体图、投影图和投影特性。

表 2-3　投影面垂直面的立体图、投影图及投影特性

名称	铅垂面（$\perp H$，倾斜 V、W）	正垂面（$\perp V$，倾斜 H、W）	侧垂面（$\perp W$，倾斜 V、H）
立体图	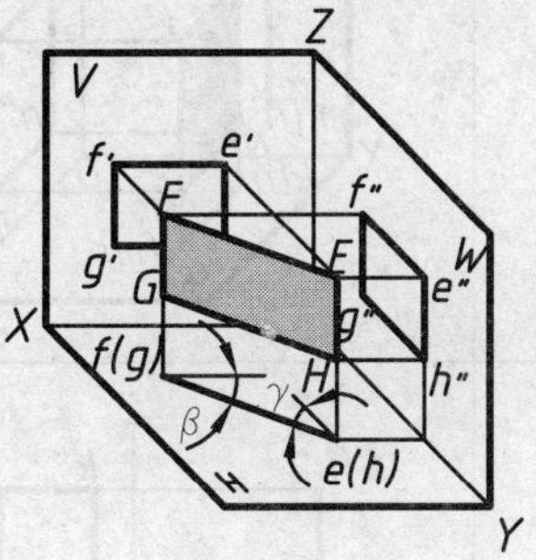	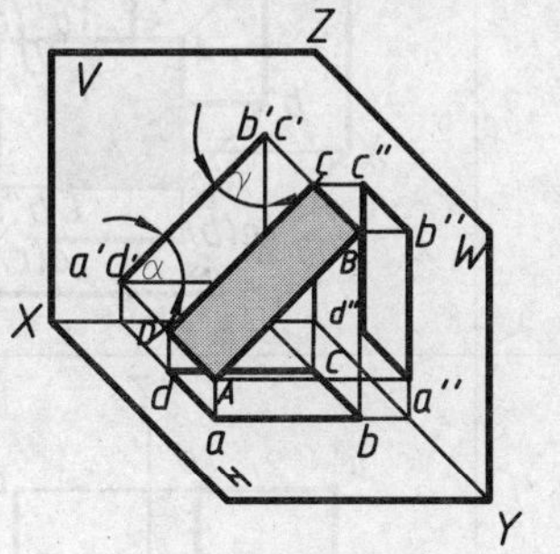	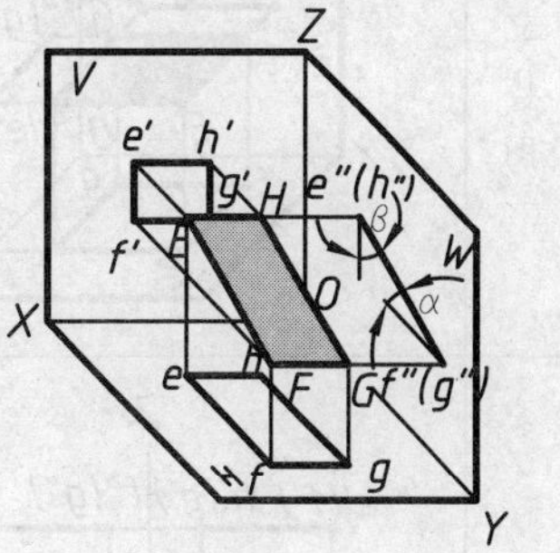
投影图	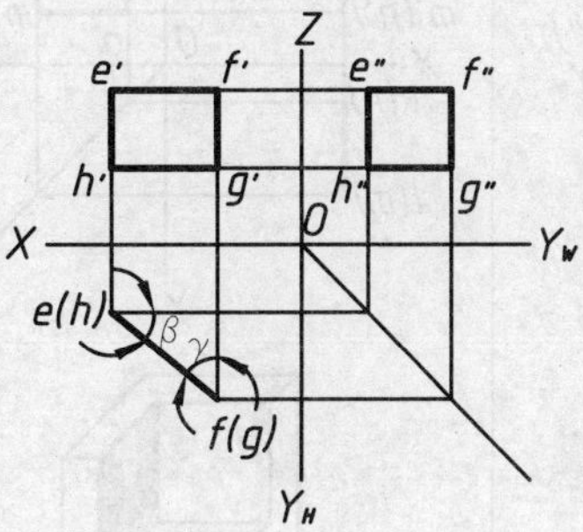	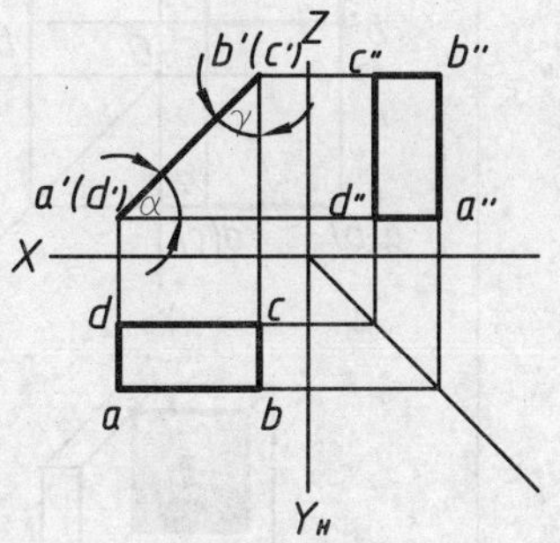	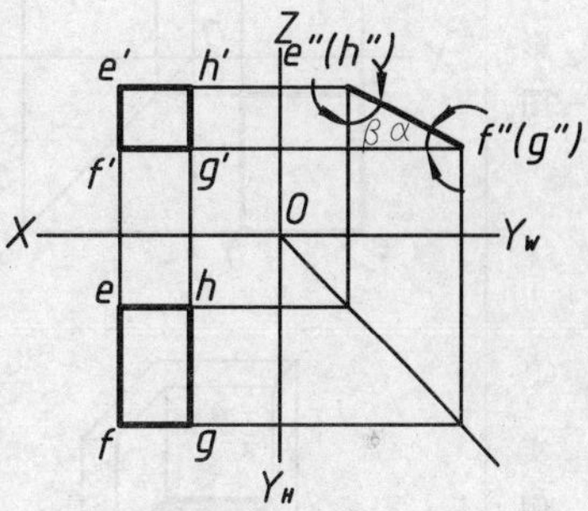
实例	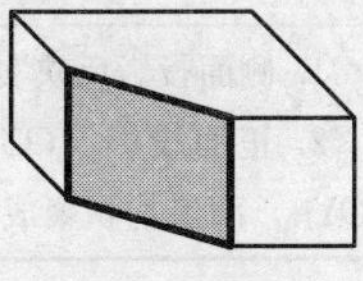	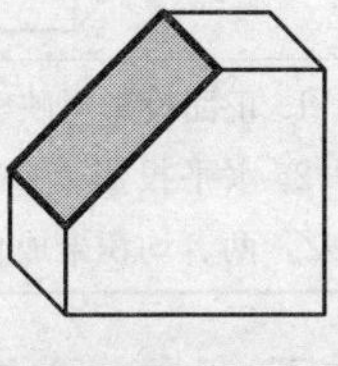	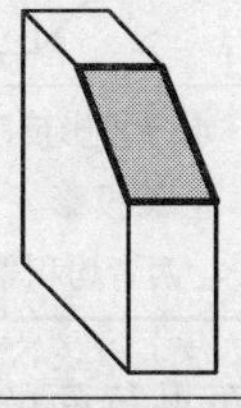
投影特性	1. 水平投影积聚成斜线，且反映真实倾角 β、γ 2. 正面投影、侧面投影为面积缩小了的类似图形	1. 正面投影积聚成斜线，反映真实倾角 α、γ 2. 水平投影、侧面投影为面积缩小了的类似图形	1. 侧面投影积聚成直线，反映真实倾角 α、β 2. 正面投影、水平投影为面积缩小了的类似图形

投影面垂直面的投影特性可概括如下：

（1）在其所垂直的投影面上的投影积聚成斜线；该斜线与投影轴的夹角，反映该平面对另外两个投影面的真实倾角。

（2）在另两个投影面上的投影为面积缩小的类似图形。

（三）投影面平行面

平行于某一个投影面的平面，叫做投影面平行面。平行于某一投影面则必垂直于另外两个投

影面。根据该平面所平行的投影面不同，可将投影面平行面分为：水平面（∥H，垂直V、W）正平面（∥V，垂直H、W），侧平面（∥W，垂直V、H）。

表2-4列出了三种投影面平行面的立体图、投影图和投影特性。

表2-4　投影面平行面的立体图、投影图及投影特性

名称	水平面（∥H，垂直V、W）	正平面（∥V，垂直H、W）	侧平面（∥W，垂直V、H）
立体图	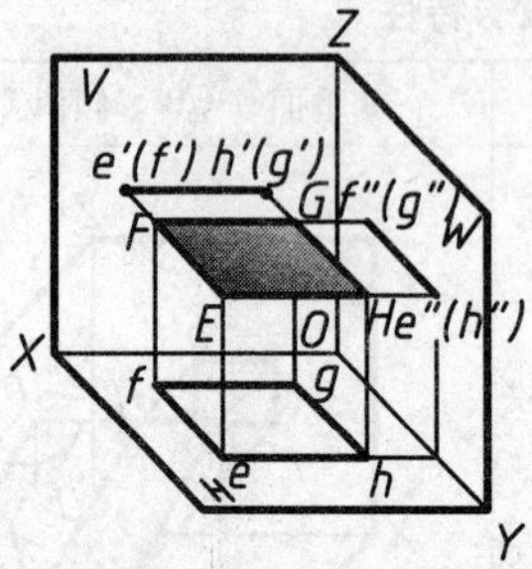	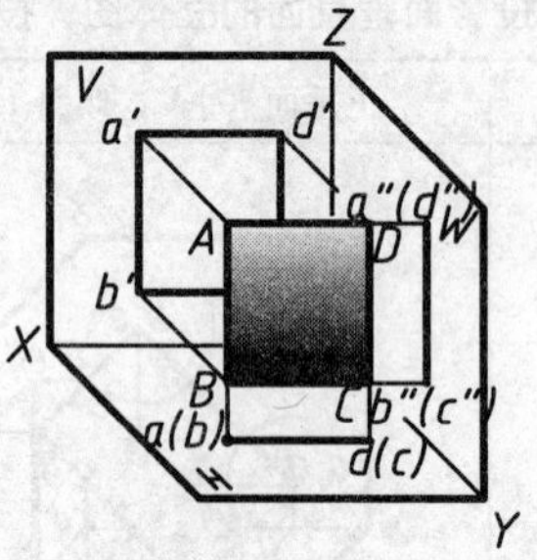	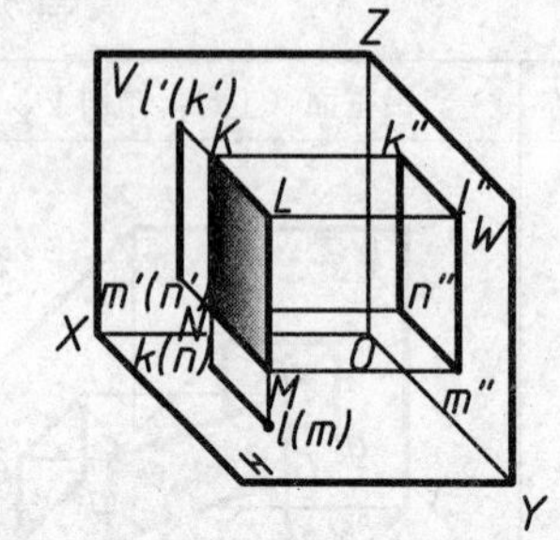
投影图	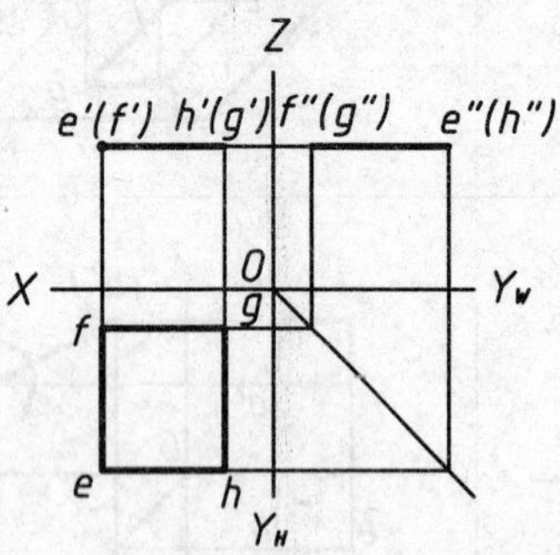	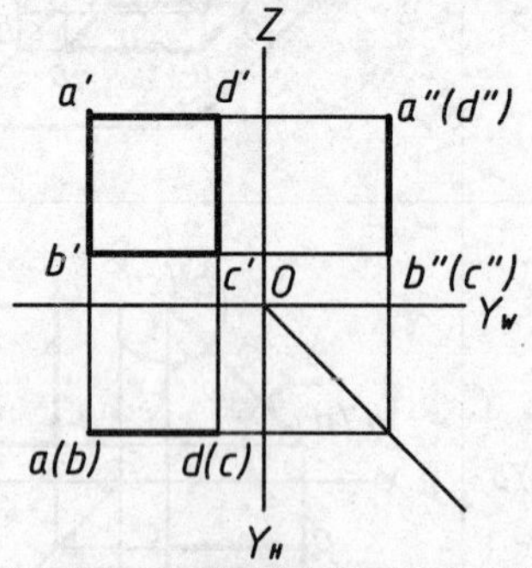	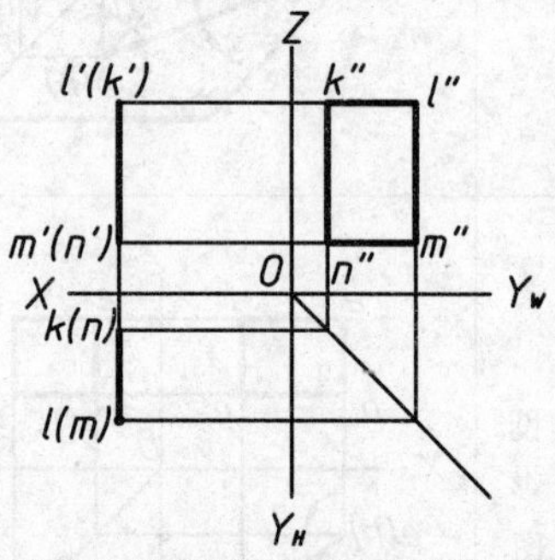
实例	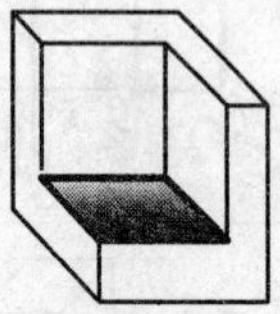	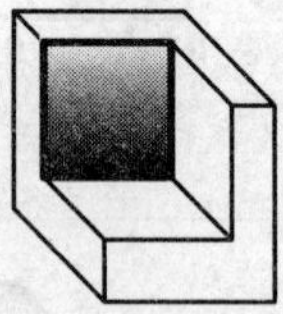	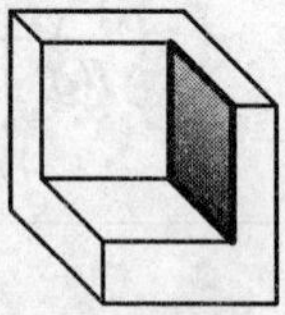
投影特性	1. 水平投影反映实形 2. 正面投影∥OX，侧面投影∥OY_W，两者均积聚成直线	1. 正面投影反映实形 2. 水平投影∥OX，侧面投影∥OZ，两者均积聚成直线	1. 侧面投影反映实形 2. 正面投影∥OZ，水平投影∥OY_H，两者均积聚成直线

投影面平行面的投影特性可概括如下：

（1）在其所平行的投影面上的投影反映实形。

（2）在另外两个投影面上的投影积聚为直线，且平行于相应的投影轴（围实形投影的那两个投影轴）。

三、平面内的点和直线

点和直线在平面内的几何条件是：

（1）点在平面内，则该点必定在这个平面内的一条直线上。因此，只要在平面内任意一条直线上取点，那么所取的点一定在该平面上。

（2）直线在平面内，则该直线必定通过这个平面上的两个点；或者通过这个平面内的一个点，且平行于这个平面内的一条直线。

如图 2-34 所示，点 D 和直线 DE 位于相交两直线 AB、BC 所确定的平面内。

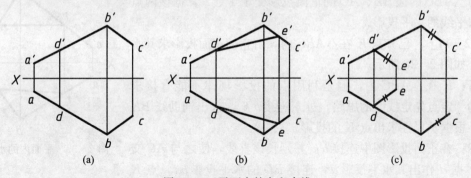

(a)　　　　　　　(b)　　　　　　　(c)

图 2-34　平面内的点和直线

[例 2-8]　在已知平面 ABC 内作一任意直线。

作图：在平面 ABC 内作直线时，只需通过已知平面内任意两点做一直线即可。如图 2-35 所示，可在已知边 AB 上取一点 M(m，m′)，AC 上取点 N(n，n′)；连 MN(mn，m′n′) 即为一解。本例有无数个解。

[例 2-9]　判断直线 EF 是否在平面 ABC 内，如图 2-36 所示。

分析：如果直线 EF 在平面 ABC 内，则由图可知，EF 延长后与 AB、AC 都相交（排除平行的可能性）且投影交点满足点的投影规律。

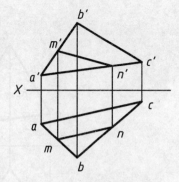

图 2-35　在平面内取线

作图：

(1) 延长 e′f′ 与 a′b′、a′c′ 交于 1′2′；

(2) 在 ab、ac 上分别求出 1、2，并连接 1、2。因 ef 和 12 不在一条直线上，说明直线 EF 不在平面 ABC 内。

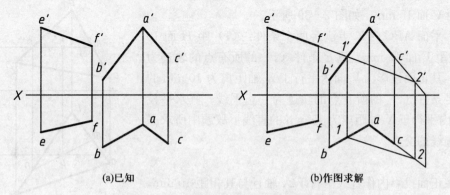

(a)已知　　　　　　　　　　(b)作图求解

图 2-36　判断直线是否在给定平面内

[例 2-10]　在 △ABC 内作一条水平线，使其距 H 面为 10 mm，如图 2-37 所示。

分析：水平线的正面投影应平行于轴且距 X 轴距离为 10 mm，该直线在 △ABC 内，所以该直线经过 △ABC 内的两个已知点。据此可求解作图。

作图：在正面投影中作平行于 X 轴的直线且距 X 轴 10 mm，该直线与△ABC 的边 AB、AC 的正面投影交于 $1'$、$2'$，据该两点可求出水平线的水平投影。

[**例 2-11**] 已知点 K 在△ABC 内，由它的正面投影求其水平投影。如图 2-38 所示。

分析：K 在△ABC 内，但是利用点的投影规律不能直接求出，借助"定点先定线"的思路，过 k' 连接 $b'k'$，求出辅助线 BK 的投影，根据从属性求出点 K 的投影。

作图：在正面投影图中连接 $b'k'$ 并延长该直线，使之与 AC 交于点 d'，据 d' 作出其水平投影 d，连接 BD 的水平投影 bd，点 K 的水平投影 k 必在 bd 上。

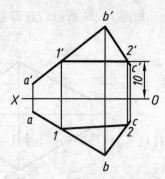

图 2-37 平面内的水平线

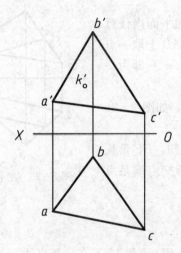 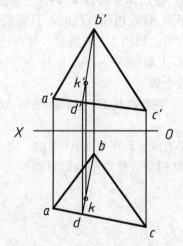

图 2-38 求平面内点的投影

[**例 2-12**] 在平面 ABC 内求一点 K，使其距 H 面 10 mm，距 V 面 15 mm。如图 2-39 所示。

分析：平面 ABC 内 K 点满足两个条件：（1）距 H 面 10 mm；（2）距 V 面 15 mm。满足条件（1）的所有点的轨迹为一水平线，其正面投影为 V 面内平行于 X 轴距离为 10 mm 的直线；满足条件（2）的所有点的轨迹为一正平线，其水平投影为 H 面内平行于 X 轴距离为 15 mm 的直线；故题中所求 K 点为两轨迹线的交点。

作图：

（1）在正面投影内作直线平行于 X 轴且与其相距 10 mm，使与 $a'b'$、$b'c'$ 分别交于 m'、n'，并据此求出其水平投影 m、n，连接 mn；

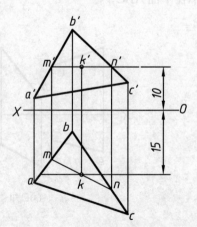

图 2-39 求平面内 K 点的投影

（2）在水平投影中作平行于 X 轴的直线且距 X 轴 15 mm，该直线与 mn 交于点 k 即为所求点 K 的水平投影。并据此求出正面投影 k'。

第三章 直线与平面、平面与平面的相对位置

点、直线和平面这些空间几何元素之间的相对位置关系主要有：两点的相对位置，点在直线上，两直线之间的相对位置，点、直线在平面内，直线与平面、平面与平面的相对位置。其中两点的相对位置，点在直线上，两直线之间的相对位置，点、直线在平面内这些内容在第二章中已经讲述，因此，本章主要介绍直线与平面、平面与平面的相对位置。

直线与平面、平面与平面的相对位置可分为平行、相交或垂直，垂直是相交的特殊情况。下面介绍它们的投影特性和作图方法。

第一节 直线与平面、平面与平面平行

一、直线与平面平行

从初等几何知道，若直线平行于属于定平面的一直线，则直线与该平面平行。

如图 3-1，直线 AB 平行于属于平面 P 的直线 CD，则直线 AB 与平面 P 平行。特殊情况：若直线与特殊位置平面平行，则该平面的积聚投影与直线的同面投影平行。

[例 3-1] 试判断已知直线 AB 是否平行于平面 CDE。如图 3-2 所示。

分析与作图：问题决定于是否可作出一属于平面 CDE 且平行于 AB 的直线。为此，作属于平面的辅助线 FG，先使 fg//ab，再作出相应的正面投影 f'g'，查看 f'g' 与 a'b' 是否平行。因 f'g' 不平行 a'b'，则 FG 不平行 AB，即平面内没有平行于 AB 的直线。所以直线 AB 不平行于该平面。

[例 3-2] 过已知点 K 作一水平线平行于已知平面 ABC。如图 3-3 所示。

分析与作图：过点 K 可作无数平行于已知平面的直线，其中只有一条是水平线。可先作属于已知平面的任一水平线 CD，再过点 K 作直线 EF 平行于 CD。因 EF 平行于定平面内的水平线 CD，所以 EF 一定也是水平线，且平行于平面 ABC。

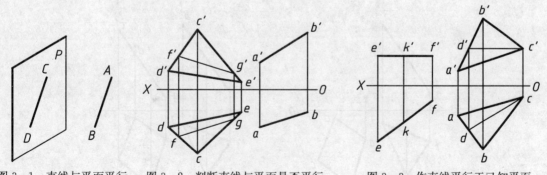

图 3-1 直线与平面平行　　图 3-2 判断直线与平面是否平行　　图 3-3 作直线平行于已知平面

二、平面与平面平行

如果一个平面内的相交两直线对应平行于另一个平面内的相交两直线，则此两平面平行。如

图 3-4 所示，两对相交直线 AB、BC 和 DE、EF 分别属于平面 P 和 Q，且它们对应平行，则平面 P 和平面 Q 相互平行。

[例 3-3] 已知由平行两直线 AB 和 CD 给定的平面。试过平面外一点 K 作一平面平行于已知平面，如图 3-5 所示。

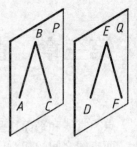

图 3-4　两平面平行

分析： 只要过点 K 做一对相交直线对应地平行于已知平面内的一对相交直线，因此需先有一对属于已知平面的相交直线。但题目只给了一对平行线，所以再引属于该平面的一直线 MN 与它们相交。然后过点 K 做一对相交直线 EF、GH，使他们分别平行于直线 AB 和 MN，相交两直线 EF 和 GH 确定的平面即为所求。

作图：

(1) 在 ab、cd 上取 m、n 两点，连接 mn；

(2) 对应地求出 m'n'；

(3) 在正面投影中过 k' 作 e'f'、g'h' 分别平行于 a'b'、m'n'，在水平投影中过 k 作 ef、gh 分别平行于 ab、mn，由相交两直线 EF 和 GH 确定的平面即为所求。

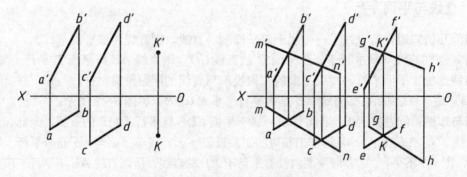

图 3-5　作平面与已知平面平行

[例 3-4] 已知平面 △ I Ⅱ Ⅲ 为一正垂面，另一平面 ABCD 与其平行，试完成平面 ABCD 的正面投影，如图 3-6 所示。

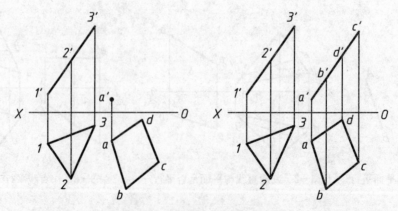

图 3-6　两特殊位置平面平行

分析： 与正垂面平行的平面必定还是正垂面，因此所作平面的正面投影也积聚为一条直线，且一定平行于已知平面的正面投影，这样才能保证两个平面平行。相互平行的两投影面垂直面，它们的一对有积聚性的投影必平行。

作图：

（1）在正面投影图中过 a' 作一与平面△ I II III 的正面投影平行的直线；

（2）对应地求出 b'、c'、d'，则直线 $a'b'c'd'$ 即为平面 $ABCD$ 的正面投影。

第二节　直线与平面、平面与平面相交

　　直线与平面、平面与平面若不平行就必相交。相交就要求出交点或交线。直线与平面相交只有一个交点，是直线和平面的共有点，它既在直线上又在平面内。因此，求交点就归结为求直线与平面的共有点。两平面的交线是一直线，这条直线为两平面的共有线。欲找出这一直线的位置，只要找出属于它的两点（或找出一点和交线的方向）就可以了。求直线与平面的交点及平面与平面的交线，可分以下五种情况分别进行。

一、特殊位置直线与一般位置平面相交

　　如果直线处于特殊位置（投影面垂直线），平面处于一般位置，求交点时可利用直线投影的积聚性来求。

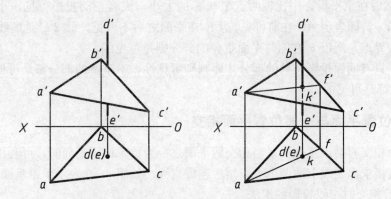

图 3-7　特殊位置直线与一般位置平面相交

　　图 3-7 为铅垂线 DE 与一般位置平面 ABC 相交，DE 的水平投影 de 积聚为一点。交点 K 既然属于直线，那么它的水平投影一定与该直线水平投影积聚的点重合。求其正面投影时，利用该交点同时也是平面内的点的特性来求。在水平投影内，过交点 K 的水平投影 k 连直线 af，f 在 bc 上，求出 AF 的正面投影 $a'f'$，交点 K 的正面投影一定在 AF 的正面投影 $a'f'$ 上，同时也一定在直线 DE 的正面投影上，二者的交点就是交点 K 的正面投影。

二、特殊位置平面与一般位置直线相交

　　直线与平面相交，如果平面处于特殊位置（与投影面平行或垂直），直线处于一般位置，求交点时可利用平面投影的积聚性来求。

　　图 3-8 为直线 MN 和铅垂面 ABC 相交。ABC 的水平投影 abc 积聚成一直线。交点 K 既然是属于平面的点，那么它的水平投影一定属于 ABC 的水平投影。但交点 K 又属于直线 MN，它

的水平投影必属于 MN 的水平投影。因此水平投影 mn 与 abc 的交点 k 便是交点 K 的水平投影。然后，在 $m'n'$ 上找出对应于 K 的正面投影 k'。点 K（k，k'）即为直线 MN 和三角形 ABC 的交点。

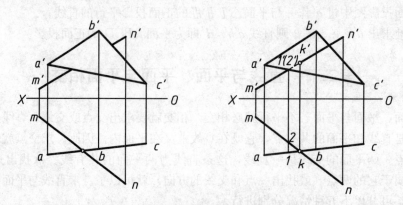

图 3-8　一般位置直线与特殊位置平面的交点

可见性判断：为了使图形清晰，需要在投影图上判别线段的可见性，被平面遮住的部分画成虚线。判断可见性的一般方法是利用交叉直线的重影点。例如判断图 3-8 中正面投影的可见性时，可找出交叉直线 MN 与 AC 的正面投影的重影点 I（1，$1'$）、II（2，$2'$），I 在 AC 上，II 在直线 MN 上。然后在水平投影中比较两点 Y 坐标的大小，大者正面投影可见，小者正面投影不可见。今 $Y_I > Y_{II}$，即表示 AC 在前可见，$II K$ 在平面之后不可见，故 $2'k'$ 是虚线。K 是直线可见与不可见的分界点，所以 k' 右侧与平面重叠的部分则是可见的。

应当指出，只有同面投影重叠的部分才要判别可见性，不重叠的部分都是可见的。因此，水平投影中的 mn 都是可见的。

三、特殊位置平面与一般位置平面相交

平面与平面相交时会产生交线，当相交两平面之一为特殊位置平面时，可利用特殊位置平面投影的积聚性直接求出交线上的两个点，然后连成直线。如图 3-9 表示了铅垂面△DEF 与一般位置平面△ABC 相交时交线投影的求法。

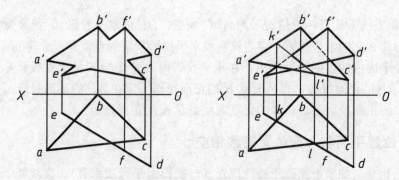

图 3-9　特殊位置平面与一般位置平面的交线

由于△DEF 是铅垂面，其水平投影 def 积聚为一条直线。两平面交线的水平投影必与 def 重合，但交线又是△ABC 内的直线，其水平投影必有两点分别位于△abc 的某两边或其延长线

上。可见，def 与 ab、ac 的交点 k、l 即为平面交线上两点的水平投影。据 k、l 分别在 $a'b'$、$a'c'$ 上求出 k'、l'。kl、$k'l'$ 即为所求。

图 3-9 还判断了可见性，判断方法与图 3-8 相同，不再重述。但要注意交线是可见与不可见的分界线，并且只有同面投影图形重叠时才存在可见性的判断问题，它们不重叠的部分都是可见的。因此，水平投影△abc 都可见，无需判断。

四、一般位置直线与一般位置平面相交

由于一般位置直线与一般位置平面的投影均不具有积聚性，因此二者相交时不能在投影图上直接求出交点来，必须利用辅助平面，经过一定的作图过程才能求得。

如图 3-10 所示，用辅助平面法求一般位置直线 DE 与一般位置平面△ABC 的交点，其具体做法如下：

（1）包含已知直线 DE 作辅助平面 P；

（2）求辅助平面 P 与已知平面△ABC 的交线 MN；

（3）求交线 MN 与已知直线 DE 的交点 K 即为所求。

为求已知平面与辅助平面交线方便起见，辅助平面一般应为特殊位置平面。

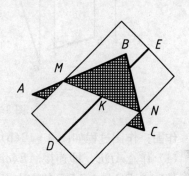

图 3-10　辅助平面法求一般位置直线与一般位置平面的交点

［例 3-5］　求 DE 与△ABC 的交点，如图 3-11(a) 所示。

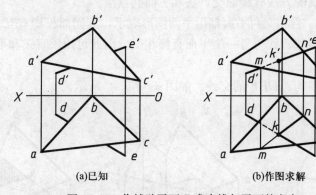

(a)已知　　　　　　(b)作图求解

图 3-11　作辅助平面 P 求直线与平面的交点

作图：

（1）包含 DE 作正垂面 P_V，即含 $d'e'$ 作 P_V；

（2）求两平面的交线 $MN(mn，m'n')$；

（3）求 DE 与 MN 的交点 $K(k，k')$。k 为 de 与 mn 的交点，据 k 可求出 k'；

（4）判断可见性。判断方法与前同，作图过程和结果如图 3-11(b) 所示。

［例 3-6］　过点 A 作 AF 使其与交叉直线 BC，DE 都相交。如图 3-12(a) 所示。

分析： 如图 3-12(c) 所示，由点 A 与直线 DE 确定一个平面，由于 BC 与 DE 交叉，则 BC 与平面 ADE 相交，求其交点 K，连接直线 AK，该直线在平面 ADE 内，与 DE 必相交，且经过了 BC 上的 K 点，与 BC 也一定相交。

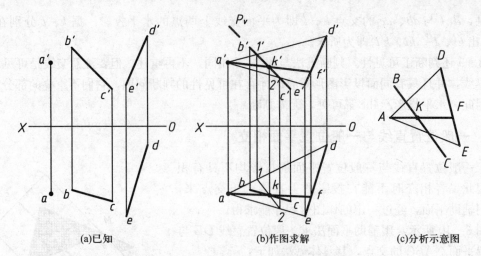

(a)已知　　　　　(b)作图求解　　　　　(c)分析示意图

图 3-12　过点 A 作 AF 与交叉直线相交

作图：作图过程如图 3-12(b) 所示。

(1) 作△ADE，即连接 AE(ae，a'e')，AD(ad，a'd')；

(2) 求 BC 与△ADE 的交点 K；

(3) 连 AK 并延长使其与 DE 交于 F，则 AF 即为所求。

五、一般位置平面与一般位置平面相交

求两一般位置平面交线的方法有线面交点法和三面共点法。

1. 线面交点法求交线　当相交两平面都用平面图形表示，其同面投影有互相重叠的部分时，便表明其中一个平面内的某些直线与另一个平面直接相交，因此可用求直线和平面交点的方法找出交线上的两个点。

　　[**例 3 - 7**]　　求△ABC 与△DEF 的交线。如图 3-13(a) 所示。

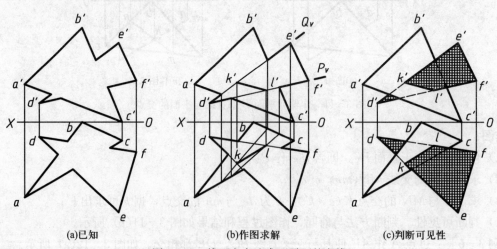

(a)已知　　　　　(b)作图求解　　　　　(c)判断可见性

图 3-13　线面交点法求两平面的交线

　　分析：图示两三角形的同面投影有相互交叠的部分，可采用线面交点法求交线上的点。本例选 DE、DF 作直线求其与△ABC 的交点。

作图：

（1）包含 DE 作正垂面 Q_v，求出 DE 与△ABC 的交点 K；

（2）包含 DF 作正垂面 P_v，求出 DF 与△ABC 的交点 L；

（3）连接 KL，并判断可见性。

直线的选取方法：凡线段的投影和另一平面图形的同面投影不重叠，就表明该线段在空间不直接和平面图形相交（需扩大平面图形后才有交点），因而不宜选用这类直线来求它和另一平面的交点。例如本例中的 $a'b'$、$e'f'$ 和 bc、ef 均不与另一平面图形的同面投影重叠，不宜选 AB、BC、EF 来求它们对另一平面的交点。至于 AC 直线的两个投影都与另一平面的两个同面投影重叠，但是在△ABC 中只有这样的一条直线，所以本例也不宜选它。

2. 三面共点法求交线　图 3-14 是用三面共点法求两平面共有点的示意图，图中已给两个平面 R 和 S，为求该两平面的共有点，取任意辅助平面 P，它与平面 R、S 分别交于直线 A_1B_1 和 C_1D_1，而 A_1B_1 和 C_1D_1 的交点 K_1 为三面所共有，当然是 R、S 两平面的共有点。同理，作辅助平面 Q 可再找出一个共有点 K_2。K_1K_2 即为 R、S 两平面的交线。

图 3-15 中△Ⅰ Ⅱ Ⅲ 和一对平行线 MN、EL 各决定一平面。为求该两平面的交线，根据图 3-14 所示的原理，取水平面 P 为辅助平面。利用积聚性，分别作出平面 P 与原有两平面的交线 A_1B_1（a_1b_1，$a_1'b_1'$），C_1D_1（c_1d_1，$c_1'd_1'$）。A_1B_1 和 C_1D_1 的交点 K_1（k_1，k_1'）便为一个共有点。同理，以辅助平面 Q 再求出一共有点 K_2（k_2，k_2'），K_1K_2 即为所求的交线。

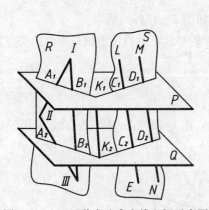

图 3-14　三面共点法求交线空间示意图

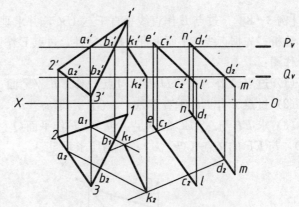

图 3-15　三面共点法求交线投影作图

辅助平面 P、Q 是任意取的，为了作图简便，应取特殊位置面为辅助面，这里取的是水平面。若取正平面或其他特殊位置平面，则作图过程也一样。

第三节　直线与平面、平面与平面垂直

垂直分为直线与平面垂直和平面与平面垂直两个问题。

一、直线与平面垂直

由初等几何知：如果一条直线和一个平面内的两条相交直线垂直，那么这条直线垂直于这个平面。这条定理是解决有关直线和平面垂直的依据。如图 3-16 中直线 L 与 P 平面内两相交直线 AB、CD 垂直，则 $L⊥P$ 面。反之，如果直线 L 垂直于 P 平面，则直线必垂直于平面内的所

有直线,包括正平线和水平线。如图3-17中的 ⅠⅡ⊥△ABC,则 ⅠⅡ 必垂直于平面内的所有直线,包括正平线 AE 和水平线 BD(不一定是相交垂直)。它们的投影又有什么特点呢?

从直角的投影特性可知:12⊥bd,1'2'⊥a'e',这就是直线与平面垂直的投影特性,即直线的水平投影垂直于平面内水平线的水平投影,直线的正面投影垂直于平面内正平线的正面投影。反之,如直线、平面的投影具有上述投影特性,则直线与平面垂直。

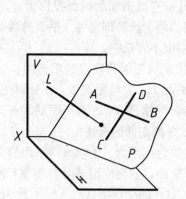
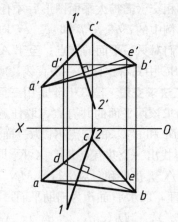

图3-16 直线与平面垂直的空间分析　　图3-17 直线垂直于平面的投影作图

[例3-8] 过点 E 作直线垂直于△ABC,并求垂足。如图3-18(a)所示。

分析:先据直线与平面垂直的投影特性,过点 E 作该平面的垂线,然后求垂线与平面的交点。

作图:

(1) 过点 A 作 AⅠ∥H 面,过点 C 作 CⅡ∥V 面;

(2) 过点 E 作 EF 垂直于 AⅠ、CⅡ,即 ef⊥a1,e'f'⊥c'2';

(3) 求 EF 与△ABC 的垂足:包含 EF 作平面 Q⊥H 面,求 Q 面与△ABC 的交线 ⅢⅣ(34, 3'4'),与 EF 的交点 K(k, k'),即为所求垂足。

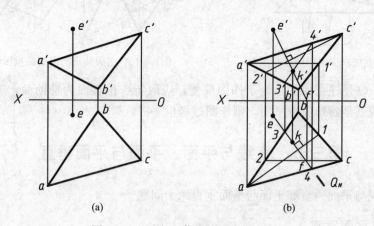

图3-18 过点 E 作直线垂直于△ABC

[例3-9] 已知 AB⊥BC,求 BC 的水平投影。如图3-19(a)所示。

分析:如图3-19(c)所示,因 AB⊥BC,则 BC 位于过 B 点与 AB 垂直的平面内。可见,本例可过点 B 作平面(BⅠ×BⅡ)垂直于 AB,BⅠ、BⅡ 为过 B 点的两条相交直线,这两条

相交直线中 $B\text{Ⅰ}$ 为水平线，$B\text{Ⅱ}$ 为正平线。然后在该平面内求 C 点。

作图：

(1) 过点 B 作水平线 $B\text{Ⅰ} \perp AB$，即 $b1 \perp ab$，作正平线 $B\text{Ⅱ} \perp AB$，即 $b'2' \perp a'b'$。

(2) 在 $B\text{Ⅰ}$、$B\text{Ⅱ}$ 所决定的平面内，含点 C 作 $\text{Ⅲ}\text{Ⅳ}$，即含 c' 作 $3'4'$，求出其水平投影 34。

(3) 据 c'，在 34 上求出 c，则 bc 即为所求。

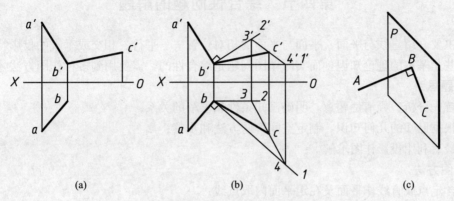

图 3-19　用作直线垂面和在平面内求点的方法求 bc

特殊情况：当平面为投影面垂直面时，垂线一定是投影面平行线；当平面为投影面平行面时，垂线一定是投影面垂直线。

二、平面与平面垂直

如果一个平面包含另一个平面的一条垂线，那么这两个平面相互垂直，如图 3-20 所示。如果两个平面垂直，那么过已知平面内一点作垂直于第二个平面的直线，必在第一个平面内。以上是解决两平面垂直问题的依据，而基础是直线与平面垂直。

[例 3-10]　含点 A 作平面垂直于 $\triangle\text{Ⅰ}\text{Ⅱ}\text{Ⅲ}$。如图 3-21 所示。

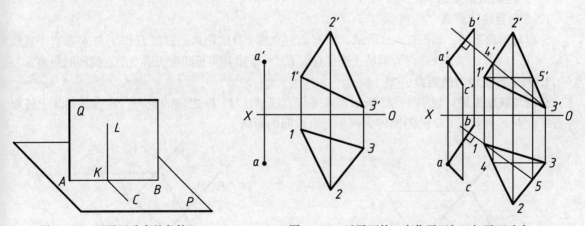

图 3-20　两平面垂直的条件　　　　图 3-21　过平面外一点作平面与已知平面垂直

分析：含点 A 只能作一直线垂直于定平面，但含此垂线可作无数个平面垂直于定平面，即本题有无数解。下面作其一解。

作图：

(1) 在△ⅠⅡⅢ作ⅠⅤ∥H面，ⅢⅣ∥Ⅴ面；

(2) 过点A作AB与ⅠⅤ、ⅢⅣ垂直（$ab \perp 15$，$a'b' \perp 3'4'$），即$AB \perp$△ⅠⅡⅢ；

(3) 过点A作任意直线AC，则AB、AC所决定的平面就与△ⅠⅡⅢ垂直。

第四节　综合性问题的解题

前面主要介绍直线与平面、平面与平面的相对位置——平行、相交或垂直的投影特性和作图方法，这些是基本的理论知识，而实际作图问题是综合性的，需要用到多种作图方法才能解决。

1. 解题思路

(1) 首先分析、弄清楚题意，明确已知条件和求解的关系；

(2) 根据已知的几何知识，制定空间解题方法和步骤；

(3) 最后利用投影作图求解。

2. 作图方法

(1) 含定点或直线作平面及在定平面内取点线；

(2) 求直线与平面的交点；

(3) 求两平面的交线；

(4) 含定点作直线平行于定平面（平行特性）；

(5) 含定点作直线垂直于定平面；

(6) 含定点作平面垂直定直线。

一、综合性问题的分类

根据点、直线、平面的相对位置关系，本节归纳总结出综合性问题基本可以分为以下几类：①距离度量问题；②角度度量问题；③其他综合问题。

（一）距离度量问题

1. 点到直线的距离

分析与解题思路： 如图3-22所示，求E点到直线CD的距离，过点E作平面P垂直于直线CD，求P与CD的交点F，F为垂足。连接直线EF并求出其实长即为所求点至直线间的距离。

2. 两平行直线间的距离

分析与解题思路： 如图3-23所示，求平行直线AB与CD之间的距离，在直线AB上任取一点E，点E到直线CD的距离即为两平行直线间的距离。

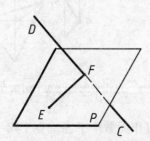
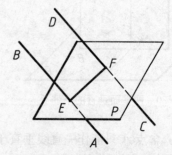

图3-22　求E点到直线CD的距离分析示意图　　图3-23　求平行直线AB与CD的距离分析示意图

3. 两交叉直线间的距离

分析与解题思路： 如图 3-24 所示。①包含 CD 作平面 P 平行于直线 AB；②过 AB 直线上任意一点 F 作平面 P 的垂线 FG；③求 FG 与平面 P 的交点 H；④FH 的实长即为交叉直线间的距离；⑤过 H 作 HI 平行于 AB，得 M；⑥作 MN 平行于 HF，得 N；MN 即为交叉直线 AB 与 CD 的公垂线。这种方法作图十分繁琐，用后续章节的换面法会简单些。

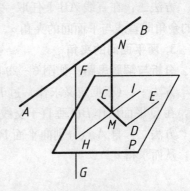

图 3-24　求交叉直线 AB 与 CD 的
距离分析示意图

4. 点到平面间的距离

分析与解题思路： 如图 3-25(a) 所示，过点 A 作平面 Q 的垂线，求出垂足 B，AB 即为点 A 到平面 Q 的距离；再求出直线 AB 的实长即可。直线和平行平面间的距离的求法如图 3-25(b) 所示，请自行思考。

5. 两平行平面间的距离

分析与解题思路： 如图 3-26 所示，在平面 Q 上任取一点 A，点 A 到平面 P 间的距离即为所求。

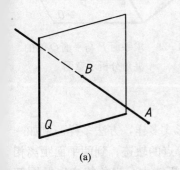

(a)

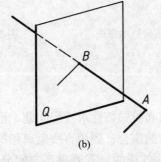

(b)

图 3-25　求点 A 到平面 Q 的距离分析示意图

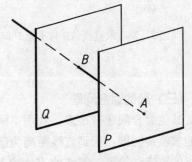

图 3-26　求平面 P 到平面 Q 的
距离分析示意图

（二）角度度量问题

1. 两相交直线间的夹角

分析与解题思路： 如图 3-27 所示，相交两直线组成一个平面，相当于求平面的实形。在 AB、AC 上分别任取线段 AD、AE，连接 DE，则 ADE 为三角形，使用直角三角形法求 $\triangle ADE$ 实形，则 AD 与 AE 直线所夹的角度即为两相交直线间的夹角。

2. 直线与平面间的夹角

分析与解题思路： 由初等几何知识可知，直线和它在平面上的投影所成的锐角称为该直线与该平面的夹角。

方法一：（根据定义作）自 A、B 两点分别向平面作垂线并求垂足 a、b，然后求 AB 与 ab 之间的夹角即为所求。这种方法

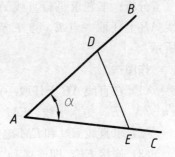

图 3-27　求两相交直线间的
夹角分析示意图

作图较麻烦。如图 3 - 28(a) 所示。

方法二：在直线 AB 上任取一点 B，由点 B 作平面 P 的垂线，再求直线 Bb 和 AB 的夹角 β；β 的余角即直线与平面间的夹角 α。如图 3 - 28(b) 所示。

3. 两平面间的夹角

分析与解题思路：如图 3 - 29 所示。

方法一：（根据定义求作）过 P 与 Q 两平面交线上任意一点 D，在 P 平面内作 CD 垂直于交线，在 Q 平面内作 BD 垂直于交线，则 CD 和 BD 的夹角即为 α。

方法二：自 A 点分别向平面 P、Q 作垂线，然后求 AC 与 AB 之间的夹角即为 β。α 与 β 互补，从而求得 α。

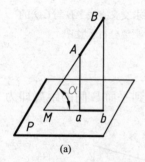 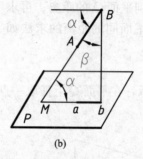

(a)   (b)

图 3 - 28　求直线 AB 与平面 P 间的夹角分析示意图

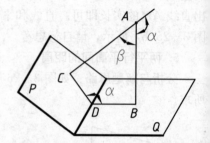

图 3 - 29　求平面 P 与平面 Q 间的夹角分析示意图

（三）其他综合问题

其他综合问题有很多，利用空间性质和投影特性求投影问题，形式多样，方法多样。例如一般的求轨迹问题：求到直线距离为已知点的集合；到两直线距离相等点的轨迹；到两平面距离相等点的轨迹，等等。解题的方法也是各种各样的，需要提高空间分析能力、想象能力以及图解能力。

二、综合性问题的解题示例

[例 3 - 11]　求平行两直线 AB 与 CD 之间的距离。如图 3 - 30(a) 所示。

分析：本题求平行直线 AB 与 CD 之间的距离，根据综合性问题分类的解题思路：在直线 AB 上任取一点 E，点 E 到直线 CD 的距离即为两平行直线间的距离。如图 3 - 30(b) 所示。

作图：

（1）在直线 AB 上任取一点 E，过点 E 作 AB 的垂直面，即作 $en \perp ab$，$e'm' \perp a'b'$，$em /\!/ X$，$e'n' /\!/ X$（EN 为水平线，EM 为正平线）；

（2）求直线 EN 和 EM 确定的平面与 CD 直线的交点 F；

（3）连接 EF，即连接 ef、$e'f'$；

（4）用直角三角形法求 EF 的实长。

直线 $EF(ef，e'f')$ 即为两平行直线间的距离，T_{EF} 即为两平行直线间的距离实长。

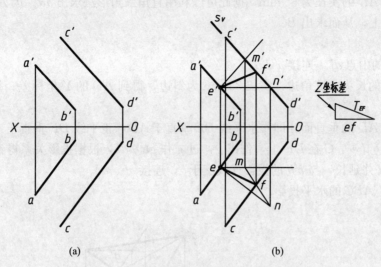

图 3-30　平行两直线 AB 与 CD 之间的距离

[例 3-12]　求直线 SK 与平面△ABC 的夹角。如图 3-31(a) 所示。

分析：本题直线 SK 与平面△ABC 的夹角，根据综合性问题的分类的解题思路：使用方法二，由点 S 作平面△ABC 的垂线，在垂线上任取一点 M，连接 SM、KM，再求△SKM 的实形，SK 与 SM 夹角的余角即直线与平面间的夹角 α。如图 3-31(b)、(c) 所示。

作图：

(1) 过点 S 作直线垂直于平面△ABC；

(2) 在垂线上任取一点 M，连接 SM、KM；

(3) 用直角三角形法求△SKM 的实形；

T_{SK} 与 T_{SM} 之间的夹角为 β，β 的余角 α 即直线与平面间的夹角。

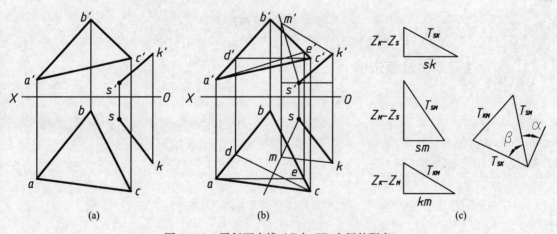

图 3-31　平行两直线 AB 与 CD 之间的距离

[例 3-13]　已知以 BC 为底边的等腰△ABC 的正面投影及 A 点的水平投影，又知△ABC 过 A 点的高的实长为 35 mm，试完成△ABC 的水平投影。如图 3-32(a) 所示。

分析： 如图 3-32(b) 所示，等腰△ABC 底边 BC 上的高 AD，则 $AD\perp BC$，且 D 为 BC 边

的中点，又已知 AD 的实长为 35 mm，据此可以利用直角三角形法求出 ad。因 $AD \perp BC$，BC 必在 AD 的垂直面上，从而求出 BC。

作图：

(1) 作 $b'c'$ 的中点 d'，连接 $a'd'$；

(2) 以 $a'd'$ 的长为一直角边，实长 35 mm 为斜边，得到 AD 的 Y 坐标差；根据投影关系求出 ad；

(3) 作直线 AD 的垂直面，即作水平线 DE 垂直于 AD，正平线 DF 垂直于 AD；

(4) 作 $c'g' \parallel d'e'$，G 在 DF 上，作出 g，过 g 作 $gc \parallel de$，根据投影关系得到水平投影 c；

(5) 连接 cd 并延长，与 $b'b$ 的投影连线交于 b，连接 ab、ac。

$\triangle abc$ 即为 $\triangle ABC$ 的水平投影。

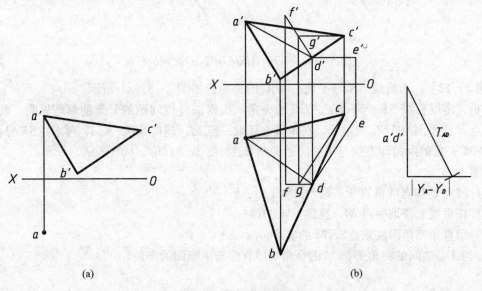

图 3-32 综合例题

第四章 换 面 法

在第二章内容的学习中,我们知道:当空间几何要素对投影面处于特殊位置时,在投影图中可直接得到直线的实长,平面的实形,直线、平面对投影面的倾角等,而一般位置的平面或直线,在各投影面上都不反映直线或平面的实形、实长。因此,利用更换投影面的方法,只要设法将空间几何元素相对于投影面处于特殊位置,即可方便地求解一般位置几何元素度量或定位问题。让空间几何元素的位置不动,用新的投影面(辅助投影面)代替原有投影面,使空间几何元素对新的投影面处于有利于解题的特殊位置,这种方法称为变换投影面法,简称换面法。

本章主要介绍换面法的概念和直线、平面的投影变换及其在解题中的具体应用。

第一节 换面法的基本概念

如图 4-1(a) 所示,三角形 ABC 为一铅垂面,该三角形在 V 面和 H 面构成的投影体系(以后简称 V/H 体系)中的两个投影都不反映实形。为了使新投影反映实形,取一个平行于三角形且垂直于 H 面的平面 V_1 来代替 V 面,则新建 V_1 投影面和保留 H 投影面构成一个新的两面体系 V_1/H。三角形 ABC 在 V_1/H 体系中 V_1 面的投影三角形 $a_1'b_1'c_1'$ 就反映三角形的实形。再以 V_1 面和 H 面的交线 X_1 为轴,使 V_1 面旋转至与 H 面重合,就得 V_1/H 体系的投影图,如图 4-1(b) 所示。

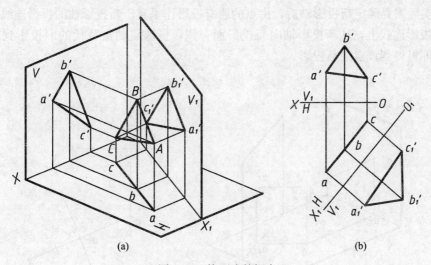

图 4-1 换面法的概念

显然,新投影面 V_1 是不能任意选择的。首先,要使空间几何元素在新投影面的投影能够帮助我们更方便地解题;其次,新投影面必须与原有的 H 面构成一个新的两面投影体系,这样才能根据正投影法原理作出新的投影图,因而新投影面的选择必须符合以下两条原则:

（1）新的投影面在新投影面体系中使空间几何元素处于有利于解题的位置。

（2）新的投影面必须垂直于原投影面体系中一个不变的投影面，以保证形成新的两投影面体系，继续使用正投影的规律。

第二节　点的投影变换规律

一、点的一次变换

点的换面法是其他几何元素换面法的基础。因此，必须首先掌握点的投影变换规律。

根据选择新投影面的条件可知，每次只能变换一个投影面。变换一个投影面即能达到解题要求的称为一次换面。

图 $4-2(a)$ 表示在 V/H 体系中，点 A 的正面投影为 a'，现在令 H 面不变，取一铅垂面 V_1 来代替正立投影面 V，形成新投影面体系 V_1/H。将点 A 按照正投影法向 V_1 投影面投射，得到新投影面上的投影 a_1'。这样，点 A 在新旧投影体系中的投影（a，a_1'）和（a，a'）都为已知，其中 a_1' 为新投影，而 a' 为旧投影，a 为新旧体系中共有的不变投影。

根据投影特性可知：在新投影体系 V_1/H 中，X_1 为新投影轴，$aa_1' \perp X_1$；a_1' 与 X_1 的距离是点 A 到 H 面的距离，由于这两个投影面体系具有公共的水平投影面 H，也就是在原体系 V/H 中的 a' 到投影轴 X 的距离。

根据以上分析，可以得出点的投影变换规律：

（1）点的新投影和不变投影的连线垂直于新投影轴。

（2）点的新投影到新投影轴的距离等于被替代的旧投影到旧投影轴的距离。

在换面法中，由点的原投影面体系中的投影求作它的新投影，是原投影面体系和新投影面体系之间进行投影变换的基本作图法，具体的作图步骤如下：

（a）按实际需要确定新投影轴后，由点的原有投影作垂直于新投影轴的投影连线。

（b）在投影连线上，从新投影轴向新投影面一侧，量取点的被替代的旧投影到旧投影轴之间的距离，即可得到该点的新投影。

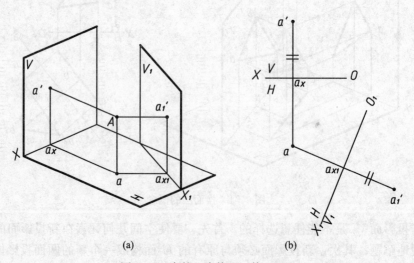

(a)　　　　　　　(b)

图 4-2　点的一次换面（换 V 面）

图 4-2(b) 中，由 V/H 体系中点的投影 (a, a') 求出 V_1/H 体系中的新投影。按照上述两个步骤作图：首先按要求条件画出新投影轴 X_1，新投影轴确定了新投影面在投影图上的位置；然后过点 a 作 $aa_1' \perp X_1$，在垂线上量取 $a_1'a_{x1} = a'a_x$，则 a_1' 即为所求的新投影。

使用一次换面时可以更换 V 面或 H 面，都按以上两个步骤作图。

二、点的三次变换

在运用换面法去解决实际问题时，更换一次投影面，有时不足以解决问题，而必须更换两次或更多次。图 4-3(a) 表示更换两次投影面时，求点的新投影的方法，其原理和更换一次投影面是相同的。

必须指出：在多次更换投影面时，新投影面的选择除必须符合前述的两个条件外，还必须是在一个投影面更换完以后，在新的两投影面体系中交替地再更换另一个。如在图 4-3(a) 中先由 V_1 面代替 V 面，构成新体系 V_1/H。再以这个体系为基础，取 H_2 面代替 H 面，又构成新体系 V_1/H_2。

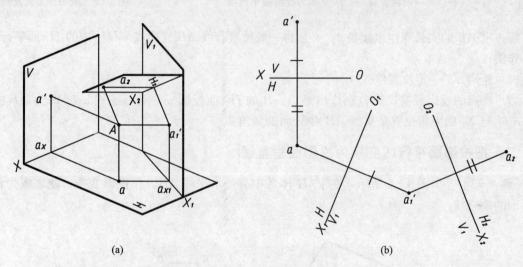

(a)   (b)

图 4-3 点的二次变换

第三节 直线的换面

一、把一般位置直线变换为投影面平行线

利用一次换面将一般位置直线变换成投影面平行线。新投影轴应平行于直线不变的投影。

如图 4-4(a) 所示，直线 AB 在 V/H 体系中为一般位置直线，取 V_1 面替换 V 面，使 V_1 面平行直线 AB 并垂直于 H 面。经过一次换面，AB 在新体系 V_1/H 中成为新投影面 V_1 的平行线。图 4-4(b) 中作出 AB 在 V_1 面上的投影 $a_1'b_1'$，则根据投影特性，$a_1'b_1'$ 反映线段 AB 的实长，新投影轴 X_1 在 V_1/H 中应平行于不变投影 ab，并且 $a_1'b_1'$ 与 X_1 轴的夹角 α 即为直线 AB 和 H 面的夹角。由于只要 $V_1 // AB$，AB 与 V_1 面的距离可以任意，即 X_1 与 ab 的距离可以任取。

同理，经过一次换面也可以将一般位置直线 AB 变换成新投影面 H_1 面的平行线。

[例 4-1] 如图 4-5 所示，已知直线 AB 的正面投影 $a'b'$ 和水平投影 ab，求 AB 的实长及其对 V 面的倾角 β。

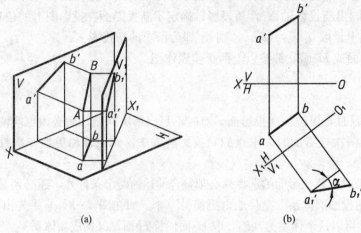

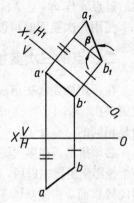

(a)	(b)

图 4-4　一般位置直线一次变换为投影面平行线　　　　图 4-5　求 AB 实长及倾角 β

解：求 AB 的实长和作出倾角 β，必须将一般位置直线 AB 变换成 V/H_1 中的 H_1 面平行线。

作图：

（1）距离 $a'b'$ 一定位置作 $X_1 /\!/ a'b'$。

（2）按点的投影变换规律分别作出点 A、B 的 H_1 面投影 a_1、b_1，连线 a_1b_1 即为 AB 的实长；a_1b_1 与 X_1 的夹角也就是直线 AB 对 V 面的倾角 β。

二、把投影面平行线变换为投影面垂直线

[**例 4-2**]　　如图 4-6 所示，在 V/H 体系中有一水平线 AB。作投影变换，使之成为新建投影面的垂直线。

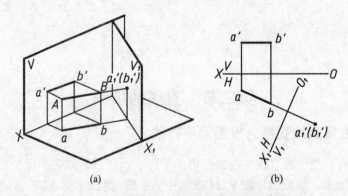

(a)	(b)

图 4-6　投影面平行线变换为投影面垂直线

解：在 V/H 体系中，直线 AB 对 H 面是平行线，故保留 H 面，建立新的投影面 V_1 替换 V 面，使 $V_1 \perp H$，并使 $AB \perp V_1$。由投影面垂直线的投影特性可知，新投影轴 X_1 应垂直于 ab，直线 AB 在这个投影面 V_1 内，直线的投影积聚为一点 a'_1（b'_1）。

作图（图 4-6b）：

（1）距离点 b 一定位置处，作 $X_1 \perp ab$。

（2）按点的换面规律分别作出 a'_1、b'_1。

同理，通过一次换面也可将正平线变成 H_1 面垂直线。

三、把一般位置直线变换为投影面垂直线

欲把一般位置直线变为投影面垂直线，显然，只换一次投影面是不行的。若选新投影面 P 直接垂直于一般位置直线 AB，则平面 P 也是一般位置平面，它和原体系中的任一投影面不垂直，因此不能构成新的投影面体系。

经过两次换面可以将一般位置直线变换为投影面垂直线，先将一般位置直线变换为投影面平行线，再将投影面平行线变换成投影面垂直线。如图 4-7(a) 所示，第一次把一般位置直线变为投影面 V_1 的平行线；第二次再把投影面平行线变为投影面 H_2 的垂直线。图 4-7(b) 表示其投影图的做法：

(1) 与图 4-4(b) 相同，作 $X_1//ab$，根据投影变换规律，作出 V_1 面上的投影 $a_1'b_1'$。

(2) 再在 V_1/H 中作 $X_2 \perp a_1'b_1'$，将 V_1/H 中的 ab 变换为 V_1/H_2 中的 $a_2(b_2)$。$a_2(b_2)$ 即为 AB 在 H_2 面上积聚成一点的投影。

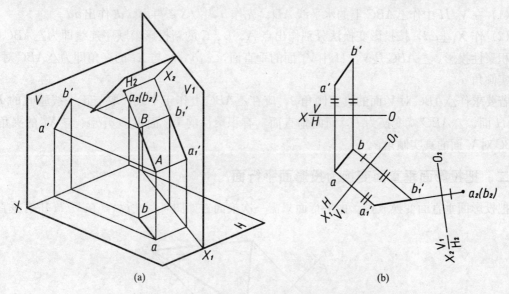

(a)　　　　　　　　　　　(b)

图 4-7　一般位置直线二次变换为投影面垂直线

第四节　平面的换面

一、把一般位置平面变换为投影面垂直面

如图 4-8(a) 所示，在 V/H 中有一般位置平面 $\triangle ABC$，要将它变换成 V_1/H 中的 V_1 面垂直面，可在平面 $\triangle ABC$ 上任取一条水平线 AD，取与 AD 垂直的 V_1 面为新投影面替换 V 面，则新投影面 V_1 垂直于 $\triangle ABC$，又垂直于 H 面，经过一次换面可将 V/H 中的一般位置平面变换成 V_1/H 中的 V_1 面垂直面，新投影 $a_1'b_1'c_1'$ 积聚成直线。这时，新投影轴 X_1 应与 $\triangle ABC$ 上平行于保留投影面 H 面的直线 AD 的水平投影 ad 相垂直。由于只要 V_1 面 $\perp$ 水平线 AD，$X_1 \perp ad$，因此与 a 或 d 的距离也可任意选取。

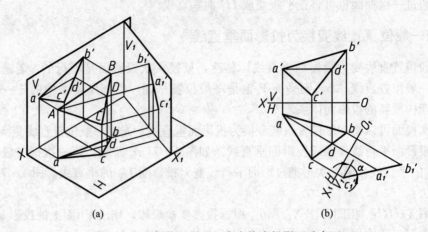

(a)   (b)

图 4-8　一般位置平面一次变换为投影面垂直面

作图（图 4-8b）：

（1）在 V/H 中作△ABC 上的水平线 AD：先作 $a'd'//X$，再由 $a'd'$ 作出 ad。

（2）作 $X_1 \perp ad$，按投影变换法分别作出点 A、B、C 的新投影，顺序连线即为△ABC 在 V_1 面的积聚性投影。△ABC 是 V_1/H 中 V_1 面的垂直面，$a'_1 b'_1 c'_1$ 与 X_1 的夹角即为△ABC 对 H 面的真实倾角 α。

若要求作△ABC 对 V 面的真实倾角 β，应在△ABC 上作正平线，取与正平线垂直的 H_1 面替换 H 面，△ABC 就变换为 H_1 面的垂直面，有积聚性的 H_1 面投影 $a_1 b_1 c_1$ 与 X_1 的夹角即为△ABC 对 V 面的真实倾角 β。

二、把投影面垂直面变换为投影面平行面

把投影面垂直面变换成投影面平行面只需一次换面。如图 4-9 所示，在 V/H 中有垂直于 V

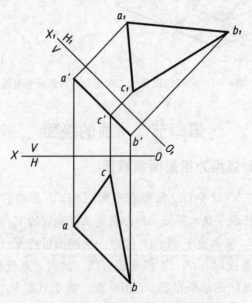

图 4-9　投影面垂直面变换成投影面平行面

面的平面 $\triangle ABC$，增加 H_1 面替代 H 面，使 H_1 面与 $\triangle ABC$ 相平行，则 H_1 面也垂直于 V 面，$\triangle ABC$ 就变成 H_1 面平行面，其在 H_1 面的投影反映实形，投影轴 X_1 应与 $\triangle ABC$ 在 V 面的积聚投影 $a'b'c'$ 相平行。作图过程：

（1）距离 $a'b'c'$ 一定位置，作 $X_1 // a'b'c'$。

（2）按投影变换规律作出点 A、B、C 的新投影 a_1、b_1、c_1，连线得到 $\triangle a_1 b_1 c_1$ 即为 $\triangle ABC$ 的实形。

三、把一般位置平面变换为投影面平行面

如果要把一般位置平面变为投影面平行面，必须更换两次投影面。第一次把一般位置平面变为投影面的垂直面，第二次再把投影面垂直面变为投影面平行面。

[例 4-3]　如图 4-10 所示，已知 V/H 中一般位置平面 $\triangle ABC$，求 $\triangle ABC$ 的实形。

解： 为求 $\triangle ABC$ 的实形，应将 $\triangle ABC$ 变为投影面平行面。因为 $\triangle ABC$ 是一般位置平面，与其平行的新投影面既不垂直于 H 面，也不垂直于 V 面，所以先进行第一次换面，将 $\triangle ABC$ 变换成 V_1/H 中的 V_1 面垂直面，然后再变换为 V_1/H_2 中的 H_2 面平行面。

作图：

（1）如图 4-10 所示，先在 V/H 中作 $\triangle ABC$ 上的水平线 CD 的两面投影 $c'd'$ 和 cd，再作 $X_1 \perp cd$，按投影变换的作图法作出点 A、B、C 的 V_1 面投影 a'_1、b'_1、c'_1，连接得到 $\triangle ABC$ 的 V_1 面投影 $a'_1 b'_1 c'_1$。

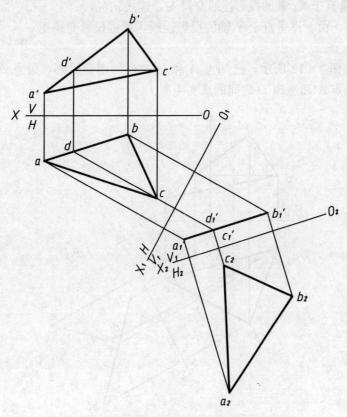

图 4-10　一般位置平面二次变换为投影面平行面

（2）如图4-10所示，作X_2//$a'_1b'_1c'_1$，由△ABC和$a'_1b'_1c'_1$作出△$a_2b_2c_2$，即为△ABC的实形。

第五节　用换面法求解点、直线、平面的定位和度量问题

有关点、直线、平面的定位和度量问题，常常涉及它们对投影面的相对位置，它们之间的从属关系（如点在直线上，点或直线在平面上等），它们之间的相对位置（如两点的相对位置、两直线的相对位置、直线与平面的相对位置、两平面的相对位置等）。前几节已经列举过一些有关用换面法求解定位和度量问题的例子，本节再举几个采用换面法求解定位和度量问题的例子。

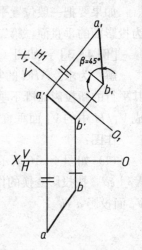

[**例4-4**]　如图4-11所示，已知直线AB的正面投影$a'b'$和点A的水平投影a，并知点B在点A的后方，AB对V面的倾角$\beta=45°$，求AB的水平投影ab。

解： 由题中已知倾角β，所以应将AB变换成V/H_1中的H_1面平行线，利用a_1b_1在H_1面的投影图中能反映出倾角β从而作出a_1b_1。由点B在V/H_1中的投影（b_1，b'），可按点的投影变换的基本作图法逆求原体系V/H中的投影b，即可得水平投影ab。

作图：

（1）距离$a'b'$一定位置作X_1//$a'b'$，根据点的投影变换规律，由a、a'作出a_1。在V/H_1中，由a_1向后（也就是向X_1轴）作与X_1轴成45°的直线，与过b'作垂直于X_1轴的投影连线交得b_1，连线a_1b_1。

（2）在V/H中，由b'作垂直于X轴的投影连线，根据投影变换规律，由b_1、b'作出b点。

图4-11　求水平投影ab

[**例4-5**]　如图4-12所示，已知点A和△BCD的两面投影，过点A作△BCD的垂线AE，求垂足E以及点A和△BCD之间的真实距离。

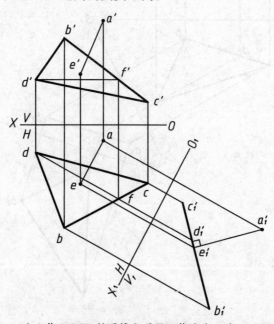

图4-12　过A作△BCD的垂线和垂足，作出点A与△BCD的距离

解：经一次换面将△BCD 变换成投影面垂直面，在新投影面体系中，根据投影特性，垂线 AE 的投影与△BCD 的积聚投影相垂直，并且 AE 平行于新投影面也平行于新投影轴。

作图：

（1）作出 V_1⊥△BCD，并作出点 A 和△BCD 的 V_1 面投影：作 df'//X，再作出 df；再作 X_1⊥df，按投影变换规律作出点 A、B、C、D 的 V_1 面投影 a'_1、b'_1、c'_1、d'_1。$b'_1c'_1d'_1$ 为 △BCD 的 V_1 面积聚投影。

（2）在 V_1/H 中作垂线 AE：从 a'_1 作直线 $b'_1c'_1d'_1$ 的垂线，即 $a'_1e'_1$⊥$b'_1c'_1d'_1$，点 e'_1 就 是垂足 E 在 V_1 面的投影，$a'_1e'_1$ 为点 A 到△BCD 的真实距离。根据投影特性，作 e'_1e⊥X_1，作 ae//X_1，两直线的交点即为垂足 E 的 H 面投影 e。

（3）在 V/H 中作出垂线 AE 和垂足 E 的投影 $a'e'$ 和 e'：由 e 作垂直于投影轴 X 的投影连线，根据点的投影变换规律，由 e'_1 到 X_1 的距离等于 e' 到 X 轴的距离，作出 E 的 V 面投影 e'。

[例 4-6] 如图 4-13(a) 所示，求△ABC 和△ABD 之间的夹角。

解：当两三角形平面同时垂直于某一投影面时，则它们在该投影面上的投影直接反映二面角 的真实大小。要使两三角形平面同时垂直某一投影面，只要使它们的交线垂直于该投影面即可。 如图 4-13(a) 所示。根据已知条件，交线 AB 为一般位置直线，若变为投影面垂直线则需经过 两次换面，即先变为投影面平行线，再变为投影面垂直线，如图 4-13(b) 所示。

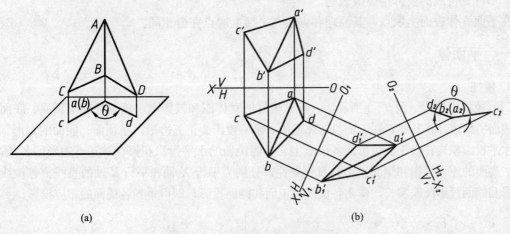

（a）　　　　　　　　　　　　　　　　（b）

图 4-13　求两三角形之间的夹角

作图：

（1）作 X_1 轴//ab，使交线 AB 在 V_1/H 体系中变为投影面平行线；

（2）作 X_2 轴⊥$a_1'b_1'$使交线 AB 在 V_1/H_2 体系中变为投影面垂直线。这时两三角形的投影 积聚为一对相交直线，它们的夹角即为两平面的夹角 θ。

第五章 立体的投影

根据立体表面构成的不同，立体可以分为平面立体和曲面立体。表面均为平面的立体称为平面立体，常见的平面立体有棱柱、棱锥等；表面为曲面或曲面与平面的立体称为曲面立体，如圆柱、圆锥、圆球、圆环等。

本章主要研究立体的投影，立体表面上的点和线的投影，立体被平面截割后的截交线及其投影，以及两回转体相贯时表面交线（相贯线）的投影。

第一节 立体及其表面上的点和线

由于平面立体的表面是由若干平面所围成的。平面立体上相邻两表面的交线称为棱线，因此绘制平面立体的投影可归结为绘制组成它的各表面和各条棱线的投影，可见棱线的投影用粗实线表达，不可见棱线的投影用虚线表达。

在平面立体表面上取点，其原理和方法与平面上取点完全相同。

一、平面体

1. 棱柱

（1）棱柱的投影。图 5-1 所示为一正五棱柱的立体图和投影图。该五棱柱由顶面、底面和五个侧棱面所围成。将其放置在三面投影体系中，水平投影为正五边形，呈顶面、底面的真形。各棱线的水平投影积聚在该正五边形的各顶点上。各侧棱面的水平投影积聚在该正五边形的各条边上。顶面、底面的正面投影和侧面投影具有积聚性，分别为平行 X 轴和平行 Y 轴的直线。各棱线的正面投影和侧面投影反映实长，作出各棱线的正面和侧面投影，即可得到各棱面的相应投影。

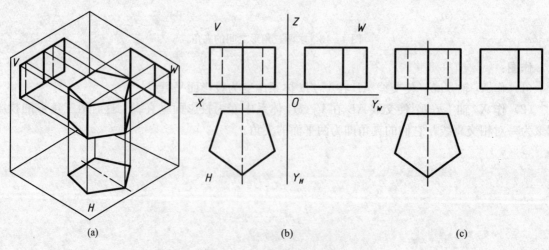

(a)   (b)   (c)

图 5-1 正五棱柱的投影

为了图形清晰起见，今后在投影图中不再画投影轴，而只要按照投影关系将三个投影分别放置在对应位置上即可（图 5-1c）。

由正五棱柱的投影图可总结出它们之间的投影关系。即"三等"规律：长对正，高平齐，宽相等。

"长对正" 是指立体或立体上任意元素的正面投影和水平投影，都处于同一铅垂位置，即同一个 X 坐标。

"高平齐" 是指立体及立体上任意元素的正面投影和侧面投影，分别处于同一高度上，也就是处于同一水平作图线上。即各对应元素的 Z 坐标的投影相等。

"宽相等" 是指立体及立体上任意元素在水平投影和侧面投影的 Y 坐标对应相同，因而其投影到相应投影轴 X（水平面）和 Z 轴（侧面）的距离相同（图 5-2）。

由该实例可总结出棱柱的投影特性：在与棱线垂直的投影面上的投影为一反映实形的多边形，另外两个投影均为矩形线框。

画棱柱的投影时，要先画出反映棱柱特征的多边形的投影，然后再根据棱柱的高画出其余两个投影。

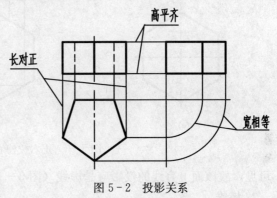

图 5-2　投影关系

（2）棱柱表面上取点。以正六棱柱为例，介绍棱柱的投影及其表面上取点和直线的投影。棱柱表面取点或线的基本方法是利用棱柱投影中的积聚性找出点或线的第二投影，然后，再根据"三等"规律找出第三面投影。

[例 5-1]　已知正六棱柱的正面投影和水平投影，以及该立体表面上的点和直线的正面投影（图 5-3a）。完成该立体的侧面投影、表面上点和直线的另两面投影。

分析： 该正六棱柱的正面投影和水平投影已知，根据"三等"规律即可作出其侧面投影。由于 $4'$ 可见，因此该点位于右前侧面上。$(3')$ 不可见，因此该点位于左后侧面上。由于该棱柱表面上的正面投影可见，因此线 IV、VII 位于前面的左右两个侧面上。

作图： 为了讨论方便，我们将该六棱柱各棱进行标注。

（1）作出六棱柱的侧面投影。根据"高平齐"的投影关系，作出该六棱柱上下两底的侧面投影。再根据"宽相等"、"高平齐"的投影关系，确定各棱线的侧面投影，并判别可见性，即可得到该六棱柱的侧面投影（图 5-3b）。

（2）作出表面上点的投影：根据"长对正"，过 III 点的正面投影（$3'$）作垂线，与 EF 面的水平投影相交，得到其水平面投影 3；再根据"宽相等"、"高平齐"的投影规律得到该点的侧面投影，即过水平投影 3 点，向 $45°$ 辅助作图线作水平线转折后向上，与过该点的正面投影（$3'$）所作的水平线交于一点，即为该点的侧面投影 $3''$。由于 EF 面的侧面投影可见，故该投影可见。IV 点投影的作图方法相同，该点在 BC 面上，该面的侧面投影不可见，故该点的侧面投影不可见，标注应该加括号（$4''$）表示。

（3）作出表面上直线的投影：我们知道，平面上直线的投影仍是直线。该六棱柱表面上已知线的两端分别在 AB 面和 BC 面上，所以是两条在 V 点相连接的直线。根据平面上点的作图方法，作出 I、V、II 点的三面投影后再逐点连接。注意到 II 点在 BC 面上，而 BC 面的侧面投影

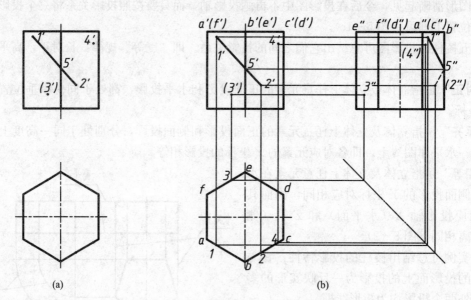

(a)　　　　　　　　　　　　　　　(b)

图 5 - 3　正六棱柱表面上点和线的投影

不可见，故该面上直线的投影应是虚线（图 5 - 3b）。

2. 棱锥

（1）棱锥的投影。图 5 - 4(a) 所示为一正三棱锥的正面投影和水平投影，要求画其侧面投影。

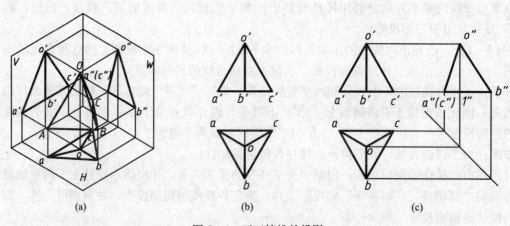

(a)　　　　　　　　　(b)　　　　　　　(c)

图 5 - 4　正三棱锥的投影

如图 5 - 4(b) 所示，具体作图过程如下：

在侧面投影上的适当位置，作一垂线，与由正面投影上的 o' 点引向侧面的投影连线相交，确定该点为 o'' 点，该垂线与 $a'b'c'$ 引向侧面的投影连线相交于 $1''$ 点（图 5 - 4c）。

再根据水平面投影与侧面投影"宽相等"的关系，用圆规量取水平面上 o 点到 ac 直线沿轴方向的距离，并在侧面上在 $1''$ 点的左边的水平辅助线上截出同样的距离，该点就是侧面投影 a'' 和 c''（因为 AC 线是侧垂线，故在侧面投影积聚成一点）。用同样的方法，用圆规在水平面上量出 ob 的长度，在侧面上的 $1''$ 右侧截取同样长度，得到 b'' 点。用粗实线连接各点则得到三棱锥的侧面投影。

由该实例可总结出棱锥的投影特性：在与底面平行的投影面上的投影为一反映真形的多边形，另外两个投影均为三角形线框。

画棱锥的投影时，要先画出反映棱锥特征的底面多边形、锥顶和各棱线的投影，然后再根据棱锥的高画出其余两个投影。

（2）棱锥表面取点。在棱锥表面上取点的作图方法与平面内取点的作图方法完全相同。但是要明确所取得点位于哪个表面上，这样可以根据表面的可见性区分该点的可见性。

[例5-2] 完成正三棱锥表面上的点和直线的水平和侧面投影（图5-5a）。

分析：根据平面上取点、线的作图方法，再根据已知点和线的可见性，即可求出它们的水平和侧面投影。

作图：如图5-5b所示，具体作图过程如下：

（1）作出三棱锥表面上各点的水平和侧面投影。根据该三棱锥各面的可见性，可以判断在立体表面上的各点的水平投影均可见；各点的侧面投影只有（3″）不可见。OAB面是一般位置平面，因此通过1′点作与 $a'b'$ 线平行的辅助线（也可以作过锥顶的辅助线），交 $o'a'$ 于 e'；根据"长对正"在 oa 上得到 e，再过 e 作 ab 线的平行线，在其上得到1。用同样的方法可以得到点的水平投影2和3。再根据点的投影规律得到点的侧面投影（图5-5b）。

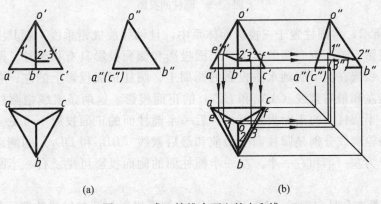

(a) (b)

图5-5　求三棱锥表面上的点和线

（2）作出三棱锥表面上 $1'2'$、$2'3'$ 线对应的水平和侧面投影。在得到该线上各点的水平和侧面投影之后，分别连接12、23和 $1''2''$、$2''3''$（不可见，画虚线），即完成该三棱锥表面上线的水平和侧面投影。完成后的投影见图5-5(b)。

从以上三例可知，平面立体棱上的点，及有积聚性表面上点的投影，可以直接作出。而一般位置平面上点的投影，可以利用过点作辅助线的方法来完成投影。

二、曲面体

工程上常见的曲面立体是回转体。回转体是由回转面或由回转面与平面围成的立体。工程上应用最多的回转体有圆柱、圆锥、球等。回转面是由一动线（称为母线，直线或曲线）绕着固定的轴线（直线）旋转而成的；回转面上任一位置的母线称为素线。母线上任一点绕轴旋转，形成回转面上垂直于轴线的纬圆。

1. 圆柱体

（1）圆柱体的投影。圆柱面是由一条母线以恒定的距离，绕与其平行的轴线旋转一周所形成的曲面。圆柱面上的所有素线都和轴线平行。圆柱体的表面由圆柱面和上下底面围成。

下面以一轴线为铅垂线的圆柱为例来研究圆柱及其表面上点和线的投影（图 5 - 6）。

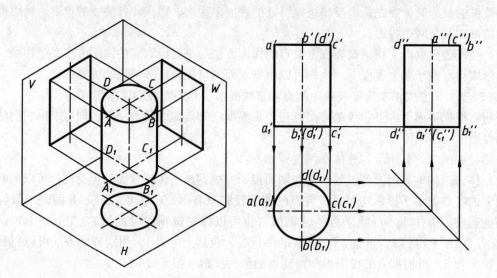

图 5 - 6　圆柱的投影

如图 5 - 6 所示，将圆柱置于三投影面体系中，且轴线放成铅垂线，则其上下底面是水平面，因此水平投影反映上下底圆的实形，正面投影和侧面投影具有积聚性。圆柱面的水平投影具有积聚性，积聚在上下底圆水平投影的圆周上。圆柱正面投影上的左、右两条轮廓线分别是圆柱面上最左和最右素线（AA_1 和 CC_1）的正面投影，这两条素线把圆柱面分为前一半和后一半。前一半圆柱面的正面投影可见，后一半圆柱面的正面投影不可见。圆柱侧面投影上的前、后两条轮廓线分别是圆柱面上最前和最后素线（BB_1 和 DD_1）的侧面投影。这两条素线把圆柱面分为左一半和右一半。左一半圆柱面的侧面投影可见，右一半圆柱面的侧面投影不可见。

特别注意：最左和最右素线（AA_1 和 CC_1）的侧面投影与圆柱轴线的侧面投影重合，其水平投影在圆柱水平投影圆与水平中心线的交点上。最前和最后素线（BB_1 和 DD_1）的正面投影与圆柱轴线的正面投影重合，其水平投影在圆柱水平投影圆与竖直中心线的交点上。

由上述圆柱投影分析可总结出圆柱的投影特性：在与轴线垂直的投影面上的投影为一反映上、下底面真形的圆，另外两个投影均为矩形线框。

画圆柱的投影时，要先确定三个投影的位置，即画出两条相互垂直的中心线和轴线的两个投影（用细点画线绘制），然后画出反映圆的投影，再根据圆柱的高画出其余两个投影。

（2）圆柱体表面上点和线的投影。直立圆柱表面上有 A、B、C、D、E 五点，作出这五个点的三面投影，如图 5 - 7(a) 所示。五个点都在圆柱面上，而该圆柱面的水平投影具有积聚性，所以五个点的水平投影都在圆柱面的水平投影的圆上。五个点中，A 点和 B 点处于特殊位置：A 点在圆柱面最左素线上，根据点的投影关系，其侧面投影 a'' 在轴线的侧面投影上，可以直接作出。A 点的水平投影 a，也可以直接作出；根据 b' 的可见性及其位置可知 B 点位于圆柱面的最前素线上，其水平投影 b 在圆柱面的水平投影圆与竖直中心线的前面交点上，其侧面投影在圆柱面的侧面投影的轮廓线上，可以直接作出（图 5 - 7b）。

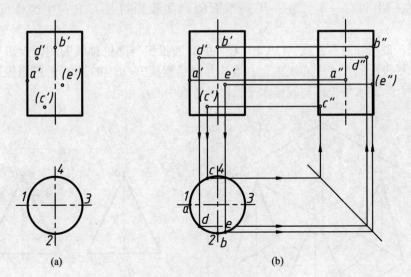

图 5 - 7　圆柱体表面取点

C、D、E 点不在特殊位置，则可以根据各点正面投影的可见性和圆柱面水平投影的积聚性，先作出点在有积聚性表面上的投影。再由点的正面和水平两投影，作出其侧面投影。具体作图过程见图 5 - 7b。

C 点的投影，根据正面投影（c'）的位置及不可见，可知其位于后、左半圆柱面上。可直接作出其水平面投影 c，在 14 之间的圆周上。根据 C 点的正面和水平两投影即可求出其侧面投影 c''，且可见。

D 点的投影，根据正面投影 d' 的位置及可见，可知其位于前、左半圆柱面上。可直接作出其水平面投影 d，在 12 之间的圆周上。根据 D 点的正面和水平两投影即可求出其侧面投影 d''，且可见。

E 点的投影，根据正面投影 e' 的位置及可见，可知其位于后、右半圆柱面上。可直接作出其水平面投影 e，在 23 之间的圆周上。根据 E 点的正面和水平投影即可求出其侧面投影 e''，且不可见。

2. 圆锥体

（1）圆锥体的投影。圆锥面是由一条直母线绕与其相交的轴线旋转一周所形成的曲面。圆锥是由圆锥面和底面所围成的立体。

如图 5 - 8 所示，圆锥的水平投影是一个圆，正面和侧面投影是两个等腰三角形。作三个投影时，首先画出水平投影中圆的中心线，以及圆锥轴线的正面和侧面投影，再作出圆锥的水平投影圆，最后画出其正面和侧面投影的等腰三角形。

圆锥投影分析：将圆锥置于三投影面体系中，且轴线放成铅垂线。则底面是水平面，因此其水平投影反映底圆的实形，正面投影和侧面投影具有积聚性。圆锥面的水平投影与底面圆的水平投影重合，无积聚性。圆锥正面投影上的左、右两条轮廓线分别是圆锥面上最左和最右素线（OA 和 OC）的正面投影。这两条素线把圆锥面分为前一半和后一半。前一半圆锥面的正面投影可见，后一半圆锥面的正面投影不可见。圆锥侧面投影上的前、后两条轮廓线分别是圆锥面上最前和最后素线（OB 和 OD）的侧面投影。这两条素线把圆锥面分为左一半和右一半。左一半圆锥面的侧面投影可见，右一半圆锥面的侧面投影不可见。

特别注意：最左和最右素线（OA 和 OC）的侧面投影与圆锥轴线的侧面投影重合，其水平投影与圆锥水平投影的水平中心线重合。最前和最后素线（OB 和 OD）的正面投影与圆锥轴线的正面投影重合，其水平投影与圆锥水平投影的竖直中心线重合。

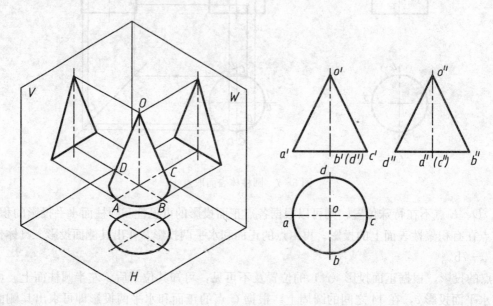

图 5-8　圆锥的投影

由上述圆锥的投影分析可总结出圆锥的投影特性：在与轴线垂直的投影面上的投影为一反映底面真形的圆，另外两个投影为等腰三角形。

画圆锥的投影时，要先确定三个投影的位置，即画出两条相互垂直的中心线和轴线的两个投影（用细点画线绘制），然后画出反映圆的投影，再根据圆锥的高画出其余两个投影。

（2）圆锥表面上取点。圆锥表面的各投影都没有积聚性，因此求作圆锥表面上点的投影，可以用素线法和纬圆法来完成。

（a）素线法。根据圆锥面的形成特点，可以过圆锥表面上的点，作一条过锥顶的直线，该直线即是圆锥表面上的一条素线。利用这个特点，可以完成锥面上点的三面投影。

[例 5-3]　完成圆锥表面上点的三面投影（图 5-9a）。

本例中圆锥表面上共有四个点，其中 A、B 两点处于特殊位置，可以直接做出，其中 A 点的正面投影在圆锥面上最左素线的投影上。根据投影关系，A 点水平投影 a 和侧面投影 a″ 可以直接作出（图 5-9b）。

B 点的正面投影在轴线的投影上，再根据其可见性，可知 B 点的侧面投影在锥面最前素线的侧面投影上，可根据点的投影规律，直接作出该点的侧面投影 b″ 和水平面投影 b。

C 点的正面投影在圆锥面的投影上，再根据其可见性，可知 C 点在后半圆锥面上。采用素线法，自锥顶 O 再过点 C 作一直线，并延长该线交底圆于 I 点，得直线 O I。该线的正面投影 o′1′ 很容易作出，根据投影对应关系，该线的其余两面投影也可以作出。由于 C 点在直线 O I

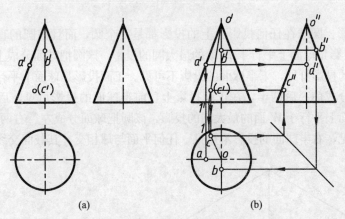

图 5 - 9 圆锥表面上点的投影

上，故可根据直线上点的投影关系，完成 C 点的三面投影（图 5 - 9b）。

（b）纬圆法。用一个垂直于圆锥轴线且平行于某投影面的假想平面，在适当部位将圆锥截开，则该截平面与圆锥面的交线是一个垂直于轴线的圆，即纬圆。利用这个特点，过圆锥表面上的点用一垂直于轴线的辅助平面截切，则根据点在截交线圆上，就可以找到点的投影。

[例 5 - 4]　完成圆锥表面上 A、B 两点的三面投影（图 5 - 10）。

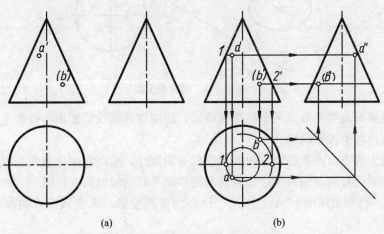

图 5 - 10　圆锥表面上点的投影

分析：在图 5 - 10(a) 中圆锥表面上有 A、B 两点的正面投影 a′ 和 b′，都在圆锥面上，都是一般位置点。因此用纬圆法求出它们的投影。

作图：由 a′ 可知，A 点位于前半锥面上，过 a′ 作 a′1′ 水平线，1′ 到圆锥轴线正面投影的距离即为过 A 点的水平截交线圆的正面投影的一半，也是截交线圆的半径。根据投影规律，在水平投影上作出该圆反映实形的水平投影，即可在其上得到 a。根据 A 点的两投影就可以作出其侧面投影 a″。

用同样的方法可作出 B 点的三面投影，只是要根据 B 点的位置，判别其投影的可见性（图 5 - 10b）。

由上两例可知，圆锥表面上的点，除特殊位置的点外，其余点的投影可采用素线法或纬圆法中的任一种方法，来完成该点的其余两面投影。

3. 圆球

（1）圆球的投影。圆球在任何投影面上的投影都是一个圆，而且该圆的直径与球的直径相等（图5-11）。水平投影是球面上平行于 H 面的最大圆的投影，该圆把球面分成上、下两半，在水平投影上，上半球面的投影可见，下半球面的投影不可见。正面投影是球面上平行于 V 面的最大圆的投影，该圆把球面分成前、后两半，在正面投影上，前半球面的投影可见，后半球面的投影不可见。侧面投影是球面上平行于 W 面的最大圆的投影，该圆把球面分成左、右两半，在侧面投影上，左半球面的投影可见，右半球面的投影不可见。任何平面与球相交，其截面交线都是一个圆。

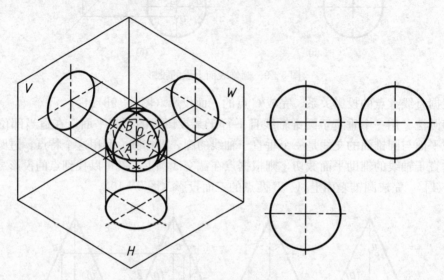

图 5-11　圆球的投影

画圆球的投影时，要先确定三个投影的位置，即用细点画线绘制出各投影上两条相互垂直的中心线，然后画出各个投影的圆。

（2）圆球面上取点。由于圆球表面的投影没有积聚性，所以在圆球表面上取点，除了特殊位置的点以外，一般位置的点要采用过该点且与投影面平行的辅助圆来作图。

[例5-5]　已知圆球面上 A、B、C、D 点的正面投影，求作该四点的水平面和侧面投影（图5-12）。

分析：A、B、C、D 四点均为圆球面上的特殊点，可以直接根据点的投影对应关系作出，只要注意判别各点的可见性，就可正确作出这几个点的其他两面投影。

作图：

（1）求 A 点的投影。根据 a' 点在正面投影的圆上且可见，可知 A 点位于球面上平行于 V 面的最大圆上，且在上半球面，故该点的水平投影和侧面投影在中心线上，可直接作出 a 和 a''。

（2）求 B 点的投影。根据 (b') 点在正面投影的水平中心线上且不可见，可知 B 点位于球面上平行于 H 面的最大圆上，且在后半球面上。故该点的水平投影和侧面投影可直接作出 b 和 b''。

（3）求 C 点的投影。根据 c' 点在正面投影的竖直中心线上且可见，可知 C 点位于球面上平行于 W 面的最大圆上，且在前半球面上。故该点的水平投影和侧面投影可直接作出 c 和 c''。

（4）求 D 点的投影。根据 d' 点在正面投影的圆上，可知 D 点位于球面上平行于 V 面的最大圆上，且在下半球面上。故该点的水平投影和侧面投影在中心线上，可直接作出 d 和 d''。

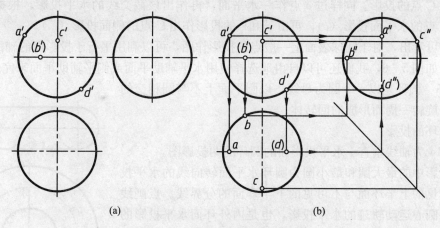

图 5-12 圆球面上特殊点的投影

[例 5-6] 作圆球面上一般位置 A、B、C 点的三面投影（图 5-13a）。

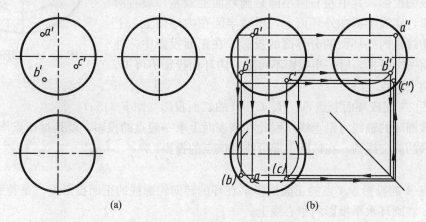

图 5-13 圆球面上一般点的投影

分析：A、B、C 都是圆球面上的一般位置点，需采用辅助圆法来作图，即用过点作水平面或侧平面的方法来完成点的三面投影。过点作水平面则截交线为一水平圆，在水平面上可以直接作出。而过点作侧平面，则截交线在侧面的投影为一圆，也可直接作出。再根据点的可见性，就可作出点的第二面投影。再根据点两面投影，作出第三面的投影。

作图：

（1）求 A 点的投影。过 a' 点作水平辅助平面，该平面与球面的截交线为一圆，该圆的水平投影反映实形。在正面投影中，该平面与球的转向轮廓线的两交点间的距离，就是该截交线圆的直径。

A 点的正面投影 a' 可见，因此 A 点位于上半球面上，A 点的水平面投影可见。这样在截交线水平投影的圆上即可确定出 A 点的水平面投影 a。再由点 A 的两面投影 a' 和 a，可作出其侧面投影 a''（图 5-13b）。

（2）求 B 点的投影。过 b' 作一辅助侧平面（当然也可作水平面），并作出该平面与球的截交线的侧面投影，由于该截交线是一个圆，并且是一个侧平圆。由于 B 点在该圆上，再根据 b' 点的可见性，可确定 B 点的侧面投影 b''，再根据 b' 和 b''，即可作出 B 点的水平投影（b），如图 5-13(b) 所示。

（3）求 C 点的投影。同样过 c' 点作一水平面，再作出该截交线的水平投影，根据 c' 的可见性，作出 C 点的水平面投影（c），再由 c'' 和 c 的投影作出 C 点的侧面投影（c''）。

从上例可看出，对于圆球表面上一般点的投影作图，可以利用平行于投影面的辅助平面法来完成作图。如例 5-6，我们还可以自由地选择使用水平辅助平面或侧平辅助平面来完成作图。

4. 圆环 圆环是以一个圆为母线，以圆平面上不与圆相交的直线为轴，旋转一周而形成的回转体。

（1）圆环的投影。

图 5-14 为轴线垂直于水平投影面的圆环的两投影图。

水平投影中的最大圆和最小圆为圆环水平面转向线的水平投影，也是可见的上半环面与不可见的下半环面的分界线。点画线圆为圆母线圆心运动轨迹的水平投影，也是内外环面水平投影的分界线，圆心则为轴线的积聚投影。

正面投影上的两个小圆和两圆的上下两水平公切线，是圆环面正面转向线的投影，其中左右两小圆是圆环面上最左、最右两素线圆的投影，实线半圆在外环面上，虚线半圆在内环面上，上下两水平公切线是内外环面的分界圆的投影。在正面投影中，外环面投影的前一半可见，后一半投影不可见；内环面投影不可见。

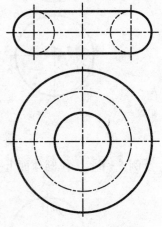

图 5-14 圆环的投影

（2）环面上取点。

[例 5-7] 完成环面上点 A、B、C、D 的二面投影（图 5-15a）。

分析：该圆环的轴线为铅垂线，因此在该表面上求一般点的投影，就是过该点作辅助的水平面，得到水平的截交线圆，在该圆上即可找到该点的投影。

作图：

（1）求点 A 的投影。A 点的正面投影 a' 在环的转向轮廓线的正面投影上，是特殊位置的点。其水平投影 a 在圆环水平投影的中心线上。

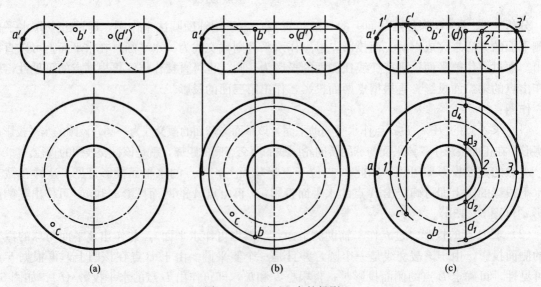

图 5-15 环面上点的投影

（2）求点 B 的投影。B 点为一般位置的点，过 B 点做一水平辅助平面，由于该环的轴线为沿垂线，故截交线为两同心圆，可作出该两同心圆的水平投影。根据 b' 的可见性，可知 B 点在前上半外环面上，依此可在外环面的截交线圆上找到该点的水平投影 b（图 3-15b）。

（3）求点 C 的投影。C 点的水平投影 c 已知，可知 C 点在前上外环面上。过 C 点做一水平辅助平面，则该圆的水平投影是一过 c 点的圆。由该圆的水平投影，可以作出其正面投影，是一条水平线。再根据 C 点的水平投影 c 的位置及可见性，即可作出 C 点的正面投影 c' 且可见（图 5-15c）。

（4）求点 D 的投影。D 点的正面投影不可见，因此，D 点在上半内环面上或在后半外环面上。过 D 点作水平辅助平面，并作出该截交线的水平投影的两同心圆。再由 D 点的正面投影 d' 点向水平面作投影连线，此时该投影连线与截平面的水平投影共有四个交点，d_1、d_2、d_3 和 d_4。其中除了 d_1 点在该环的前表面应是可见的，与原已知条件 D 点的可能位置矛盾外，其余三个投影点都与原题意相符，所以 d_2、d_3 和 d_4 都是 D 点的水平投影，或者说 D 点在正面的投影 (d')，所表现的点的空间位置不能唯一确定（图 5-15c）。

第二节 平面与立体表面相交

一、平面体的截交线

如图 5-16 所示，平面与立体相交称为截切。用以截切立体的平面称为截平面，立体与截平面相交时表面产生的交线称为截交线。由截交线围成的平面图形称为截断面。截交线为截平面和立体表面上的共有线。平面体被平面截切后的交线均为封闭的多边形。其顶点为平面体棱边与截平面的交点。因此，求平面体截交线投影的实质是求平面与棱线的交点的投影。

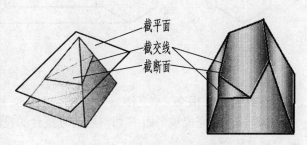

图 5-16 截交线的概念

截交线的空间形状是由立体的形状及截平面对立体的截切位置决定。求平面体截交线的一般步骤为：

（1）分析平面体的形状及截平面与平面体的相对位置，以便确定截交线的空间形状；分析截平面与投影面的相对位置，以确定截交线的投影特性，如实形性、积聚性、类似性等。确定截交线的已知投影，想象未知投影。

（2）根据问题的具体情况，选择适当的作图方法求截交线的投影。可先求出截交线多边形各顶点的投影，然后根据可见性连接其同面投影。

当然，对于被截切平面体的投影而言，还应通过分析来确定截切后立体轮廓线的投影。

1. 平面与棱柱相交 下面通过对正六棱柱被正垂面 P 切割，来研究截交线的投影和截断面的实形（图 5-17a）。作图步骤如下：

（1）完成正六棱柱侧面投影。平面 P 与正六棱柱的各棱的交点，即截平面的顶点，可通过从各点正面投影作水平辅助线交侧面投影的对应棱上，即得该截断面上的各顶点的侧面投影，依次连接各顶点，即得到截平面的侧面投影。而截平面的水平面投影与该立体的表面投影重合（图 5-17b）。

（2）求截断面的实形。由于切割平面 P 是正垂面，故截平面也是正垂面。在正面的投影积聚成一条直线。要求出它的实形，只要新建一个投影面与该截断面平行，将该截断面向新投影面投影，即可得到截断面的实形，作图方法：在正投影面，作新投影轴 X_1，平行于该截面的正面投影，并由该截平面正面投影的各顶点向 X_1 轴作垂线。再以水平面投影的 f 点为基准做一条基准线（以其他点为基准也可以），在新投影面上确定 f_1 点，再根据水平面上其余各点到基准线的距离，在新投影面上依次作出，再依次连接 $a_1 \rightarrow b_1 \rightarrow c_1 \rightarrow d_1 \rightarrow e_1 \rightarrow f_1 \rightarrow a_1$，则得到该截平面的实形（图 5 - 17c）。

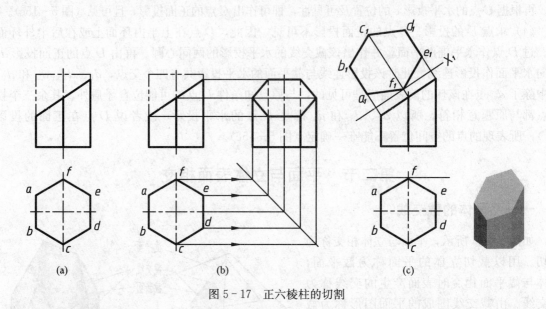

图 5 - 17 正六棱柱的切割

2. 平面与棱锥相交

[例 5 - 8] 完成被平面 P 切割后的五棱台的投影，并求出截断面的实形（图 5 - 18a）。

分析及作图：

（1）画出完整五棱台的侧面投影。由于该五棱台的正面投和水平面投影已给出，故根据点的投影关系，很容易作出第三面投影，在适当位置作一条 45° 的作图辅助线，将各点的侧面投影作出，根据可见性，完成侧面的投影（图 5 - 18b）。

（2）求出截断面的投影。该五棱台被正垂面 P 截切，与上底面的截交线是一条正垂线。该正垂线（既在平面 P 上的，也在该立体的上表面上）的两端点即平面与该立体上表面的两条边与平面 P 的交点。而 P 与其余几条棱的交点，则是该截断面上的顶点。

P 与上底面的交线的水平投影可以直接作出。依据该交线的两端点的水平投影，根据点的投影关系则可作出该交线的侧面投影。

P 平面与各棱的交点，可根据直线上点的投影规律方便地作出。其中处于正面投影中间的棱是侧平线，可先作出该交点的侧面投影，再求它的水平投影。截平面各顶点的投影完成后依次连接各点，即可得到截断面的投影（图 5 - 18d）。

（3）求出截断面的实形。由于截平面是正垂面，要作该截断面的实形，可作一新投影轴 X_1 轴，将该截平面进行投影变换，得到该截平面的实形。作图过程及结果见图 5 - 18(e)，实物见图 5 - 18(f)。

（4）整理截切后的五棱台的侧面投影轮廓线。擦掉截切掉的轮廓线，并检查轮廓线的可见性。

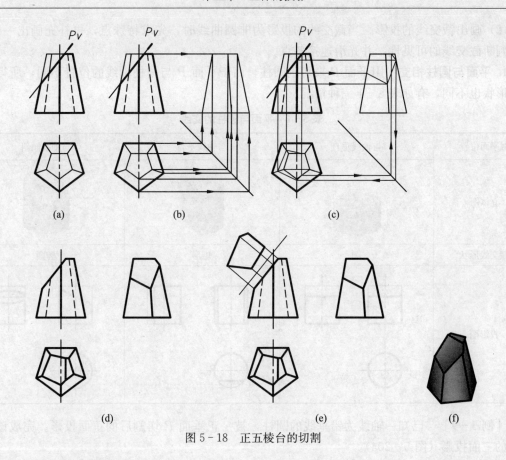

图 5-18　正五棱台的切割

二、曲面体的截交线

由回转面或平面和平面构成的曲面体称为回转体，回转体的截交线是指截平面截切回转体时表面产生的交线。如图 5-19 所示，其空间形状取决于回转体的形状及截平面与回转体轴线的相对位置。因为截交线是截平面和回转体表面的共有线，所以截交线的投影特性与截平面的投影特性相同。

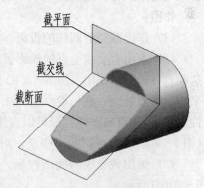

图 5-19　回转体的截交线

如图 5-19 所示，回转体的截交线在一般情况下是平面曲线或由平面曲线和直线段所组成，特殊情况下是多边形。作图时，只需作出截交线上直线段的端点和曲线上的特殊点和部分一般点的投影，连成直线或光滑曲线，便可得出截交线的投影。

曲线上的特殊点主要是指：最高点、最低点、最前点、最后点、最左点、最右点，可见与不可见的分界点（即轮廓线上的点），截交线本身固有的特征点（如椭圆长、短轴的端点）等。

求平面与回转体相交的截交线，常利用表面取点法或辅助平面法求解。

求平面与回转体截交线的一般步骤：

（1）空间及投影分析。分析回转体的形状以及截平面与回转体轴线的相对位置，确定截交线的形状；分析截平面与投影面的相对位置，明确截交线的投影特性，如积聚性、类似性等。

（2）画出截交线的投影。当截交线的投影为非圆曲线时，先求特殊点，再补充画出一般点然后判断截交线的可见性，并光滑连接各点。

1. 平面与圆柱相交　用平面 P 来切割圆柱，由于平面 P 与圆柱轴线的位置不同，所得的截交线形状也不同，有如表 5-1 三种情况。

表 5-1　平面与圆柱的交线

截平面位置	与轴线垂直	与轴线平行	与轴线倾斜
立体图		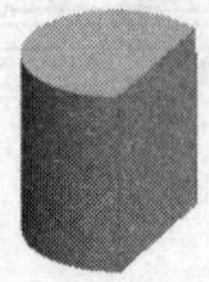	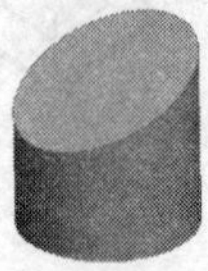
截交线形状	圆	矩形	椭圆
投影图	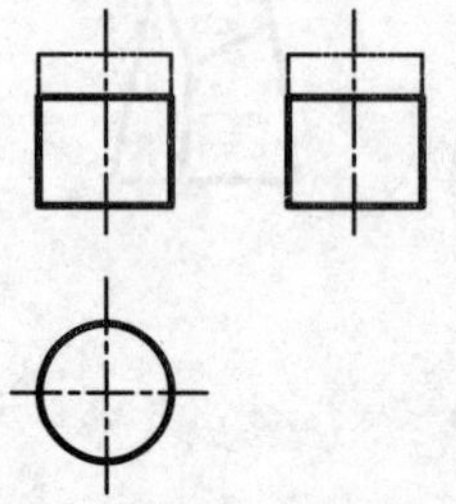	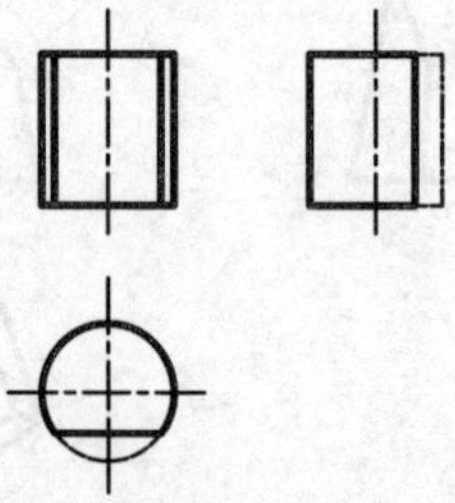	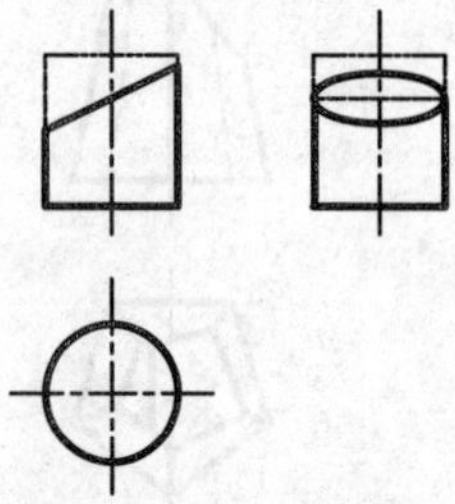

[例 5-9]　已知一轴线为铅垂线的圆柱，被一正垂面 P 切割后的正面投影。完成该切割圆柱的三面投影（图 5-20a）。

分析： 由于切割面 P 倾斜于圆柱的轴线，故截交线是椭圆。可找出数个截交线上的点，然后用光滑曲线将各点连接起来，就得到该截交线椭圆的投影。

作图：

（1）作出截割前圆柱的投影。

（2）求出截交线上点的投影。作出截交线上特殊点的投影，即椭圆长、短轴上的四个端点，这些点可以直接作出（图 5-20b）。特殊点的个数有限，仅靠几个特殊点还不能准确地作出椭圆来，故需要补充一些一般点。如图 5-20c 图上的 1、2 点，由于圆柱面在水平面的投影有积聚性，故 1、2 点的水平投影可以直接作出，根据这两点的两面投影，就可求出其侧面投影 $1''$、$2''$（图 5-20c）。也可再找一些点，则重复上面的过程，作出 3、4、……。

（3）画出截交线的侧面投影。判别可见性，依此光滑连接各点，即得到完整的椭圆，如图 5-20(d)所示。

（4）求截断面的实形。由于该截面垂直于正面，故保留正面，新建投影面垂直于正面且平行于该截平面（图 5-20e），在适当位置作平行于 X_1 轴的该椭圆的长轴，根据换面投影规律，将正面投影的各特殊点向新投影轴引垂线并延长，再根据各点到对称轴的距离将特殊点作出，再补充一些一般点。找足够数量的点，即可连接成椭圆，完成投影。当然也可以用四心圆法来完成该椭圆的作图。

上面所采用的作图方法为描点法，对于曲面立体的投影及切割来说，往往所得的截交线不是圆或直线。从理论上讲，这类曲线我们不能直接作出，故常利用描点法来作图。描点法步骤可概括为：**先作出特殊点，再补充一般点，最后连点成线。**

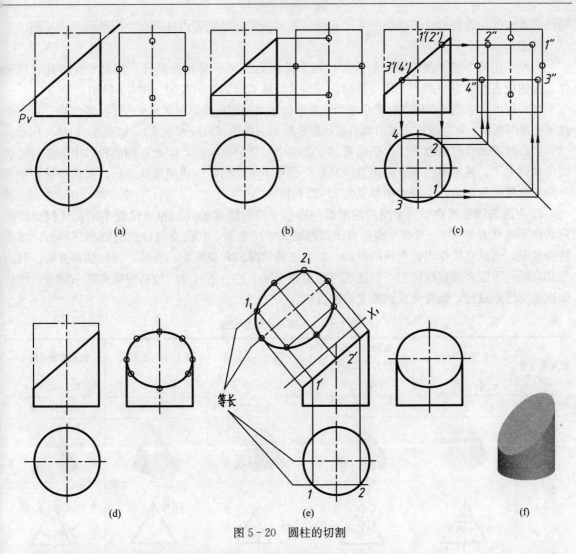

图 5-20 圆柱的切割

[**例 5-10**] 完成被切割圆管的水平和侧面投影（图 5-21a）。

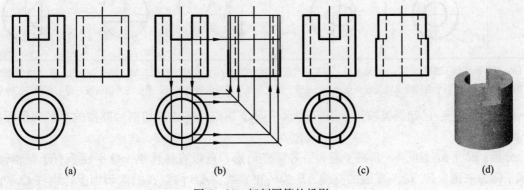

图 5-21 切割圆管的投影

分析：该圆管被三个平面切割，其中两个平面是平行于圆管的轴线的侧平面，一个平面是垂直于轴线的水平面。圆管被平行于轴线的平面截割后，管的外表面及内表面的截交线都是平行于轴线的直线。而管被垂直于轴线的平面切割后，其截断面是圆管内外表面之间的两个水平面。

作图：

（1）作出两个侧平截切面切割圆管后四个截断面的水平和侧面投影，其水平投影具有积聚性，是四段直线。再根据"三等"规律，求出其反映实形的侧面投影（图 5-21b）。

（2）作出水平截切面切割圆管后两个截断面的水平和侧面投影，其水平投影反映实形，可直接找到。再根据"三等"规律，求出其具有积聚性的侧面投影（两段水平线），如图 5-21（b）所示。

（3）整理圆管的轮廓线。由于圆管的正上部中间部分被切除，因此在侧面投影中上部的轮廓线也被切去了，再考虑到圆管的内表面的截交线是不可见的，应该用虚线表示，圆管没被切割部分的轮廓线完整画出，作图的结果见图 5-21（c）。

2. 平面与圆锥相交　用平面切割圆锥，根据平面与圆锥轴线的相对位置不同，其截交线的形状也不同（表 5-2）。当截平面垂直于圆锥轴线或过锥顶，其截交线分别为圆和三角形，属于特殊情况，可以直接作出截交线的投影。其余三种情况的截交线为：椭圆、抛物线和直线、双曲线和直线，不能全部直接作出，只能通过作出截交线上的一系列点，包括特殊点和一般点，然后依次光滑连点成线，即可完成该截交线的投影。

表 5-2　平面与圆锥的交线

截平面位置	垂直于轴线 （$\alpha=90°$）	倾斜于轴并与 所有素线相交 （$\alpha>\beta$）	平行于一条素线 （$\alpha=\beta$）	平行于两条素线 （$\alpha<\beta$）	截平面通过顶点 （$\alpha<\beta$）
截交线形状	圆	椭圆	抛物线	双曲线	相交两直线
立体图					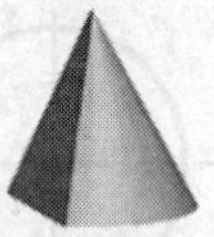
投影图	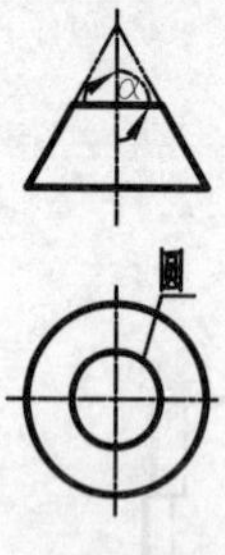	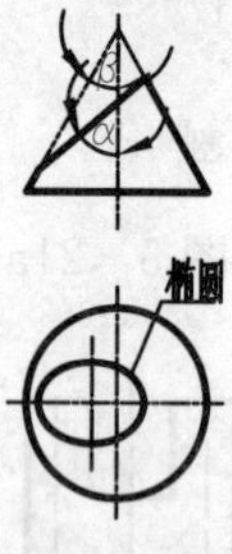	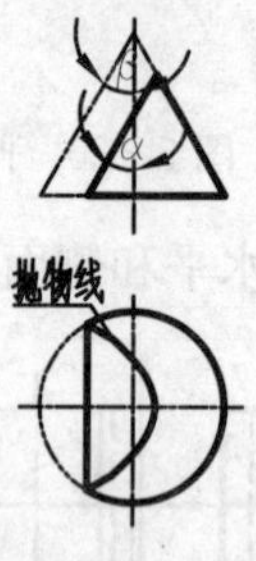	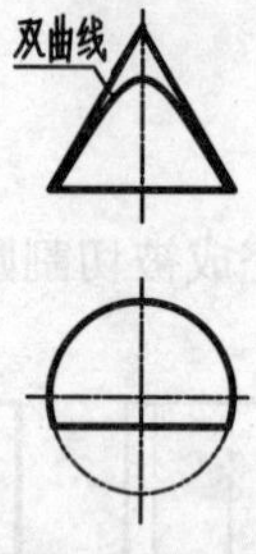	

注：在平面倾斜于圆锥轴线的两种情况里，当平面与圆锥轴线的夹角 θ 大于圆锥母线与轴线的夹角 α 时，截交线为椭圆，即上面的第一种形式；当平面与圆锥轴线的夹角 θ 小于或等于圆锥母线与轴线的夹角 α 时，截交线为抛物线，即上面的第二种形式。

［例 5-11］　已知圆锥被正垂面 P 和水平面 Q 切割，完成该切割后圆锥的水平和侧面投影（图 5-22a）。

分析： P 平面过锥顶，其截平面为一等腰三角形，可以直接作出。Q 平面垂直于圆锥轴线，其截平面为一圆。P、Q 两平面的交线 AB 为一正垂线。AB 两点在圆锥表面上，也在 Q 平面截割圆锥后所得的截平面上，因此我们只要作出被 Q 平面截割后的截平面上的 AB 两点。就可以作出被 P 平面所截割的三角形。

作图： 设 Q 平面与锥面上最左素线的交点为 I 点，标出其正面投影 $1'$，作出其水平投影 1，

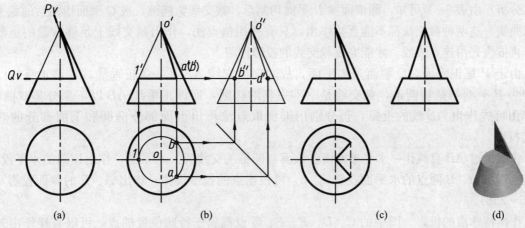

图 5-22　圆锥的切割（一）

以水平面上的 o 点为圆心，以 $o1$ 为半径作圆。该圆即是被 Q 面所截割后的截交线圆的水平投影。根据投影关系，作出两截平面交线的端点 A、B 两点的水平面投影 a、b，再根据 A、B 两点的正面和水平投影，作出该两点的侧面投影 $a''b''$。在各投影上连接 oa、ob；$o'a'$、$o'b'$；$o''a''$、$o''b''$；$a''b''$，即可完成截交线的各投影。特别注意，AB 的水平投影不可见，用虚线表示。切割后圆锥见图 5-22(c)。

[例5-12]　完成圆锥被正垂面 P 和侧平面 Q 截割后的水平和侧面投影（图 5-23a）。其中 P 平面倾斜于圆锥轴线，Q 平面平行于圆锥轴线。

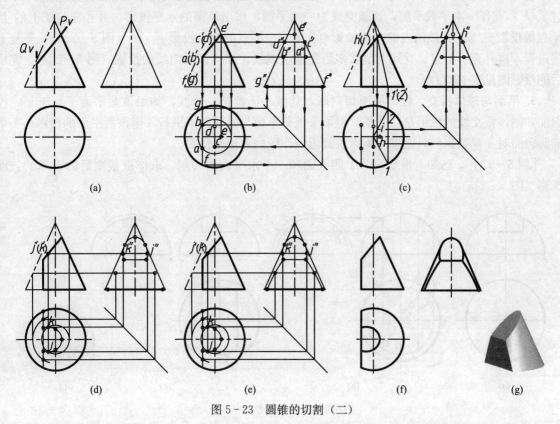

图 5-23　圆锥的切割（二）

分析：由表 5 - 2 可知，圆锥面被 P 平面切割后，截交线为椭圆，被 Q 平面切割后的截平面为双曲线，这两种截交线都不能直接作出，只有采用描点法，作出截交线上足够数量的点的投影，再依次光滑连点成线，才能完成截交线的投影作图。

由于 P 是正垂面，Q 平面是侧平面，故两面的交线 AB 是一条正垂线，在该正垂线以上部分为 P 平面与截切圆锥，截交线是一不完整的椭圆，而该正垂线 AB 以下部分是双曲线，故作图可先作出 AB 线的投影，再分别用锥面取点法作出上面部分椭圆和下面部分的双曲线的投影。

作图：过 AB 直线作一水平辅助面，该面与圆锥的交线为一水平圆，作出该圆的水平投影，在其上作出 A、B 两点的水平面投影 a、b，再根据点的投影规律，作出 A、B 的侧面投影 $a''b''$（图 5 - 23b）。

作出特殊点的投影。图中的 C、D、E、F、G 点都属于特殊位置的点，可以直接作出其投影。其中 C、D 点由于所在素线为侧平线，故应先作出侧面投影，然后再作出水平投影（图 5 - 23b）。

补充一般点的投影。可采用素线法或纬圆法作出一些一般点。如上半部截交线上的 H、I 点，即是在正面投影的适当位置，确定 H、I 点的投影 $h'(i')$，自锥顶向 $h'(i')$ 作直线交底边与 $1'(2')$，作出水平投影 1、2，并连接 $O1$ 和 $O2$，则点 H 和 I 的水平投影 h 和 i 即可在这两条直线上作出，再根据点的投影关系作出 h''，i''。重复使用同样的方法就可以补充若干个一般点。当点足够多时，则可以依次光滑连点完成截交线的投影（图 5 - 23c）。

也可以采用纬圆法来补充一般点。如在正面投影的适当位置确定 J、K 点的正面投影 $j'(k')$，过 $j'(k')$ 点作一水平截平面，该截交线为一水平圆，作出该圆的水平投影，并作出该圆上的 J、K 点的投影 j、k。由该两点的两面投影再作出 J、K 点的侧面投影 j''、k''（图 5 - 23d）。重复上述过程，再补充一些点，直到点足够多后即连点成线，作出该双曲线的投影（图 5 - 23e）。完成后的投影图见 5 - 23(f)。

3. 平面与球体相交　任何平面切割球，其截平面都是一个圆，如果该截平面平行于某一投影面，则该截交线的投影是一个圆，但如果该截平面与投影面不平行，则该截平面的投影是一个椭圆。而对于椭圆我们只能采用描点法或近似作图的方法来作图。

[例 5 - 13]　已知一半球被两个侧平面和一个水平面所切割，求作被截割后的半球的三面投影（图 5 - 24a）。

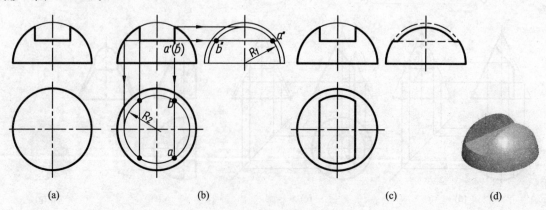

(a)　　　　　　(b)　　　　　　(c)　　　　　　(d)

图 5 - 24　球的切割（一）

分析： 两侧平面切半球面后的截交线在水平面投影积聚成一条直线，而其侧面投影为半圆，反映该截交线的实形。水平面切割半球后，截交线的水平面投影一个圆上的两段圆弧，反映该截交线的实形，其侧面投影为一直线，水平截平面与侧面截平面的交线为正垂线。

作图：

（1）作出两侧平面切割半球的截交线的投影。水平投影积聚成两段直线，侧面投影重合，是一段半径为 R_1 的圆弧。R_1 即是侧面截平面在正面的投影与半球转向轮廓线的交点到球底面的距离（图 5-24b）。

（2）作出水平截平面与半球的截交线的投影。侧面投影为一段直线，水平投影为一个半径为 R_2 的圆上的两段圆弧，前后对称。该圆的圆心，与半球水平投影的圆心重合，见图 5-24(b)。

（3）整理截切半球侧面投影的轮廓线。完成后的投影见图 5-24(c)。

［例 5-14］ 已知一半球被正垂面 P 切割后的正面投影（图 5-25a），完成其另两面投影。

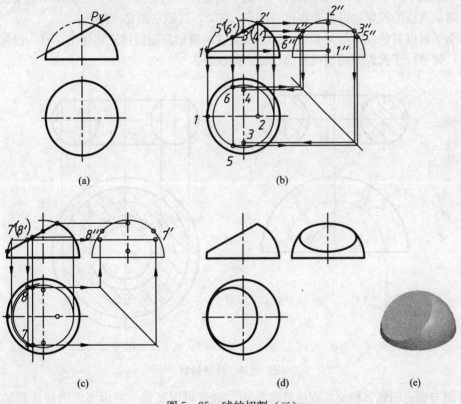

图 5-25 球的切割（二）

分析： P 平面是正垂面，截交线是一个圆，其正面投影上积聚为一直线。该截交线的水平和侧面投影均为椭圆，不能直接作出，只能采用描点法来作图。

作图：

（1）作出截交线上点的水平投影和侧面投影。求特殊点的投影：先标出截交线上最低点 I、最高点 II、轮廓线上的点 III、IV 的正面投影 $1'$、$2'$、$3'(4')$，再标出最前点 V 和最后点 VI 的正面投影 $5'(6')$，它们为重影点，位于截交线正面投影 $1'2'$ 的中点上，如图 5-25(b) 所示。

利用球面上取点的方法，由 $1'$、$2'$ 直接求得其水平投影 1、2 和侧面投影 $1''$、$2''$。由 $3'(4')$、

5′(6′)，利用辅助纬圆法即可求得其水平投影 3、4、5、6 和侧面投影 3″、4″、5″、6″。

求适当数量的一般点。在该截交线的正面投影上确定两个一般点 7′(8′)，它们为对 V 面的重影点。利用辅助纬圆法即可求得其水平投影 7、8 和侧面投影 7″、8″。

（2）作出截交线的水平投影和侧面投影。依次光滑连接各点的水平投影和侧面投影，即得截交线的投影——椭圆。截交线的两面投影均可见，因此用粗实线绘制。

（3）整理水平投影和侧面投影的轮廓线。水平投影上半球的轮廓线圆全部可见，用粗实线画出。侧面投影上半球的轮廓线圆弧可见，最高点分别为 3″、4″。

4. 平面与圆环相交　当一辅助平面与环相交时，有两种特殊情况的截交线可以直接作出：

（1）当辅助平面与环的轴线重合时：该辅助平面切割环后的截交线是两个圆，如果该辅助平面是投影面的平行平面，则截交线的投影可以直接作出（图 5 - 26a）。其截平面是正平面。

（2）当辅助平面垂直于环的轴线时，其截平面是两个同心圆，如果该辅助平面是投影面的平行平面，则截交线的投影可以直接作出（图 5 - 26b），其截平面是水平面。

当辅助平面以其他位置与环相交时，其截交线的投影只能用描点法作出，且一般采用与环的轴线垂直，又平行于投影面的辅助平面作出点的投影。

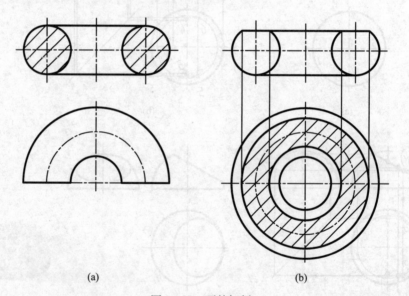

(a)　　　　　　　　　　(b)

图 5 - 26　环的切割

5. 平面与组合回转体相交　在生产实际中，经常可以见到一些由多个回转体共轴线叠加而成的零件，我们将这类形体称为组合回转体或同轴回转体。在实际应用中，也常见一些被平面所切割的组合回转体。下面通过实例介绍组合回转体切割后的截交线的作图方法。

〔例 5 - 15〕　已知切割后的同轴锥柱组合体的三投影（图 5 - 27a），求截交线的投影。

分析：该组合回转体被两个平面切割，其中一个平面是水平面，平行于该组合回转体轴线，截切圆锥后，其截交线是一双曲线，而该平面切割两圆柱后的截交线都是直线。双曲线可用描点法作出，而直线可直接作出。另一截切平面是正垂面，因为该平面切割圆柱后其截交线应是椭圆的一部分，截交线的水平投影也只有用描点法作出。由于该圆柱的轴线垂直于侧面，其圆柱面的侧面投影有积聚性，截交线的侧面投影具有积聚性，可直接找到。两切割平面的交线是一条正垂

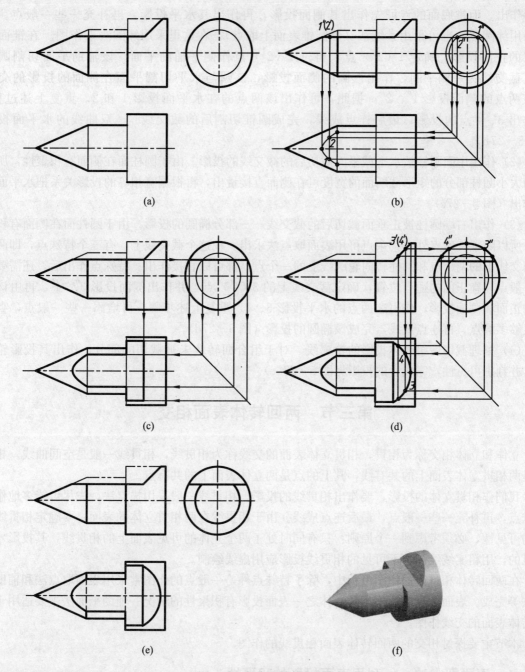

(a)　　　　　　　　　　　　　　(b)

(c)　　　　　　　　　　　　　　(d)

(e)　　　　　　　　　　　　　　(f)

图 5-27　复合回转体的切割

线，其水平和侧面投影可以直接作出。在水平投影中，在该交线以右是椭圆的投影，交线以左是切割圆柱得到的矩形及切割圆锥的双曲线，在侧面投影中，两切割平面的交线以上是椭圆的投影，在该交线以下是未剖及的部分，保持原来的投影状态。

作图：

（1）作出圆锥体被水平面截切后的双曲线的投影。先作特殊点。位于锥底面及转向轮廓线正面投影上的点是处于特殊位置的点的投影。其中，转向轮廓线上的点可以直接向水平面投影作出。而锥底面的点可先作出其侧面投影，再作出其水平投影。再补充一些一般点。可以采用纬圆法，也可采用素线法（见圆锥表面上取点）。在这里采用纬圆法来作图。在锥面截交线的正面投影上确定 $1'(2')$ 点，再过 $1'(2')$ 点作侧平辅助平面。该辅助平面切割圆锥后其截交线为一侧平圆，作出该圆的侧面投影，该圆与水平切割平面在侧面的投影的交点即该两点的侧面投影 $1''$、$2''$；据此，可作出该两点的在水平面投影 1 和 2。重复上述过程，再作出 3、4 点的投影，最后连点成线，完成圆锥切割后的截交线——双曲线的水平面投影（图 5-27b）。

（2）作出中间圆柱被水平截平面截切后的截交线的投影。由于圆柱面在侧面有积聚性，所以截切大小圆柱部分的矩形截断面的宽度可在侧面直接量出，再根据宽相等的投影关系把水平面投影作出（图 5-27c）。

（3）作出右端圆柱被正垂面截切后的截交线——部分椭圆的投影。由于圆柱面在侧面有积聚性，所以除了特殊点外，其余点可用表面取点法求出。在这个截交线上，有三个特殊点，即两切平面交线上的两个点和圆柱转向轮廓线上的一个点，都可以直接作出。特殊点作出后，还需要补充一般点，在正面的适当位置，确定截交线上的 $3'(4')$ 点，并作出侧面投影 $3''$、$4''$，再由该两点的正面和侧面投影，作出这两点的水平投影 3、4。重复上述步骤，再增添一些一般点，直到有足够多的点，再连点成线，完成该椭圆的投影（图 5-27d）。

（4）整理截切后组合体投影的轮廓线。对于组合回转体未被截切的部分，作出其投影轮廓线，并判别可见性，完成后的投影见图 5-27(e)。

第三节　两回转体表面相交

立体和立体相交称为相贯，相贯立体表面的交线称为相贯线，相贯线一般是空间曲线。相贯线是两相贯立体表面上的共有线，其上的点是两立体表面上的共有点。

我们作相贯立体的投影，要作出相贯线的投影。相贯线一般采用描点法，先尽可能多地作出特殊点，再补充一些一般点，最后连点成线。由于相贯线在两相贯立体的表面，要确定相贯线投影的可见性，必须考虑到一个原则：只有同时处于两个立体的可见表面上的相贯线，其投影才是可见的，用粗实线绘制，不可见的相贯线投影应用虚线绘制。

在两回转体相贯线的作图过程中，除了特殊点外，一般点的作图常采用表面取点法和辅助平面法等完成。表面取点法适用于两立体之一表面投影有积聚性的情况。辅助平面法主要适用于两回转体表面的交线作图。

本节主要探讨相交的两回转体表面相贯线的作图。

一、表面取点法——利用表面投影的积聚性

两回转体相交，如果其中一个回转体是轴线垂直某一投影面的圆柱，则该圆柱表面的在此投影面上的投影积聚成一个圆，该圆柱表面上所有的点，包括相贯线上的点在该平面上的投影都在这个圆上，即相贯线的一个投影已知，如果要作相贯线的投影，只要作出其另外两个投影即可。

[例 5-16]　有大小两圆柱的轴线垂直相交，完成其相贯线的投影（图 5-28a）。

分析：相贯两圆柱，大圆柱的轴线垂直于侧面，其圆柱面的侧面投影积聚成圆，而与小圆柱

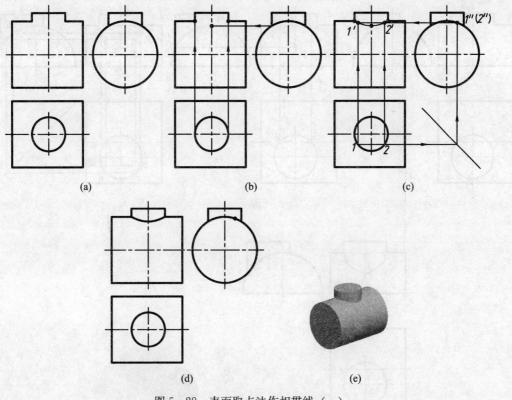

图 5 - 28　表面取点法作相贯线（一）

的相贯线的侧面投影，也在该圆上。小圆柱轴线垂直于水平面，小圆柱面的水平投影积聚成圆，相贯线的水平投影也在该圆上，故本例实际上是已知相贯线的水平和侧面投影，作出正面投影。

作图：

（1）求特殊点。本例有四个特殊点，即相贯线上的最左、最右、最前、最后点。根据投影关系，先把这四个特殊点的正面投影作出（图 5 - 28b）。

（2）求一般点。在相贯线的水平投影上的适当位置，取 1、2 点，由投影关系作出该两点的侧面投影 1″和 2″。再由该两点的水平和侧面投影，作出其正面投影。再重复上述过程，作出一般点 3、4、5、6。最后判别可见性，依次光滑连接各点（图 5 - 28c）。最后结果见图 5 - 28(d)。

[例 5 - 17]　一轴线为铅垂线的小圆柱与一轴线为侧垂线的半圆柱相交，完成其相贯线的投影（图 5 - 29a）。

分析：该相贯线的侧面和水平投影分别与大小圆柱的积聚性投影重合，即相贯线上所有点的侧面和水平面投影都已知。一旦确定了相贯线的侧面和水平面上的对应点的投影，就可作出其正面投影。

本题相贯线上的特殊点有 6 个，作出该特殊点后还须补充一般点。大，小圆柱的可见表面与不可见表面的相贯线位置是不同的，因而还应用虚线作出不可见部分的相贯线。

作图：

（1）求特殊点。本例特殊点包括小圆柱转向轮廓线上的点（共 4 个）和大小圆柱上投影与轴

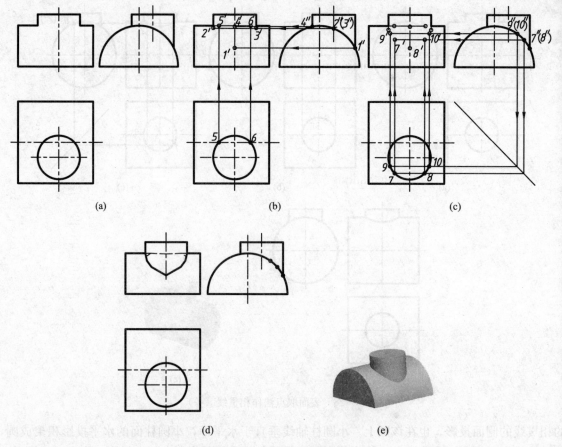

图 5 - 29　表面取点法作相贯线（二）

线投影重合的点（2 个），共有 6 个特殊点，可以直接作出（图 5 - 29b）。

（2）求一般点。在侧面或水平投影上的适当位置确定两个一般位置点。如图 5 - 29c 中，在侧面确定 $7''$、$8''$ 点，再根据投影关系作出 Ⅶ、Ⅷ 点的水平投影 7 和 8，再由该两点的侧面和水平投影作出它们的正面投影 $7'$、$8'$，重复该过程，进一步补充一般点，如图中的 Ⅸ、Ⅹ、Ⅺ、Ⅻ点。当点足够多时，就能看出该相贯线的形状。再判断相贯线的可见性。在本图的正面投影中，只有位于小圆柱前面部分的相贯线才是可见的，用粗实线绘制，其余部分相贯线用虚线表示，如图 5 - 29d 的正面投影。完成后相贯线的投影见图 5 - 29（d）。

二、辅助平面法

当参与相交的两回转体表面之一无积聚性（或均无积聚性）时，可采用辅助平面求相贯线的方法。就是假想用一平面在适当的部位切割两相交回转体，分别求出辅助平面与两回转体的截交线，这两条截交线的交点，不仅是两回转体表面上的点，也是辅助截平面上的点，即为三面共有点，它就是相贯线上的点。同理，若作一系列辅助平面，便可求得相贯线上的一系列点，经判别可见性后，依次光滑连接各点的同面投影，即为所求的相贯线的投影。

为作图简便，辅助平面的选择原则是：辅助平面与两回转体表面的交线的投影，应是简单易面的直线或圆。

　　在应用辅助平面求相贯线时，要注意辅助平面必须在相贯线的范围内截切，否则求不出相贯线上的点。

　　下面通过实例来介绍用辅助平面法作相贯线的方法。

　　[例 5-18]　已知一圆柱与圆锥相交，完成其相贯线的投影（图 5-30a）。

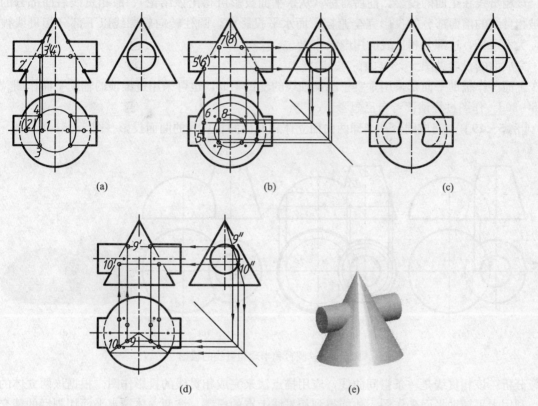

图 5-30　辅助平面法作相贯线

　　分析：由于本例的形体左右对称，我们先讨论左边一条相贯线的投影，右边一条相贯线投影的作图方法与左边完全相同。

　　该圆柱与圆锥相交，其相贯线是空间曲线，不能直接作出，只能采用描点法来作图。

　　作图：

　　（1）求特殊点。本例特殊点共四个，标出相贯线上最高和最低点的正面投影 $1'$、$2'$，其水平投影 1、(2) 点可直接作出。相贯线上最前和最后点的正面投影而 $3'(4')$，在圆柱面的最前和最后素线上，用辅助平面法求出其水平投影 3、4 点之后，才能确定其正面投影 $3'(4')$。具体作图过程为：

　　过圆柱轴线作一水平辅助平面，该平面切圆柱后所得截交线正好与该圆柱水平面投影的轮廓线重合，而该辅助平面截圆锥后所得截交线是一个圆，该圆的半径可从正面投影上直接量取。两截交线水平投影的交点即相贯线上点Ⅲ、Ⅳ的水平投影，根据点的投影规律，可得到这两个特殊点的正面投影（图 5-30a）。

　　（2）求一般点。在适当位置作一水平辅助平面，截平面在水平面上的投影是：截割圆柱得到的截交线是两平行的直线和切割圆锥得到的截交线是圆。截圆柱所得两直线间距离可在侧面投影中量取，截圆锥所得圆截交线的半径，可由正面或侧面量取，作出水平面上截圆柱和截圆锥的截交线的投影，共得到四个交点，这四点是相贯线上的点的水平投影，再将这些点投影到正面，完成这四个点的投影。重复上述过程，就可补充一系列的一般点（图5-30b）。

该相贯线在正面的投影，前后对称（从水平面投影可得出该结论），故相贯线后面部分的投影被相贯线的前面部分的投影完全遮挡。而水平投影中，圆柱转向轮廓线以下部分相贯线被遮挡，为不可见，这部分相贯线应用虚线作出。

完成后的投影见图5-30(c)。

上面所作辅助平面是采用垂直于圆锥轴线的辅助平面，也可采用过锥顶的辅助平面作图。见图5-30d。作图过程请读者自己思考。

[例5-19]　完成圆台和半球两曲面立体相交后的相贯线的两面投影（图5-31a）。

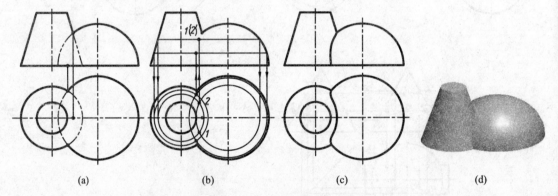

图5-31　圆台和半球相贯线的投影

分析：该相贯线是一条空间曲线，应用描点法来完成相贯线的投影作图。根据该两立体的特点，利用水平辅助平面来作图，才能得到相贯线上点的投影。该两立体被水平面切割后的截交线都是圆，在水平投影上反映实形，较容易作出。

作图：

(1) 求作特殊点。该相贯线上有三个特殊点，相贯线上的最高点和底面上的点，可直接在投影上作出（图5-31a）。

(2) 求作一般点。在适当位置作一水平辅助面切割该两立体，作出该平面切割立体的截交线的水平投影（图5-31b），得到两立体截交线的交点1、2，该两点即相贯线上的点。将该两点的正面投影1′和2′作出（为重影点）。再重复上述步骤可补充系列相贯线上的点（图5-31b）。

(3) 判别可见性，依次光滑连接相贯线上点的同面投影，即得相贯线的投影，作图结果见图5-31c。

[例5-20]　完成两轴线斜交的圆柱的相贯线投影（图5-32a）。

分析：该两圆柱轴线相交，大圆柱轴线为侧垂线，圆柱表面在侧面投影有积聚性，而小圆柱表面在三个面上投影都无积聚性，直接用表面取点法有一定困难，可采用辅助平面法作图。在本例中，只有采用辅助正平面，即采用平行于大小圆柱轴线的平面，才能保证所得两圆柱的截交线都能作出。

作图：

（1）求作特殊点。该相贯线上有四个特殊点，可以直接作出，作图方法及结果如图5-32(a)所示。

（2）求作一般点。在适当位置，作一辅助正平面，截割相贯形体后的截交线的侧面和水平投影都是直线，如图5-32(b)所示。该平面截大半圆柱后的截交线的正面投影，可由侧面的投影根据高相等的投影关系直接作出。小圆柱的端面是一个圆，而由于该端面与侧面和水平面都是倾斜的，故在水平和侧面的投影是椭圆，该圆在水平面和侧面上的投影可用描点或近似作图方法得到。

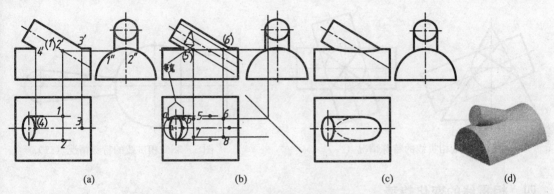

图5-32　斜交圆柱的相贯线

在水平面上（或侧面上），以小圆柱椭圆上反应直径实长的长轴为直径作一圆，截平面与该圆的交点1、2，则是该辅助平面截小圆柱的截平面实际宽度。由于平行于轴线平面截圆柱后的截交线是平行于轴线的直线，所以可以方便地作出该截交线的正面投影，而小圆柱的截交线与大圆柱截交线的交点，即相贯线上的点（图5-32b）。重复上述步骤，补充一般点，即可完成相贯线的投影，应注意到在图5-32(c)的水平投影上，有一段相贯线是不可见的，用虚线绘制。在水平投影上，虚线和实线段的相贯线构成了一个封闭的曲线（图5-32c）。

[**例5-21**]　完成相交两圆管的相贯线（图5-33）。

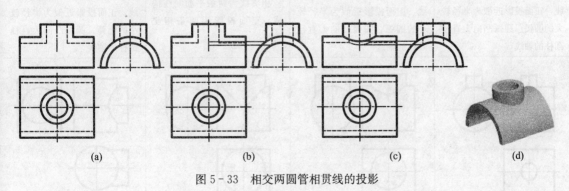

图5-33　相交两圆管相贯线的投影

分析：圆管相交，对于外轮廓，可视为两圆柱相交，按两圆柱相交的相贯线作图方法很容易作出。而两管的内壁孔也是相通的，即两个内壁孔也是相交的，可以理解为两个内圆柱面相交，所以也必然存在相贯线，也可按照两圆柱相交的相贯线作图方法作出（图5-33b）。不过内圆柱面的相贯线不可见，用虚线绘制（图5-33c）。

三、相贯线的特殊情况

一般来说相贯线是空间曲线，但在特殊情况下，也可以是平面曲线。当满足以下条件时，相贯线为平面曲线。

（1）两轴线相交且平行于某一投影面的圆柱与圆柱、圆柱与圆锥、圆锥与圆锥相交，如果该两回转体表面共切于一个球，则它们的相贯线是垂直于该投影面的椭圆，在该面的投影积聚成直线（图 5-34）。

（2）同轴回转体的相贯线是一垂直于该轴线平面的圆（图 5-35）。

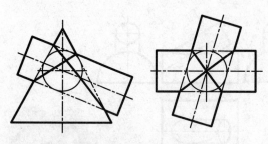

图 5-34　相贯线的特殊情况（一）

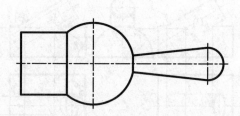

图 5-35　相贯线的特殊情况（二）

四、相贯线的变化趋势

两回转体相交，相贯线的形状不仅与两基本形体的形状有关，还与两形体的相对大小有关，表 5-3 通过垂直相交的两圆柱的相贯线的实例，让读者了解相贯线与两圆柱相对直径关系的变化规律。

表 5-3　相贯线的变化趋势

水平圆柱直径远大于垂直圆柱的直径	水平圆柱直径大于垂直圆柱的直径	水平圆柱直径等于垂直圆柱的直径	水平圆柱直径小于垂直圆柱的直径
相贯线为一条空间封闭曲线，正面投影近似为半径较大的圆弧。圆弧凸向大直径圆柱的轴线	相贯线为一条空间封闭曲线，正面投影近似为半径较小的圆弧。圆弧凸向大直径圆柱的轴线	相贯线为两条平面曲线构成，正面投影为两条相交直线	相贯线为一条空间封闭曲线，正面投影近似为半径较小的圆弧。圆弧凸向大直径圆柱的轴线

五、组合相贯线

三个或多个立体相交所形成的交线称为组合相贯线。图 5-36 为一圆柱与同轴回转体圆锥和圆柱相交而成。相交两立体间的交线是两立体间的相贯线。两条相贯线间的连接点则是三个相交立体表面的共有点。在同轴回转体相贯线为一水平圆，在该相贯线以上部分为圆锥与圆柱相交，相贯线作图法可参见图 5-30 的作图方法。而下半部分是两圆柱相交，可参见图 5-28 的作图方法。该图上相贯线的最前点是三个立体表面的共有点，也即三条相贯线的交点。

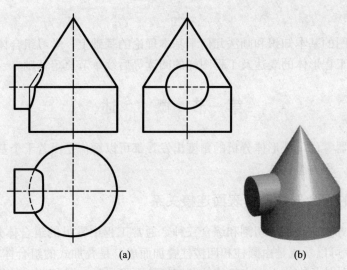

(a)   (b)

图 5-36　组合相贯线投影的画法

第六章 组合体

本章在学习制图的基本知识和画法几何学基本理论的基础上，学习组合体的画图、读图和标注尺寸的方法。为工程形体的表达及工程图样的阅读等后续章节奠定基础。

第一节 概　述

任何复杂的机器零件，从形体分析的角度出发，都可以看作是由若干个基本形体或简单形体按一定的方式构成，称为组合体。

一、组合体的组合形式及其表面连接关系

组合体的组合方式有叠加、切割和综合三种，通常工程中常见的组合体是综合式的。图6-1(a) 所示的立体，可以看成是由圆柱和四棱柱叠加而成，是叠加式的组合体；图6-1(b) 所示的立体，可以看成是从长方体上切去三棱柱和四棱柱而形成的，是切割式的组合体；图6-1(c) 所示的立体则是由叠加和切割综合而形成的，是综合式的组合体。

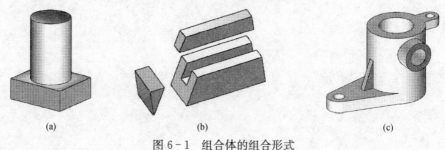

(a)　　　　　　　　　(b)　　　　　　　　　(c)

图6-1　组合体的组合形式

(a) 叠加　　(b) 切割　　(c) 综合

在组合体中，组合的相邻表面之间，还存在平齐、相切和相交三种连接关系。

(1) 平齐。当两形体的表面平齐时，平齐的表面在视图上不画分界线，如图6-2所示。

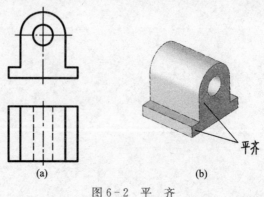

(a)　　　　　　　　　(b)

图6-2　平　齐

（2）相切。当两形体的表面相切时，由于相切是光滑过渡，所以规定切线的投影不画，如图 6 - 3 所示。

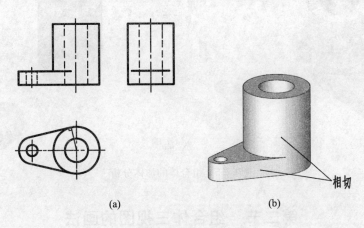

图 6 - 3　相　切

（3）相交。当两形体表面相交时，在相交处应画出交线的投影，如图 6 - 4 所示。

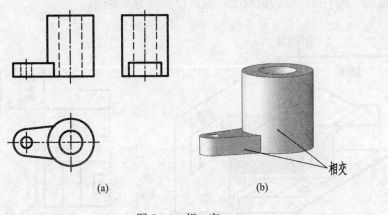

图 6 - 4　相　交

二、形体分析法和线面分析法

将复杂的组合体假想分析成由基本几何体构成的方法，称为形体分析法。形体分析法是画图、读图及尺寸标注的基本思维方法，利用形体分析法可以化繁为简，化难为易。

图 6 - 5 所示的支架，用形体分析法可将其分解成四个简单形体：被切割的四棱柱底板、直立圆柱筒、水平圆柱筒和肋板。直立圆柱筒与底板和肋板叠加后，再与水平圆柱筒相贯而成。

线面分析法是在形体分析法的基础上，对不易表达清楚的局部运用线、面的投影特性来分析视图中图线和线框的含义、相邻表面的相对位置、表面的形状及面与面交线的方法。此方法尤其适用于较复杂的切割体。

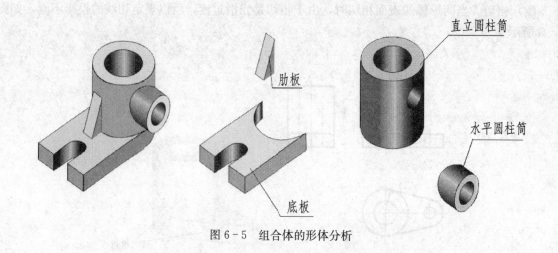

图 6-5　组合体的形体分析

第二节　组合体三视图的画法

一、组合体三视图及投影规律

1. 三视图的形成　在工程上，物体的多面正投影图称为视图，图 6-6(a) 所示物体的正面投影称为主视图，水平投影称为俯视图，侧面投影称为左视图。

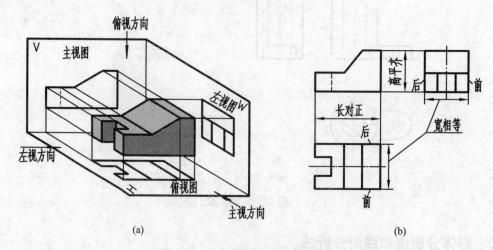

(a)　　　　　　　　　　　　　　　(b)

图 6-6　三视图的形成和投影规律
(a) 物体在三投影面体系中的投影　(b) 三视图之间的投影规律

2. 三视图的投影规律　如图 6-6(b) 所示，主视图和俯视图都反映了物体的长度，主视图和左视图都反映了物体的高度，俯视图和左视图都反映了物体的宽度，因此三视图之间具有"三等"规律，即：

主视图与俯视图：长对正；

主视图与左视图：高平齐；

俯视图与左视图：宽相等。

三视图之间的"三等"规律，也是组合体画图和读图必须遵循的基本投影规律。

二、叠加式组合体的画法

以图 6 - 7(a) 所示的轴承座为例，说明绘制叠加式组合体三视图的方法和步骤：

(1) 形体分析。分析轴承座是由哪些简单形体组成的，以及各简单形体之间的相对位置。从图 6 - 7(b) 可以看出，轴承座由圆筒、支承板、肋板、底板及凸台组成。支承板两侧与圆筒的外圆柱面相切；肋板与圆筒的外圆柱面相交；凸台与圆筒的外圆柱面相交，内外表面都有交线；支承板与肋板均叠加在底板上方，底板与支承板后面平齐。

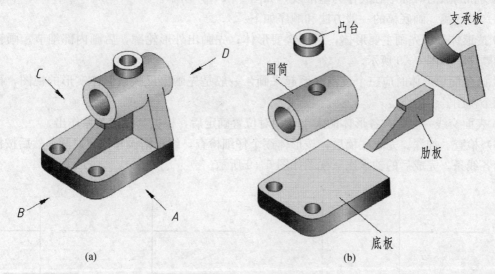

图 6 - 7　轴承座的形体分析

(2) 选择主视图。三视图中主视图是最主要的视图，选择主视图时，主要考虑的是组合体的安放位置和投射方向。通常将组合体按自然位置安放，或使组合体的表面对投影面尽可能多地处于平行或垂直的位置作为安放位置；选择最能反映组合体的形状特征和各形体位置关系，并能减少其他视图中虚线的方向作为主视图的投射方向。因此，在选择主视图时，应对多种方案进行比较，从中选择最佳的方案。将图 6 - 7(a) 所示轴承座自然放置，从 A、B、C、D 四个方向进行投射，所得的视图如图 6 - 8 所示，对四个方向的视图进行比较：D 向视图与 B 向视图相比较，D 向视图中出现虚线较多，显然没有 B 向视图清楚，故可排除；A 向视图与 C 向视图相比较，如以 C 向视图作为主视图投射方向时，则 D 向视图作为左视图了，所以也排除；再以 A 向视图和 B 向视图进行比较，两者对反映各部分的形状特征和相对位置来说，各有特点，但 A 向视图

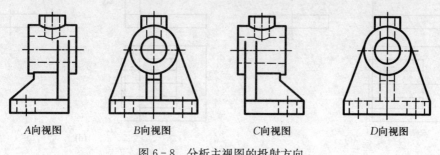

图 6 - 8　分析主视图的投射方向

在反映轴承座各组成部分的形状特点及其相互位置上，比 B 向视图清楚，因此选用 A 向作为主视图的投射方向。

主视图一旦确定，俯视图和左视图也就确定了。

（3）选比例，定图幅。根据组合体的大小，选择适当的比例和图幅。画图时，尽量选用1：1比例，这样既可以直接从图上看出物体的真实大小，又便于画图。

（4）布图、画基准线。在图纸上合理布置视图的位置。先在每个视图的水平方向和垂直方向各画一条基准线，对称的视图必须以对称中心线为基准线，此外还可选用视图中的主要轮廓线、重要轴线和圆弧的对称中心线作为基准线，如图 6-9(a) 所示。

（5）画底稿。画底稿的一般方法和顺序如下：

① 按形体分析先画主要形体，后画次要形体；先画出外形轮廓，后画内部细节。画轴承座底稿的顺序，如图 6-9 所示。

② 画各简单形体时应三个视图联系起来画，一般是先画出反映该形体实形的视图，再画出其余两个视图。

③ 表面交线一般要在各形体的大小及相对位置确定后，根据其投影关系作出。

（6）检查、加深。完成底稿后，按形体逐个仔细检查，纠正错误和补充遗漏，然后按标准线型描出各线条。完成后的轴承座三视图如图 6-9 所示。

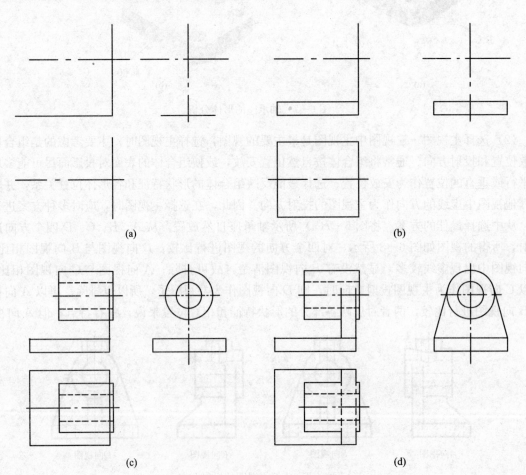

(a)　　　　　　　　　　　　(b)

(c)　　　　　　　　　　　　(d)

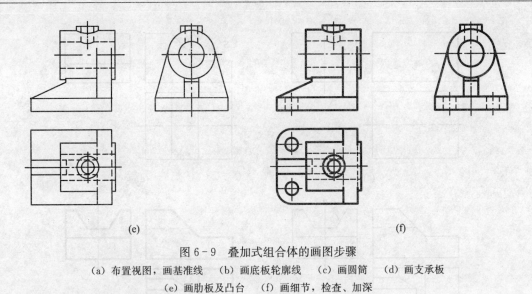

(e)　　　　　　　　　　　　　　　　　　　(f)

图 6-9　叠加式组合体的画图步骤

(a) 布置视图，画基准线　　(b) 画底板轮廓线　　(c) 画圆筒　　(d) 画支承板
(e) 画肋板及凸台　　(f) 画细节，检查、加深

三、切割式组合体的画法

对于切割式组合体来说，在挖切过程中形成的面和交线较多，形体不完整，画切割式组合体的投影图时，在用形体分析法分析形体的基础上，对某些线、面还要作线面分析，这样才能绘出正确的图形。作图时，一般先画出组合体被切割前的原形，再按切割顺序，画切割后形成的各个表面。先画出有积聚性的线、面的投影，然后再按投影特性画出没有积聚性的投影。现以图 6-10a 所示的组合体为例说明作图步骤：

(1) 形体分析。图 6-10(a) 所示的组合体的原形为四棱柱，它的左上边和右上边对称各被切去一个四棱柱。P 面是正垂面，Q 面是侧垂面，S 面是水平面。

(2) 选择主视图。选择图中箭头所指方向为主视图投射方向。

(3) 选比例，定图幅。按 1∶1 的比例，确定图幅。

(4) 布图、画基准线。

(5) 画底稿。先画出被切割前四棱柱的三视图，如图 6-10(c) 所示；再画其左端挖掉的四棱柱的三视图，如图 6-10(d) 所示，先画出 S 面、P 面有积聚性投影的主视图，再画其余两视图；最后画出右上方对称挖掉的四棱柱的三视图，如图 6-10(e) 所示，同样先画出 Q 面有积聚性投影的左视图，再画其余两视图。

(6) 检查、加深。

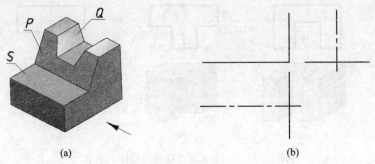

(a)　　　　　　　　　　　　　　　(b)

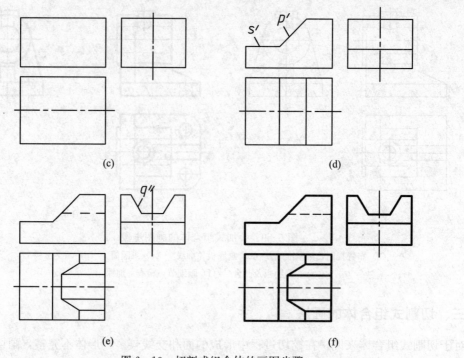

(c)　　　　　　　　　　　　　　(d)

(e)　　　　　　　　　　　　　　(f)

图 6 - 10　切割式组合体的画图步骤

（a）组合体　　（b）画基准线　　（c）画截切前形体的投影

（d）画被正垂面 P、水平面 S 截切后的投影　　（e）画出上部梯形槽的投影　　（f）检查、加深

第三节　读组合体视图

读图是画图的逆过程，画图是把三维空间的组合体用正投影法表示在二维平面上，而读图则是根据二维投影图想象出组合体的空间形状。

通常一个视图不能确定组合体的形状，因此在读图时，必须几个视图联系起来看才能弄清组合体的形状。如图 6 - 11 所示的三个形体，尽管主视图都相同，但如果将俯视图联系起来看，就

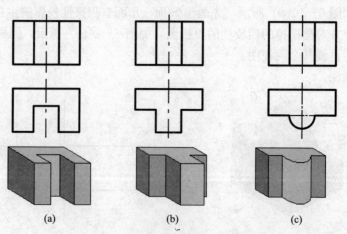

(a)　　　　　　　(b)　　　　　　　(c)

图 6 - 11　一个视图不能确定物体的形状

可以看出他们是形状不同的三个形体。

　　在读图时还要明确视图中线框和图线的含义，视图中的一个封闭线框通常表示一个表面或孔洞的投影，表面可以是平面，也可以是曲面，也有可能是平面与曲面相切所组成的面。视图中两个相邻的封闭线框，则表示两个不同的表面，两个表面或相交或错位。如图 6‐12(a) 所示，主视图中的封闭线框 a'、b'、d' 和俯视图中的封闭线框 c 都表示平面，主视图中的封闭线框 f' 表示曲面，而俯视图中的线框 e 为平面与圆柱面相切的组合面。主视图中的线框 a' 与 b' 相邻，表示相交的两个平面的投影，线框 d' 与 b' 相邻，则表示一前一后两个平面的投影。

　　视图中的每一条图线，可表示两表面交线的投影，平面或曲面的积聚性或曲面转向线的投影。如图 6‐12(a) 所示，主视图中线段 g' 表示两平面交线的投影，俯视图中的线段 a、b、d 表示平面的水平投影，线段 h 则表示圆柱孔在水平投影上转向轮廓线的投影。

　　此外，读图时还要找出最能反映物体形状特征和各组成部分之间相对位置特征的视图，由此入手联系其他视图就能较快地弄清物体的形状了。

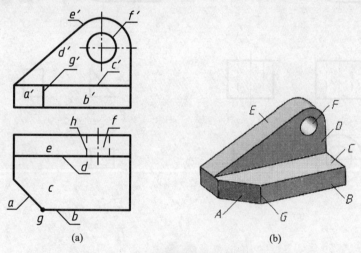

(a)　　　　　　　　　　　　(b)

图 6‐12　分析视图中线框和图线的含义

一、形体分析法读图

　　形体分析法也是读图的基本方法。读图时先将视图（一般是主视图）按线框分成几个部分，利用投影规律，找出它们在其他视图上对应的图形，想象出各部分形状、相对位置及表面连接关系，最后综合起来想象出组合体的整体形状。

　　以图 6‐13 为例说明用形体分析法读图的方法和步骤：

　　(1) 看视图，分线框。从主视图入手，分为 I、II、III 三个封闭线框，如图 6‐13a 所示。

　　(2) 对投影，定形体。根据主视图中所分的线框，分别找出这些线框在俯视图、左视图中的相应投影，并根据各种基本形体的投影特点，逐个想象出它们的形状。如线框 I 的正面投影和侧面投影都是矩形，因此线框 I 是以水平投影为底面形状的直柱体，其柱体的右端为半圆柱体，左端被挖切出半圆柱与四棱柱形状的缺口，如图 6‐1(b) 所示；线框 II 的正面投影及侧面投影都是矩形，水平投影为两个同心圆，说明线框 II 为一圆筒，如图 6‐13(c) 所示；线框III的正面投影是一三角形，水平投影和侧面投影为矩形，所以线框 III 是一三棱柱，如图 6‐13(d) 所示。

（3）综合起来想整体。看懂了各线框所表示的简单形体后，再分析各简单形体的相对位置，就可想象出整个主体形状。从图6-13(a) 所示的三视图可知，形体Ⅱ堆积在形体Ⅰ上面；形体Ⅲ叠加在形体Ⅰ上面和形体Ⅱ左面，整个形体前后对称。最后想象出形体的整体形状，如图6-13(e) 所示。

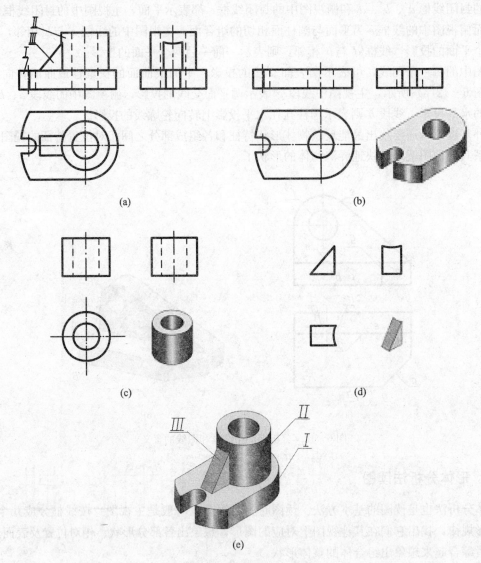

图6-13 形体分析法读图

（a）分线框　（b）对投影，定形体Ⅰ　（c）对投影，定形体Ⅱ　（d）对投影，定形体Ⅲ　（e）综合想整体

[例6-1]　如图6-14(a) 所示，已知组合体的主、俯视图，补画其左视图。

解题步骤如下：

（1）按照形体分析法，将主视图分为Ⅰ、Ⅱ、Ⅲ、Ⅳ四个线框，其中线框Ⅳ从图中可知为对称形体，故只考虑按一个线框分析。

（2）利用投影关系，找出四个线框在俯视图上的对应投影，分别想象出每个形体的形状，并画出各自的左视图。线框Ⅰ是一个左右两边开有不到底的方槽，后面开有一个上下通槽的矩形

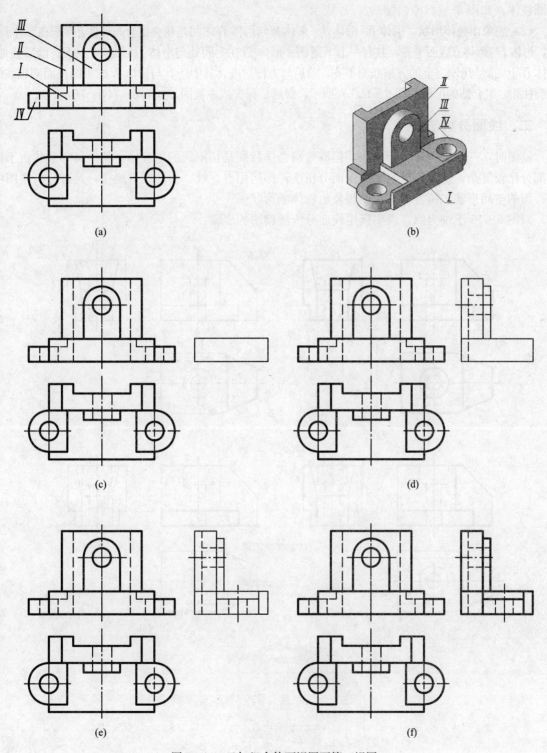

图 6-14 已知组合体两视图画第三视图

(a) 题目 (b) 立体图 (c) 画线框 Ⅰ (d) 画线框 Ⅱ 和线框 Ⅲ (e) 画线框 Ⅳ (f) 检查、加深

板；线框 Ⅱ 是一个四棱柱体，后面开有一个通槽；线框 Ⅲ 是一端为圆柱面的直柱体；线框 Ⅳ 是

半圆柱体，如图 6-14(c)、(d)、(e) 所示。

（3）想象出整体形状。形体Ⅰ、形体Ⅱ、形体Ⅲ与形体Ⅳ之间是相叠组合，形体Ⅱ堆积在形体Ⅰ上面，形体Ⅰ与形体Ⅱ后面平齐，共有一上下通槽；形体Ⅲ在中间处与形体Ⅰ、形体Ⅱ上下、前后叠加；形体Ⅳ上底面与形体Ⅰ上的方槽底面平齐，前后与方槽对准，其中还有与形体Ⅳ的半圆柱面同轴线的小圆柱孔。组合体的形状如图 6-14(b) 所示，最后加深完成左视图，如图 6-14(f) 所示。

二、线面分析法读图

读图时，一般采用形体分析法，但有些组合体特别是切割式的组合体，某些局部形状由于挖切部分比较复杂，这时还需要采用线面分析法，即运用点、线、面的投影规律，通过分析视图中线、面的空间形状、位置等来帮助想象出物体的形状。

以图 6-15 压块为例，说明运用线面分析法读图的步骤：

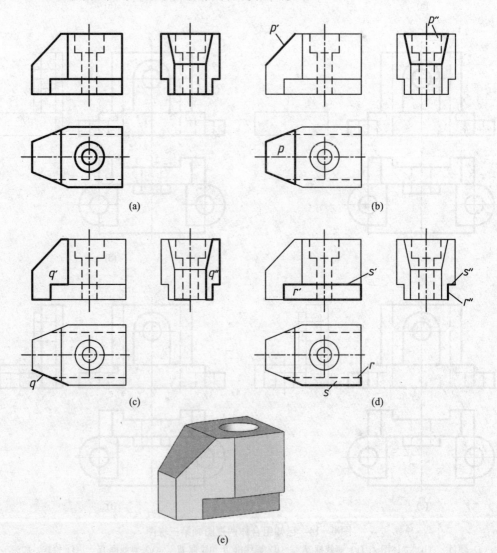

图 6-15　线面分析法读图

(a) 压块三视图　(b) 分析 P 面投影　(c) 分析 Q 面投影　(d) 分析 R、S 面投影　(e) 立体图

（1）形体分析。由压块的三视图看出，该形体是由长方体切割而成。

（2）线面分析。俯视图中的线框 p，用对投影的方法，在主视图中积聚为一斜线，对应的左视图中投影是一和线框 p 有类似形状的四边形，说明线框 P 是一个正垂面，如图 6-15（b）所示。

主视图中的线框 q′，在俯视图中对应的投影积聚为一条斜线，对应的左视图为一和线框 q′ 类似的七边形，说明线框 Q 是一铅垂面。主视图中的线框 r′ 和俯视图中的线框 s，对应其他两投影均为直线，说明是投影面平行面，其中 R 为正平面，S 面为水平面，压块前后对称，如图 6-15（c）、（d）所示。其余表面读者可自行分析。

（3）综合起来想整体。通过上述分析可以想象出压块的形状，是一个长方体被正垂面 P 截切去了左上角，被两个铅垂面在左端前后对称地切去两个角经过两次截切后又被互相垂直的两个平面前后对称地截切了两个四棱柱，如图 6-15（e）所示。

［例 6-2］ 如图 6-16（a）所示，已知组合体主、左视图，补画其俯视图。

解题步骤如下：

（1）形体分析。由已知两视图可以分析出该立体属于切割型组合体。切割前基本形体的形状为四棱柱，经过多次切割后可看做是一个正面为主视图所示的十二棱柱体。

（2）线面分析。两侧垂面 P 对应主视图中的十二边形，由类似性可知其主视图和俯视图对应投影是两个类似形；两正垂面 Q 对应主视图中的是梯形，其左视图和俯视图对应投影是两类似形；水平面 A、B、C、D 俯视图的形状反映实形，都是矩形，其大小由主、左视图确定。

（3）画出俯视图。先画水平面 A、B、C、D，再画正垂面 Q 和侧垂面 P，如图 6-16（c）、（d）所示。

（4）运用平面投影类似性的特点检查，如图 6-16（e）所示。

（5）加深，如图 6-16（f）所示。

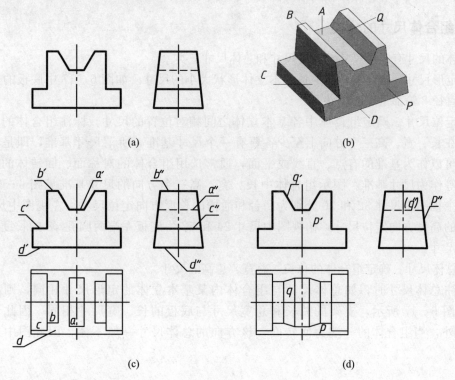

(a)　(b)

(c)　(d)

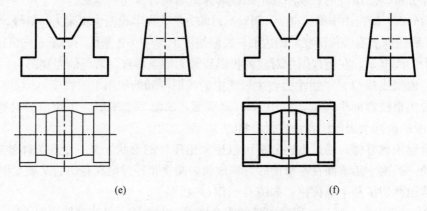

图 6-16　用线面分析法画俯视图

(a) 题目　　(b) 形体分析　　(c) 画水平面 A、B、C、D

(d) 画垂直面 P、Q　　(e) 根据类似性检查　　(f) 加深

第四节　组合体视图的尺寸注法

一、尺寸标注基本要求

组合体视图上标注尺寸的基本要求是正确、完整、清晰。

正确：尺寸应符合国家标准有关尺寸标注的规定。

完整：尺寸必须完全确定组合体的形状和大小，不得遗漏，也不得重复。

清晰：每个尺寸应标注在最适当的位置，以便于读图。

二、组合体尺寸的分类

组合体的尺寸有定形尺寸、定位尺寸和总体尺寸三类。

(1) 定形尺寸。确定组合体中各基本立体形状大小的尺寸。如图 6-17 中底板的长 60、宽 42、圆孔直径 8 等都是定形尺寸。

(2) 定位尺寸。确定组合体中各基本立体之间相对位置的尺寸。标注组合体的定位尺寸时，必须在长、宽、高三个方向上至少各要有一个尺寸基准。所谓尺寸基准，即是标注尺寸的起点，可以作为基准的有点、直线或平面，通常选用组合体的对称面、回转体的轴线、底面或端面等作为尺寸基准。图示组合体中长、宽、高三个方向的尺寸基准见图 6-17 中的标示，其中主视图中尺寸 32 和 20 分别为凸台和通槽的长度方向定位尺寸，左视图中尺寸 30 为圆孔 $\phi16$ 的高度方向定位尺寸，俯视图中尺寸 26 和 52 为底板左端两圆孔 $\phi8$ 的长度和宽度方向的定位尺寸。

(3) 总体尺寸。确定组合体的总长、总宽、总高的尺寸。

在标注总体尺寸时，如总体尺寸与组合体内某基本立体的定形尺寸相同，则不再重复标注。如图 6-17 所示，支架的总长和总宽尺寸与底板的长、宽尺寸相同，因此不再重复标注。另外，当组合体的一端为回转面，该方向的总体尺寸一般不注，因此图中未注总高尺寸。

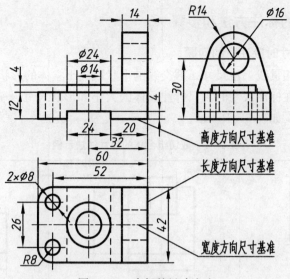

图 6-17 支架的尺寸注法

三、基本立体的尺寸标注

组合体是由基本立体按一定组合方式形成的，因此标注组合体的尺寸时首先应该掌握基本立体的尺寸标注。图 6-18 和图 6-19 是常见基本体的尺寸注法。

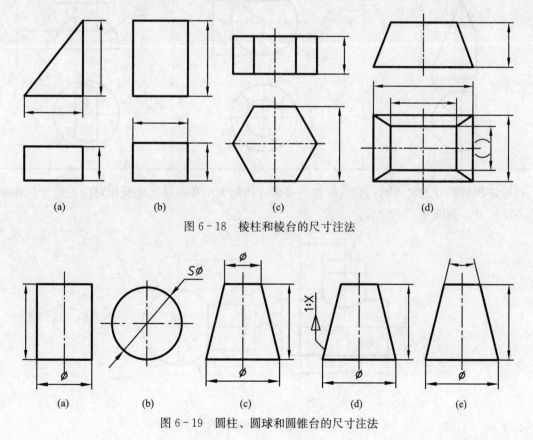

(a)　　　　(b)　　　　(c)　　　　(d)

图 6-18 棱柱和棱台的尺寸注法

(a)　　(b)　　(c)　　(d)　　(e)

图 6-19 圆柱、圆球和圆锥台的尺寸注法

四、组合体尺寸的标注方法和步骤

1. 在标注组合体尺寸时应注意的问题

（1）不在截交线和相贯线上注尺寸。截交线的形状取决于立体的形状、大小以及截平面与立体的相对位置。因此，在标注尺寸时，只标注立体的大小和形状尺寸及截平面的相对位置尺寸，而不在截交线上注尺寸，如表6-1所示。

表6-1　截切组合体的尺寸注法示例

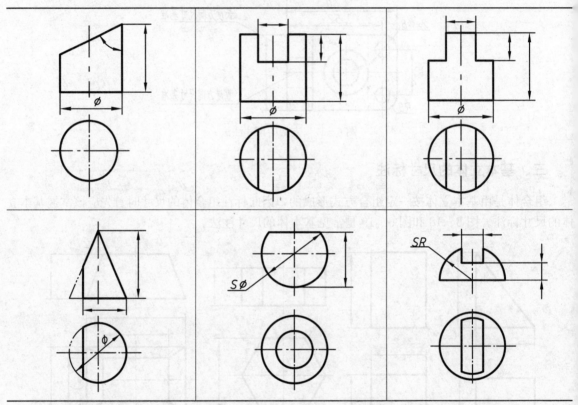

在标注相贯部分的尺寸时，只需标注各基本立体的大小和形状尺寸及相对位置尺寸，在相贯线上不注尺寸，如图6-20所示。

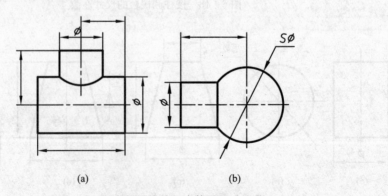

(a)　　　　　　　　　　(b)

图6-20　具有相贯线的组合体的尺寸注法

（2）尺寸应注在反映形体特征最明显的视图上，如图6-17中底板的圆角和圆孔尺寸应标注在俯视图上。

（3）常见柱体的尺寸标注。零件上常见的简单形体多为柱体。表6-2是常见柱体的尺寸标注。

表6-2 常见柱体的尺寸注法示例

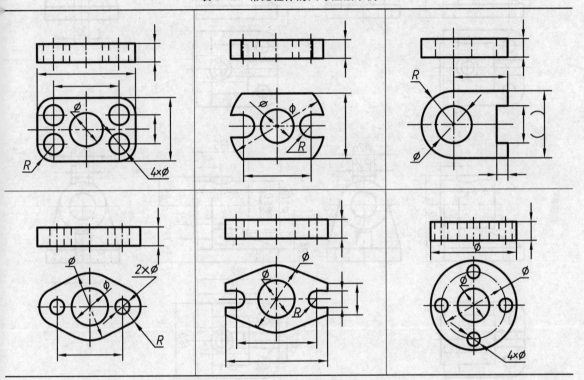

2. 组合体尺寸的标注方法和步骤 以图6-21所示轴承座为例说明组合体尺寸的标注方法和步骤。

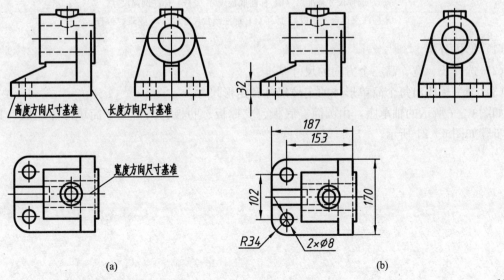

(a)   (b)

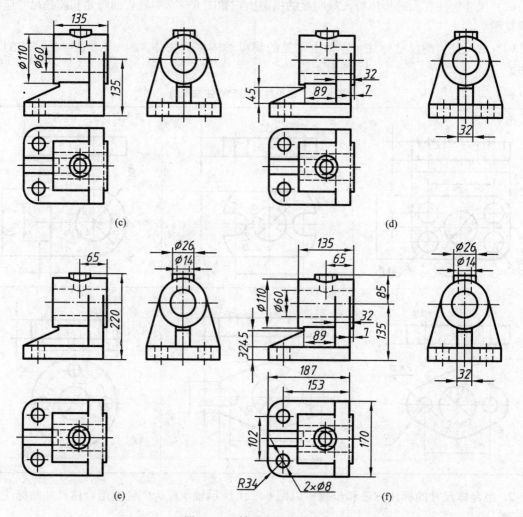

图 6-21 轴承座的尺寸标注

（a）选择尺寸基准 （b）标注底板尺寸 （c）标注圆筒尺寸

（d）标注支撑板、肋板尺寸 （e）标注凸台尺寸 （f）整理、检查

（1）形体分析。

（2）选择长、宽、高三个方向的尺寸基准。

（3）逐一标注出每个简单形体的定位尺寸和定形尺寸。

如图 6-7 所示的轴承座，由圆筒、底板、支撑板、肋板和凸台五个简单形体组成，其尺寸标注步骤如图 6-21 所示。

第七章 轴测投影图

轴测图是一种用平行投影法绘制的能同时反映立体的正面、侧面和水平面形状的单面投影图，与同一立体的三面投影图相比，立体感强，直观性好，易读懂，但一般不能同时反映上述各面的实形，对形状比较复杂的立体不易表达清楚，且作图较麻烦，因此在工程设计施工中一般常作为辅助图样。

第一节 轴测图的基本知识

一、轴测投影的形成

用平行投影法将物体连同确定该物体的直角坐标系一起，沿不平行于任一坐标面的方向 S，投射在单一投影面 P 上所得到的具有立体感的图形，称为轴测投影，又称轴测图，如图 7-1 所示。

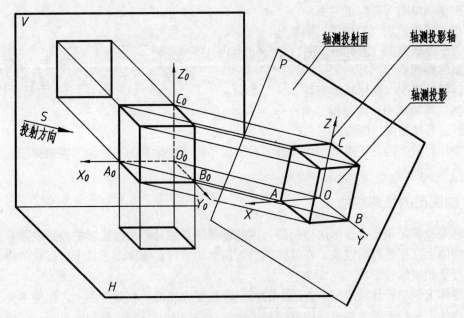

图 7-1 轴测图的形成

投影面 P 称为轴测投影面。投射线方向 S 称为投射方向。空间坐标轴 O_0X_0、O_0Y_0、O_0Z_0 在轴测投影面上的投影 OX、OY、OZ 称为轴测投影轴，简称轴测轴。

二、轴间角和轴向伸缩系数

如图 7-1 所示，相邻两轴测轴之间的夹角 $\angle XOY$、$\angle YOZ$ 和 $\angle ZOX$ 称为轴间角。轴测轴的单位长度与相应直角坐标轴上的单位长度的比值，分别称为 X、Y、Z 轴的轴向伸缩系数，用 p_1、q_1、r_1 表示。各轴的轴向伸缩系数是：

X 轴向伸缩系数　　$p_1=OX/O_0X_0$

Y 轴向伸缩系数　　$q_1=OY/O_0Y_0$

Z 轴向伸缩系数　　$r_1=OZ/O_0Z_0$

如果知道了轴间角和轴向伸缩系数，就可根据物体的视图绘制轴测图。在画轴测图时，将确定物体的直角坐标轴方向的线段，沿相应的轴测轴方向，并按相应的轴向伸缩系数量取该线段的轴测投影长度。"轴测"即有"沿着轴向测量"的含义。

为了便于作图，轴向伸缩系数之比采用简单的数值，而且各个系数的数值也宜简化，简化后的系数称简化伸缩系数，简称简化系数。

三、轴测投影图分类

根据投射方向垂直于投影面与否，轴测图可分为正轴测图和斜轴测图两大类：

投射方向垂直于投影面——正轴测图。（物体斜放正投影）

投射方向倾斜于投影面——斜轴测图。（物体正放斜投影）

由此可见：正轴测图是由正投影法得到的，而斜轴测图则是用斜投影法得到的。

根据轴间角和轴向伸缩系数的不同，每类轴测图又可分为三种：

（1）正轴测图：

（a）正等轴测图（简称正等测）：$p_1=q_1=r_1$；

（b）正二等轴测图（简称正二测）：$p_1=r_1\neq q_1$；

（c）正三等轴测图（简称正三测）：$p_1\neq q_1\neq r_1$。

（2）斜轴测图：

（a）斜等轴测图（简称斜等测）：$p_1=q_1=r_1$；

（b）斜二等轴测图（简称斜二测）：$p_1=r_1\neq q_1$；

（c）斜三等轴测图（简称斜三测）：$p_1\neq q_1\neq r_1$。

工程中用得较多的是正等轴测图和轴测投影面平行于坐标面的一种斜二等轴测图。本教材也只介绍这两种轴测图。

四、轴测图的投影规律

由于轴测投影是用平行投影法得到的，因此轴测图必然具有平行投影的投影规律：

（1）物体上互相平行的线段，在其轴测投影仍互相平行；物体上平行于坐标轴的直线段，其投影仍平行于相应的投影轴。

（2）物体上两平行线段或同一直线上的两线段长度之比值，在轴测图上，保持不变。

（3）物体上平行于轴测投影面的直线和平面，其轴测图上反映实长和实形。

（4）几何元素的轴测投影与原几何元素的从属性、比例性、相切性不变。

第二节　正等轴测图

一、轴间角和轴向伸缩系数

1. 形成　使直角坐标系的三根坐标轴对轴测投影面的倾角相等，并用正投影法将物体向轴测投影面投射所得到的图形叫正等轴测图。画轴测图时，必须知道轴间角和轴向伸缩系数。

2. 轴间角和轴向伸缩系数　在正等轴测图中，由于直角坐标系的三个坐标轴对轴测投影面的倾角都相等，因此，正等轴测图的轴间角都是 $120°$，各轴向伸缩系数都相等，即 $p_1=q_1=r_1\approx 0.82$。而所谓等测就是表示这种图的各轴向伸缩系数相等。

为了作图简便起见，常采用简化系数，即 $p=q=r=1$。采用简化系数作图时，沿各轴向的所有尺寸都用真实长度量取，简捷方便。因而画出的图形沿各轴向的长度都分别放大了约 $1/0.82\approx1.22$ 倍。轴间角和轴向伸缩系数的大小如图 7-2 所示。

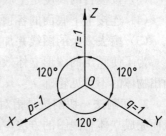

图 7-2　轴间角和轴向伸缩系数

二、平面立体正等轴测图的画法

画平面立体的正等轴测图常用的方法有：坐标法、切割法、叠加法和综合法。而坐标法是最基本的方法。通常可按下列步骤作出物体的正等轴测图：

（1）对物体进行形体分析，确定坐标轴。

（2）作轴测轴，按照"轴测"原理，根据物体表面上各顶点的坐标值，定出它们的轴测投影，连接各顶点，即完成平面立体的轴测图。

1. 坐标法　坐标法是将立体放在适当的坐标系中，根据立体各点的坐标尺寸画出立体各点的轴测图，然后连接各点完成立体的轴测图。

［**例 7-1**］　画出图 7-3a 所示的四棱台的正等轴测图。

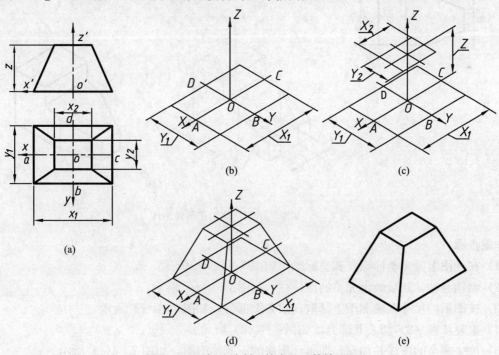

图 7-3　坐标法绘制四棱台的正等轴测图

作图步骤：

（1）在视图上确定坐标原点和坐标轴，如图 7-3(a) 所示。

（2）画轴测轴和四棱台的下底面，如图 7-3(b) 所示。

（3）按棱台的高度定上底的中心，画出上底面，如图 7-3(c) 所示。

（4）连接上下底面的各顶点，如图 7-3(d) 所示。

（5）擦去多余的图线并加深，即得到四棱台的正等轴测图，如图 7-3(e) 所示。

为了使画出的图形立体效果明显，通常不画出物体的不可见轮廓，只有在必要时，可用虚线画出物体的不可见轮廓。

2. 切割法　切割法是指对形状不完整的立体，可先按完整形体画出，再画出切割掉的部分从而完成立体轴测图的方法。

[**例 7-2**]　画出图 7-4(a) 所示的压块的正等轴测图。

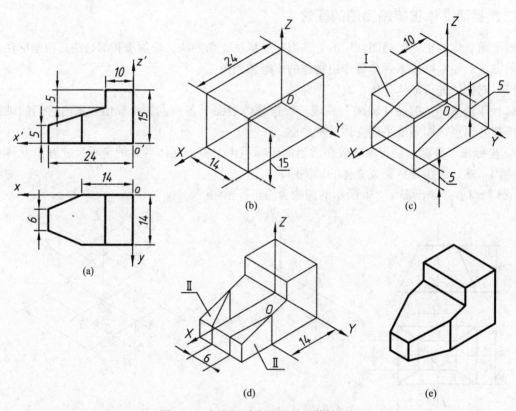

图 7-4　切割法绘制压块的正等轴测图

作图步骤：

（1）在视图上确定坐标原点和坐标轴，如图 7-4(a) 所示。

（2）画轴测轴，然后画出完整的四棱柱，如图 7-4(b) 所示。

（3）按图示的尺寸在轴测图上量取，切去Ⅰ部分，如图 7-4(c) 所示。

（4）重复步骤（3）切去Ⅱ部分，如图 7-4(d) 所示。

（5）擦去多余的图线并加深，即得到压块的正等轴测图，如图 7-4(e) 所示。

3. 叠加法　叠加法是指将物体看成是由若干个基本立体叠加组合而成，分别画出这些基本立体的轴测图，再组合在一起，从而完成物体轴测图的方法。

[**例 7-3**]　根据图 7-5(a) 所示的平面立体的三视图，绘制其正等轴测图。

作图步骤：

（1）在视图上确定坐标原点和坐标轴，如图 7-5(a) 所示。

（2）画轴测轴，根据图示尺寸画底板的轴测图，如图 7-5(b) 所示。

（3）根据图示尺寸画出立板的轴测图，如图 7-5(c) 所示。

（4）根据图示尺寸画出三棱柱的轴测图，如图 7-5(d) 所示。

（5）擦去多余的图线，并加深轮廓线，完成作图，如图 7-5(e) 所示。

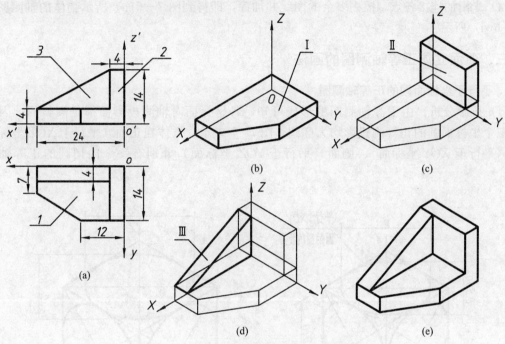

图 7-5　叠加法绘制平面立体的正等轴测图

4. 综合法　工程上很多物体形状比较复杂，若仅仅采用某一种方法作图，往往不够简便。综合法就是指同时采用两种或两种以上作图方法来绘制物体轴测图的方法。

[例 7-4]　根据图 7-6(a) 所示的视图，绘制该立体的正等轴测图。

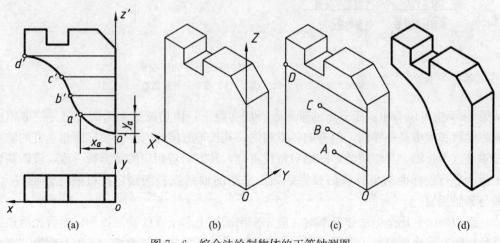

图 7-6　综合法绘制物体的正等轴测图

作图步骤：

（1）确定坐标原点和坐标轴，为了作出曲线的轴测图，先在曲线上定出一些点的坐标，如图7-6(a)。

（2）画轴测轴，物体的原形可视为平面体，用切割法作出平面体上方的通槽和前方斜面的轴测图，如图7-6(b)所示。

（3）应用坐标法定出 A、B、C、D 各点的位置，如图7-6(c)所示。

（4）光滑的连接各点，擦去多余的图线并加深，即得到图7-6(a)所示物体的轴测图，如图7-6(d)所示。

三、曲面立体正等轴测图的画法

1. 平行于坐标面圆的正等轴测图

（1）投影分析。由正等轴测图的形成可知，各坐标面对轴测投影面都是倾斜的，因此平行于三个坐标面圆的正等测投影均为椭圆。图7-7表示立方体在正面（平行于 XOZ 坐标面）、顶面（平行于 XOY 坐标面）、侧面（平行于 YOZ 坐标面）分别有一个内切圆的正等轴测投影图。

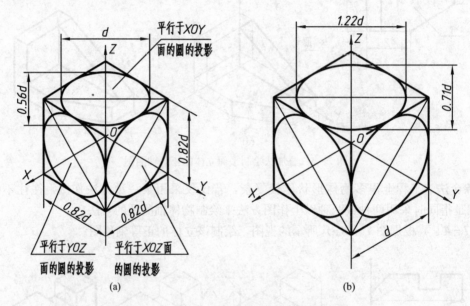

图7-7 平行于坐标面的圆的正等轴测投影

(a) 按轴向伸缩系数＝0.82作图　(b) 按轴向伸缩系数＝1作图

从图7-7中可以看出：正方形的轴测投影成为菱形，内切圆成为椭圆，仍与菱形相切。三个椭圆的形状和大小是一样的，但方向各不相同，其长轴方向与所平行坐标面相垂直的轴测轴垂直，短轴垂直于长轴，与相应菱形的短对角线重合，其方向与相应的轴测轴一致，该轴测轴就是垂直于圆所平行坐标面的坐标轴的投影。如水平圆的轴测投影椭圆，其短轴与 Z 轴方向一致，而长轴与 Z 轴垂直。

（2）近似画法。用坐标法作椭圆时，应先求出圆周上若干点的轴测投影，然后光滑连接成椭圆。这种作图方法比较繁琐。实际作图时，常用四段圆弧代替椭圆曲线。工程上称为"四心法"，也称"菱形法"。即找出四段圆弧的圆心，再画四段圆弧的方法。下面以平行于 *XOY* 坐标面圆的正等测图画法为例，说明用菱形法近似画椭圆的方法。

作图步骤：

（1）以圆心 *O* 为坐标原点作坐标轴，并作圆的外切正方形，如图 7-8(a) 所示。

（2）画轴测轴，作外切正方形的轴测投影，即菱形。菱形的对角线分别为椭圆的长轴和短轴，如图 7-8(b) 所示。

（3）连接 1*A*、1*B*；2*C*、2*D*，（四条连线分别为各菱形边的中垂线）得到交点 3 和 4。1、2、3、4 点即是四段圆弧的圆心，如图 7-8(c) 所示。

（4）分别以点 1、2 为圆心，以 1*A*（或 1*B*）为半径画大圆弧 *AB* 和 *DC*；以点 3、4 为圆心，以 3*A*（或 4*B*）为半径画圆弧 *AD* 和 *CB*，如图 7-8(c)、(d) 所示。

（5）擦去多余的图线并加深，即完成作图，如图 7-8(e) 所示。

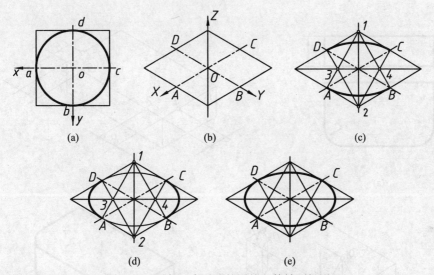

图 7-8 平行于水平面的圆的正等轴测投影

正平圆和侧平圆的正等轴测图的画法和水平圆的正等测图的画法相似，关键是要作出菱形，即确定椭圆的长短轴的方向，如图 7-9 所示。

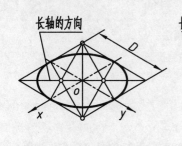 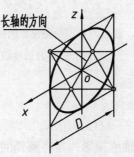 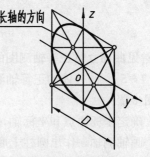

水平圆椭圆长短轴的确定：长轴与水平面的垂直轴Z垂直，短轴与Z轴重合

正平圆椭圆长短轴的确定：长轴与正平面的垂直轴Y垂直，短轴与Y轴重合

侧平圆椭圆长短轴的确定：长轴与侧平面的垂直轴X垂直，短轴与X轴重合

图 7-9 平行于各坐标面的圆的正等轴测投影

2. 圆角的正等轴测投影的画法　圆角通常是圆的四分之一，其正等轴测图的画法与圆的正等轴测图画法相同，即作出相应的四分之一菱形，确定圆心，再画小近似圆弧。现以平行于水平面的圆角为例，说明圆角的正等轴测图的画法，如图 7 - 10 所示。

作图步骤：

（1）沿圆角切线的两边分别量取半径为 R，得到 1、2、3、4 四个切点，如图 7 - 10(b) 所示。

（2）过切点作所在边的垂线，两垂线的交点 O_1、O_2 即为上底面圆弧的圆心。分别以圆心到切点的距离为半径画圆弧 12、34，即完成上底面圆角的轴测投影。再将切点、圆心平行下移板厚距离 H，用与上底面相同的半径画圆弧，完成下底面的轴测投影，如图 7 - 10(c) 所示。

（3）作小圆弧的外公切线，擦去多余的图线并加深，即完成作图，如图 7 - 10(d) 所示。

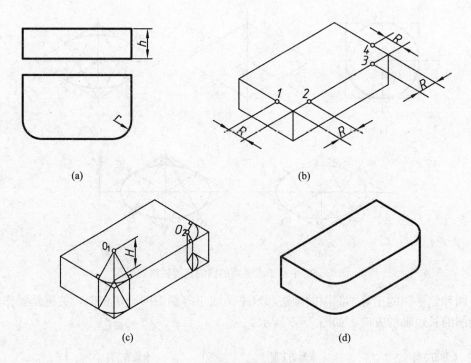

图 7 - 10　圆角的正等轴测投影的画法

3. 常见曲面立体正等轴测图的画法

[**例 7 - 5**]　圆柱体的正等轴测图画法

作图步骤：

（1）确定坐标原点和坐标轴，如图 7 - 11(a) 所示。

（2）画轴测轴，作出圆柱上底圆的轴测投影。再将圆弧的圆心向下移动 H（移心法），作底圆轴测投影的可见部分，如图 7 - 11(b) 所示。

（3）作两个椭圆的公切线（长轴端点的连线），即为圆柱面轴测投影的转向线，如图 7 - 11(c)所示。

（4）判断可见性，擦去多余的图线并加深，完成作图，如图 7 - 11(d) 所示。

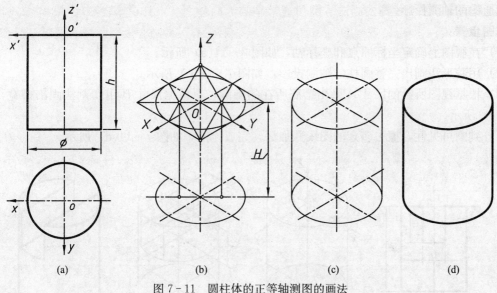

图 7-11 圆柱体的正等轴测图的画法

[例 7-6] 画圆台的正等轴测图。

作图步骤： 圆台的作图步骤和圆柱基本相似。确定坐标系，画轴测轴，用菱形法绘出圆台上、下底的轴测投影椭圆，然后作两椭圆的公切线，判断可见性后擦去多余的图线并加深，即完成作图，如图 7-12 所示。

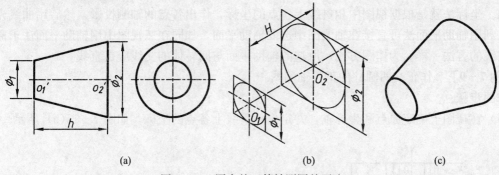

图 7-12 圆台的正等轴测图的画法

[例 7-7] 画圆球的正等轴测图。

球的正等轴测图是与球直径相等的圆。当采用简化系数作图时，则圆的直径约等于球直径的 1.22 倍。为了使球的正等轴测立体感较强，可画出过球心的三个方向的椭圆，三个椭圆都应内切于圆，如图 7-13 所示。

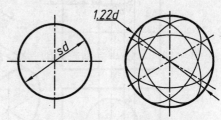

图 7-13 圆球的正等轴测图的画法

四、截交线、相贯线正等轴测图的画法

1. 截交线的正等轴测图的画法

[例 7-8] 画出图 7-14(a) 所示立体的正等轴测图。

该立体是一个在其顶部上方挖切了一个矩形通槽的圆柱，因此可先作出完整的圆柱，再用切割法画通槽的轴测投影。

作图步骤:

(1) 在视图上确定坐标原点和坐标轴,如图 7-14(a) 所示。

(2) 用菱形法画出完整圆柱的轴测投影,如图 7-14(b) 所示。

(3) 根据视图所给的尺寸 A 画出槽底所在的椭圆,再根据尺寸 B 用切割法画出槽宽,如图 7-14(c) 所示。

(4) 判断可见性,擦去多余的图线并加深,完成作图,如图 7-14(d) 所示。

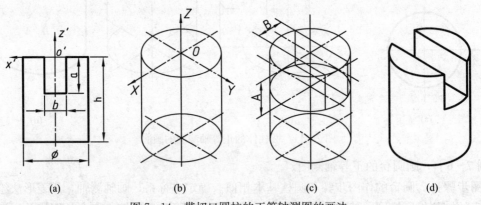

图 7-14 带切口圆柱的正等轴测图的画法

2. 相贯线的正等轴测图的画法 立体表面相贯线的轴测投影一般可采用坐标法或辅助平面法作出。坐标法就是根据视图中相贯线上各点的坐标,作出各点的轴测投影,然后用曲线光滑的连接。利用辅助平面法可直接在轴测图中选取辅助平面,如同在三视图中用辅助平面法求截交线和相贯线的方法一样。为作图方便,所选的辅助平面与回转体的交线应是直线。

[例 7-9] 作正交两圆柱的正等轴测图。

作图步骤:

(1) 在视图上确定原点和坐标轴,并定出相贯线上各点的坐标,如图 7-15(a) 所示。

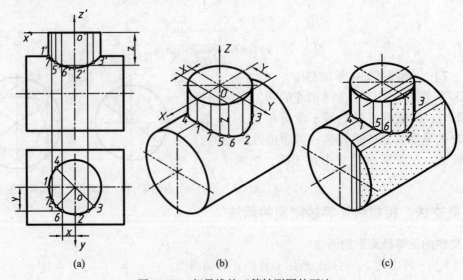

图 7-15 相贯线的正等轴测图的画法

（2）坐标法：视图上1、2、3、4、5点对应轴测图上轴向直径的端点和长短轴端点，是特殊位置点，所以只需沿轴量取Z坐标即得1、2、3、4、5各点。再量取相应的X、Y、Z，得6和7点，依次光滑地连接，即得到相贯线的轴测投影，如图7-15(b) 所示。

（3）辅助平面法：选取一系列的辅助平面截两圆柱，截交线交点1、2、3、4、5、6、7，即为相贯线上的点，依次光滑地连接各点，完成作图，如图7-15(c) 所示。

五、组合体正等轴测图的画法

画组合体的轴测图常采用综合的方法，先用形体分析法分析组合体，确定坐标圆点和坐标轴，先主后次、先大后小依次画出各基本体的轴测图。作图时应注意各基本体之间的表面连接关系。

[**例7-10**]　根据轴承座的三视图（图7-16a），作其正等轴测图。

作图步骤：

（1）在视图上确定原点和坐标轴，如图7-16(a) 所示。

（2）画轴测轴。画带圆角和通孔的底板，用切割法切去底部通槽，如图7-16(b)。

（3）画带通孔的圆柱，如图7-16(c) 所示。

（4）应用坐标法画和圆柱相切的立板以及圆柱下方的支撑板，不可见的轮廓线和切点不必画出，如图7-16(d) 所示。

（5）判断可见性，擦去多余的图线并加深，即完成作图，如图7-16(e)。

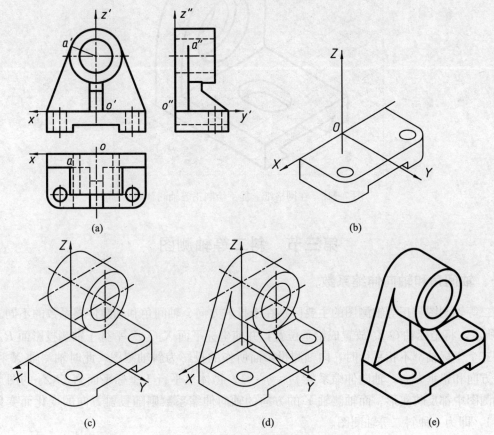

图 7-16　组合体的正等轴测图的画法

有时为了方便快捷地绘制图形，或受到现场条件、时间的限制，或帮助分析多面正投影，表达结构特点也会采用徒手绘图的方法绘正等轴测图。徒手绘制草图时尺寸要尽量准确，画线要稳图线清晰，比例均匀，同时尽量目测画准轴测轴，注意 X、Y 轴于水平线成 $30°$ 夹角，平行线之间尽量保证平行。在确定坐标原点后，沿轴向作图，如图 7-17 所示。

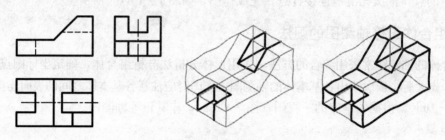

图 7-17　徒手绘制正等轴测草图

若利用轴测网格纸就可以更快更准确地画出正等轴测草图，如图 7-18 所示。

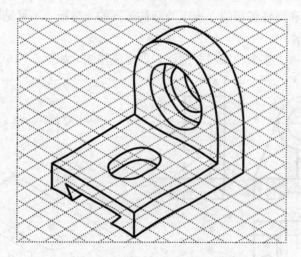

图 7-18　在网格纸上徒手绘制正等轴测草图

第三节　斜二等轴测图

一、轴间角和轴向伸缩系数

斜二等轴测图与正等轴测图的主要区别在于投射方向、轴间角和轴向伸缩系数的不同。如图 7-19 所示，将坐标轴 O_0Z_0 放置成铅垂位置，并使坐标平面 $X_0O_0Z_0$ 平行于轴测投影面 P。当射方向与三个坐标轴都不相平行时，向轴测投影面所作的投影为斜轴测图。此时轴测轴 X 和 Z 仍为水平方向和铅垂方向，轴向伸缩系数 $p_1=q_1=1$，物体上平行于坐标平面 $X_0O_0Z_0$ 的图形结构在斜轴测图中都反映实形。而轴测轴 Y 的方向的轴向伸缩系数则随投射方向的变化而变化，若取 $r_1≠1$，即为一种斜二等轴测图。

常用的斜二等轴测图的轴间角和轴测伸缩系数如图 7-20 所示。一般取 $r_1=0.5$。

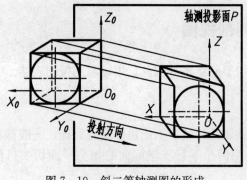

图 7-19　斜二等轴测图的形成

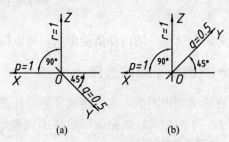

图 7-20　轴间角和轴向伸缩系数

二、斜二等轴测图的画法举例

斜二等轴测在画图方法上与正等测的画法基本相似。当物体在一个方向上平面形状比较复杂或有比较多的圆弧和曲线，而另两个方向形状简单的情况下，常选用斜二等轴测图，作图较为方便。

[例 7-11]　作如图 7-21(a) 所示通盖的斜二等轴测图。

作图步骤：

（1）在视图上确定圆点和坐标轴，如图 7-21(a) 所示。

（2）画轴测轴，按 Y 轴向伸缩系数 $q_1=0.5$ 定各端面圆心的位置及均匀分布孔的圆心所在的圆，如图 7-21(b) 所示。

（3）画各个端面的圆，由前向后画，不可见部分不必画出，如图 7-21(c) 所示。

（4）按切割法画出键槽，如图 7-21(d) 所示。

（5）擦去多余的图线并加深，完成作图，如图 7-21(e) 所示。

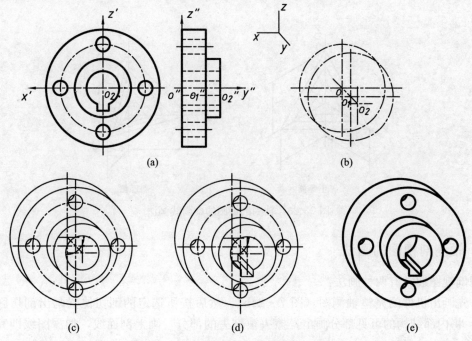

图 7-21　压盖的斜二等轴测图的画法

第四节　轴测剖视图

为了表达机件的内部结构形状，可以假想用剖切平面将机件剖开，用轴测剖视图表达。

一、剖切平面的选择

在轴测剖视图中，为了使机件的内外部结构形状表达清楚，不论机件是否对称，一般都不采用切去一半的形式，以免破坏机件的完整性，而是用两个平行于坐标面的相交平面切去机件的1/4，如图 7-22 所示。

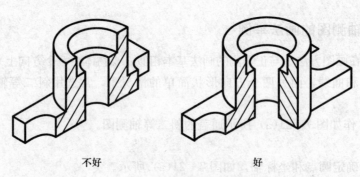

不好　　　　　　　　　　　　好

图 7-22　剖切平面的选择

二、剖切线的画法

剖切平面剖切机件时，与机件接触的部分应画出剖面线，以区别未剖切到的区域。剖面线一律画成等距、平行的细实线，如图 7-23 所示。

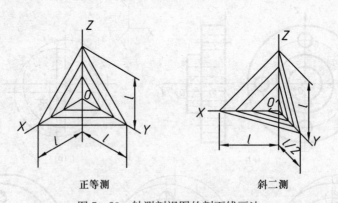

正等测　　　　　　　　　　　斜二测

图 7-23　轴测剖视图的剖面线画法

三、轴测剖视图的画法

轴测剖视图通常有两种画法：

（1）先画出机件的完整轴测图（图 7-24b），然后按所选定的剖切位置画出剖切区域（图 7-24c），将内部结构的可见部分画出，擦去被剖去的部分，画上剖面线，加深图线即完成作图

（图 7 - 24e）。

（2）先画出被剖切区域的轴测投影（图 7 - 24d），然后画出机件内、外部结构的可见部分并加深图线即完成作图（图 7 - 24e）。

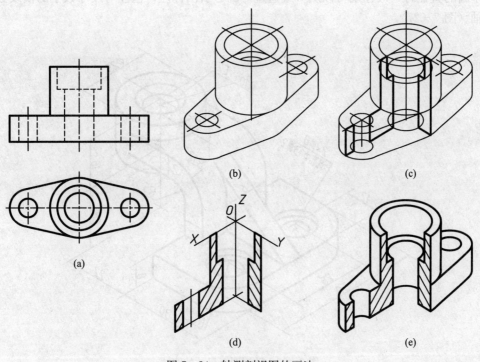

图 7 - 24 轴测剖视图的画法

第五节 轴测图的尺寸标注

轴测图上的尺寸，按照 GB/T 4458.3—1984 的规定标注。

（1）轴测图的线性尺寸，一般应沿着轴测轴方向标注。尺寸数值为机件的基本尺寸。

（2）尺寸线必须和所标注的线段平行；尺寸界线一般应平行于某一轴测轴；尺寸数值应按相应的轴测图形标注在尺寸线的上方。当在图形中出现数字字头向下时，应用引出线引出标注，并将数字按水平位置注写（图 7 - 25）。

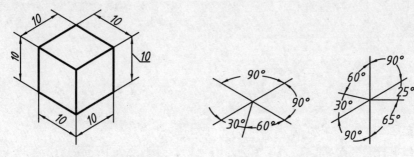

图 7 - 25 轴测图线性尺寸的注法　　　图 7 - 26 轴测图上角度的注法

（3）标注角度的尺寸时，尺寸线应画成与该坐标平面相应的椭圆弧，角度数字一般写在尺寸线的中断处，字头向上（图7-26）。

（4）标注圆的直径时，尺寸线和尺寸界线应分别平行于圆所在平面内的轴测轴。标注圆弧半径或较小圆的直径时，尺寸线可以从（或通过）圆心引出标注，但注写尺寸数字的横线必须平行于轴测轴（图7-27）。

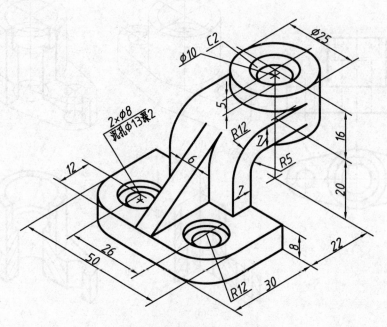

图7-27　轴测图上尺寸的注法

第八章　机件的表达方法

工程中遇到的机件形状与结构多种多样，繁简各异，仅仅利用三视图来表达很难做到完整、准确、清晰、无误，因此国家标准《图样画法》（GB/T 17451—1998、GB/T 17452—1998、GB/T 4458.6—2002、GB/T 17453—2005）中规定了机件的各种表达方法。本章将介绍如何根据机件的特点，机动灵活地采用视图、剖视图、断面图等常用机件表达方式，同时满足画图和读图两方面的需要，从而达到设计和制造提出的要求。

第一节　视　　图

视图主要用来表达机件的外部结构形状，一般只画机件的可见部分，必要时才用虚线画出其不可见部分。视图分为基本视图、向视图、局部视图和斜视图。

一、基本视图

为了清晰地表达机件上、下、左、右、前、后等方向的形状，在原有三个投影面的基础上增加三个投影面，组成一个正六面体，这六个投影面称为基本投影面，将机件置于其中，向各基本投影面投射所得的视图称为基本视图。六个基本视图的名称及投射方向规定为：

主视图：由前向后投射所得的视图；

俯视图：由上向下投射所得的视图；

左视图：由左向右投射所得的视图；

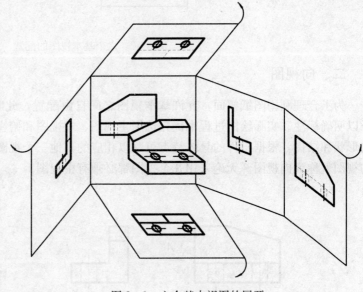

图 8-1　六个基本视图的展开

右视图：由右向左投射所得的视图；

仰视图：由下向上投射所得的视图；

后视图：由后向前投射所得的视图。

六个基本视图的展开方法如图 8-1 所示展开，其配置关系如图 8-2 所示。若视图画在同一张图纸内，且按图 8-2 所示位置配置时，一律不标注视图的名称。

六个基本视图之间仍然保持"长对正、高平齐、宽相等"的"三等"投影关系，而且除后视图外其他各视图靠近主视图的一侧都反映机件的后面，而远离主视图的一侧都反映机件的前面，如图 8-2 所示。

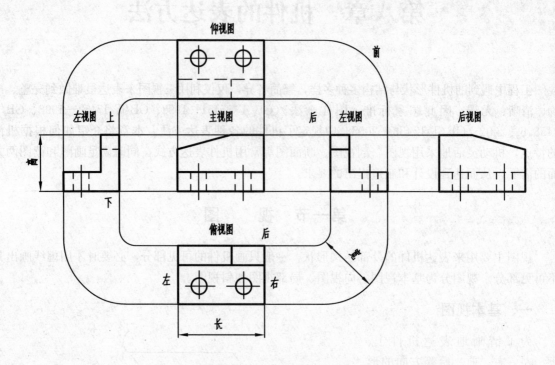

图 8-2 六个基本视图的配置

二、向视图

为了合理利用图纸幅面，允许基本视图之间自由配置，此时应注意根据投射方向按图 8-3 予以明确标注。实际绘图过程中优先选用主视图、左视图和俯视图，为了清晰、准确地表达机件的形状和结构，根据机件的具体特点可配以相应的其他三个视图中的一个或多个。这组自由配置的视图就称为向视图。无论采用几个视图都必须有主视图。

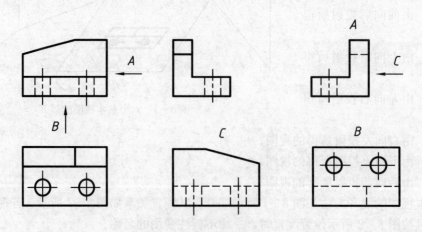

图 8-3 向视图及其标注

三、局部视图

机件的某一部分向基本投影面投射所得到的视图称为局部视图，当机件上某一局部形状或结构需要详细表达而没有必要画出整个基本视图的时候采用。

如图 8-4 所示，机件的大部分外形和结构通过主视图和俯视图都已经表达清楚，仅左侧凸缘和右侧的凸台形状没有准确表达。采用 A、B 两个方向的局部视图，既补充表示了主视图和俯视图中尚未表达的要素，又省去了绘制左、右两个视图中的其他部分，达到了准确、简洁地表达物体形状的目标。

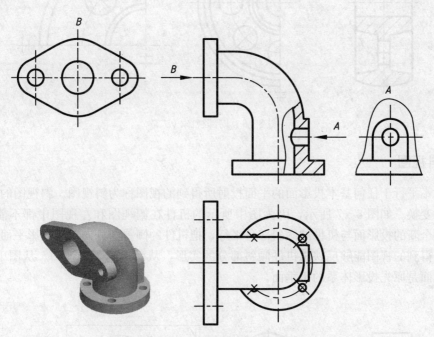

图 8-4　局部视图（一）

绘制局部视图时应注意以下几点：

（1）局部视图的配置既可以参照基本视图也可以参照向视图。

（2）用波浪线或双折线表示局部视图断裂边界，如果局部视图中表示的结构完整且轮廓线封闭，则可以将波浪线或双折线省略，如图 8-4 中的 B 向视图。

（3）波浪线不应超出机件的轮廓线，且不应画在机件的中空处，如图 8-5 所示。

为了节约绘图时间和图幅，对于对称机件的视图可以只画其一半或者

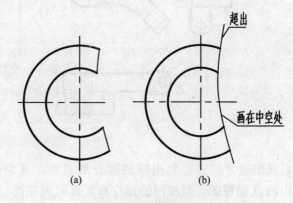

图 8-5　波浪线的画法
（a）正确　（b）不正确

四分之一（也称局部视图），并在对称中心线的两端画出两条与其垂直的平行细实线，如图8-6所示。

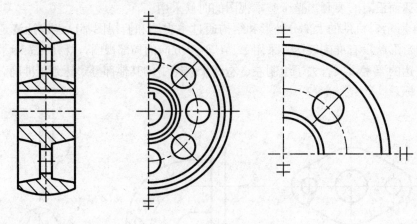

图8-6　局部视图（二）

四、斜视图

机件向不平行于任何基本投影面的平面投射所得到的视图称为斜视图。斜视图的投影原理其实就是投影变换。如图8-7所示，因为图中所示的机件在俯视图和左视图中都不能反映实形，因此建立一个新的投影面与机件的倾斜部分平行，把机件的倾斜部分向新的投影平面投射，在这个投影面上得到的视图能够反映出机件倾斜部分的实形，从而得到了斜视图。从图中可以看到，这个新投影面是原先投影体系的正垂面。

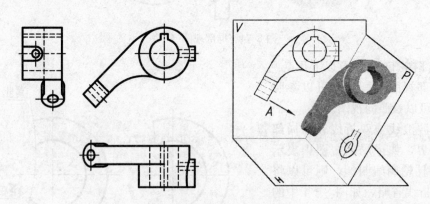

图8-7　斜视图的形成及画法

斜视图通常只需要划出倾斜部分的真形，其余部分无需画出，采用波浪线断开，如图8-7中的A向视图。斜视图的标注和配置同向视图。如图8-8（a）所示，用箭头指明投射方向，在视图上方对应地标注相同代号。必要时允许将斜视图旋转配置，但要求加注旋转符号，如图8-8（b）所示。旋转符号的画法如图8-9所示，h＝字高，$R＝h$，符号笔画宽度＝$1/10h$或$1/14h$。

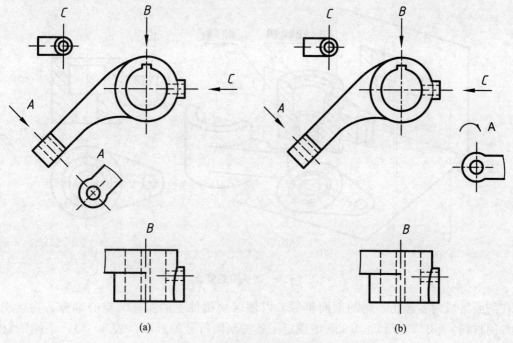

(a)　　　　　　　　　　　　　　　　(b)

图 8 - 8　斜视图的配置和标注

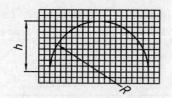

图 8 - 9　旋转符号的画法

第二节　剖　视　图

　　按照投影关系，机件内部的不可见轮廓线应该用虚线表示。当机件内部结构比较复杂时，视图上就会出现较多错综复杂的虚线，这样势必影响图形的清晰，而且直接影响机件的尺寸标注和读图的准确性。采用剖视图就可以把机件的内部结构直接表达出来，国家标准 GB/T 17452—1998《技术制图》中规定了剖视图的画法。

一、剖视图的基本知识

　　1. 剖视图的形成　如图 8 - 10(a) 所示，假想用一个（或者多个平面）剖切机件，把位于观察者和剖切平面之间的部分移去，将其余部分向投影面投射所得到的视图称为剖视图（图 8 - 10b）。采用剖视的方法，原来机件内部的不可见轮廓线变成了可见轮廓线，原来用虚线表达的结构就可以用实线画出，制图和读图都变得简单明了。

　　2. 剖面区域的表示　假想剖切平面与物体直接接触的部分成为剖面区域。国家标准中规

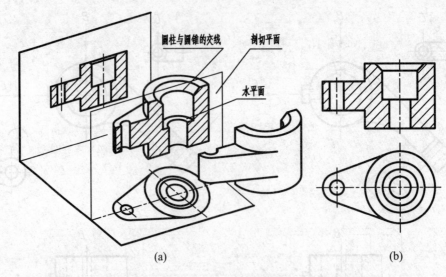

图 8-10 剖视图的概念

定，在剖面区域内要画出不同的剖面符号，以便区别机件上的实体与空心部分。为区别被剖切机件的材料，GB/T 17452—1998 中规定了各种剖面符号的画法（表 8-1）。不同的材料采用不同的剖面符号。经常使用的金属材料的剖面符号应画成间隔相等，与水平方向成 45°或135°的平行细实线，如表 8-1 所示。特别注意，在同一机件的不同的剖视图上，剖面线的倾斜方向、间隔要相同。当剖面区域的主要轮廓线成 45°或接近 45°时，则该区域的剖面线应画成与水平方向成 30°或 60°的平行细实线，其倾斜方向和间隔还应与其他图形的剖面线一致。

表 8-1 剖面符号

金属材料 （已有规定剖面符号者除外）	▨	木材（纵断面）	≋	液体	≣
型砂、填砂、粉末冶金、砂轮、陶瓷刀片、硬质合金刀片等	▦	线圈绕组元件	▦	砖	▨
转子、电枢、变压器和电抗器等的叠钢片	▥	钢筋混凝土	▨	玻璃	▨
非金属材料 （已有规定剖面符号者除外）	▩	木质胶合板	≋	混凝土	▨

3. 剖视图的画法 以图 8-11 所示的机件为例，说明画剖视图的步骤：

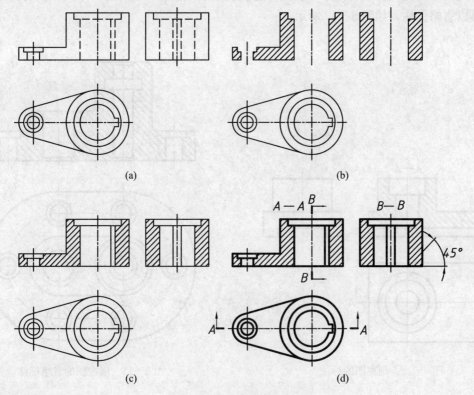

图 8-11　剖视图的画法

（1）画出机件的视图，如图 8-11(a) 所示。

（2）确定剖切平面的位置，画出剖面区域（剖切断面）的图形。取通过两孔轴线且平行于正立投影面的剖切平面进行剖切，画出剖切平面与机件的截交线，即可得到剖面区域，并在剖面区域上画上剖面符号（图 8-11b）。

（3）画出机件上剖切断面后面的所有可见部分的投影。图 8-11(c) 画出了阶梯孔台阶面的投影和键槽的轮廓线。

（4）校核，描深。如图 8-11(d) 所示，机件被剖切面剖开之后的断面轮廓和剖切面后面的可见轮廓均用粗实线绘制，在剖视图中已经表达清楚的结构和形状在其他视图中相应的虚线应省略。

应当注意的是：机件的剖切平面只是假想平面，并不是真的把机件的一部分剖切掉，因此在其他视图上仍然应该画出机件的完整形状。

（5）标注剖切符号和剖视图的名称，如图 8-11d 所示。

4. 剖视图的标注　为了准确地表达同一机件的几个剖视图、视图之间的投影对应关系，画剖视图时，应对剖视图进行标注。一般应在剖视图上方的中间位置用大写拉丁字母标注出剖视图的名称"$X—X$"；在相应的视图上标出确定剖切平面位置的剖切符号，剖切符号用线宽（1～1.5)d，长度为 5～10 mm 的两段粗实线；在剖切符号的外端画出与其垂直的箭头表示投影方向，并在剖切符号和箭头的外侧注上与剖视图名称相同的字母，字母一律水平书写，如图 8-11、图8-12 所示。

如果剖切平面与机件的对称平面重合，且剖视图按照投影关系配置，中间又没有其他图形隔开时，可以省略标注，如图8-13所示。

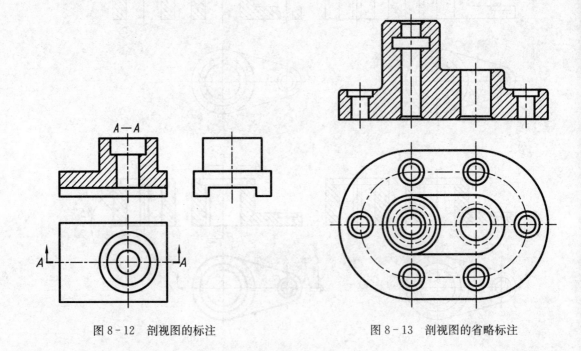

图8-12 剖视图的标注　　　　图8-13 剖视图的省略标注

二、剖切面的种类

根据机件的结构不同可以采用不同的剖切平面。

（一）单一剖切面

1. 平行于基本投影面　平行于 V 面、H 面、W 面的剖切平面是优先使用的单一剖切平面，如图8-10、图8-11、图8-12和图8-13所示。

2. 垂直于基本投影面　当机件上倾斜于基本投影面的内部结构形状需要表达时，可采用垂直于基本投影面的剖切平面剖切，如图8-14所示。用这种剖切方法获得的剖视图一般按投影关系配置，如图8-14最上方的图形。必要时也可平移到其他适当的位置，在不致引起误解时，允许将图形旋转，但必须加旋转符号，其箭头方向为旋转方向，字母应靠近旋转符号的箭头端，如图8-14右下方的图形。

（二）多个剖切平面

1. 几个平行的剖切面　用几个互相平行的剖切平面剖切，主要用于机件上有较多处于不同平行平面上的孔、槽等内部结构形状的情况，如图8-15所示。

绘制平行剖切平面剖切得到的剖视图时应注意：

（1）剖切位置符号、字母、剖视图名称必须标注，所标注的字母与整个剖切平面的起始和中止处相同。当转折处位置有限，又不致引起误解时，允许省略字母。当剖视图按投影关系配置，中间又没有其他图形隔开时，可以省略箭头（图8-15）。

（2）两个剖切面的转折处必须是直角且不允许和机件上的轮廓线重合（图8-16）。

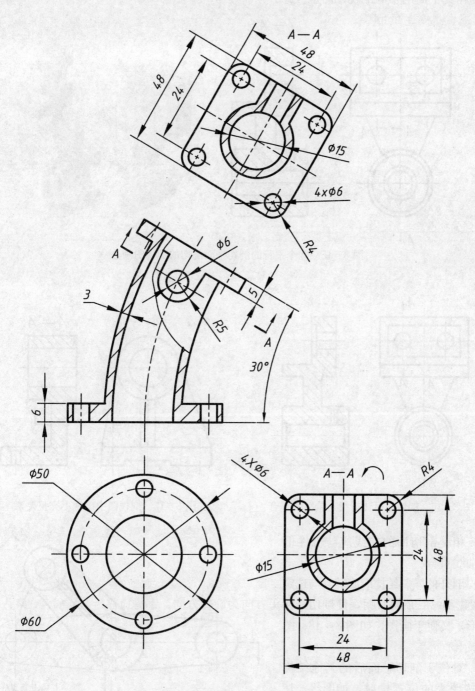

图 8 - 14　垂直于基本投影面的单一剖切平面剖切的剖视图画法

（3）除具有对称性的图形外不要出现不完整图形（图 8 - 17）。

2. 几个相交的剖切面　用几个相交的剖切面剖切，主要用于机件上具有公共回转轴线的内部形状和结构的情况，如图 8 - 18 所示，该机件的左、右两部分具有公共的回转轴线，采用一个水平面和一个正垂面进行剖切，得到 *A—A* 剖视图。

绘制相交平面剖切的剖视图时应注意：

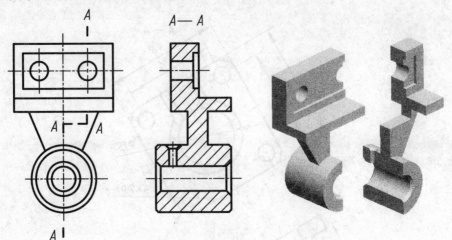

图 8-15　几个平行的剖切平面剖切的剖视图画法

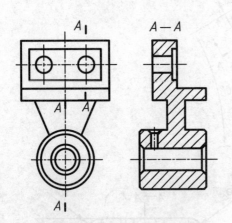

图 8-16　剖切平面转折线与轮廓线重合

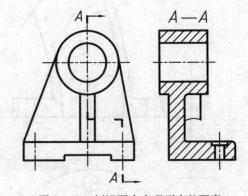

图 8-17　剖视图中出现不完整要素

（1）相交剖切面的交线应与机件上的旋转轴线重合。

（2）剖开的倾斜结构应旋转到与选定的基本投影面平行后再投射，使剖切结构反映实形，又便于画图，如图 8-18、图8-19所示。

（3）对位于剖切平面后的其他结构一般应按原来的位置投射，如图 8-18 所示的小油孔。

（4）当几个相交的剖切平面剖切机件向某投影面投射投影重叠时，须将各剖切平面及所剖得的结构依次旋转到与某基本投影面平行后再投射，

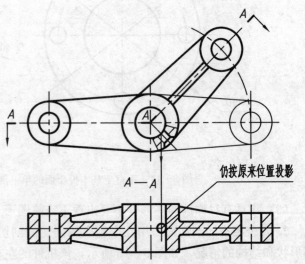

仍按原来位置投影

图 8-18　两相交平面剖切的剖视图画法

比时，需在剖视图的上方加注"展开"二字，如图 8 - 19 所示。展开前后，各轴线间的距离不变。

（5）几个相交平面剖切得到的剖视图必须标注，标注方法与几个平行剖切面剖切基本相同，如图 8 - 18、图 8 - 19 所示。

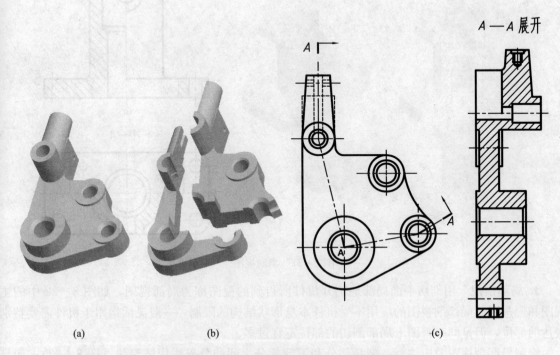

(a)　　　　　　　(b)　　　　　　　(c)

图 8 - 19　几个相交剖切平面剖切的剖视图画法
(a) 完整机件　(b) 剖开的机件　(c) 剖视图的展开画法

（三）剖视图的种类

按照机件被剖切的程度可将剖视图划分为全剖视、半剖视和局部剖视。

1. 全剖视　用剖切平面把机件完全剖开所得到的视图称为全剖视图，如图8 - 20中的主视图。全剖视图一般在机件的外形简单、内部结构复杂且不对称的情况下使用。

2. 半剖视　用剖切平面把机件沿对称中心线剖开一半，同时表达机件内部和外部结构的视图称为半剖视图，如图8 - 21中的主视图和俯视图。半剖视图在机件形状接近对称、且内外形状和结构都需要表达的情况下使用。半剖视图的配置和标注与全剖视图相同。

绘制半剖视图时应注意：剖开的一半和不剖的另一半之间的分界线用点画线，当剖切平面不通过机件的对称平

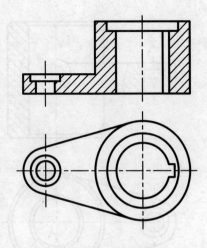

图 8 - 20　全剖视图

面时应标注，在剖开的一半视图中已经表达清楚的结构，在不剖的一半中相应的对称图形虚线省略。

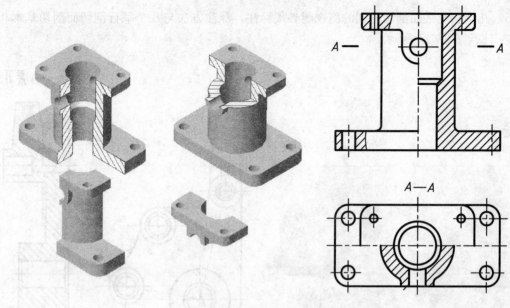

图 8 - 21　半剖视图

3. 局部剖视　用剖切平面局部地剖开机件所得到的视图称为局部视图，如图 8 - 22 中的主视图和俯视图。局部剖视图的应用不受机件本身形状结构的限制，一般灵活运用于机件需要特别表达的部位，但是同一视图上局部剖切的部位不宜过多。

绘制局部剖视图时应注意：剖开部分和不剖部分之间的分界线用波浪线（图 8 - 22）；而且波浪线不允许超出轮廓线（图 8 - 23）；不允许与轮廓线重合（图 8 - 24）；同时也不允许穿过机件的中空处（图 8 - 25）。

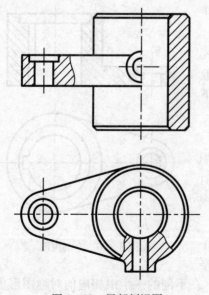

图 8 - 22　局部剖视图

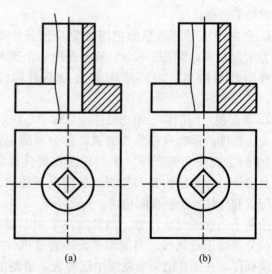

(a)　　　　　　　(b)

图 8 - 23　波浪线不允许超出轮廓线
(a) 错误　(b) 正确

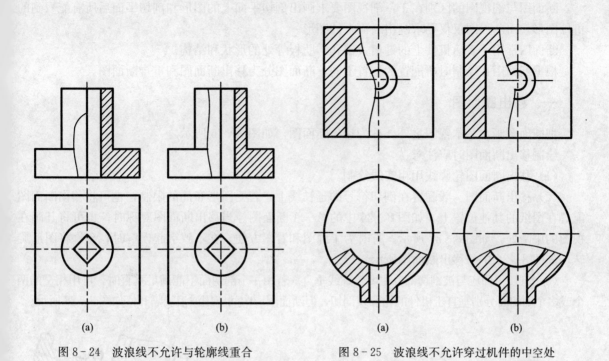

图 8-24　波浪线不允许与轮廓线重合
(a) 错误　(b) 正确

图 8-25　波浪线不允许穿过机件的中空处
(a) 错误　(b) 正确

第三节　断　面　图

用一个假想平面将机件某处切断，仅画出断面的图形称为断面图。断面图用来表达机件上某一局部的断面形状，如图 8-26 所示。

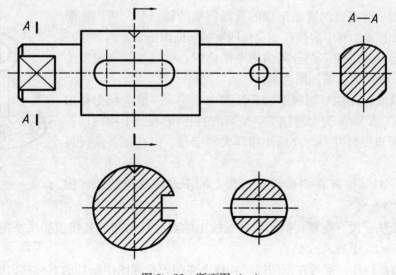

图 8-26　断面图（一）

断面图与剖视图的区别在于：剖视图要求画出剖切平面上的图形和剖切平面后所有能看到的机件图形，而断面图仅仅要求画出断面上的图形。

断面图常用于表达机件上的键槽、销孔、肋板等处的形状和结构。

根据断面图在绘制时所配置的位置不同，断面图分为移出断面图和重合断面图。

一、移出断面图

把断面图画在基本视图之外，称为移出断面图，如图 8-26 所示。

绘制移出断面图时应注意：

（1）移出断面图轮廓线用粗实线绘制。

（2）移出断面图一般配置在剖切符号的延长线上，若受图形布局的限制，也可将移出断面图配置在图纸的其他位置上，如图 8-26 中的 $A—A$ 断面图。当移出断面图对称时，也可将其画在视图的中断处，如图 8-27 所示。有时为了画图和看图方便，在不致引起误解时，允许将图形旋转，如图 8-29 中的移出断面图所示。

（3）剖切平面应与被剖切部分主要轮廓线垂直。若用一个剖切面不能满足垂直时，可用相交的两个或多个剖切面分别垂直于机件的轮廓线剖切，但断面图形中间应用波浪线隔开，如图 8-28 所示。

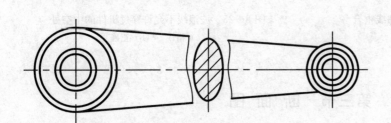

图 8-27　配置在剖视图中断处的移出断面

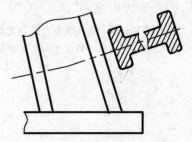

图 8-28　用相交的两个剖切平面剖切的移出断面的画法

（4）当剖切平面通过回转面形成的孔或凹坑的轴线时，应当按照剖视图绘制，如图 8-26 中的销孔、定位凹坑的断面图所示；当剖切平面通过非圆孔会导致出现完全分离的两个断面时，应当按照剖视图绘制，如图 8-29 中的移出断面图所示。

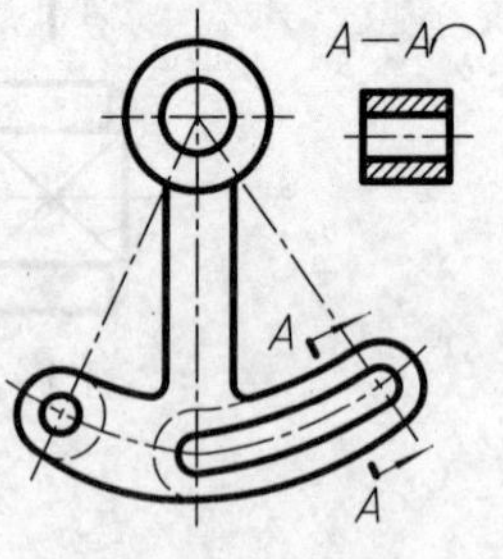

（5）移出断面的标注与剖视图的标注基本相同，一般应标出移出断面的名称"$X—X$"（X 为大写拉丁字母），在相应的视图上用剖切符号表示剖切位置和投射方向，并标注相同大写字母。但在以下情况可以省略标注：

（a）省略字母：配置在剖切线延长线上的不对称移出断面（图 8-26 有凹坑的断面）。

（b）省略箭头：没有配置在剖切线延长线上的对称移出断面及按投影关系配置的不对称移出断面图（图 8-26 中的 $A—A$）。

（c）全部省略标注：配置在剖切线延长线上或配置在视图中断处的对称移出断面（图 8-26 中小孔断面及图 8-27）。

图 8-29　移出断面

二、重合断面图

把机件的断面图画在切断处的投影轮廓内就称为重合断面图，如图 8 – 30 所示，重合断面图用细实线绘制。绘制重合断面图时，应注意当粗实线和细实线重合时仍然画粗实线，如图 8 – 30（a）中的角钢，当断面图形成局部时不画波浪线，如图8 – 30（b）中的肋板。重合断面图中的对称图形不用标注，不对称图形则需要标注投射方向。

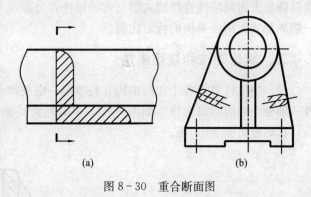

(a)   (b)

图 8 – 30　重合断面图

第四节　其他表达方法

除了前面介绍的方法之外，还有一些机件的表达方法如局部放大和简化画法等，可根据机件的具体情况加以综合运用。

一、局部放大图

将机件的部分细微结构用大于整张图纸所采用的比例特别绘制的图形称为局部放大图，局部放大图用于表达机件上按照原比例表达不清或者无法标注的结构，如图 8 – 31 中的图 Ⅰ 和图 Ⅱ。

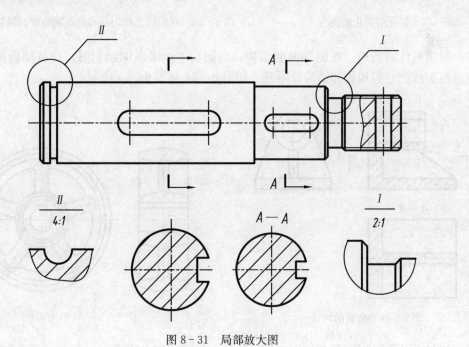

图 8 – 31　局部放大图

采用局部放大的方法时，首先用细实线绘制圆形把要放大的部位圈出，然后选取适当的比例绘制局部放大图，最后用罗马数字同时标注放大部位和相应的局部放大图以便于读图者查找。绘制局部放大图时应注意在放大图上方的标注，分数线上方是罗马数字表示的放大部位，下方是这一幅局部放大图所采用的特定比例。

二、简化画法和规定画法

（1）当机件具有若干相同结构并且按照一定规律分布时，可采用简化画法只画出其中之一或者一部分，同时加以标注。如图8-32中的列管式换热器管板上的管孔、图8-33中的均布孔（a）和均布肋板（b）等。

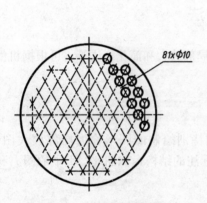

图8-32 管孔的简化画法

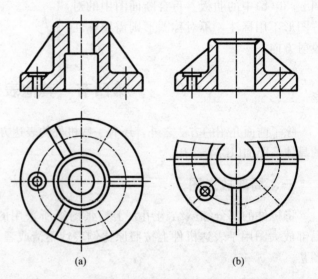

图8-33 在圆周上均匀分布的孔和肋板的简化画法

（2）对于机件的肋板、轮辐等薄壁结构，当剖切平面沿纵向剖切时，这些结构都不画剖面线，仅画粗实线把它们和相邻结构分隔开，如图8-34和图8-35所示。

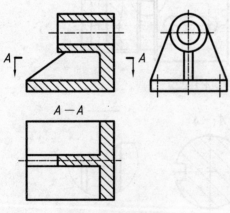

图8-34 肋板的画法

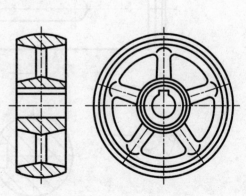

图8-35 轮辐的画法

（3）机件上的小平面用两条相交细实线表示，如图8-36所示。

（4）当机件是轴、杆等沿长度方向按照一定规律变化时，可以采用折断画法，即把机件的一处或多处用波浪线、双点画线或双折线断开，缩短图形的长度，如图8-37所示。采用折断法绘图时应注意：断开后的结构仍然按照机件的实际尺寸标注，且断开处在形状和结构上按照一定规律变化。

（5）与投影面倾斜角度小于或等于30°时，允许将圆或圆弧的投影直接画成圆或圆弧，如图8-38所示。

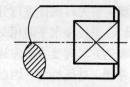

图8-36　机件上小平面的画法

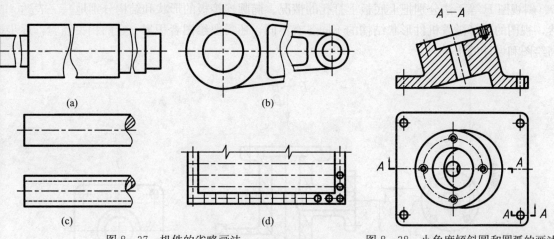

图8-37　机件的省略画法　　　　图8-38　小角度倾斜圆和圆弧的画法

第五节　机件表达方法综合举例

机件的表达方法多种多样，视图、剖视图、断面图在实践中灵活运用，同一机件往往可以采用几种不同的方案。原则是用较少的视图完整、清晰、准确地表达机件的内外部形状、结构和尺寸。每一个视图有一个表达重点，各视图之间互相补充，各结构的表达避免重复，使绘图者和读图者同时都能感到清晰和便利。

［例8-1］　试选择图8-39所示阀体的表达方案。

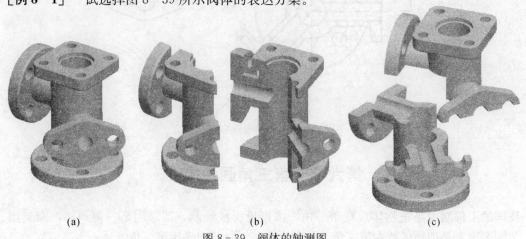

图8-39　阀体的轴测图
（a）完整阀体　　（b）主视图剖切位置　　（c）俯视图剖切位置

　　解：首先对机件进行分析，从阀体的轴测图可以看出，它主要由上底板（方形）、下底板（圆形）、垂直和水平两相交空心圆柱体及两个圆形和椭圆形连接板等基本几何体组成。在选择机件的表达方案时要考虑怎样才能把这些主要基本体的内、外部形状和结构完整、准确地表达出来，并便于进行标注。因此，拟采用旋转剖视的方法表达主视图中阀体和垂直、水平两相交空心圆柱体的主要形状及贯通情况，与此同时，下底板的形状和结构也在俯视图中表达清楚了，如图8-40所示。为了进一步把主视图和俯视图中尚未表达清楚的部分显示出来，再采用局部视图D、斜视图E等手法分别把上底板上打孔的情况、椭圆连接板的形状和结构分别地一一表达。当然，视图的选择随着机件形状结构的不同各有不同，还需要绘图者积累一定的相关经验，逐步提高绘图和设计的水平。

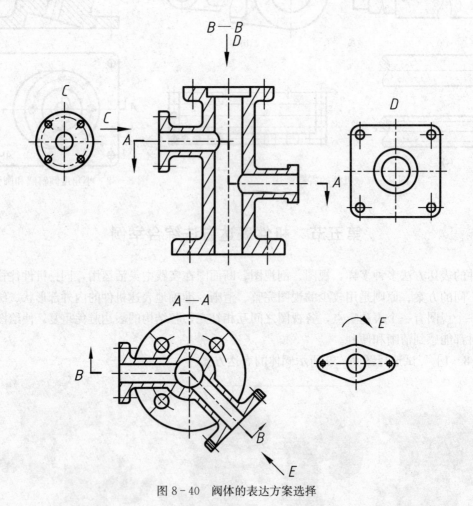

图8-40　阀体的表达方案选择

第六节　第三角画法简介

　　我国的工程制图是把物体放在第一角，按正投影法绘制，即采用第一角画法，而英国、日本、美国等国家是把物体放在第三角，按正投影法绘制，即采用第三角画法。为了更好地进行国际间的工程技术交流，在此对第三角画法作一个简单介绍。

一、基本概念

第三角画法的三投影面体系如图 8-41 所示，物体放置于第三分角。采用第一角画法的时候，把机件放在观察者和投影面之间，形成人→物→图的相互位置关系，而采用第三角画法的时候，机件是放在投影面的后面，形成人→图→物的相互位置关系。

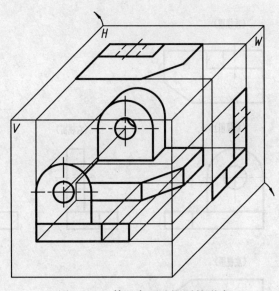

图 8-41　第三角画法视图的形成

二、视图的配置

为了把三个视图画在一张图纸上，把投影面绕投影轴旋转，即保持 V 面不动，H 面绕 OX 轴向上旋转 $90°$，W 面绕 OZ 轴向右前旋转 $90°$，这样得到了第三角投影的三视图，分别称为前视图、顶视图和右视图，视图的配置和各视图之间的关系如图 8-42 所示，视图之间符合三等规

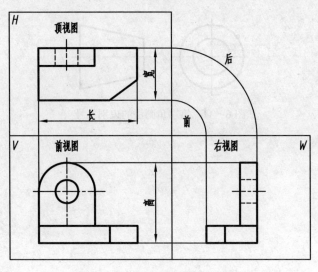

图 8-42　第三角画法视图的展开

律：前视图和顶视图长对正，前视图和右视图高平齐，右视图和顶视图宽相等。值得注意的是：在第一角画法中，俯视图和左视图远离主视图的一侧反映的是机件的前面，而第三角画法中，顶视图和右视图远离前视图的一侧反映的是机件的后面。

第三角投影也可以画出六个基本视图，如图8-43所示。这六个基本视图除了前面提到的三个基本视图之外，还有左视图、底视图和后视图。

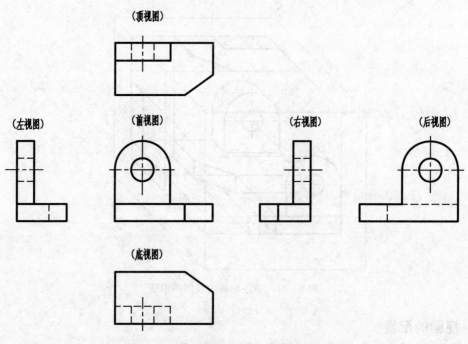

图8-43 第三角画法的六个基本视图配置

为了区分工程图的绘制采用的是第一角还是第三角画法，在第三角画法的图纸标题栏上方加注第三角画法的识别符号，如图8-44所示。

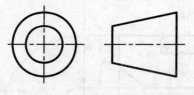

图8-44 第三角画法的识别符号

第九章　标准件与常用件

在机械或部件的装配、安装中，广泛使用螺纹紧固件、键、销、滚动轴承等零件进行紧固、连接，这些零件的结构形状、尺寸大小等都已标准化，称为标准件；同时，在机械的传动、支承、减振等方面，齿轮、弹簧等零件也被广泛使用。这些零件的部分重要参数已经标准化、系列化，习惯上称为常用件。为了使用方便和便于工程技术交流，在设计、绘图和制造时必须遵守国家标准规定和已形成的规范。本章将主要介绍标准件和常用件的基本知识、规定画法、标记方法及查表方法。

第一节　螺纹的规定画法和标注

一、螺纹的形成、要素和结构

1. 螺纹的形成　螺纹是在圆柱或圆锥等回转面上，沿着螺旋线加工而成的具有相同轴向断面形状的连续凸起和沟槽。在圆柱、圆锥等外表面上所形成的螺纹称为外螺纹，如图9-1(a) 所示；在圆柱孔、圆锥孔等内表面上所形成的螺纹称为内螺纹，如图9-1(b) 所示。

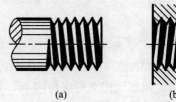

图9-1　螺纹的形成
(a) 外螺纹　(b) 内螺纹

形成螺纹的加工方法很多，可在车床上车削螺纹（图9-2），加工螺纹时将工件安装在与车床主轴相连的卡盘上，工件随主轴等速旋转，车刀沿径向进刀后，沿轴线方向做匀速移动，在工件外表面或内表面车削出螺纹。也可用碾压法挤压加工外螺纹，还可用丝锥加工内螺纹，用板牙加工外螺纹。

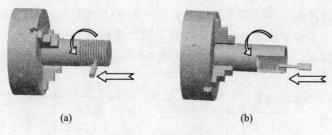

图9-2　车削螺纹
(a) 车外螺纹　(b) 车内螺纹

2. 螺纹的要素　螺纹由牙型、直径、螺距（或导程）、线数、旋向五个要素组成。若要使内外螺纹正确啮合在一起构成螺纹副，内外螺纹的牙型、直径、旋向、线数、螺距五个要素必须一致。

（1）牙型。经过螺纹轴线剖切时螺纹断面的形状称为牙型。因螺纹用途不同，它们的牙型也不一样。常见的牙型有三角形（55°、60°）、梯形、锯齿形和矩形，如图 9-3 所示。其中，矩形螺纹尚未标准化，其余牙型的螺纹均为标准螺纹。在工程图样中，螺纹的牙型用螺纹特征代号表示。

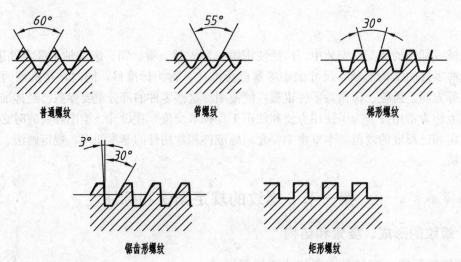

普通螺纹　　　　　管螺纹　　　　　梯形螺纹

锯齿形螺纹　　　　　　　　矩形螺纹

图 9-3　螺纹的牙型

（2）直径。螺纹直径有大径（d、D）、小径（d_1、D_1）和中径（d_2、D_2），其中，外螺纹用小写字母表示、内螺纹用大写字母表示，如图 9-4 所示。

大径：又称为螺纹的公称直径，是指与外螺纹牙顶或内螺纹牙底相重合的假想圆柱面的直径。

小径：是指与外螺纹牙底或内螺纹牙顶相重合的假想圆柱面的直径。

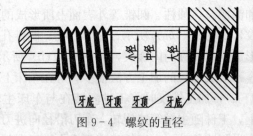

图 9-4　螺纹的直径

中径：是一个假象圆柱的直径，即在大径和小径之间，其母线通过牙型上的沟槽和凸起宽度相等的地方的假想圆柱的直径。

表示螺纹时采用的是公称直径，公称直径是代表螺纹尺寸的直径。普通螺纹的公称直径就是大径；管螺纹公称直径的大小是管子的通径大小（英寸），用尺寸代号表示。

（3）线数（n）。是指形成螺纹的螺旋线的条数，螺纹有单线和多线之分。沿一条螺旋线形成的螺纹称为单线螺纹，沿两条或两条以上的螺旋线形成的螺纹称为多线螺纹，如图 9-5 所示。

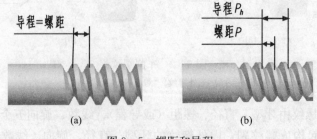

(a)　　　　　　　　　(b)

图 9-5　螺距和导程

(a) 单线螺纹　(b) 双线螺纹

（4）螺距（P）和导程（P_h）。螺距是指相邻两牙在中径线上对应两点间的轴向距离，导程是指同一条螺旋线相邻两牙在中径线上对应两点间的轴向距离。单线螺纹的导程等于螺距，即 $P_h = P$；多线螺纹的导程等于螺距乘以线数，即 $P_h = Pn$，如图 9-5 所示。

（5）旋向。螺纹分为左旋（LH）螺纹和右旋（RH）螺纹两种。顺时针旋入的螺纹称为右旋螺纹，逆时针旋入的螺纹称为左旋螺纹，判别方法如图 9-6 所示。

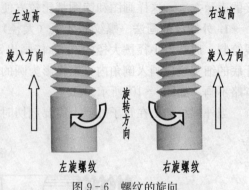

图 9-6 螺纹的旋向

在螺纹的五要素中，牙型、直径和螺距是决定螺纹的最基本要素，称为螺纹三要素。凡螺纹三要素均符合标准的称为标准螺纹。螺纹牙型符合标准，而大径、螺距不符合标准的称为特殊螺纹。若螺纹牙型不符合标准，如矩形螺纹，则称为非标准螺纹。

3. 螺纹的结构 为满足使用和加工过程的需要，在螺纹上会出现倒角、螺尾、退刀槽等结构。

（1）为了便于装配和防止螺纹起始圈损坏，通常在螺纹的起始处加工出圆锥形的倒角或球面形的倒圆，如图 9-7 所示。

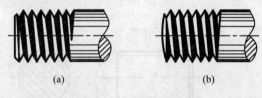

图 9-7 倒角和倒圆
（a）倒角 （b）倒圆

（2）螺纹的收尾和退刀槽。在车削螺纹时，刀具接近螺纹终止处要逐渐离开工件，因此螺纹终止部分的牙型是不完整的，将逐渐变浅，螺纹这一段不完整的收尾部分称为螺尾，如图 9-8 所示。加工到深度的螺纹才具有完整的牙型，才是有效螺纹。为了避免出现螺尾，可以在螺纹终止处预先加工出退刀槽，然后再车削螺纹，如图 9-9 所示。

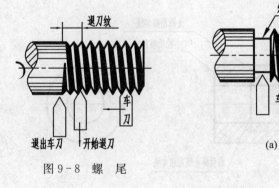

图 9-8 螺 尾

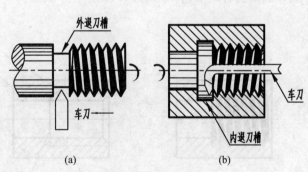

图 9-9 螺纹退刀槽
（a）外螺纹 （b）内螺纹

二、螺纹的规定画法

螺纹的牙型如果按照其实际形状的投影来画是十分繁杂的，同时也是没有必要的。因此，国家标准《机械制图 螺纹及螺纹紧固件表示法》（GB/T 4459.1—1995）规定了内外螺纹及其连接的表示方法，这样画图和读图都比较方便。

1. 外螺纹的画法 螺纹的牙顶（大径）和螺纹终止线用粗实线绘制，牙底（小径）用细实线绘制。通常，小径按大径的 0.85 倍画出，即 $d_1 \approx 0.85d$。在平行于螺纹轴线的视图中，表示牙底的细实线应画入倒角内；在投影为圆的视图中，表示牙底的细实线圆只画约 3/4 圈，倒角圆省略不画，如图9-10a所示。

当外螺纹加工在管子外壁上需要剖切时，表示方法见图 9-10b 所示。

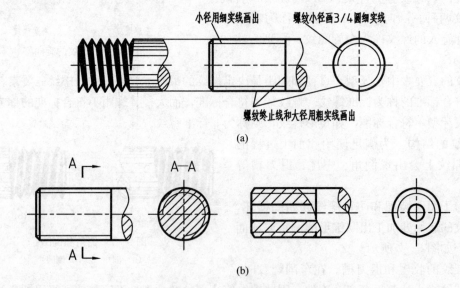

图 9-10 外螺纹的画法

2. 内螺纹的画法 内螺纹一般剖开表示，螺纹的牙顶（小径）和螺纹终止线用粗实线绘制，牙底（大径）为细实线，剖面线画到粗实线处。在投影为圆的视图中，表示牙底的细实线圆只画约 3/4 圈，倒角圆省略不化，如图9-11所示。

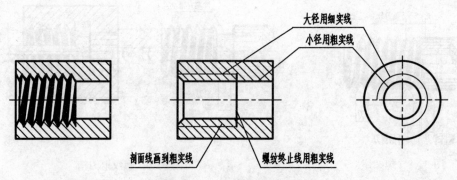

图 9-11 内螺纹的画法

对于不穿通的螺孔，一般应将钻孔深 H 与螺纹深 b 分别画出（图9-12b）。钻孔深度 H 一般应比螺纹深 b 大 0.5D，其中 D 为螺纹大径。因钻头端部有一锥顶角为 118° 的圆锥，钻孔时，不穿通的孔（即盲孔）底部造成一锥面，作图时钻孔锥角可简化为 120°，如图9-12(a)所示。

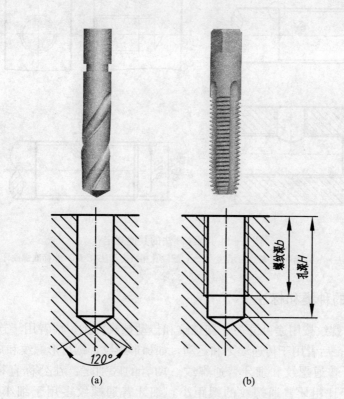

(a)　　　　　　　　(b)

图 9 - 12　不穿通螺纹孔的画法
(a) 攻孔　　(b) 螺孔

3. 螺纹连接的规定画法　当内外螺纹连接构成螺纹副，并用剖视画法表示时，其旋合部分应按外螺纹的画法绘制，其余部分仍按各自的规定画法绘制，如图 9 - 13 所示。

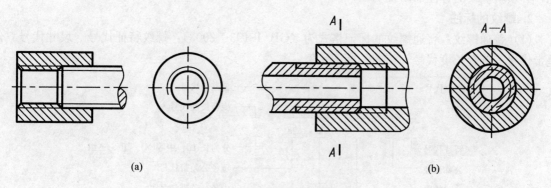

(a)　　　　　　　　　　　　　　　(b)

图 9 - 13　螺纹连接的画法

4. 螺纹画法的其他规定　当需要表示螺纹收尾时，该部分用与轴线成 30°的细实线画出，如图 9 - 14(a) 所示；不可见螺纹的所有图线，用虚线绘制，如图 9 - 14(b) 所示；螺纹孔相贯的画法如图 9 - 14(c) 所示；非标准螺纹的画法，如矩形螺纹，需画出螺纹牙型，并标注出所需的尺寸，如图 9 - 14(d) 所示。

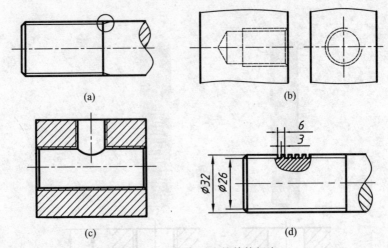

图 9-14 螺纹画法的其他规定

(a) 螺尾表示法　(b) 不可见螺纹表示法　(c) 螺纹孔相贯表示法　(d) 非标准螺纹牙形表示法

三、常用螺纹的种类和标注

1. 螺纹的分类　螺纹按用途可分为连接螺纹和传动螺纹两类。前者用于连接或紧固，如普通螺纹和各类管螺纹；后者用于传递动力和运动，如梯形螺纹、锯齿形螺纹和矩形螺纹。

普通螺纹分粗牙普通螺纹和细牙普通螺纹。两者的区别是：在公称直径相同的条件下，细牙普通螺纹的螺距比粗牙普通螺纹的螺距小，细牙普通螺纹多用于细小的精密零件和薄壁零件上。管螺纹一般用于管路的连接，分 55°非密封管螺纹和 55°密封管螺纹。非密封管螺纹一般用于低压管路连接的旋塞等管件附件中，密封管螺纹一般用于密封性要求较高的管路中。

螺纹按国标的规定画出后，图上并未标明牙型、公称直径、螺距、线数和旋向等要素。因此，必须就螺纹的标注加以说明。

2. 螺纹的标注

(1) 普通螺纹。普通螺纹的标记格式为（GB/T 193—2003）：螺纹特征代号　尺寸代号—公差带代号—旋合长度代号—旋向。标记示例：

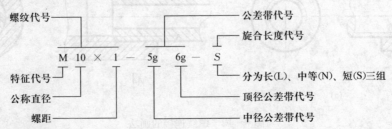

普通螺纹标记说明：

(a) 普通螺纹的特征代号为 M。

(b) 单线螺纹尺寸代号为"公称直径×螺距"，多线螺纹尺寸代号为"公称直径×P_h 导程 (P 螺距)"，其中，单线粗牙普通螺纹螺距不标注。

(c) 左旋螺纹注写 LH，右旋螺纹不标注。

（d）螺纹公差带代号由表示螺纹公差带大小的公差等级（数字）和表示螺纹公差带位置的基本偏差（外螺纹用大写字母、内螺纹用小写字母）组成。当螺纹中径公差带与顶径公差带代号不同时，需分别注出，如 M10 - 5g6g；当中径公差带与顶径公差带代号相同时，只需注一个代号，如 M10×1 - 6H。且公差直径大于等于 1.6 mm 时，中等公差精度的公差带代号 6g、6H 省略不标注。

（e）旋合长度是指两个相互旋合的螺纹，沿轴线方向螺纹旋合部分的长度。普通螺纹的旋合长度有短、中、长三组，分别用 S、N、L 表示。当螺纹为中等旋合长度时，N 则省略不标注。

（2）管螺纹。管螺纹的标记格式为：螺纹特征代号　尺寸代号　公差带代号　旋向。标记示例：

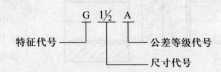

管螺纹标记说明：

(a)55°非密封管螺纹的特征代号为 G，55°密封管螺纹的特征代号分别为：圆柱内管螺纹 R_p，圆锥内管螺纹 R_c，与圆柱内管螺纹相配合的圆锥外管螺纹 R_1，与圆锥内管螺纹相配合的圆锥外管螺纹 R_2。

（b）尺寸代号（数字）不是螺纹大径，而是管子的通径（英制）大小。

（c）标记中的 A 或 B，是螺纹中径的公差等级。

（d）管螺纹的标记用指引线指到螺纹大径上；左旋螺纹用 LH 表示，右旋螺纹省略不标。

（3）梯形螺纹和锯齿形螺纹。梯形螺纹和锯齿形螺纹常用于传递运动和动力的丝杠上，梯形螺纹工作时，牙的两侧均受力，而锯齿形螺纹在工作时只有单侧面受力。

梯形螺纹和锯齿形螺纹的标记格式为：螺纹特征代号　尺寸代号　旋向—公差带代号—旋合长度代号。标记示例：

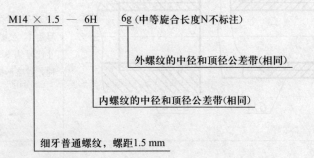

梯形螺纹和锯齿形螺纹标记说明：

（a）梯形螺纹的特征代号为 Tr，锯齿形螺纹的特征代号为 B。

（b）单线螺纹尺寸代号为"公称直径×螺距"，多线螺纹尺寸代号为"公称直径×P_h 导程（P 螺距）"。

（c）左旋螺纹注写 LH，右旋螺纹不标注。

（d）梯形螺纹和锯齿形螺纹只标注中径公差带代号。

（e）旋合长度中和长（即 N 和 L）两种，其中，中等旋合长度（N）省略不标注。

（4）螺纹副的标注。内、外螺纹旋合到一起后称螺纹副，其标注形式如图 9 - 15 所示。

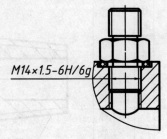

图 9 - 15　螺纹副的标注

3. 常用螺纹的标注示例　　常用螺纹标注示例见表 9-1。

表 9-1　常用螺纹的标注示例

螺纹类别		特征代号	标注示例	说　明
普通螺纹		M	粗牙 	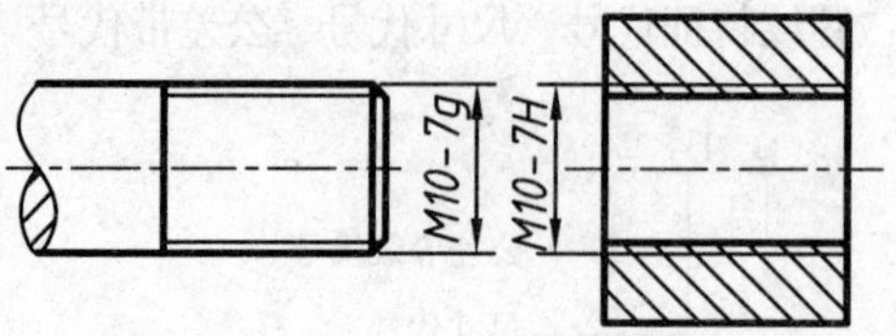 粗牙普通螺纹，公称直径 φ10，螺距1.5（查附录二附表 2-1-1 获得）；外螺纹中径和顶径公差带代号都是 7g；内螺纹中径和顶径公差带代号都是 7H；中等旋合长度；右旋
			细牙 	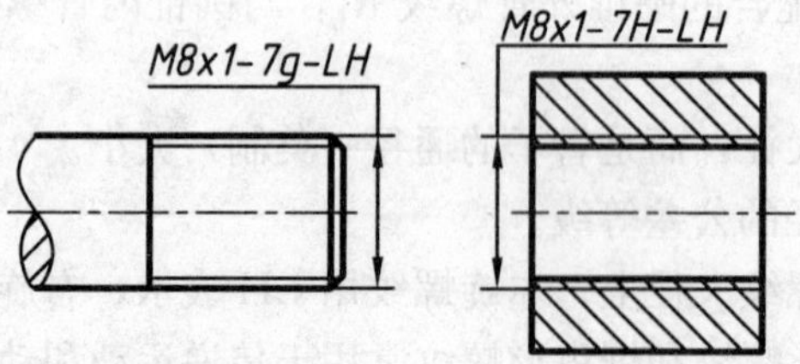 细牙普通螺纹，公称直径 φ8，螺距1，左旋；外螺纹中径和顶径公差带代号都是 7g；内螺纹中径和顶径公差带代号都是 7H；中等旋合长度
连接螺纹	管螺纹	G	55°非密封管螺纹 	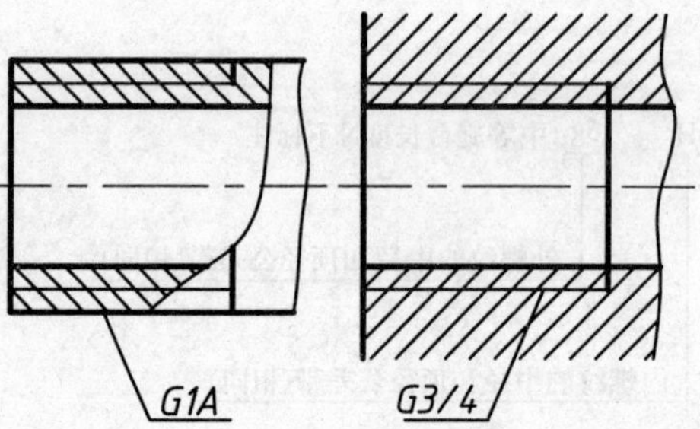 55°非密封管螺纹，外管螺纹的尺寸代号为1，公差等级为 A 级；内管螺纹的尺寸代号为 3/4，内螺纹公差等级只有一种，省略不标注
		Rc Rp R1 R2	55°密封管螺纹 	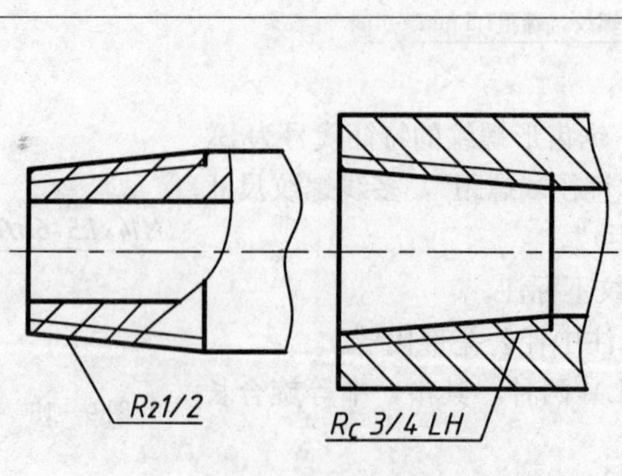 55°密封圆锥管螺纹，与圆锥内螺纹配合的圆锥外螺纹的尺寸代号为 1/2，右旋；圆锥内螺纹的尺寸代号为 3/4，左旋。Rp 是圆柱内螺纹的特征代号，R1 是与圆柱内螺纹相配合的圆锥外螺纹的特征代号

（续）

螺纹类别	特征代号	标注示例	说　明
传动螺纹	梯形螺纹 Tr	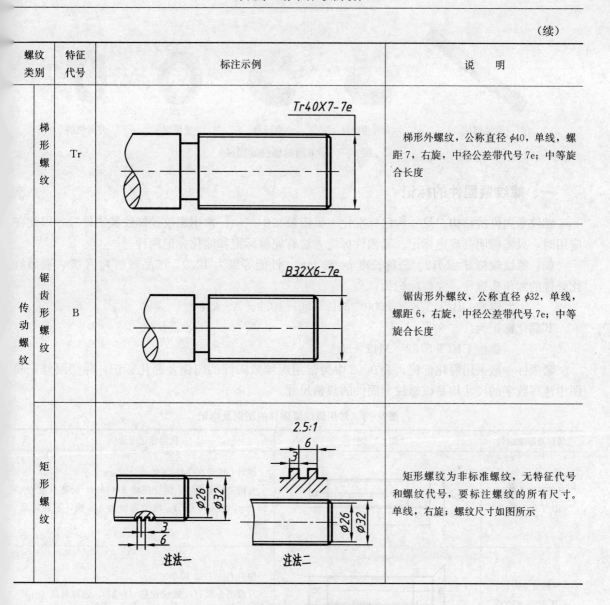	梯形外螺纹，公称直径 ϕ40，单线，螺距7，右旋，中径公差带代号7e；中等旋合长度
	锯齿形螺纹 B		锯齿形外螺纹，公称直径 ϕ32，单线，螺距6，右旋，中径公差带代号7e；中等旋合长度
	矩形螺纹		矩形螺纹为非标准螺纹，无特征代号和螺纹代号，要标注螺纹的所有尺寸。单线，右旋；螺纹尺寸如图所示

第二节　螺纹紧固件

　　螺纹紧固件包括螺栓、双头螺柱、螺钉、螺母、垫圈等，如图9-16所示，虽然种类较多，但均为标准件，其结构、形式、尺寸和技术要求等都可以根据标记从标准中查得。

| 六角头螺栓 | 内六角圆柱头螺钉 | 开槽圆柱头螺钉 | 紧定螺钉 | 十字槽沉头螺钉 |

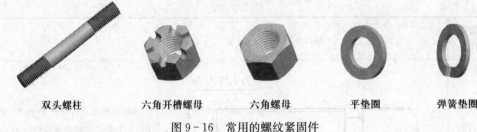

双头螺柱　　　　六角开槽螺母　　　　六角螺母　　　　平垫圈　　　　弹簧垫圈

图 9-16　常用的螺纹紧固件

一、螺纹紧固件的标记

螺纹紧固件的结构、尺寸均已标准化（见附录二中"一、常用螺纹及螺纹紧固件"），因此在应用时，只需标明其规定标记。紧固件标记方法有完整标记和简化标记两种。

如：螺纹规格 d＝M12、公称长度 l＝80 mm、性能等级为 10.9、产品等级为 A 级、表面氧化处理的六角头螺栓，完整标记为：

螺栓 GB/T 5782—2000—M12×80—10.9—A—Q

其简化标记为：

螺栓 GB/T 5782　M12×80

紧固件一般采用简化标记，表 9-2 中为常用螺纹紧固件的图例及简化标记，除垫圈外，简图中注写数字的尺寸均是该螺纹紧固件的规格尺寸。

表 9-2　常用螺纹紧固件的图例及标记

名称及标准编号	图　例	规定标记及说明
开槽圆柱头螺钉 GB/T 65—2000		螺钉 GB/T 65 M10×60 开槽圆柱头螺钉，螺纹规格 d＝M10，公称长度 l＝60 mm，精度等级 A，性能等级为 4.8 级，不经表面处理
开槽沉头螺钉 GB/T 68—2000		螺钉 GB/T 68 BM5×25 开槽沉头螺钉，螺纹规格 d＝M5，公称长度 l＝25 mm，精度等级 B，性能等级为 4.8 级，不经表面处理
六角头螺栓 GB/T 5782—2000		螺栓 GB/T 5782 M16×70 A 级六角头螺栓，螺纹规格 d＝M16，公称长度 l＝70 mm，性能等级为 8.8 级，表面氧化处理
双头螺柱 （b_m＝1.25d） GB/T 898—1988		螺柱 GB/T 898 M12×50 牙普通螺纹，螺纹规格 d＝M12，公称长度 l＝50 mm，B 型，旋入端 b_m＝1.25d，性能等级为 4.8 级，不经过表面处理

（续）

名称及标准编号	图 例	规定标记及说明
开槽锥端 紧定螺钉 GB/T 71—1985	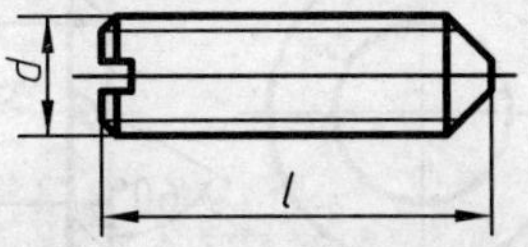	螺钉 GB/T 71 M5×25 开槽锥端紧定螺钉，螺纹规格 d=M5，公称长度 l=25 mm
1 型六角螺母 GB/T 6170—2000	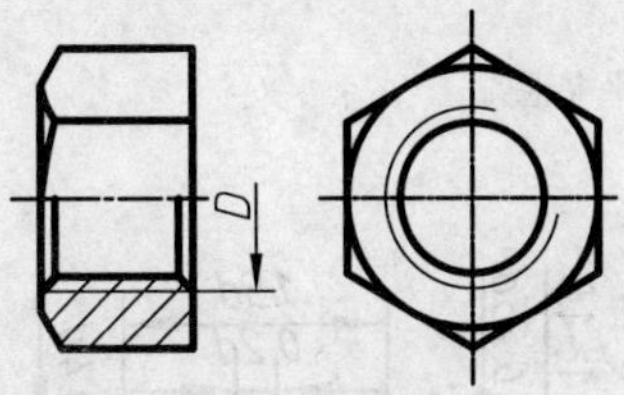	螺母 GB/T 6170 M16 A 级 1 型六角螺母，螺纹规格 D=M16，性能等级为8 级，不经过表面处理
平垫圈 A 级 GB/T 97.1—2002	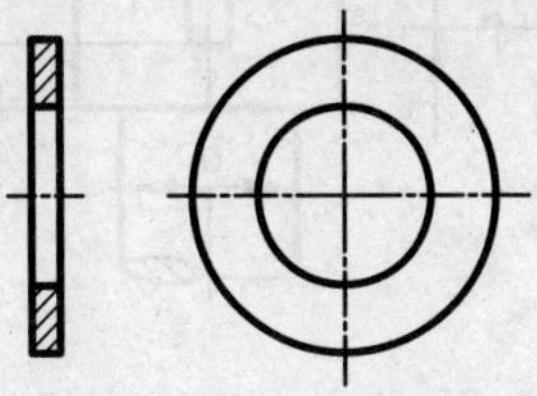	垫圈 GB/T 97.1 16 A 级平垫圈，公称尺寸（配套螺纹公称直径）d=16 mm，性能等级为 140HV 级，不经表面处理
标准型弹簧垫圈 GB/T 93—1987	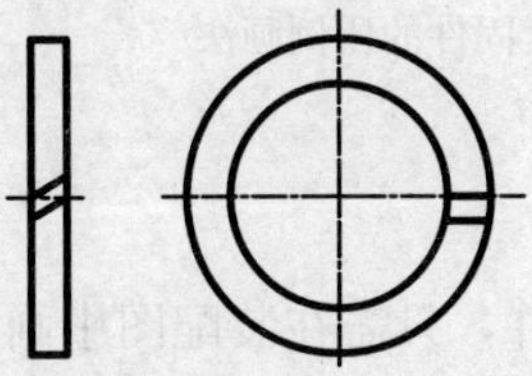	垫圈 GB/T 93 16 标准型弹簧垫圈，规格（配套螺纹公称直径）16 mm，材料为 65Mn，表面氧化处理

二、常用螺纹紧固件的比例画法

为了提高画图速度，工程中螺纹紧固件各部分的尺寸可按公称直径 d 的不同比例画出，称为比例画法。常用螺纹紧固件的比例画法如图 9−17 所示。

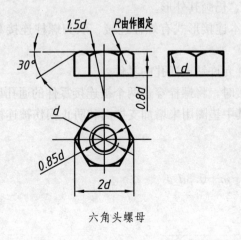

六角头螺母

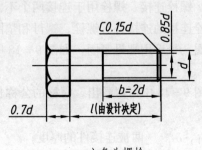

六角头螺栓

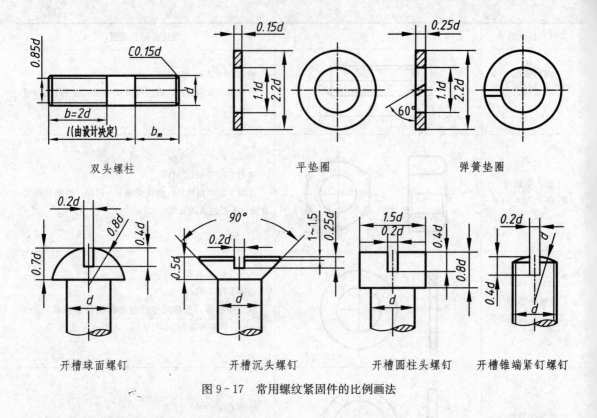

图 9-17　常用螺纹紧固件的比例画法

三、常用螺纹紧固件的装配画法

1. 装配图的规定画法　因螺纹紧固件是标准件，只需在装配图中画出连接图即可。画连接图时必须符合装配图的规定画法：

（a）两零件接触面处只画一条粗实线，非接触面处则画两条。

（b）在剖视图中，相邻两零件的剖面线应方向相反，或方向相同但间隔不等；而同一个零件在各个剖视图中的剖面线方向和间隔都必须保持一致。

（c）剖切平面沿实心零件（如球、轴等）或标准件（如螺栓、螺母、垫圈、键及销等）轴线（或对称中心线）剖切时，这些零件均按不剖绘制，仍画其外形。

2. 螺纹紧固件连接的画法　螺纹紧固件的基本连接形式有螺栓连接、双头螺柱连接和螺钉连接三种。

（1）螺栓连接。螺栓用于连接两个不太厚的并允许钻成通孔的零件。

螺栓连接的连接件有螺栓、螺母和垫圈。连接时，将螺栓穿过两个被连接零件的通孔后，再套上垫圈，最后用螺母紧固，如图 9-18 所示。其中垫圈用来增加支撑面和防止损伤被连接件的表面。

从图 9-18 中可以看出，螺栓的公称长度

$$l = \delta_1 + \delta_2 + h + m + 0.3d$$

式中，δ_1、δ_2——两被连接件的厚度；

h——垫圈厚度，$h = 0.15d$；

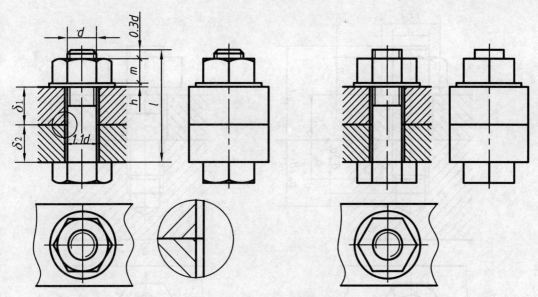

图9-18　螺栓连接

m——螺母厚度，$m=0.8d$。

根据计算出的螺栓长度l，查附录二附表2-1-6中螺栓的公称长度l系列值，最终选取一个合适的标准长度值。

画图时应注意：

（a）被连接件的通孔直径（$\approx1.1d$）比螺栓直径d大，因此孔内壁与螺栓杆部不接触，画图时应分别画出各自的轮廓线，且表示两零件接触面的直线应画至螺栓的轮廓线处。

（b）螺栓上的螺纹终止线应低于被连接件的顶面轮廓线，以显示拧紧螺母时有足够的螺纹长度。

（2）双头螺柱连接。双头螺柱连接常用于被连接件之一较厚，不便于或不允许制成通孔的情况。较厚的零件上加工出螺纹孔，较薄的零件上则加工出通孔，孔径约为螺纹大径的1.1倍。

双头螺柱连接的连接件有：双头螺柱、螺母和垫圈。双头螺柱两端都有螺纹，旋入螺孔的一端称为旋入端，另一端用以拧紧螺母，称为紧固端。连接时，先将螺柱的旋入端全旋入被连接件的螺孔内，再套入钻有通孔的较薄零件，加入垫圈后拧紧，如图9-19所示。在拆卸时只需拧出螺母、取下垫圈，不必拧出双头螺柱，因此采用这种连接不会损伤被连接件上的螺纹孔。

从图9-19中可以看出，螺柱的公称长度

$$l=\delta+h+m+0.3d$$

根据计算结果，查附录二的"常用螺纹及螺纹紧固件"中螺柱的公称长度l系列值，最终选取一个合适的标准长度值。

画图时应注意：

（a）螺柱旋入端的螺纹终止线应与两被连接件的接触面平齐，以表示旋入端全部旋入螺孔内。

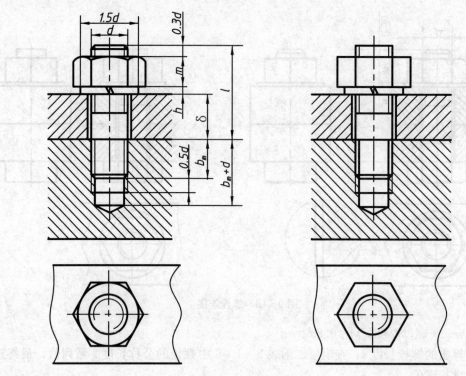

图 9 - 19　螺柱连接

（b）螺柱旋入端的长度 b_m 与被旋入零件的材料及螺柱的大径 d 有关，按国家标准规定 b_m 有四种情况，如表 9 - 3 所示。

表 9 - 3　旋入长度

被旋入零件的材料	旋入长度 b_m	国标编号
钢、青铜	d	GB/T 897—1998
铸铁	$1.25d$ 或 $1.5d$	GB/T 898—1998 或 GB/T 899—1998
铝	$2d$	GB/T 900—1998

（3）螺钉连接。螺钉按用途分为连接螺钉和紧定螺钉两类。前者用来连接零件；后者用来固定零件。

（A）连接螺钉。连接螺钉多用于不经常拆卸，被连接件之一较厚或不便加工通孔，且受力较小的场合。连接螺钉不需螺母，只将螺钉直接拧入被连接件中，靠螺钉头部压紧被连接件，如图 9 - 20 所示。

从图 9 - 20 中可以看出，螺钉的公称长度

$$l = \delta + b_m$$

根据计算结果，查附录二的"常用螺纹及螺纹紧固件"中螺钉的公称长度 l 系列值，最终选取一个合适的标准长度值。

画图时应注意：

（a）与双头螺柱连接相同，b_m 值根据被旋入零件的材料和螺钉大径而定。

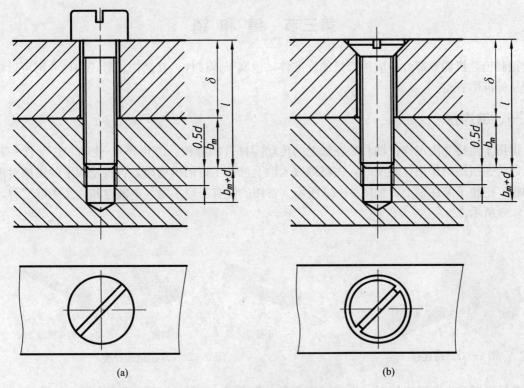

图 9-20　螺钉连接

（b）较厚零件上加工有螺孔，为了使螺钉头能压紧被连接件，螺钉的螺纹终止线应高出螺孔的端面（图 9-20a），或在螺杆的全长上都有螺纹（图 9-20b）。

（c）为保证可靠地压紧，螺纹孔比螺钉头深 $0.5d$。

（d）螺钉头部的一字槽，在平行螺钉轴线的视图中，按槽与投影面垂直的位置画出；在投影为圆的视图中，按习惯画成与水平成 $45°$ 的斜线，对于十字槽，仍按 $45°$ 方向投影画出。

（B）紧定螺钉。紧定螺钉用来固定两个零件的相对位置，使它们不产生相对运动，如图 9-21 所示轴和齿轮（图中只画出轮毂部分），用一个开槽锥端紧定螺钉旋入轮毂的螺孔，使螺钉端部的 $90°$ 锥顶与轴上的 $90°$ 锥坑压紧，从而固定了轴和齿轮的相对位置。

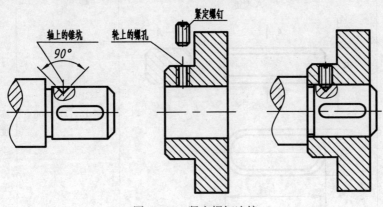

图 9-21　紧定螺钉连接

• 169 •

第三节　键　和　销

键和销是机器或部件中应用广泛的标准件，也属于连接件，其结构、形式和尺寸都可以根据标记从标准中查得。

一、键连接

键用于连接并固定连接轴和装在轴上的传动零件（如带轮、齿轮等），使轴和传动件一起转动，起传递扭矩的作用。装配时，先将键嵌入轴上已加工好的键槽内，再将轮毂上的键槽对准轴上的键，把轮子装在轴上，如图 9-22 所示。常用的键有普通平键、半圆键和钩头楔键三种，如图 9-23 所示。

图 9-22　键连接　　　　　　　　　　　　　　　图 9-23　常用键的种类

普通平键和半圆键连接时，先将键嵌入轴的键槽内，再把轴和键对准轮毂上的键槽一起插入，如图 9-23 所示。传动时，轴和轮子一起转动。而对于钩头楔键，则是先将轴放入轮毂的孔内，并调整使轴上的键槽对准轮毂上的键槽，然后将钩头楔键打入键槽。

1. 键的结构及标记　在机械设计中，键要根据被连接的轴（孔）径和所传递扭矩的大小按标准选取，不必单独画出其零件图，但要进行正确标记。普通平键和半圆键的结构性实际尺寸系列见附录二的"常用键与销"中表 2-2-2、表 2-2-4 有关国家标准，其结构及标记示例见表 9-4。

表 9-4　常用键的图例和标记

名称及标准编号	图　　例	标记示例	说　　明
普通型平键 GB/T 1096—2003	A 型键	GB/T 1096 键 18×11×100	A 型普通平键 宽度 $b = 18$ mm， 高度 $h = 11$ mm，长度 $l = 100$ mm

（续）

名称及标准编号	图 例	标记示例	说 明
普通型平键 GB/T 1096—2003	B型键 C型键	GB/T 1096 键 B16×10×100 GB/T 1096 键 C18×11×100	B型普通平键 宽度 $b=16$ mm，高度 $h=10$ mm，长度 $l=100$ mm C型普通平键 宽度 $b=18$ mm，高度 $h=11$ mm，长度 $l=100$ mm
普通型半圆键 GB/T 1099.1—2003	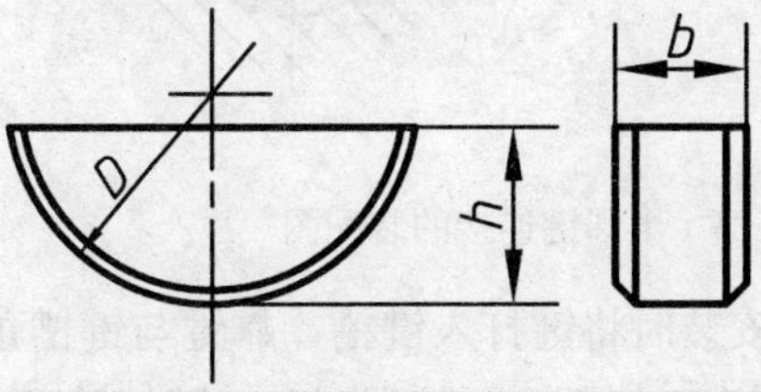	GB/T 1099.1 键 6×10×25	普通型半圆键 宽度 $b=6$ mm，高度 $h=10$ mm，直径 $D=25$ mm
钩头楔键 GB/T 1565—2003	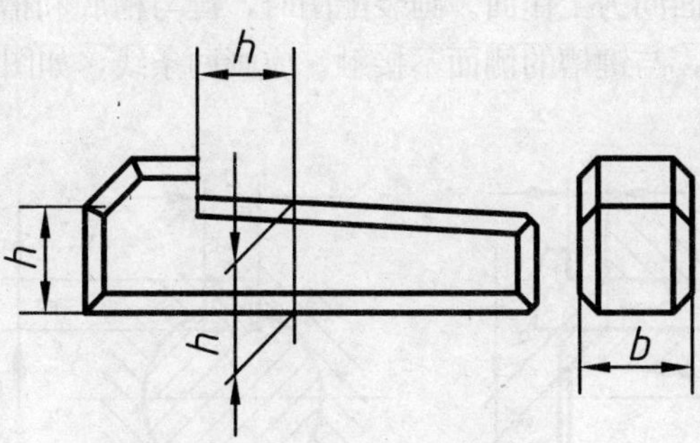	GB/T 1565 键 18×100	钩头楔键 宽度 $b=18$ mm，长度 $l=100$ mm

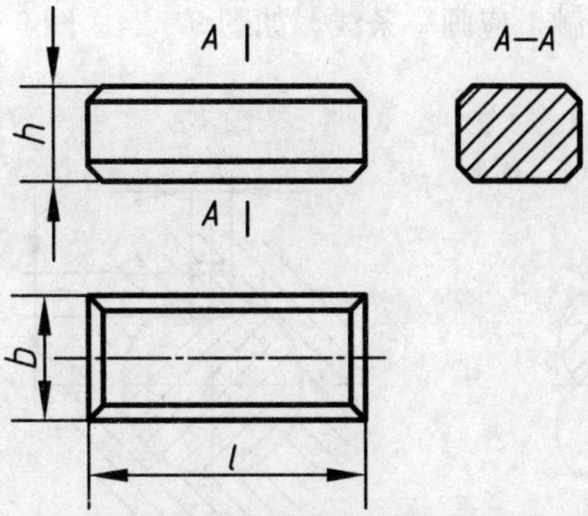

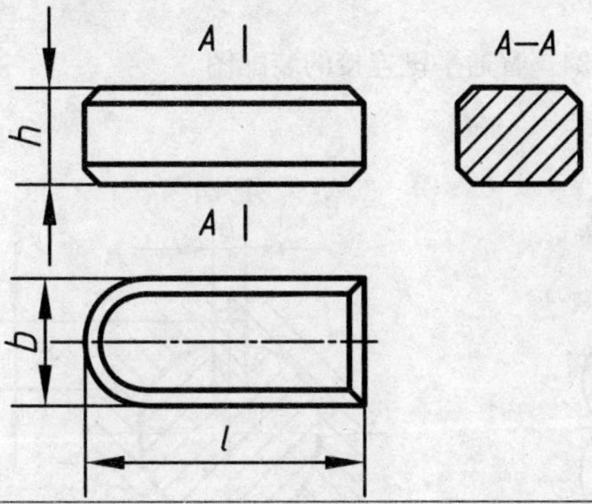

2. 键连接的画法　普通平键和半圆键连接的原理相同，两侧面为工作面，装配时键的两侧面与轴上的键槽、轮毂上的键槽两侧均接触，工作时靠键的两侧面传递扭矩。画装配图时，键与键槽的两侧面均接触，应画一条线；而键的顶面与轮毂中的键槽的底面是非工作面不接触，应画两条线；键的底面与轴上键槽底面也接触，应画一条线，如图 9 - 24、图 9 - 25 所示。

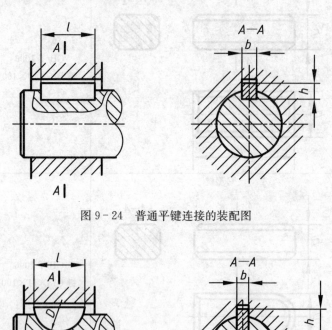

图 9 - 24　普通平键连接的装配图

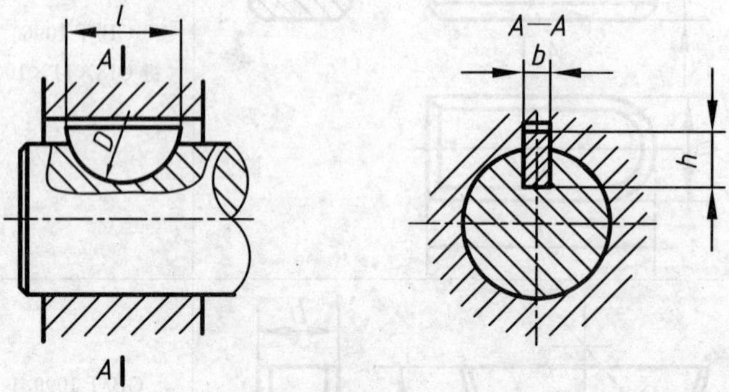

图 9 - 25　半圆键连接的装配图

钩头楔键的顶面有 1∶100 的斜度，安装时将键打入键槽，靠键与键槽顶面的压紧力使轴上的零件固定，因此钩头楔键的顶面和底面同为工作面。画装配图时，键与槽底和槽顶都没有间隙，应画一条线；键的两侧面是非工作表面，与键槽的侧面不接触，应画两条线，如图 9 - 26 所示。

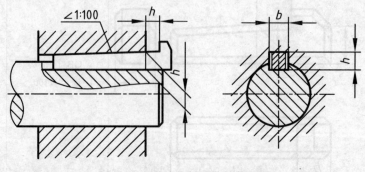

图 9 - 26　钩头楔键连接的装配图

3. 键槽的画法和尺寸标注 轴及轮毂上键槽的画法和尺寸注法，如图 9－27 所示。轴上键槽常用局部剖视图表示，键槽深度和宽度尺寸应注在断面图中，图中尺寸 b、t_1、t_2 可以按轴的直径从表 9－5 中查出键的尺寸，再由键的尺寸从附录二附表 2－2－1 查出，l 由设计确定。

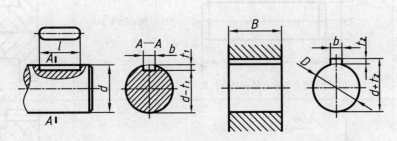

图 9－27 键槽的尺寸标注

表 9－5 轴的公称直径 d 与普通平键尺寸 $b \times h$ 的对应（经验）数据

轴的公称直径 d	6～8	>8～10	>10～12	>12～17	>17～22	>22～30	>30～38
键的尺寸 $b \times h$	2×2	3×3	4×4	5×5	6×6	8×7	10×8
轴的公称直径 d	>38～44	>44～50	>50～58	>58～65	>65～75	>75～85	>85～95
键的尺寸 $b \times h$	12×8	14×9	16×10	18×11	20×12	22×14	25×14
轴的公称直径 d	>95～110	>110～130	>130～150	>150～170	>170～200	>200～230	
键的尺寸 $b \times h$	28×16	32×18	36×20	40×22	45×25	50×28	

二、销连接

1. 销的种类 销是标准件，常用的销有圆柱销、圆锥销和开口销等，如图 9－28 所示。圆柱销和圆锥销通常用于零件间的连接和定位，而开口销作为安全装置的零件，常与带孔螺栓和六角开槽螺母配合使用。装配时，开口销穿过螺母的槽口和螺栓的孔，并在销的尾部叉开，使螺母和螺栓防止松脱。

圆柱销　　　　圆锥销　　　　开口销

图 9－28 常用销的形式

2. 销的标记与画法 常用销的主要尺寸、简化标记及连接画法如表 9－6 所示。

用圆柱销和圆锥销连接或定位的两个零件的销孔是装配时一起加工的，在零件图上应写"装配时配作"或"与××件配作"，如图 9－29 所示。圆锥销孔的尺寸应引出标注，其中圆锥销的公称尺寸是指小端直径。

表 9-6　销的简化标记及连接画法

名称及标准	主要尺寸	标记	连接画法
圆柱销 GB/T 119.1—2000	d 和 l 分别为公称直径和公称长度	销 GB/T 119.1 $d \times l$	
圆锥销 GB/T 117—2000	1:50 d 和 l 分别为公称直径和公称长度	销 GB/T 117 $d \times l$	
GB/T 91—2000	d 和 l 分别为公称直径和公称长度	销 GB/T 91 $d \times l$	

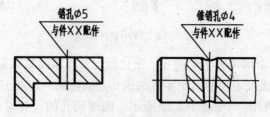

图 9-29　销孔的尺寸标注

第四节　滚动轴承

一、滚动轴承的结构和分类

滚动轴承是用来支承旋转轴并承受轴上载荷的组件，具有结构紧凑、摩擦力小、拆装方便等优点，因此在机器或部件中被广泛使用。

滚动轴承是标准件，它的类型很多，但其结构大体相同。一般由安装在机座上的外圈（座圈）、安装在轴上的内圈（轴圈）、安装在内外圈间的滚动体和保持架等零件组成，如图9-30所示。通常外圈不动，而内圈随轴转动。

滚动轴承按结构和承受载荷的方向不同可分为三类：

（1）向心轴承，主要承受径向力，如深沟球轴承。

（2）推力轴承，主要承受轴向力，如推力球轴承。

（3）向心推力轴承，同时承受径向和轴向力，如圆锥滚子轴承。

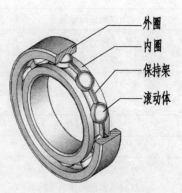

图9-30　滚动轴承的基本结构

二、滚动轴承的标记

滚动轴承的标记由名称、代号和标准编号三部分组成。轴承的代号由基本代号和补充代号构成，补充代号是当滚动轴承在结构形状、尺寸、公差和技术要求等有改变时添加的。在基本代号前面添加的补充代号（字母）称为前置代号，在基本代号后面添加的补充代号（字母或字母加数字）称为后置代号。关于补充代号的规定可查阅有关标准或手册，在此只介绍基本代号。

1. 基本代号　滚动轴承的基本代号表示轴承的基本结构、尺寸、公差等级、技术性能等特征。基本代号由轴承类型代号、尺寸系列代号、内径代号三部分组成。基本代号由5位数字组成，它们的具体含义是：

（1）类型代号：左数第一位表示类型代号，用数字或字母表示，部分滚动轴承的类型代号见表9-7。

（2）尺寸系列代号：为适应不同的工作（受力）情况，在内径一定的情况下，轴承有不同的宽（高）度和不同的外径大小，它们构成一定的系列，称为轴承的尺寸系列，用中间两位数字表示，其中左边一位为宽（高）度系列代号，右边一位为直径系列代号。部分滚动轴承的尺寸系列代号见表9-7。

表9-7　部分滚动轴承的类型代号及尺寸系列代号

轴承类型	代号	尺寸系列代号	标准编号
双列角接触球轴承	0	32 33	GB/T 296—1994
调心球轴承	1	(0)2 (0)3	GB/T 281—1994
调心滚子轴承和 推力调心滚子轴承	2	13 92	GB/T 288—1994 GB/T 5859—1994

（续）

轴承类型	代号	尺寸系列代号	标准编号
圆锥滚子轴承	3	02 03	GB/T 297—1994
双列深沟球轴承	4	(2)2	
推力球轴承 双向推力球轴承	5	11 22	GB/T 301—1995
深沟球轴承	6	18 (0)2	GB/T 276—1994
角接触球轴承	7	(0)2	GB/T 292—1994
推力圆柱滚子轴承	8	11	GB/T 4663—1994
外边无挡圈圆柱滚子轴承	N	10	GB/T 283—1994
双列或多列圆柱滚子轴承	NN	30	GB/T 285—1994
外球面球轴承	U	2	GB/T 3882—1995
四点接触球轴承	QJ	(0)2	GB/T 294—1994

注：凡括号中的数字，在注写时均可省略。

（3）内径代号：右数第一、二位表示内径代号，即轴承的公称直径（内圈直径）。当代号数字为 00、01、02、03 时，分别代表轴承的内径（d）为 10、12、15、17 mm；当代号数字为 04—99 时，代号数字乘以"5"，即为轴承内径；其他相关规定如表 9-8 所示。

表 9-8　滚动轴承内径代号

轴承公称内径 d(mm)	内径代号		示　例
0.6~10（非整数）	用公称内径毫米数直接表示，在其与尺寸系列代号之间用"/"分开		深沟球轴承　618/2.5 $d=2.5$ mm
1~9（整数）	用公称内径毫米数直接表示，对深沟球轴承及角接触轴承 7、8、9 直径系列，内径与尺寸系列代号之间用"/"分开		深沟球轴承　625、618/5 均为 $d=5$ mm
10~17	10 12 15 17	00 01 02 03	深沟球轴承　6200 $d=10$ mm
20~480 （22，28，32 除外）	公称内径除以 5 的商数，商数为个位数，需要在商数左边加"0"，如 08		调心球轴承　23208 $d=40$ mm
≥500 以及 22，28，32	用公称内径毫米数直接表示，但在与尺寸系列代号之间用"/"分开		调心球轴承　230/500 $d=500$ mm 深沟球轴承　62/22 $d=22$ mm

2. 滚动轴承的标记　滚动轴承的标记示例如下：

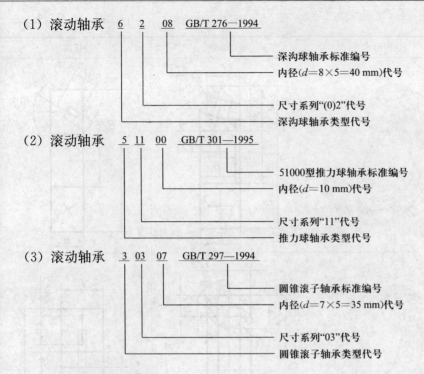

（1）滚动轴承　6　2　08　GB/T 276—1994

深沟球轴承标准编号
内径($d=8×5=40$ mm)代号
尺寸系列"(0)2"代号
深沟球轴承类型代号

（2）滚动轴承　5　11　00　GB/T 301—1995

51000型推力球轴承标准编号
内径($d=10$ mm)代号
尺寸系列"11"代号
推力球轴承类型代号

（3）滚动轴承　3　03　07　GB/T 297—1994

圆锥滚子轴承标准编号
内径($d=7×5=35$ mm)代号
尺寸系列"03"代号
圆锥滚子轴承类型代号

三、滚动轴承的画法

滚动轴承是标准部件，一般不必画出它的零件图。在装配图中，只需根据给定的轴承代号，从轴承标准中查出外径 D、内径 d、宽度 $B(T)$ 等主要尺寸，按规定画法或特征画法画出。常用滚动轴承的具体画法如表 9-9 所示。

1. 规定画法　规定画法能较详细地表达轴承的主要结构形状。在装配图的剖视图中采用规定画法绘制滚动轴承时，一般只在轴的一侧用规定画法表达轴承的主要结构，在轴的另一侧按通用画法绘制；轴承的滚动体不画剖面线，各套圈的剖面线方向可画成方向一致、间隔相同，轴承的保持架及倒角等均省略不画，如表 9-9 所示。在不致引起误解时，还允许省略剖面线。在装配图的明细中，必须按规定注出滚动轴承的代号。

表 9-9　滚动轴承的画法

轴承名称及代号	结构形式	规定画法	特征画法
深沟球轴承 GB/T 276—1994 类型代号6 主要参数 D、d、B	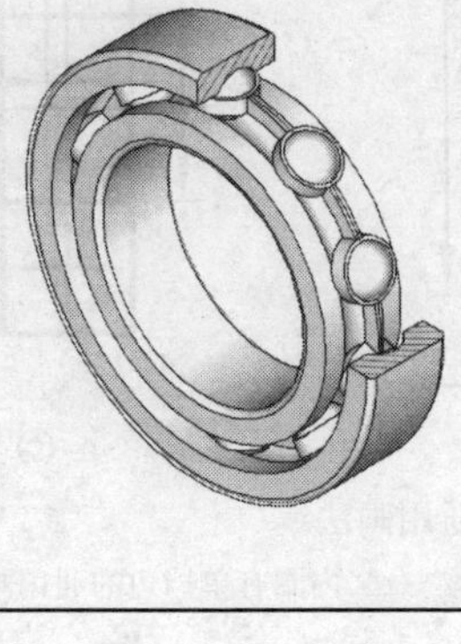	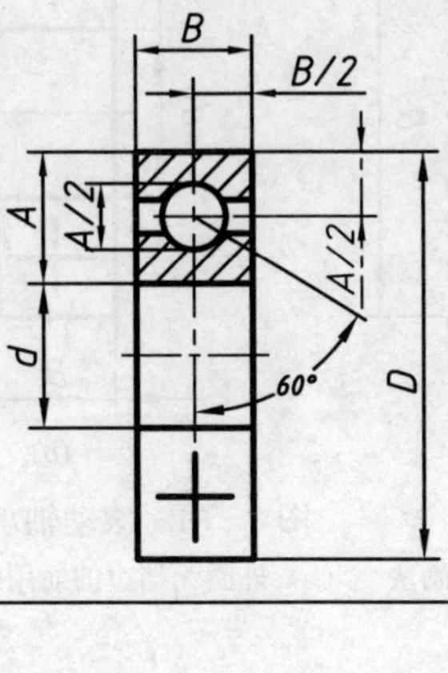	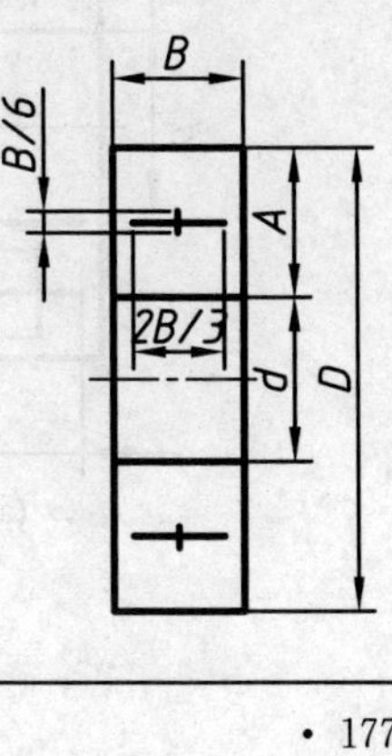

（续）

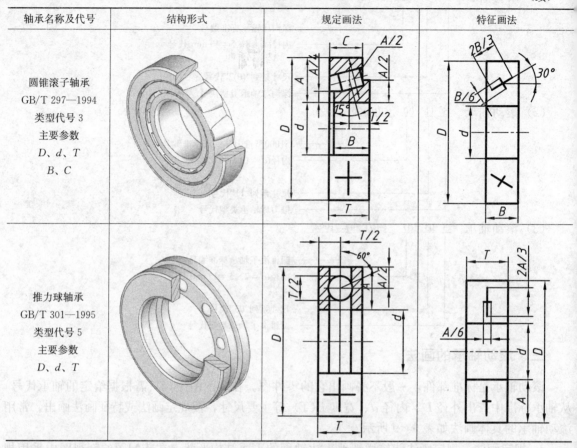

轴承名称及代号	结构形式	规定画法	特征画法
圆锥滚子轴承 GB/T 297—1994 类型代号 3 主要参数 D、d、T B、C			
推力球轴承 GB/T 301—1995 类型代号 5 主要参数 D、d、T			

2. 特征画法和通用画法　特征画法和通用画法合称为简化画法，在同一张图纸上，一般只采用其中的一种画法。在装配图的剖视图中，如需要较形象地表示滚动轴承的结构特征时，可采用特征画法，见表 9 - 9；若不需确切地表示滚动轴承的外形轮廓、载荷特性和结构特征时，可采用通用画法，如图 9 - 31 所示。

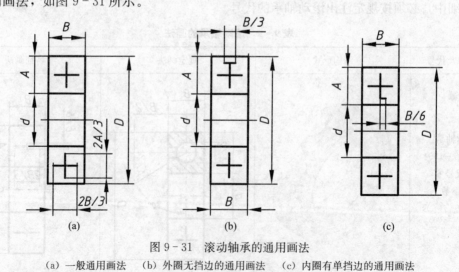

图 9 - 31　滚动轴承的通用画法

（a）一般通用画法　　（b）外圈无挡边的通用画法　　（c）内圈有单挡边的通用画法

3. 滚动轴承的装配画法　滚动轴承在机器中的装配情况通过装配图来表达，图9-32表达了常见轴承在机器装配图中的装配位置及画法。

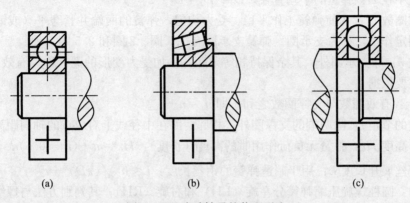

(a)　　　　　　　(b)　　　　　　　(c)

图9-32　滚动轴承的装配画法
（a）深沟球轴承装配画法　　（b）圆锥滚子轴承装配画法　　（c）推力球轴承装配画法

第五节　弹　簧

弹簧是利用材料的弹性和结构特点，通过变形和储存能量进行工作的一种常用零件，当外力除去后能立即恢复原形。其作用主要是在机器或仪器中起减振、缓冲、复位、夹紧、测力和储能等。

弹簧的种类和形式很多，根据其结构和受力状态可分为螺旋弹簧、板弹簧、平面涡卷弹簧和碟形弹簧等。根据受力方向不同，螺旋弹簧又分为压缩弹簧、拉伸弹簧和扭转弹簧，如图9-33所示。

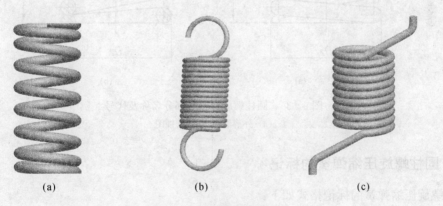

(a)　　　　　　　(b)　　　　　　　(c)

图9-33　圆柱螺旋弹簧
（a）压缩弹簧　　（b）拉伸弹簧　　（c）扭转弹簧

本节以圆柱螺旋压缩弹簧为例，介绍弹簧的基本知识和规定画法。

一、圆柱螺旋弹簧各部分名称及代号

圆柱螺旋弹簧各部分的名称及代号如图9-34所示。

（1）线径（簧丝直径）d：绕制弹簧的钢丝直径。

（2）弹簧内径 D_1：弹簧的最小直径。

弹簧外径 D_2：弹簧的最大直径。

弹簧中径 D：弹簧的平均直径，$D=(D_1+D_2)/2$。

（3）支撑圈数 n_0：为使弹簧工作平稳、受力均匀，弹簧的两端并紧磨平（或锻平），工作时仅起支承或固定作用，称为支承圈。弹簧支承圈有1.5圈、2圈和2.5圈三种。

有效圈数 n：除支承圈外，其余保持相等节距并参加受力变形的圈，称为有效圈，它是计算弹簧受力的主要依据。

总圈数 n_1：有效圈数与支撑圈数之和，即 $n_1=n+n_0$。

（4）弹簧的节距 t：除两端的支撑圈外，相邻两圈在中径线上对应点的轴向距离。

（5）自由高度 H_0：弹簧无负荷作用时的高度（长度）：$H_0=nt+(n_0-0.5)d$

（6）弹簧丝展开长度 L：用于制造弹簧的钢丝长度：$L\approx n_1\sqrt{(\pi D)^2+t^2}$

（7）旋向：圆柱螺旋压缩弹簧分左旋（LH）和右旋（RH），其判别方法与螺纹相同。

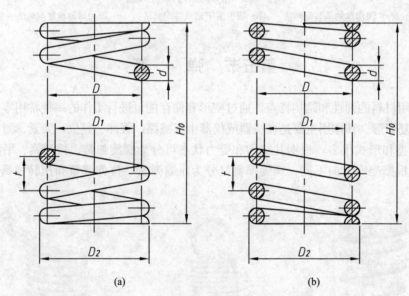

(a)   (b)

图9-34　圆柱螺旋弹簧各部分名称及代号

（a）外形图　（b）剖视图

二、圆柱螺旋压缩弹簧的标记

圆柱螺旋压缩弹簧的标记格式如下：

名称代号　形式代号—$d\times D\times H_0$—精度代号　旋向代号　标准代号　材料代号—表面处理

国标规定各项内容说明如下：

（1）圆柱螺旋压缩弹簧的名称用代号"Y"表示。

（2）弹簧端圈形式分A型（两端圈并紧磨平）和B型（两端圈并紧锻平）两种。

（3）d 为簧丝直径，D 代表弹簧中径，H_0 代表弹簧自由高度，单位均为 mm。

（4）制造精度分2、3级，按3级精度可省略标注。

（5）旋向为左旋时，应注明"LH"，右旋时不标。

（6）圆柱螺旋压缩弹簧的标准编号为 GB/T 2089—1994。

（7）弹簧材料与线径大小、加工工艺及用途有关。$d \leqslant 10$ mm 时采用冷卷工艺，一般使用 C 及碳素弹簧钢丝为弹簧材料；$d > 10$ mm 时采用热卷工艺，一般使用 60SiMnA 为弹簧材料，使用这两种材料可不标注。

（8）表面处理应按有关标准规定标注，一般不标注。

例如：标记"YA1.8×8×40—2 LH GB/T 2089—1994B 级"的含义为：

A 型（两端圈并紧磨平）圆柱螺旋压缩弹簧，线径 $d = 1.2$ mm，中径 $D = 8$ mm，自由高度 $H_0 = 40$ mm，制造等级 2 级，左旋，弹簧材料为 B 级碳素弹簧钢丝，表面镀锌处理。

标记"Y B 30×150×300 GB/T 2089—1994"的含义为：

B 型（两端圈并紧锻平）圆柱螺旋压缩弹簧，线径 $d = 30$ mm，中径 $D = 150$ mm，自由高度 $H_0 = 300$ mm，制造等级 3 级，右旋，弹簧材料为 60Si2MnA，表面油漆处理。

三、圆柱螺旋压缩弹簧的画法

1. 规定画法

（1）在投影为非圆的视图上，各圈的螺旋线轮廓以直线代替；

（2）无论是左旋还是右旋，均可画成右旋弹簧，但左旋弹簧必须加注"LH"。

（3）螺旋两端的支承圈数不论多少，均可按 2.5 圈的形式绘制；

（4）有效圈数大于 4 圈时，无论是否采用剖视画法，都只需画出两端的 1～2 圈（支承圈除外），中间各圈可省略，用通过中径的细点画线连接，且允许适当缩短图形长度。

（5）在装配图中，当弹簧中间各圈采用省略画法时，弹簧后面被挡住的结构一般不画，可见部分只画到弹簧钢丝的剖面轮廓或中心线处（图 9 - 35a）。当直径小于 2 mm 时，簧丝剖面可涂黑表示（图 9 - 35b）。当簧丝直径小于 1 mm 时，可采用示意画法（图 9 - 35c）。

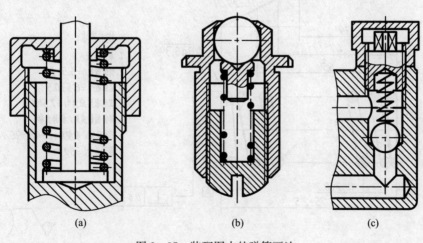

(a)　　　　　　　(b)　　　　　　　(c)

图 9 - 35　装配图中的弹簧画法

2. 弹簧的画图步骤　对于两端并紧磨平的压缩弹簧，无论支承圈数为多少，均可按 2.5 圈画出，必要时可按支承圈的实际数画出，具体作图步骤如图 9 - 36 所示。

（1）以弹簧自由高度 $H_0 [H_0 = nt + (n_0 - 0.5)d]$ 和弹簧中径 D 作矩形 $ABCD$（图 9 - 36a）。

（2）画出支撑圈部分与簧丝直径相等的圆和半圆（图 9 - 36b）。

（3）根据节距 t 作出有效圈的簧丝断面圆（图 9－36c）。

（4）按右旋（或实际旋向）作出相应簧丝断面圆的外公切线，并画出簧丝的剖面线，完成全图（图 9－36d）。

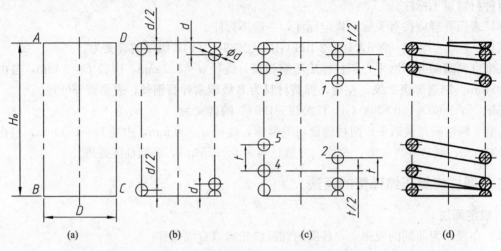

图 9－36　圆柱螺旋压缩弹簧的画图步骤

四、圆柱螺旋压缩弹簧的零件图示例

图 9－37 为圆柱螺旋压缩弹簧的零件图示例，可以看出：

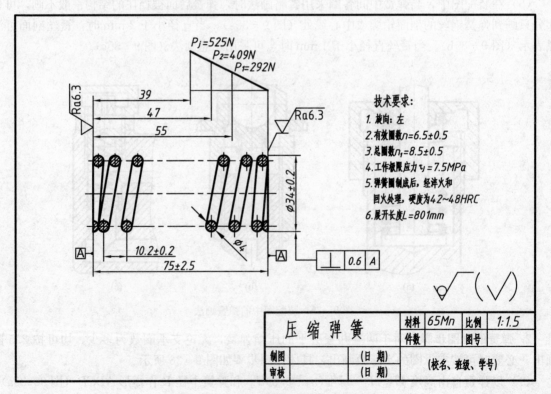

图 9－37　圆柱螺旋压缩弹簧的零件图

（1）弹簧的参数应直接标注在图形上，若直接标注有困难时，可在技术要求中说明。

（2）当需要表明弹簧的负荷与高度之间的变化关系时，必须用图解表示。螺旋压缩弹簧的机械性能曲线成直线，其中，P_1—弹簧的预负荷，P_2—弹簧的最大负荷，P_j—弹簧的允许极限负荷。

第六节　齿　　轮

齿轮是机械传动中应用广泛的零件，齿轮传动不仅可以传递动力和运动，还可完成减速、增速、变向等功能。

齿轮的种类很多，根据传动轴的相对位置即传动情况不同，可以分为三类：

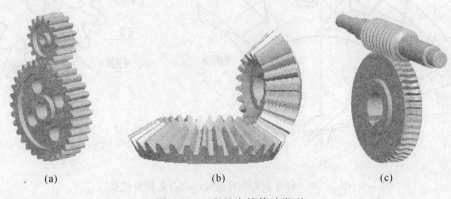

(a)   (b)   (c)

图 9-38　常见齿轮传动类型

(a) 圆柱齿轮　　(b) 圆锥齿轮　　(c) 蜗轮蜗杆

（1）圆柱齿轮，用于两平行轴间的传动（图 9-38a）；

（2）圆锥齿轮，用于两相交轴间的传动（图 9-38b）；

（3）蜗轮蜗杆，用于两交叉轴间的传动（图 9-38c）。

齿轮上的齿称为轮齿，在传动中，为了运动平稳、啮合正确，齿轮轮齿的齿廓曲线可以制成渐开线、摆线或圆弧，其中渐开线齿轮应用最为广泛。轮齿的方向有直齿、斜齿、人字齿和弧形齿。轮齿参数中模数和压力角已标准化，齿轮属于常用件，具有标准齿的齿轮称为标准齿轮。

本节仅介绍标准齿轮的基本知识和规定画法。

一、圆柱齿轮

圆柱齿轮的齿分布在圆柱面上，按照轮齿的方向将圆柱齿轮分为直齿轮、斜齿轮和人字形齿轮等。

1. 标准直齿圆柱齿轮各部分的名称及基本参数

（1）标准直齿圆柱齿轮轮齿各部分的名称、代号及含义。图 9-39(a) 所示为相互啮合的两个标准直齿圆柱齿轮的一部分，图 9-39(b) 所示为单个标准直齿圆柱齿轮的投影图。

(a) 节圆直径 d'：两齿轮啮合时，在连心线 O_1O_2 上两相切的圆，称为节圆，其直径用 d' 表示。该直径也为过啮合点 C 的轨迹圆的直径。

(b) 分度圆直径 d：设计和制造齿轮时，作为齿轮轮齿分度（分齿）的圆，称为分度圆，其直径用 d 表示，在标准齿轮中，其分度圆和节圆重合，即 $d = d'$。

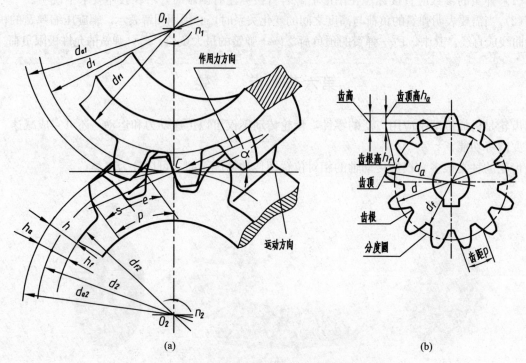

图 9-39　标准直齿圆柱齿轮各部分名称及代号

(a) 啮合图　(b) 单齿轮投影图

(c) 点 C：在一对啮合齿轮上，两节圆的切点。

(d) 齿顶圆直径 d_a：通过轮齿顶部的圆，称为齿顶圆，其直径用 d_a 表示。

(e) 齿根圆直径 d_f：通过轮齿根部的圆，称为齿根圆，其直径用 d_f 表示。

(f) 齿高 h：齿顶圆与齿根圆之间的径向距离，称为齿高，用 h 表示。

齿顶高 h_a：齿顶圆和分度圆之间的径向距离，称为齿顶高，用 h_a 表示。

齿根高 h_f：分度圆和齿根圆之间的径向距离，称为齿根高，用 h_f 表示。

$$h = h_a + h_f$$

(g) 齿距 p：在分度圆上，相邻两齿廓对应点之间的弧长，称为齿距，用 p 表示。

齿厚 s：在分度圆上，一个轮齿齿廓间的弧长，称为齿厚，用 s 表示。

槽宽 e：在分度圆上，一个齿槽齿廓间的弧长，称为槽宽，用 e 表示。

对于标准齿轮，$s = e$，$p = s + e$。

(2) 标准直齿圆柱齿轮的基本参数。

(a) 齿数 z：齿轮上轮齿的个数。

(b) 模数 m：若齿轮的齿数为 z，那么，分度圆的周长为 $\pi d = pz$，则分度圆直径

$$d = \frac{p}{\pi} z$$

令 $p/\pi = m$，则 $d = mz$，m 称为齿轮的模数，单位为 mm。

模数是设计、制造齿轮的一个重要参数。在齿数一定的情况下，模数越大，分度圆的直径越大，其齿距也越大，轮齿齿厚越大，因此齿轮的承载能力也越大。相互啮合的两齿轮，其齿距应

相等，因此它们的模数也应相等。不同模数的齿轮，要用不同模数的刀具来加工制造。为了便于设计和加工，模数的数值已标准系列化，其标准模数值如表 9 - 10 所示。

表 9 - 10　齿轮模数（摘自 GB/T 1357—2008）

第一系列	1, 1.25, 1.5, 2, 2.5, 3, 4, 5, 6, 8, 10
第二系列	1.125, 1.375, 1.75, 2.25, 2.75, 3.5, 4.5, 5.5, (6.5), 7, 9

注：在选用模数时，应优先选用第一系列，括号内的模数尽可能不用。

（c）压力角 α：两啮合轮齿齿廓在啮合点 C（节点）处的公法线与两节圆的公切线所夹的锐角称压力角，也称齿形角。标准直齿圆柱齿轮的压力角为 $20°$。

一对相互啮合的齿轮，其模数和压力角必须对应相等。

（3）直齿圆柱齿轮各部分尺寸计算公式。设计齿轮时，必须先确定模数和齿数，然后根据各计算公式得出齿轮其他各部分的尺寸。齿轮各部分尺寸与模数、齿数间的关系见表 9 - 11。

表 9 - 11　标准直齿圆柱齿轮各部分的计算公式

名　称	计算公式	名　称	计算公式
分度圆直径	$d = mz$	齿高	$h = 2.25m$
齿顶圆直径	$d_a = m(z+2)$	齿距	$p = \pi m$
齿根圆直径	$d_f = m(z-2.5)$	齿厚	$s = p/2$
齿顶高	$h_a = m$	中心距	$a = (d_1 + d_2)/2 = m(z_1 + z_2)/2$
齿根高	$h_f = 1.25m$		

2. 圆柱齿轮的规定画法

（1）单个圆柱齿轮的画法。齿轮的轮齿是多次重复出现的，为简化作图，国家标准（GB/T 4459.2—2003）对单个齿轮轮齿部分的画法作了如下规定：

（a）齿顶圆和齿顶线用粗实线绘制；分度圆和分度线用细点画线绘制，且分度线应超出轮齿两端 2～3 mm；齿根圆和齿根线用细实线绘制，也可省略不画，如图 9 - 40(a)、(b) 所示。

（b）在剖视图中，当剖切平面通过齿轮的轴线时，轮齿一律按不剖处理，齿根线用粗实线绘制，如图 9 - 40(c)、(d)、(e) 所示。

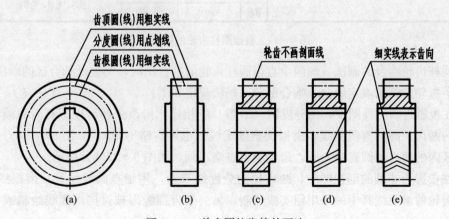

图 9 - 40　单个圆柱齿轮的画法

（c）对于斜齿或人字齿，非圆视图可画成半剖视图或局部剖视图，并画三条与齿形线方向一致的细实线，表示轮齿的方向和倾角，如图 9-40(d)、(e) 所示。

（d）齿轮的其他结构，按真实投影画出。

图 9-41 为直齿圆柱齿轮的零件图。在齿轮零件图中，除具有一般零件图的内容外，齿顶圆直径、分度圆直径及有关齿轮的基本尺寸必须直接在图形中注出（齿根圆直径一般不注）；并在图形右上角画出参数表，注写模数、齿数、压力角等基本参数。

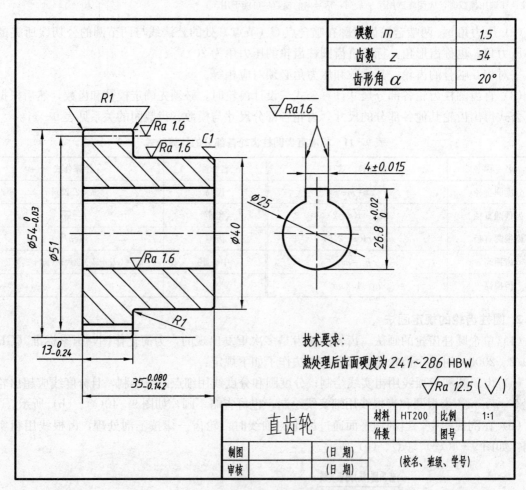

模数 m	1.5
齿数 z	34
齿形角 α	20°

技术要求：

热处理后齿面硬度为 241~286 HBW

直齿轮	材料	HT200	比例	1:1
	件数		图号	
制图		(日 期)		
审核		(日 期)	(校名、班级、学号)	

图 9-41　直齿圆柱齿轮的零件图

（2）圆柱齿轮啮合的画法。画两个直齿圆柱齿轮的啮合图时，关键是啮合区的画法，其他部分仍按单个齿轮的画法规定绘制。啮合部分的画法规定如下：

（a）在投影为圆的视图中，两分度圆（节圆）应相切。齿顶圆和齿根圆有两种画法：其一，啮合区内的两齿顶圆均画粗实线，齿根圆画细实线（也可省略不画），如图 9-42(a) 所示；其二，啮合区内的两齿顶圆省略不画，齿根圆也省略不画，如图 9-42(b) 所示。

（b）在投影为非圆的剖视图中，两齿轮的分度线重合，用细点画线绘制；齿根线用粗实线绘制；两齿轮的齿顶线其中一条用粗实线绘制，另一条齿顶线因被遮挡用虚线绘制或省略不画，如图 9-42(a) 所示。

（c）在投影为非圆的外形图中，啮合区内的齿顶线、齿根线不需画出，分度线（节线）用粗实线绘制，其他处的分度线（节线）仍用细点画线绘制，如图 9-42(c)、（d）所示。

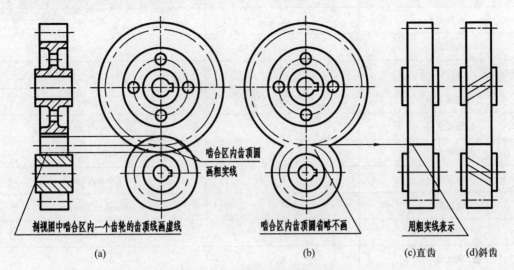

图 9-42　圆柱齿轮啮合的画法

（d）在齿轮啮合的剖视图中，因齿根高与齿顶高相差 $0.25m$（模数），因此一个齿轮的齿顶线与另一个齿轮的齿根线之间，应留 $0.25m$ 的间隙，如图 9-42(a) 所示。

二、圆锥齿轮

圆锥齿轮又称伞齿轮，其轮齿分布于圆锥面上，且轮齿一端大一端小，齿厚也由大端到小端逐渐变小，模数和分度圆直径也随齿厚而变化。圆锥齿轮各部分名称和代号如图 9-43 所示。

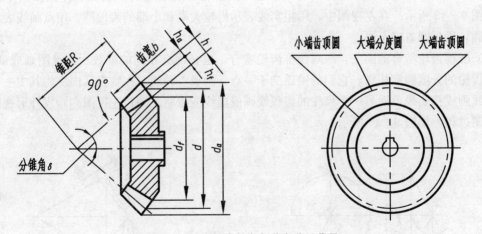

图 9-43　圆锥齿轮各部分名称及代号

1. 直齿圆锥齿轮各部分尺寸的计算　为设计和制造方便，国标规定以大端模数为标准来计算和决定轮齿各部分的尺寸。轴线相交成 90° 的直齿圆锥齿轮各部分尺寸的计算公式如表 9-12 所示。

表 9-12　直齿圆锥齿轮各部分的计算公式

名　称	代号	计算公式
齿顶高	h_a	$h_a=m$
齿根高	h_f	$h_f=1.2m$
齿高	h	$h=h_a+h_f=2.2m$
分度圆直径	d	$d=mz$
齿顶圆直径	d_a	$d_a=m(z+2\cos\delta)$
齿根圆直径	d_f	$d_f=m(z-2.4\cos\delta)$
外锥距	R	$R=mz/2\sin\delta$
齿顶角	θ_a	$\tan\theta_a=2\sin\delta/z$
齿根角	θ_f	$\tan\theta_f=2.4\sin\delta/z$
顶锥角	δ_a	$\delta_a=\delta+\theta_a$
根锥角	δ_f	$\delta_f=\delta-\theta_f$
分度圆锥角	δ_1	$\tan\delta_1=z_1/z_2$
	δ_2	$\tan\delta_2=z_2/z_1$
齿宽	b	$b=R/3$

注：角标 1、2 分别代表小齿轮和大齿轮，m、d_a、h_a、h_f 等均指锥齿轮大端。

2. 圆锥齿轮的规定画法

(1) 单个圆锥齿轮的画法：作图时，单个圆锥齿轮一般用全剖主视图和左视图两个视图表示，如图 9-43 所示。在左视图中，用粗实线表示齿轮大端和小端的齿顶圆，用点画线表示大端的分度圆，齿根圆省略不画。

(2) 圆锥齿轮啮合的画法：一对圆锥齿轮啮合，也必须有相同的模数。主视图画成剖视图，由于两齿轮的分度圆锥相切，它们的锥顶交于一点，画成点画线。在啮合区内应将其中一个齿轮的齿顶线画成粗实线，而另一个齿轮的齿顶线画成虚线或省略不画；左视图则画成外形视图。具体的作图过程，如图 9-44 所示。

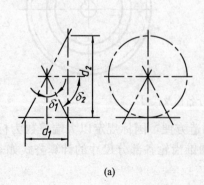

(a)

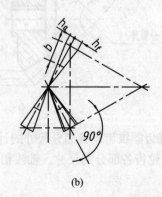

(b)

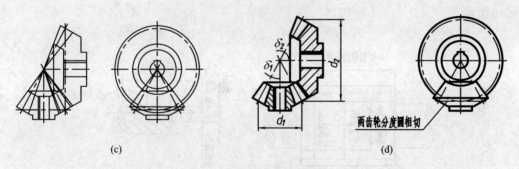

图 9-44　圆锥齿轮啮合的画法

（a）定分度线及轴线　　（b）画轮齿部分　　（c）画其他部分图线及左视图　　（d）加深描粗

三、蜗轮、蜗杆

蜗轮、蜗杆用于两垂直交叉轴之间的传动，传动比较大，通常蜗杆为主动件，蜗轮为从动件，结构紧凑，广泛用于减速装置中。

实际上，蜗轮和蜗杆均为斜齿圆柱齿轮。蜗杆外形与梯形螺纹杆相似，蜗杆的齿数 z_1 也称线数（或头数），等于其螺纹线数，常用的为单线和双线，对应的效果是：蜗杆转 1 圈，蜗轮转 1 个齿或 2 个齿。蜗轮的齿部常做成凹形，使分度圆柱面改为分度圆环面，齿顶和齿根也形成圆环面，以增加蜗轮与蜗杆啮合时的接触面并延长寿命。

1. 蜗轮、蜗杆各部分的名称及画法

（1）蜗轮各部分的名称及画法：在蜗轮投影为圆的视图中，只画出分度圆（点画线）和最外圆（粗实线），齿顶圆和齿根圆省略不画，如图 9-45 所示。

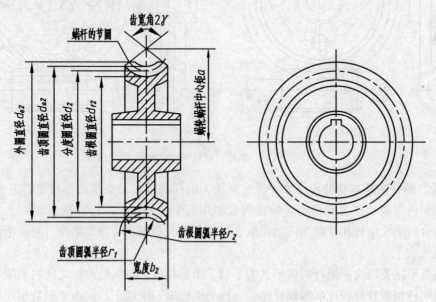

图 9-45　蜗轮各部分的名称及画法

（2）蜗杆各部分的名称及画法：在蜗杆的外形图中，齿根圆和齿根线用细实线绘制或省略不画；另外，为了表明蜗杆的牙型，一般可采用局部剖视画出几个牙型，或画出牙型的放大图，如

图 9-46 所示。

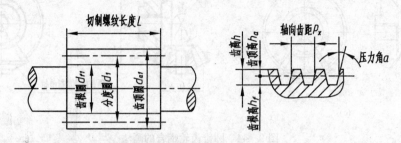

图 9-46 蜗杆各部分的名称及画法

（3）蜗轮、蜗杆啮合的画法：在蜗轮投影为圆的视图中，蜗轮的分度圆与蜗杆的分度线应相切，啮合区内的齿顶圆和齿顶线仍用粗实线绘制；在蜗杆投影为圆的视图中，啮合区内只画蜗杆不画蜗轮，如图 9-47a 所示。

在蜗轮投影为圆的局部剖视图中，啮合区内蜗杆的轮齿用粗实线绘制，蜗轮的轮齿被遮挡部分可省略不画；在蜗杆投影为圆的全剖视图中，啮合区内蜗轮的外圆、齿顶圆可省略不画，齿根圆用粗实线绘制，如图 9-47b 所示，蜗杆的齿顶线也可省略不画。

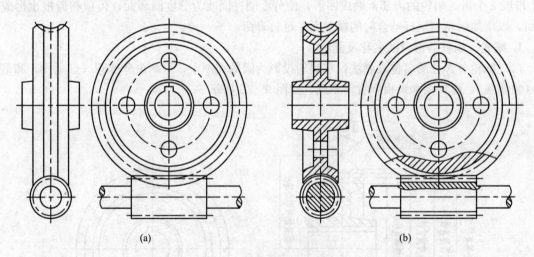

(a)　　　　　　　　　　　　　　　　　(b)

图 9-47 蜗轮、蜗杆啮合的画法

2. 蜗轮、蜗杆的基本参数和尺寸计算　蜗轮、蜗杆的模数是在通过蜗杆轴线并垂直于蜗轮轴线的主截面内度量。在主截面内，蜗轮的截面相当于一齿轮，蜗杆的截面相当于一齿条。因此，相互啮合的蜗轮蜗杆在主截面内的模数和压力角彼此相同。常用的蜗杆（阿基米德蜗杆）压力角为 20°。

蜗轮的齿形主要取决于蜗杆的齿形。为了加工出蜗杆齿顶与蜗轮齿根之间的间隙，蜗轮一般是用形状与蜗杆相似且外径比实际蜗杆稍大一些的蜗轮滚刀来加工。但由于模数相同的蜗杆又具有不同的直径（取决于蜗杆轴所需强度和刚度），因此蜗轮就需用不同的蜗轮滚刀来加工。为了减少蜗轮滚刀的数目，便于刀具标准化，国标规定蜗杆分度圆直径 d_1 为标准值，且与模数相匹配。标准模数与分度圆直径数值对照见表 9-13。

表 9-13　标准模数与分度圆直径对照表

m	d_1	m	d_1	m	d_1	m	d_1
1	18	2.5	(22.4)28 (35.5)45	6.3	(50)63 (80)112	16	(112)140 (180)250
1.25	20 22.4	3.15	(28)35.5 (45)56	8	(63)80 (100)140	20	(140)160 (224)315
1.6	20 28	4	(31.5)40 (50) 71	10	(71)90 (112)160	25	(180)200 (280)400
2	(18)22.4 (28)35.5	5	(40)50 (63)90	12.5	(90)112 (140)200		

蜗杆的线数 z_1 和蜗轮的齿数 z_2 也是基本参数。根据传动比的需要蜗杆线数 z_1 可取 1、2、4、6，蜗轮的齿数 z_2 一般取 27~90。当蜗轮、蜗杆的基本参数选定后，相应各部分的尺寸可由表 9-14 和表 9-15 所列公式算出。

表 9-14　蜗杆的尺寸计算公式

基本参数：轴向模数 m，蜗杆线数 z_1，蜗杆分度圆直径 d_1

名　称	代号	公　式
分度圆直径	d_1	根据强度、刚度计算结果按标准选取
齿顶高	h_a	$h_a = m$
齿根高	h_f	$h_f = 1.2m$
齿顶圆直径	d_{a1}	$d_{a1} = d_1 + 2m$
齿根圆直径	d_{f1}	$d_{f1} = d_1 - 2.4m$
导程角	γ	$tg\gamma = mz_1/d_1$
轴向齿距	p_x	$p_x = \pi m$
导　程	P_z	$P_z = z_1 p_x$
螺纹部分长度	L	$L \geqslant (11+0.1z_2)m$，当 $z_1 = 1$~2 时； $L \geqslant (13+0.1z_2)m$，当 $z_1 = 3$~4 时

表 9-15　蜗轮的尺寸计算公式

基本参数：端面模数 m，蜗轮齿数 z_2

名　称	代号	公　式
分度圆直径	d_2	$d_2 = mz_2$
齿顶高	h_a	$h_a = m$
齿根高	h_f	$h_f = 1.2m$
齿顶圆（喉圆）直径	d_{a2}	$d_{a2} = d_2 + 2m = m(z_2 + 2)$
齿根圆直径	d_{f2}	$d_{f2} = d_2 - 2.4m = m(z_2 - 2.4)$
齿顶圆弧半径	R_a	$R_a = d_1/2 - m$
齿根圆弧半径	R_f	$R_f = d_1/2 + 1.2m$

（续）

基本参数：端面模数 m，蜗轮齿数 z_2		
名　称	代号	公　式
外　径	D_2	$D_2 \leqslant d_{a2} + 2m$，当 $z_1 = 1$ 时； $D_2 \leqslant d_{a2} + 1.5m$，当 $z_1 = 2 \sim 3$ 时； $D_2 \leqslant d_{a2} + m$，当 $z_1 = 4$ 时
齿轮宽度	b_2	$b_2 \leqslant 0.75 d_{a1}$，当 $z_1 \leqslant 3$ 时； $b_2 \leqslant 0.67 d_{a1}$，当 $z_1 = 4$ 时
齿宽角	γ	$2\gamma = 45° \sim 60°$ 用于分度传动； $2\gamma = 70° \sim 90°$ 用于一般传动； $2\gamma = 90° \sim 130°$ 用于高速传动
中心距	a	$a = (d_1 + d_2)/2$

第十章 零件图

任何机器或部件都是由若干零件按照一定的装配关系和技术要求装配而成。图 10‐1 所示的铣刀头是专用铣床上的部件，它是由座体、轴、带轮、端盖、滚动轴承、键、挡圈、螺钉、销、调整环、垫圈、螺栓等零件组成。它的工作情况是：动力由电动机通过皮带传至带轮，轴和带轮通过平键连接一起旋转，把动力传至通过平键与轴连接的铣刀盘，铣刀盘旋转铣削零件的端面。

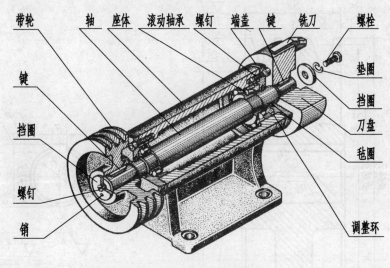

图 10‐1 铣刀头装配图

零件是装配机器或部件的最小单元，用来表达零件结构、大小和技术要求的图样称为零件图。它是制造和检验零件的主要依据。

根据零件在机器或部件中的作用，一般可将零件分为三类：

（1）标准件，如螺栓、螺钉、螺母、键、销、滚动轴承等，它们在机器或部件中主要起连接、支承等作用。它们的结构形状、尺寸、画法均已标准化，一般不需要画出其零件图。

（2）常用件，如带轮、齿轮、弹簧等，它们在机器中应用非常广泛，某些结构要素已经标准化，其结构参数及画法国标规定，画其零件图时，可查阅相关标准。

（3）一般零件，这类零件是本章的研究对象。依据零件的形状结构特点、在机器中的作用，可以将一般零件分为四类：轴套类、盘盖类、叉架类和箱体类。需要画出其零件图，以便加工制造。

本章主要介绍零件图的作用和内容、零件上常见的工艺结构图、零件视图的选择、零件图的尺寸标注、典型零件图例、零件图上的技术要求及读零件图和零件测绘等。

第一节　零件图的作用与内容

零件图是指导制造和检验零件的图样。因此，它必须包括制造和检验该零件时所需要的全部资料。从图 10-2 所示的铣刀头部件上的皮带轮零件图可以看出，一张完整的零件图应包括下面四项内容：

1. 一组图形　用一组图形（包括在第八章中所讲述的视图、剖视图、断面图、局部放大图等）正确、完整、清晰和简便地表达零件的内、外结构形状。这张皮带轮的零件图，主视图采用了全剖视，左视图仅画出轮毂孔部分的局部视图，以表达孔上键槽的宽和深。由这两个图形就清楚地表达了带轮的内外结构形状。

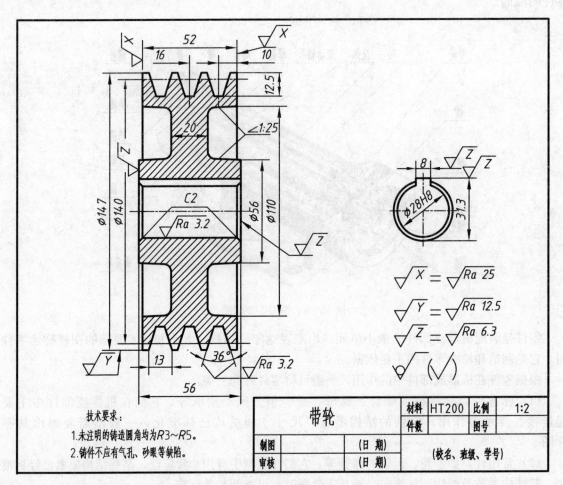

图 10-2　零件图

2. 尺寸　正确、完整、清晰、合理地标注出制造和检验零件时所必需的全部尺寸，以确定零件各部分的结构形状、大小和相对位置。

3. 技术要求　用一些国家标准中规定的符号、数字、字母和文字注解，简明、准确地表示出零件在制造、检验时应达到的一些要求。如表面粗糙度、尺寸公差、形状和位置公差、热处理及表面处理要求等。

4. 标题栏 一般画在图框的右下角,在其中写出零件的名称、材料、数量、比例、图号、制图人以及校核人等内容。

第二节 零件上常见的工艺结构

零件的结构形状不仅要满足设计要求,而且要满足制造工艺对零件结构的要求。大多数零件都要经过铸造、锻造和机械加工等加工过程,因此零件上常见的工艺结构包括铸造工艺结构和机械加工工艺结构。铸造工艺结构有:铸造圆角和拔模斜度、铸件的壁厚等。机械加工工艺结构有:沉孔和凸台、倒角与倒圆、退刀槽和越程槽、钻孔结构等。表10-1列出了零件上常见的工艺结构及有关尺寸要求。

表 10-1 零件常见的工艺结构

类别	图 例	说 明
铸造圆角和拔模斜度	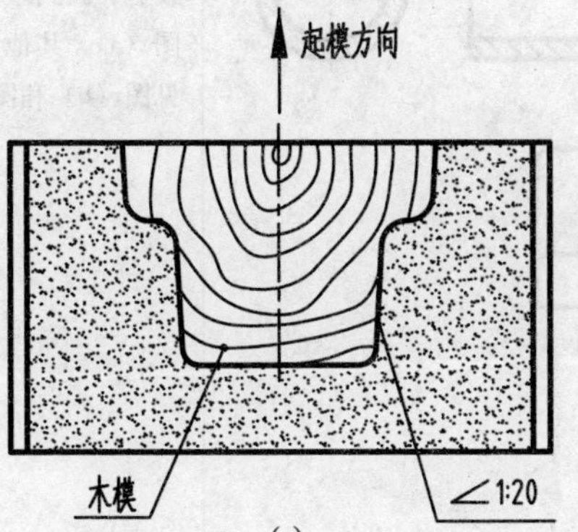 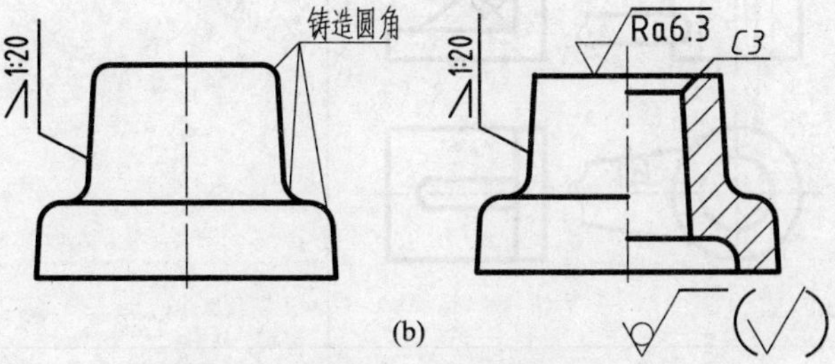 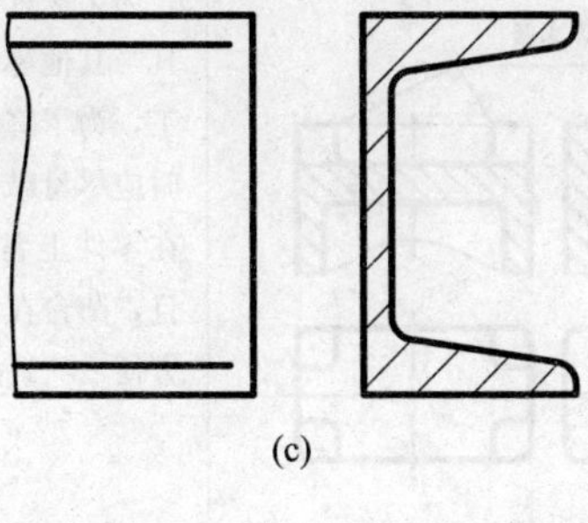	为了满足铸造工艺要求,防止砂型落砂、铸件产生裂纹和缩孔,在铸件各表面相交处都做成圆角而不做成尖角,如图(a)所示 圆角半径一般取壁厚的 0.2~0.4 倍。在同一铸件上圆角半径的种类应尽可能减少。铸造圆角进行切削加工后,圆角被切成尖角。如图(b)所示 为了在铸造时便于将木模从砂型中取出,在铸件的内外壁上常设计出拔模斜度,如图(a)所示。有时拔模斜度在图上可以不画,而在图外用文字说明 拔模斜度的大小:木模常为 1°~3°;金属模用手工造型时为 1°~2°,用机械造型时为 0.5°~1° 在图上表达拔模斜度较小的零件时,如在一个视图中已表达清楚,其他视图允许只按小端画出,如图(c)所示

（续）

类别	图 例	说 明
铸件的壁厚	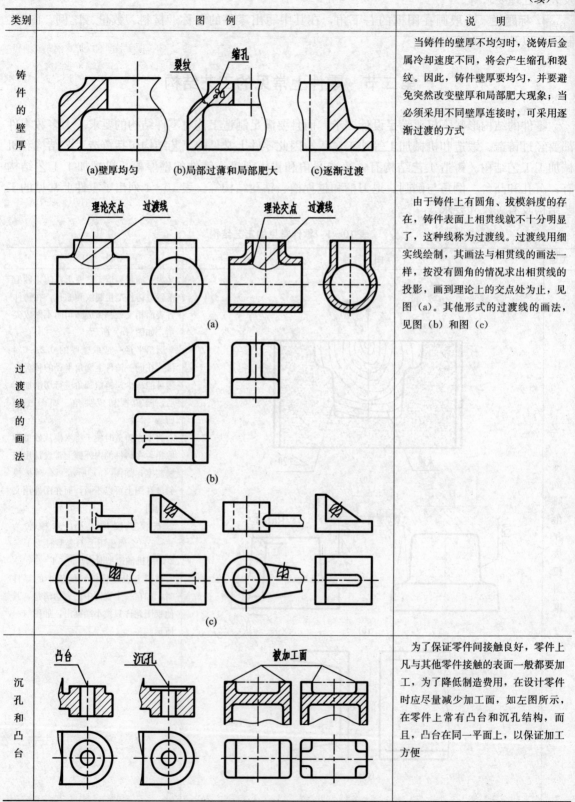	当铸件的壁厚不均匀时，浇铸后金属冷却速度不同，将会产生缩孔和裂纹。因此，铸件壁厚要均匀，并要避免突然改变壁厚和局部肥大现象；当必须采用不同壁厚连接时，可采用逐渐过渡的方式
过渡线的画法		由于铸件上有圆角、拔模斜度的存在，铸件表面上相贯线就不十分明显了，这种线称为过渡线。过渡线用细实线绘制，其画法与相贯线的画法一样，按没有圆角的情况求出相贯线的投影，画到理论上的交点处为止，见图（a）。其他形式的过渡线的画法，见图（b）和图（c）
沉孔和凸台		为了保证零件间接触良好，零件上凡与其他零件接触的表面一般都要加工，为了降低制造费用，在设计零件时应尽量减少加工面，如左图所示，在零件上常有凸台和沉孔结构，而且，凸台在同一平面上，以保证加工方便

（图中标注：裂纹、缩孔、(a)壁厚均匀、(b)局部过薄和局部肥大、(c)逐渐过渡、理论交点、过渡线、凸台、沉孔、被加工面）

（续）

类别	图　　例	说　　明
倒角与倒圆	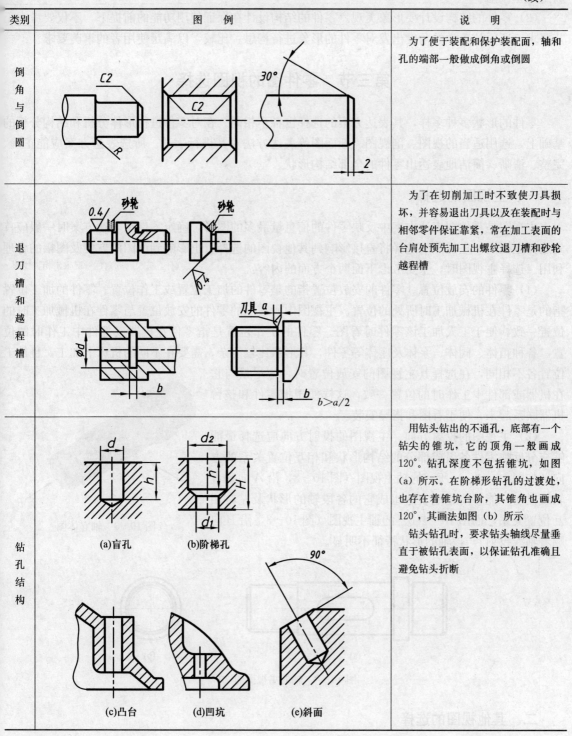	为了便于装配和保护装配面，轴和孔的端部一般做成倒角或倒圆
退刀槽和越程槽		为了在切削加工时不致使刀具损坏，并容易退出刀具以及在装配时与相邻零件保证靠紧，常在加工表面的台肩处预先加工出螺纹退刀槽和砂轮越程槽
钻孔结构	（a）盲孔　　（b）阶梯孔 （c）凸台　　（d）凹坑　　（e）斜面	用钻头钻出的不通孔，底部有一个钻尖的锥坑，它的顶角一般画成120°。钻孔深度不包括锥坑，如图（a）所示。在阶梯形钻孔的过渡处，也存在着锥坑台阶，其锥角也画成120°，其画法如图（b）所示 钻头钻孔时，要求钻头轴线尽量垂直于被钻孔表面，以保证钻孔准确且避免钻头折断

【提示】

（1）零件的各种工艺结构，如圆角、倒角、退刀槽、砂轮越程槽等，其形状和尺寸大小在机械零件设计手册中均有规定要求，在实际工作中应规范化设计，不可随意确定，以免给加工带来困难。

（2）零件的结构设计要形象美观。零件的结构设计在保证使用功能的前提下，不仅要考虑工艺要求，还要从美学的角度出发对零件的形象进行构思、比较，以满足使用者的审美要求。

第三节　零件图的视图选择

零件的形状多种多样，其表达方案的选择也各不相同。在对零件进行形体分析和结构分析的基础上，选用适当的视图、剖视图、断面图等表达方法对其进行表达。所选表达方案应能正确、完整、清晰、简洁地表达出零件的全部结构形状。

一、主视图的选择

主视图是零件图表达方案中反映零件的信息量最多的图形，确定零件图表达方案时一般应首先选择主视图。主视图的选择将直接影响到其他视图的选择，也影响到读图的方便及图幅的合理利用。选择主视图时，主要考虑下面两个方面的内容：

（1）零件的安放位置。零件的安放位置指的是零件的加工位置或工作位置。零件的加工位置指的是零件在机械加工时所处的位置。主视图中所表示的零件的安放位置与零件在机械加工时的位置一致，便于工人加工该零件时看图。零件的工作位置是指零件在机器或部件中工作时的位置。各种箱体、阀体、泵体及座体等零件，其形状比较复杂，需要在不同的机床上加工，且加工位置各不相同，在选择其主视图的安放位置时，应尽量与它在机器或部件中工作时的位置一致，这样便于把零件和整台机器联系起来，便于看图和指导安装。

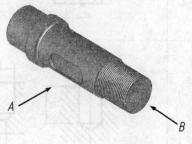

（2）主视图的投射方向。主视图的投射方向应选择最能够充分反映零件各组成部分的结构形状和相互位置关系的方向。如图10-4(a) 所示的轴主视图（图10-3，沿 A 向垂直轴线投射）能够清楚地表达组成它的各段轴的形状及左右相互位置关系，而图10-4(b) 的轴主视图（图10-3，沿 B 向顺着轴线投射），该轴的形状特征不明显。

图10-3　轴立体图

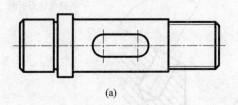 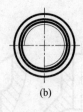

(a)　　　　　　　　　　　　(b)

图10-4　轴的主视图的选择

二、其他视图的选择

当零件的主视图确定之后，检查零件上还有哪些结构尚未表达清楚，选择适当数量的其他视图来补充主视图表达的不足。在选择其他视图时，要优先考虑选择基本视图，并在基本视图上采用剖视、断面等表达方法。

总之，选择视图要目的明确、重点突出，应使所选择的视图表达方案完整、清晰，数量恰当，做到既看图方便，又作图简便。

【提示】

本节只是针对零件图的视图选择的一般原则进行讨论，针对四类典型零件表达方案选择与确定的详细案例分析，将在本章第五节中阐述。

第四节　零件图的尺寸标注

零件图中的尺寸标注，要满足正确、完整、清晰和合理的要求。在"组合体"一章中已学习过如何使尺寸标注满足正确、完整、清晰的要求。这一节主要学习如何满足尺寸标注的合理性要求，也就是如何使标注的尺寸既能符合设计要求，保证零件在机器中的工作性能，又符合工艺要求，便于零件的加工和测量。

要做到合理地标注尺寸，需要具有一定的机械设计、加工等方面的知识和丰富的生产实践经验。本节仅介绍合理标注尺寸的一些基本知识。

一、主要尺寸和非主要尺寸

要做到合理标注尺寸，必须区分零件图上尺寸的主次。

凡直接影响零件的使用性能和安装精度的尺寸称为主要尺寸。主要尺寸包括零件的规格性能尺寸、有配合要求的尺寸、确定零件之间相对位置的尺寸、连接尺寸、安装尺寸等。

凡满足零件的机械性能、结构形状和工艺要求等方面的尺寸称为非主要尺寸。非主要尺寸包括外形轮廓尺寸、非配合要求的尺寸、工艺结构要求的尺寸（如退刀槽、凸台、沉孔、倒角等）。

二、尺寸基准及其选择

1. 尺寸基准及其分类　要做到合理标注尺寸，必须选择好尺寸基准。尺寸基准是指零件在设计、制造和检验时计量尺寸的起点。通常选取零件上的一些面、线、点。尺寸基准通常可分为设计基准和工艺基准。

设计基准是根据零件在机器中的作用和结构特点来确定的零件在部件或机器中位置的基准。从设计基准出发标注的尺寸，可以直接反映设计要求，保证零件在部件或机器中的性能。

工艺基准是指在加工、测量零件时，用来确定零件上被加工表面位置的基准。从工艺基准出发标注尺寸，可直接反映工艺要求，方便加工和测量。

在标注尺寸时，最好把设计基准和工艺基准统一起来。这样既能满足设计要求，又能满足工艺要求。如果两者不能统一时，主要尺寸应从设计基准标注。

每个零件均有长、宽、高三个方向的尺寸，所以在每个方向上都应该至少有一个标注尺寸的起点，称其为主要基准。根据零件结构上的特点，一般在每个方向上还要附加一些基准，称为辅助基准。主要基准与辅助基准之间应有尺寸联系，以确定辅助基准的位置。

2. 尺寸基准的选择　在标注尺寸时，通常选择零件上的对称面、装配定位面、重要端面、主要孔的轴线等作为某个方向上的尺寸基准。对于一个具体的零件，该如何选择尺寸基准，要依据零件的设计要求、加工情况和检验方法来确定。

以图10-5所示的轴承挂架为例，来了解其尺寸标注。轴承挂架在机器中工作时，两个固定在机器上的轴承挂架支承着一根轴，只有两个轴承挂架的轴孔轴线精确地处于同一条轴线上，才能保证轴的正常运转。因此，选择轴承挂架的垂直安装面Ⅰ为长度方向上的主要基准，以此基准标注尺寸 12 和 30；高度方向上选择水平安装面Ⅱ为主要基准，标注高度方向的尺寸 60、15；宽度方向上选择对称面Ⅲ为主要基准，标注宽度方向的尺寸 48、75 和 87。

从以上基准选择的结果看，三个方向的主要基准都是设计基准。同时，Ⅰ又是加工 B 和 C 面的工艺基准，Ⅱ是加工 ϕ18 轴承孔和顶面的工艺基准，Ⅲ是加工两个螺钉孔的工艺基准。

轴承挂架上其余尺寸的标注，考虑到尺寸精度要求不高及测量方便，可选用端面 B、C 和轴线 D 作为辅助基准，以 B 为辅助基准，标注尺寸 6、9、33；以 C 为辅助基准，标注尺寸 12、48；以 D 为辅助基准，标注尺寸 ϕ18。辅助基准 B、C 和 D 与主要基准之间以尺寸 12、30、60 相联系。

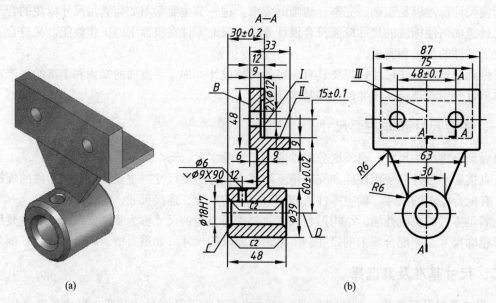

(a)　　　　　　　　　　　　　　　　(b)

图 10-5　轴承挂架尺寸标注

三、尺寸标注的几种形式

由于零件的设计、工艺要求的不同，零件上同一方向的尺寸标注链状式、坐标式和综合式三种。

1. 链状式　零件同一方向的尺寸依此首尾相接标注成链状，如图 10-6(a) 所示。其优点是标出的每段尺寸的加工误差较小，但总成尺寸不能保证。

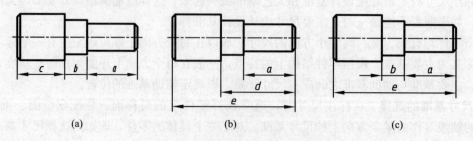

(a)　　　　　　　　(b)　　　　　　　　(c)

图 10-6　尺寸标注常用的三种形式

(a) 链状式　(b) 坐标式　(c) 综合式

2. 坐标式 零件同一方向的尺寸都从一个选定的尺寸基准注起，如图 10-6(b) 所示。这种方式的优点是标出的每段尺寸的加工误差较小，尺寸精度不受其他尺寸影响，但没有直接标出的一段尺寸，则要由标出的两段尺寸来间接得到，其误差是该两段的误差之和。

3. 综合式 如图 10-6(c) 所示，该尺寸标注形式取前两种标注形式的优点，将尺寸误差积累到次要的尺寸段上，保证主要尺寸精度和设计要求，其他尺寸按工艺要求标注便于制造。

四、合理标注尺寸应注意的问题

(1) 重要尺寸要直接标出。为了保证设计要求，使零件能在机器或部件中正常工作，重要尺寸应在图上直接标出，如图 10-5(b) 所示的轴承挂架上主要尺寸的标注。

(2) 标注尺寸要符合加工顺序。按加工顺序标注尺寸，符合加工过程，便于加工和测量。如图 10-7(a) 所示的轴套阶梯孔的尺寸标注，符合加工顺序的要求（图 10-7b、c、d）。

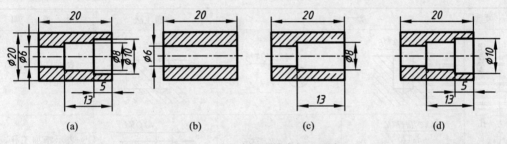

图 10-7 尺寸标注符合加工顺序

(3) 不同工种的尺寸分开标注。一个零件，一般要综合应用几种加工方法（如车、刨、铣、钻、磨等）才能制造而成。因此，在标注尺寸时，最好将不同加工方法的有关尺寸分开标注。如图 10-8 所示，轴上的键槽是在铣床上加工的，因此键槽长度方向的尺寸标注在轴的上方，键槽的其余尺寸标注在键槽处轴的断面图上，这样看图比较方便。

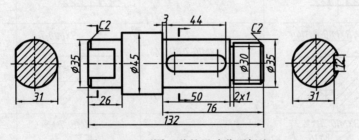

图 10-8 不同工种的尺寸分开标注

(4) 要便于测量。图 10-8 所示的两个断面图，考虑尺寸测量方便，由设计基准注出确定截平面的位置尺寸 31，生产中直接测量该尺寸。

(5) 不能注成封闭的尺寸链。图 10-9 所注尺寸，头尾相接，形成了封闭的尺寸链。若把每个尺寸称为尺寸链中的一环，则封闭尺寸链的任一环的尺寸公差，都将受到其余各环尺寸误差的影响，这样在加工时就很难同时保证各环的尺寸精度。因此，在零件图上不允许将尺寸注成封闭尺寸链的形式。通常选取不重要的一段尺寸比如尺寸 13 空出不注，称为开口环。这样其余各环的尺寸误差就都积累在该开口环上，从而保证零件的设计要求和方便加工。

（6）毛坯面的尺寸注法。对于铸件或锻造零件，标注零件上各毛坯面的尺寸时，在同一方向上最好只有一个毛坯面由加工面定位，其他的毛坯面只与毛坯面之间有尺寸联系，如图 10-10 所示。

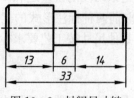

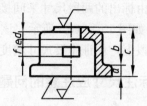

图 10-9　封闭尺寸链　　　　　　　　图 10-10　毛坯面的尺寸标注

　　（7）零件上常见的典型结构的尺寸注法。零件上常见的螺孔、销孔、沉孔、中心孔等工艺结构的尺寸，应查阅有关设计手册来标注。其标注方法见表 10-2。

表 10-2　零件上常见典型结构的尺寸注法

序号	类型	旁 注 法		普通注法	说　明
1	光孔	4×Ø10▽16	4×Ø10▽16	4×Ø10 16	表示直径为 10，深为 16 的光孔
2		4×Ø10H7▽14 孔▽16	4×Ø14H7▽16 孔▽14	4×Ø14H7 14 16	表示精加工孔，光孔深为 16，钻孔后深度 14 的孔需精加工
3	螺孔	3×M10-7H	3×M10-7H	3×M10-7H	表示 3 个直径为 10 的螺孔
4		3×M10-7H▽14	3×M10-7H深▽14	3×M10-7H 14	螺孔深度可与螺孔直径连注，也可分开标注。表示 3 个直径为 10，深度为 14 的螺孔
5		3×M10 7H▽14 孔▽16	3×M10-7H▽14 孔▽16	3×M10-7H 14 16	需要注出孔深时，应明确标注孔深
6	沉孔	6×Ø11 Ø19×90°	6×Ø11 Ø19×90°	90° Ø19 6×Ø11	表示直径为 11 的 6 个锥形沉孔

（续）

序号	类型	旁注法	普通注法	说明
7	沉孔	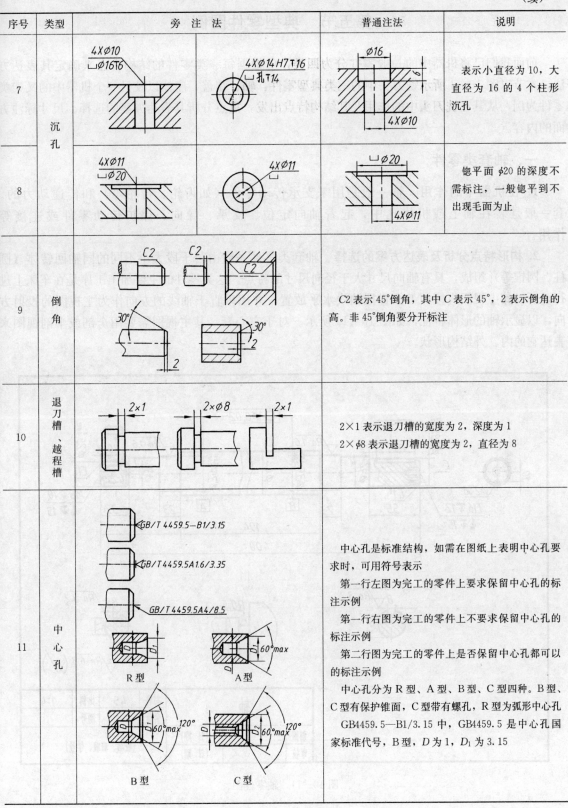		表示小直径为10，大直径为16的4个柱形沉孔
8				锪平面 φ20 的深度不需标注，一般锪平到不出现毛面为止
9	倒角			C2 表示 45°倒角，其中 C 表示 45°，2 表示倒角的高。非 45°倒角要分开标注
10	退刀槽、越程槽			2×1 表示退刀槽的宽度为2，深度为1 2×φ8 表示退刀槽的宽度为2，直径为8
11	中心孔			中心孔是标准结构，如需在图纸上表明中心孔要求时，可用符号表示 第一行左图为完工的零件上要求保留中心孔的标注示例 第一行右图为完工的零件上不要求保留中心孔的标注示例 第二行为完工的零件上是否保留中心孔都可以的标注示例 中心孔分为 R 型、A 型、B 型、C 型四种。B 型、C 型有保护锥面，C 型带有螺孔，R 型为弧形中心孔 GB4459.5—B1/3.15 中，GB4459.5 是中心孔国家标准代号，B 型，D 为 1，D_1 为 3.15

第五节　典型零件图例

前面我们已将机器中的一般零件分为四类，应根据每一类零件的结构特点来确定其表达方法。本节以图 10-1 所示铣刀头中的三类典型零件：轴、端盖、座体以及另一个机器中的叉架类零件为例，从其在铣刀头中的作用及其结构特点出发，重点分析其表达方案的选择、尺寸标注方面的内容。

一、轴套类零件

1. 在机器中的作用　轴一般是用来支承传动零件（如齿轮、带轮等）和传递动力的。套一般是装在轴上或机体孔中，起着轴向定位、支承、导向、保护传动零件或连接等作用。

2. 构形特点分析及表达方案的选择　轴套类零件一般由若干段大小不同的同轴回转体（圆柱、圆锥等）组成，具有轴向尺寸大于径向尺寸的特点。这类零件的主要加工工序是在车床上进行，所以其主视图应按加工位置把轴线水平放置，并用垂直于轴线的方向作为主视图的投射方向，以显示轴的形体特征，如图 10-11 所示。对于空心套，其主视图需要用全剖或半剖视图来表达它的内、外结构形状。

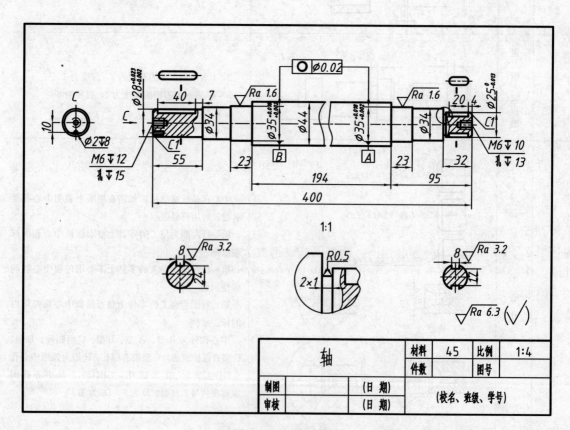

图 10-11　轴零件图

轴类零件上，通常有键槽、螺纹退刀槽、砂轮越程槽、圆角和倒角、轴端螺孔、中心孔、螺纹等工艺结构，可以用断面图、局部视图、局部剖视图和局部放大图、简化画法等表示这些结构。如图 10 - 11 用两个移出断面来表达轴两端的键槽深度，用两个局部视图表示键槽的形状，用 C 向视图表示轴左端孔的分布，在主视图上用两个局部剖视图表达键槽和小孔，对于 $\phi44$ 的一段轴，其形状简单且较长，因此采用折断法来表示。

3. 尺寸标注

（1）轴类零件常以回转轴线作为径向主要基准（宽度和高度方向的基准），而在轴向（长度方向），常选用重要的端面、轴肩作为主要基准。如图 10 - 11 所示，对于径向尺寸，都以其轴线为基准，标注各段轴的直径。在长度方向，以 $\phi44$ 的左端面作为长度方向的主要基准，标注尺寸 23、194 和 95。以轴的右端面作为长度方向的辅助基准，再以尺寸 400 为联系，得到轴的左端面为长度方向的辅助基准，标注尺寸 55。

（2）有设计要求的重要尺寸要直接标注出来。

（3）对于不同工种的尺寸要分开标注，如图 10 - 11 所示，键槽在铣床上加工，有关键槽的一些尺寸标在主视图的上方。

（4）零件上的标准结构（倒角、退刀槽、越程槽、键槽）较多，应按该结构的标准尺寸标注。

二、盘盖类零件

1. 在机器中的作用　盘盖类零件可包括齿轮、皮带轮、链轮、手轮、端盖等。轮一般用键或销与轴连接，用来传递动力和扭矩；盘盖类零件主要起支承、轴向定位以及密封等作用。

2. 构形特点及表达方案的选择　盘盖类零件基本形状为扁平的盘形。其主体多为同轴线的回转体，且轴向尺寸小，径向尺寸较大，并常具有键槽、轮辐、凸缘、均布孔等结构，常有一个端面与其他零件接触。

盘盖类零件主要在车床上加工，所以应按形状和加工位置选择主视图，一般轴线水平放置（图 10 - 12）。

盘盖类零件一般需要两个基本视图。主视图一般采用沿轴向剖开的剖视图以表达其内部结构；左（或右）视图表达沿圆周均匀分布的孔、肋、轮辐等结构；对于零件上一些局部结构，可选取局部视图、局部剖视图、断面图或局部放大图来表示。如图 10 - 12 所示的端盖零件图，主视图采用了全剖视，左视图只画出具有键槽的轮毂孔部分的局部视图，以表达键槽的宽度和深度。这样一组图形，即可将端盖的内、外结构形状（加上尺寸标注的说明）表达清楚。

3. 尺寸标注

（1）盘盖类零件通常选用孔的轴线作为径向尺寸主要基准（图 10 - 12）。长度方向则常选重要的端面作为主要基准，图 10 - 12 选择轴孔的右端面作为长度方向的主要基准。

（2）定形尺寸和定位尺寸都比较明显，用形体分析法一一注出（图 10 - 12）。尤其注意在圆周上分布的小孔的定位圆直径是这类零件的典型定位尺寸。

（3）内外结构形状应分开标注。

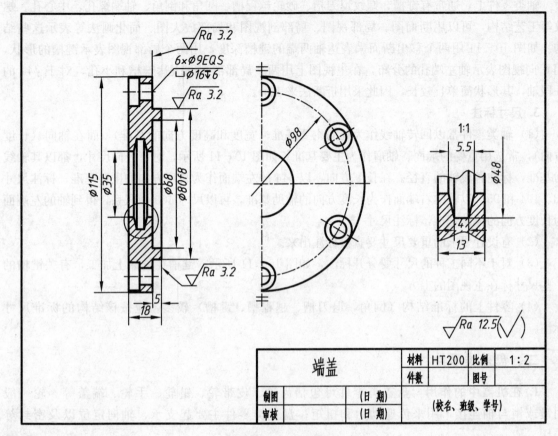

图 10-12　盖零件图

三、叉架类零件

1. 在机器中的作用　叉架类零件包括各种连杆、托架、拨叉、摇臂等。拨叉主要用在各种机器的操纵机构中，操纵机器、调节速度。托架主要起支承和定位的作用。

2. 构形特点及表达方案的选择　叉架类零件的毛坯多为铸件或锻件，毛坯形状较为复杂，需经不同的机械加工。由于其加工位置不固定，故选择主视图时，主要按形状特征和工作位置（或自然位置）确定。

叉架类零件的结构形状较为复杂，一般需选用两个以上的基本视图。由于它的某些结构形状不平行于基本投影面，所以常常用垂直于基本投影面的单一剖切面剖切机件或用斜视图、断面图来表示。对零件上的一些内部结构形状可采用局部剖视图来表达；对某些较小的结构，常采用局部放大图表达。中间连接部分（肋板）的结构往往采用断面图来表示。如图 10-13 所示托架的主视图表达了相互垂直的安装面、支撑肋、支撑孔以及夹紧用的螺孔等结构。左视图主要表达安装板的形状和安装孔的位置以及支撑肋的宽度，支撑孔用局部剖视图来表达。采用 A 向局部视图表达夹紧螺孔部分的外形。支撑肋的断面形状用移出断面来表示。

3. 尺寸标注

（1）常选用安装面、对称面、孔的轴线等作为主要基准。如图 10-13 所示，选择托架下部的垂直安装端面作为长度方向的主要基准；选择水平的安装端面作为高度方向的主要基准；选择亥托架的前后对称平面作为宽度方向的尺寸基准。

（2）该类零件的定位尺寸较多，一般要标注出孔中心线（轴线）到平面的距离，或平面到平面的距离，或孔中心线（或轴线）间的距离（图 10-13）。

（3）定形尺寸一般采用形体分析法标注，以便于木模的制作（图 10-13）。

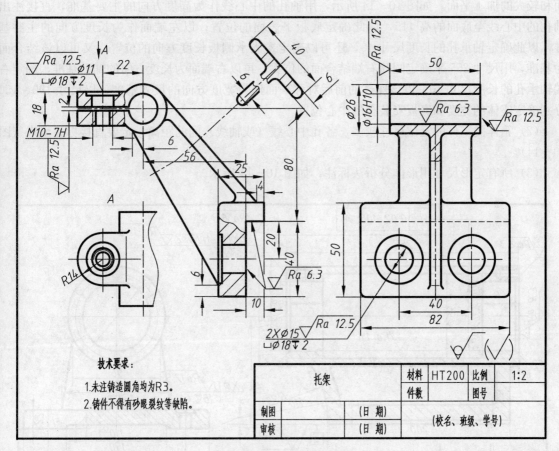

图 10-13 托架零件图

四、箱体类零件

1. 在机器中的作用 箱体类零件包括各种箱体、壳体、泵体等。在机器中主要起支承、包容其他零件以及定位和密封等作用。这类零件多为机器或部件的主体件，毛坯一般为铸造件（图 10-14）。

2. 构形特点及表达方案的选择 箱体类零件形状、结构最为复杂，加工工序较多，加工位置变化多样，因而该类零件一般需采用三个以上的基本视图来表达。主视图一般按工作位置安放，选择最能显示零件形状特征的方向作为投射方向。选择其他视图时，应根据具体结构，适当采用剖视、断面、局部视图等多种表达方法，以清晰地表达零件的内外形状。

图 10-14 所示铣刀头的座体，属于箱体类零件。该零件由于其内部结构相对复杂，外部结构形状较简单，所以主视图采用了全剖视图，以表达圆筒内部结构，并反映左、右支承板和底板的上下、左右位置关系。左视图主要表达了该零件左端面上螺孔的分布情况，左、右支承板的形

状，中间肋板和底板的结构关系，以及底板上安装孔的结构，用局部剖视图来表达。另外，还用了一个 A 向视图反映箱体底部的形状。

3. 尺寸标注

（1）箱体类零件长度方向、宽度方向、高度方向的主要基准采用孔的中心线、轴线、对称平面和较大的加工平面。如图 10－14 所示，用轴孔的中心线作为高度方向的主要基准，直接注出轴孔的中心线至底面的高 115，以此确定底板下表面的位置；以左端面作为长度方向的主要基准，以此确定轴承孔的长度尺寸 40，还可以确定左支承侧板长度方向的位置，又可以该结合面为基准，用尺寸 255 来确定圆筒右端结合面的位置，再以右端面为长度方向的辅助基准，确定右端轴承孔的长度尺寸 40；以该座体的前后对称平面作为宽度方向的尺寸基准，以尺寸 190、150 分别确定座体的宽度和底板安装孔的中心位置。

（2）箱体类零件的定位尺寸较多，各孔中心线（或轴线）间的距离一定要直接标注出来（图 10－14）。

（3）所有定形尺寸用形体分析法标注，如图 10－14 所示。

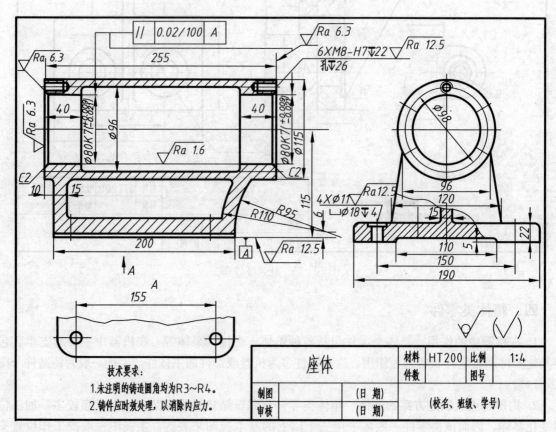

图 10－14　箱体类零件

第六节　零件图上的技术要求

零件图上注写的技术要求，包括表面结构要求、极限与配合、形状和位置公差、热处理及表面镀涂层、零件材料以及零件加工、检验的要求等项目。其中有些项目如表面结构要求、极限与配合、形状和位置公差等要按标准规定的代号或符号注写在零件图上；没有规定代号或符号的项目可用简明文字注写在零件图下方的空白处。

一、表面结构要求

（一）表面结构的基本概念及术语

1. 表面结构的基本概念 零件在加工制造过程中，由于受到各种因素（如刀具与工件表面的摩擦、机床的震动及材料硬度不均匀等）的影响，其表面具有各种类型的不规则状态，形成工件的几何特性。几何特性包括尺寸误差、形状误差、粗糙度和波纹度等；粗糙度和波纹度都属于微观几何误差，波纹度是间距大于粗糙度但小于形状误差的表面几何不平度。他们严重影响产品的质量和使用寿命，在技术产品文件中必须对微观特征提出要求。国家标准 GB/T 131—2006《产品几何技术规范（GPS），技术产品文件中表面结构的表示法》规定了技术产品中表面结构的表示法，同时给出了表面结构标注用图形符号和标注方法。

2. 表面结构术语 对实际表面微观几何特征的研究是用轮廓法进行的。平面与实际表面相交的交线称为实际表面的轮廓，也称为实际轮廓或表面轮廓。实际轮廓是由无数大小不同的波形叠加在一起形成的复杂曲线。图 10-15（a）表示某一实际轮廓，图 10-15（b）、（c）、（d）表示从该实际轮廓中分离出来的粗糙度轮廓、波纹度轮廓和形状轮廓。

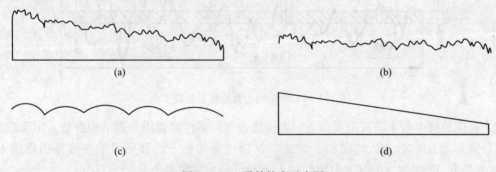

(a)　　　　　　　　　　　　　　(b)

(c)　　　　　　　　　　　　　　(d)

图 10-15 零件轮廓示意图

（a）实际轮廓 （b）粗糙度轮廓 （c）波纹度轮廓 （d）形状轮廓

粗糙度轮廓、波纹度轮廓和原始轮廓构成零件的表面特征。国家标准以这三种轮廓为基础，建立了一系列参数，定量地描述对表面结构的要求，并能用仪器检测有关参数值，以评定表面是否合格。下面介绍有关轮廓的术语和定义。

（1）一般术语及定义。

（a）三种轮廓和传输带：划分三种轮廓的基础是波长，每种轮廓定义于一定的波长范围，这个波长范围称为该轮廓的传输带；传输带用截止短波波长值和截止长波波长值表示，例如 0.008~0.8（单位为 mm）。

在零件的实际表面上测量粗糙度、波纹度和原始轮廓参数数值时所用的仪器为轮廓滤波器。传输带的截止长、短波波长值分别由长波滤波器和短波滤波器限定，短波滤波器能排除实际轮廓中所有比短波波长更短的短波成分，长波滤波器能排除实际轮廓中所有比长波波长更长的长波成分。连续应用长、短两个滤波器之后形成的轮廓就是被定义的那种轮廓。

测量用的滤波器有三种，其截止波长值分别用代号 λ_s、λ_c、λ_f 表示，且 $(\lambda_s < \lambda_c < \lambda_f)$。三种轮廓的定义是：

原始轮廓：对实际轮廓应用短波滤波器 λ_s 之后的总的轮廓。

粗糙度轮廓：对原始轮廓应用 λ_c 滤波器抑制长波成分以后形成的轮廓。

波纹度轮廓：对原始轮廓连续应用 λ_f 和 λ_c 以后形成的轮廓；λ_f 滤波器抑制长波成分，λ_c 滤波器抑制短波成分。

（b）中线：具有几何轮廓形状并划分轮廓的基准线。中线就是轮廓坐标系的 x 轴，如图 10 - 16 所示。

（c）取样长度：用于判别被评定轮廓的不规则特征的 x 轴向上的长度（注：评定粗糙度和波纹度轮廓的取样长度，在数值上分别与它们的长波滤波器 λ_c 和 λ_f 的标志波长相等；原始轮廓的取样长度与评定长度相等），如图 10 - 16 所示。

（d）评定长度：用于判别被评定轮廓的 x 轴向上的长度（注：评定长度包含一个或几个取样长度），如图 10 - 16 所示。

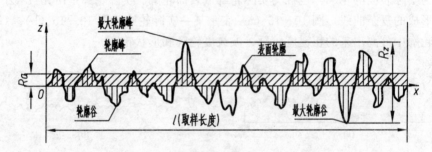

图 10 - 16 常用的表面轮廓参数及术语

（2）表面轮廓参数术语及定义。表示表面微观几何特性时要用表面结构参数。国家标准把三种轮廓分别称为 R 轮廓、W 轮廓和 P 轮廓，从这三种轮廓上计算所得的参数分别称为 R 参数（粗糙度参数）、W 参数（波纹度参数）和 P 参数（原始轮廓参数）。

三种表面结构轮廓构成几乎所有表面结构参数的基础。表面参数分为三类：轮廓参数、图形参数和支撑率曲线参数。表示表面结构类型的代号称为参数代号。在轮廓参数中，R 轮廓、W 轮廓和 P 轮廓都定义了类似的参数。

轮廓参数是我国机械图样中目前最常用的评定参数。本节仅介绍评定粗糙度轮廓（R 轮廓）中的两个高度参数 Ra 和 Rz。表 10 - 3 中列出了轮廓算术平均偏差 Ra 的系列值。

（a）算术平均偏差 Ra。算术平均偏差 Ra 指在零件表面的一段取样长度 l 内，轮廓上的各点到 x 轴（中线）的纵坐标值 $z(x)$ 绝对值的算术平均值（图 10 - 16），其计算公式为：

$$Ra = \frac{1}{l}\int_0^l |z(x)| \, \mathrm{d}x$$

（b）表面粗糙度轮廓最大高度 Rz。表面粗糙度轮廓最大高度 Rz 指在一个取样长度内，最大轮廓峰高和最大轮廓谷深之间的高度。国家标准也给出了 Rz 的系列值和测量 Rz 的取样长度值。

表 10-3　轮廓算术平均偏差 Ra 的数值系列及补充系列值

单位：μm

Ra 数值系列									
0.012	0.025	0.050	0.100	0.2	0.4	0.8	1.6	3.2	6.3
12.5	25	50	100	200	400	800	1 600	—	—
Ra 补充系列									
0.008	0.010	0.016	0.020	0.032	0.040	0.063	0.080	0.125	0.16
0.25	0.32	0.50	0.63	1.00	1.25	2.0	2.5	4.0	5.0
8.0	10.0	16.0	20	32	40	63	80	125	160
250	320	500	630	1000	1250	—	—	—	—

（二）标注表面结构的图形符号和代号

1. 表面结构图形符号及其含义　表面结构符号及其含义见表 10-4。

表 10-4　表面结构符号及其含义

符号名称	符　　号	意　义　及　说　明
基本图形符号	∨	基本图形符号仅适用于简化代号的标注，没有补充说明时不能单独使用
扩展图形符号	∨	在基本符号加一短画，表示表面使用去除材料的方法获得。例如，车、铣、钻、磨、剪切、抛光、腐蚀、电火花加工、气割等
	∨	在基本符号加一小圈，表示表面是用不去除材料的方法获得。例如铸、锻、冲压变形、热轧、冷轧、粉末冶金等，或者是用于保持上道工序状况的表面
完整图形符号	∨　∨　∨	在上述三个符号的长边上加一横线，用于标注表面结构参数的各种要求

2. 表面结构图形符号画法及尺寸　图样上零件表面结构图形符号的画法如图 10-17 所示。表面结构图形符号的尺寸与所绘图样中粗实线的宽度有关，图 10-17 中的 H_1、H_2 的尺寸见表 10-5。

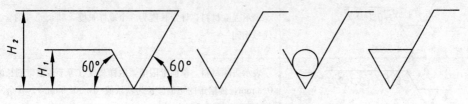

图 10-17　表面结构符号的画法

表 10 - 5　表面结构符号尺寸

轮廓线的线宽	0.35	0.5	0.7	1	1.4	2	2.8
数字与大写字母（或和小写字母）的高度 h，小圆直径	2.5	3.5	5	7	10	14	20
符号的线宽 d'，数字和字母的笔画宽度 d	0.25	0.35	0.5	0.7	1	1.4	2
高度 H_1	3.5	5	7	10	14	20	28
高度 H_2	7.5	10.5	15	21	30	42	60

3. 表面结构完整图形符号的组成　为了明确表面结构要求，除了标注表面结构参数和数值外，必要时应标注补充要求，包括传输带、取样长度、加工工艺、表面纹理及方向、加工余量等。这些要求在符号中的注写位置见图 10 - 18。

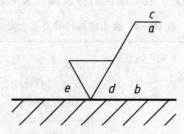

位置 a：注写表面结构单一要求；

位置 a 和 b：位置 a 注写第一表面结构要求，位置 b 注写第二表面结构要求；

位置 c：注写加工方法、表面处理、涂层等工艺要求，如车、磨、镀等；

位置 d：注写要求的表面纹理和纹理方向符号；

位置 e：加工余量（mm）；

图 10 - 18　表面结构要求的注写位置

4. 表面结构代号示例　表面结构代号示例见表 10 - 6。

表 10 - 6　表面结构代号示例

序号	代　　号	含义/解释
1	$\sqrt{Ra\ 3.2}$	表示去除材料，单向上限值（默认），默认传输带，R 轮廓，粗糙度算术平均偏差极限值 3.2 μm，评定长度为 5 个取样长度（默认）
2	$\sqrt{Ra3\ 3.2}$	表示去除材料，评定长度为 3 个取样长度，其余元素的含义与序号 1 代号相同
3	$\sqrt{-0.8/Ra3\ 3.2}$	表示去除材料，单向上限值，取样长度（等于传输带的长波长度）为 0.8 mm，传输带的短波波长为默认值（0.002 5 mm），其余元素的含义与序号 2 代号相同

（续）

序号	代　号	含义/解释
4	⟍0.008-0.8/Ra 3.2	表示去除材料，单向上限值（默认），传输带 0.008～0.8 mm，R 轮廓，粗糙度算术平均偏差极限值 3.2 μm，其余元素均采用默认定义
5	⟍Rz_{max} 6.3	表示去除材料，单向上限值，默认传输带，R 轮廓，粗糙度最大高度的最大值为 6.3 μm，评定长度为 5 个取样长度（默认）
6	⟍U Ra 3.2 L Ra 0.8	表示去除材料，双向极限值，上限值：$Ra = 3.2$ μm，下限值为：$Ra = 0.8$ μm

（三）表面结构代（符）号在图样上的标注方法

（1）表面结构要求对每一表面一般只标注一次，并尽可能注在相应的尺寸及其公差的同一视图上。除非另有说明，所标注的表面结构要求是对完工零件表面的要求。

（2）表面结构的注写和读取方向与尺寸的注写和读取方向一致。表面结构要求可标注在轮廓线上，其符号应从材料外指向并接触表面（图 10-19）。必要时表面结构也可用带箭头或黑点的指引线引出标注（图 10-19、图 10-20）。

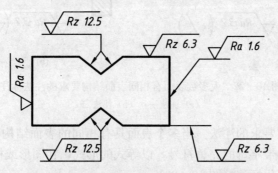

图 10-19 表面结构要求的注写方向及位置

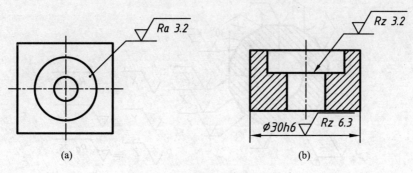

图 10-20 用指引线引出标注

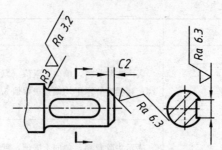

图 10-21　表面结构要求标注在尺寸线上

（3）在不致引起误解时，表面结构要求可标注在给定的尺寸线上（图10-20b、图10-21）。

（4）有相同表面结构要求的注法。如果工件的全部和多数表面有相同的表面结构要求，则其表面结构要求可统一标注在图样标题栏附近。此时（除全部表面有相同要求的情况外）表面结构要求的代号后面应有：

（a）在圆括号内给出无任何其他标注的基本符号（图10-22a）。

（b）在圆括号内给出不同的表面结构要求（图10-22b）。

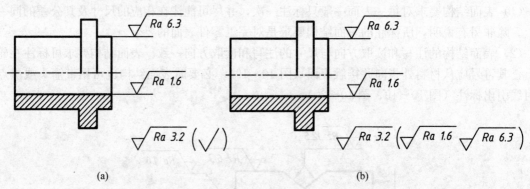

图 10-22　大多数表面有相同表面结构要求的注法标注
（a）注法一　（b）注法二

（5）多个表面有共同要求的注法。当多个表面具有相同的表面结构要求或图纸空间有限时，可以采用简化注法。可用带字母的完整符号，以等式的形式，在图形或标题栏附近，对有相同表面结构要求的表面进行简化标注（图10-23）。

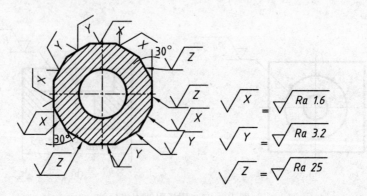

图 10-23　用带字母的完整符号对有相同表面结构要求的表面采用简化注法

（6）两种或多种工艺获得的同一表面的注法。由几种不同的工艺方法获得的同一表面，当需要明确每种工艺方法的表面结构要求时，可在国家标准规定的图线上标注相应的表面结构代号。图 10－24 表示同时给出涂镀前后的表面结构要求的注法。

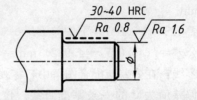

图 10－24　同时给出涂镀前后的表面结构要求的注法

二、公差与配合

从装配机器的相同规格的零件中，任取其中一个，不经挑选和修配，就能装到机器上去并能满足机器性能的要求。零件具有的这种性质称为互换性。

零件具有互换性，不但便于机器的装配和修理，而且在生产中可以采用专用刀具、量具和先进工艺，进行大规模生产，提高劳动生产率，降低产品成本。极限与配合制度是实现互换性的重要基础。

本部分重点介绍国家标准中有关公差与配合的基本概念及在图样上的标注方法。

（一）公差的有关术语

零件在制造的过程中，受到机床、刀具、测量等因素的影响，不可能把零件的尺寸做得绝对准确。为保证零件的互换性，必须将零件的尺寸控制在允许的变动范围，这个允许的变动量就称为尺寸公差，简称公差。本部分以图 10－25 来说明尺寸公差的一些术语和定义。

（1）基本尺寸：由设计者给定的尺寸。

（2）实际尺寸：通过测量获得的零件的尺寸。

（3）极限尺寸：允许零件实际尺寸变化的两个极限值。最大极限尺寸：允许零件的最大尺寸。最小极限尺寸：允许零件的最小尺寸。

（4）尺寸偏差（简称偏差）：某一尺寸（实际尺寸、极限尺寸等）减其基本尺寸所得的代数差。

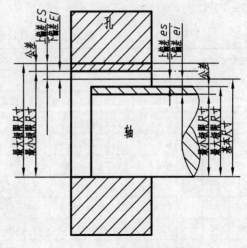

图 10－25　公差的基本概念

极限偏差是极限尺寸与基本尺寸的代数差。因为极限尺寸有两个，所以极限偏差分为上偏差、下偏差。

$$上偏差＝最大极限尺寸－基本尺寸$$
$$下偏差＝最小极限尺寸－基本尺寸$$

极限偏差其值可以为正、负或零。国家标准规定：上偏差用 $ES(es)$ 表示、下偏差用 $EI(ei)$ 表示、大写为孔的极限偏差，小写为轴的极限偏差。

实际偏差是实际尺寸与基本尺寸的代数差。实际偏差在上、下偏差之间。

（5）尺寸公差（简称公差）：允许零件实际尺寸的变动量。

$$公差＝最大极限尺寸－最小极限尺寸$$

或

$$公差＝上偏差－下偏差$$

如 $\phi 45^{+0.007}_{-0.018}$ 的孔，其基本尺寸为 45 mm，最大极限尺寸为 $\phi 45.007$ mm，最小极限尺寸为

$\phi 44.982$ mm。

上偏差 $ES=+0.007$，下偏差 $EI=-0.018$

孔的公差＝（45.007－44.982）mm＝[0.007－（－0.018)]mm＝0.025 mm。

（6）零线：在公差与配合图解中，零线是表示基本尺寸的一条直线，以其为基准确定偏差和公差，即偏差值为 0 的一条基准直线。位于零线之上的偏差值为正，位于零线之下的偏差值为负。

（7）尺寸公差带：由代表上、下偏差值的两条直线所限定的一个区域。

公差带与零线构成的图形称为公差带图，如图 10 - 26 所示。公差带图能形象地表示出公差带大小及其相对于零线的位置。

（二）标准公差与基本偏差

1. 标准公差　用以确定公差带大小的公差。

GB/T 1800—1998 规定，标准公差在基本尺寸至 500 mm 内分为 20 个等级，即 IT01、IT0、IT1、IT2、…、IT18。IT 代表标准公差，数字代表公差等级。公差等级确定尺寸精确程度。同一基本尺寸，公差等级越高，则公差值越小，尺寸的精确程度越高。在基本尺寸大于 500～3 150 mm内规定了 IT1～IT18 共 18 个标准公差等级。标准公差的数值见表 10 - 7。

表 10 - 7　标准公差数值（GB/T 1800.3—1998）

基本尺寸 mm		标准公差等级																		
		（μm）												（mm）						
大于	至	IT01	IT0	IT1	IT2	IT3	IT4	IT5	IT6	IT7	IT8	IT9	IT10	IT11	IT12	IT13	IT14	IT15	IT16	IT17	IT18
—	3	0.3	0.5	0.8	1.2	2	3	4	6	10	14	25	40	60	0.1	0.14	0.25	0.40	0.60	1.0	1.4
3	6	0.4	0.6	1	1.5	2.5	4	5	8	12	18	30	48	75	0.12	0.18	0.30	0.48	0.75	1.2	1.8
6	10	0.4	0.6	1	1.5	2.5	4	6	9	15	22	36	58	90	0.15	0.22	0.36	0.58	0.90	1.5	2.2
10	18	0.5	0.8	1.2	2	3	5	8	11	18	27	43	70	110	0.18	0.27	0.43	0.70	1.10	1.8	2.7
18	30	0.6	1	1.5	2.5	4	6	9	13	21	33	52	84	130	0.21	0.33	0.52	0.84	1.30	2.1	3.3
30	50	0.6	1	1.5	2.5	4	7	11	16	25	39	62	100	160	0.25	0.39	0.62	1.00	1.60	2.5	3.9
50	80	0.8	1.2	2	3	5	8	13	19	30	46	74	120	190	0.30	0.46	0.74	1.20	1.90	3.0	4.6
80	120	1	1.5	2.5	4	6	10	15	22	35	54	87	140	220	0.35	0.54	0.87	1.40	2.20	3.5	5.4
120	180	1.2	2	3.5	5	8	12	18	25	40	63	100	160	250	0.40	0.63	1.00	1.60	2.50	4.0	6.3
180	250	2	3	4.5	7	10	14	20	29	46	72	115	185	290	0.46	0.72	1.15	1.85	2.90	4.6	7.2
250	315	2.5	4	6	8	12	16	23	32	52	81	130	210	320	0.52	0.81	1.30	2.10	3.20	5.2	8.1
315	400	3	5	7	9	13	18	25	36	57	89	140	230	360	0.57	0.89	1.40	2.30	3.60	5.7	8.9
400	500	4	6	8	70	15	20	27	40	63	97	155	250	400	0.63	0.97	1.55	2.50	4.00	6.3	9.7

注：基本尺寸小于或等于 1 mm 时，无 IT14～IT18。

选用公差等级的原则是：在满足机器使用要求的前提下尽量采用较低等级，以降低制造成本。通常按以下原则来选用：

IT01～IT1：用于精密量块和计量器具等的尺寸公差。

IT2～IT5：用于精密零件的尺寸公差。

IT5～IT12：用于有配合要求的一般机器零件的尺寸公差。

IT12～IT18：用于不重要或没有配合要求的零件的尺寸公差。

2. 基本偏差　用以确定公差带相对于零线位置的上偏差或下偏差。

在公差带图中，将距离零线最近的那个极限偏差称为"基本偏差"，用来确定公差带相对于零线的位置。当公差带在零线的上方时，基本偏差为下偏差；反之则为上偏差，如图10-26所示。

基本偏差系列：根据机器中零件间结合关系的要求不同，国家标准规定了28种基本偏差，这28种基本偏差就构成了基本偏差系列，其代号由26个拉丁字母中去掉了容易相混的I、L、O、Q、W5个单字母，加入CD、EF、FG、JS、ZA、ZB、ZC七种双字母组成。其中大写字母表示孔，小写字母表示轴，如图10-27所示。图中未封口端表示公差值未定。

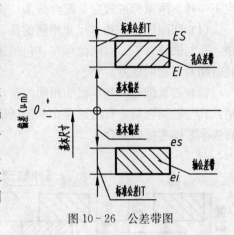

图10-26　公差带图

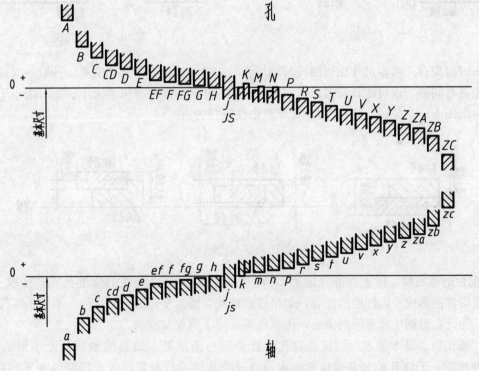

图10-27　基本偏差系列

3. 公差带代号　公差带代号由"基本偏差代号"和"公差等级"组成，如F6、K6、f7等。例如：φ28H8中H8所表示的是孔的公差带代号，H为基本偏差代号，8为公差等级代号；φ46h7中h7所表示的是轴的公差带代号，h为基本偏差代号，7为公差等级代号。

（三）配合

1. 配合的定义　将机器或部件中"基本尺寸"相同的，相互结合的孔与轴（也包括非圆表面）公差带之间的关系称为配合。通俗讲，配合就是指"基本尺寸"相同的孔与轴结合后的松紧程度。

2. 配合的种类　由于机器或部件在工作时有各种不同的要求，因此零件间配合的松紧程度也不一样。国家标准规定，配合分为三大类：

（1）间隙配合。基本尺寸相同的孔与轴结合时，孔的公差带位于轴的公差带上方。它的特点是：孔与轴结合后，有间隙存在（包括最小间隙为零），如图 10‐28 所示。主要用于两配合表面间有相对运动的地方。

（2）过盈配合。基本尺寸相同的孔与轴结合时，轴的公差带位于孔的公差带上方。它的特点是：孔与轴结合后，有过盈存在（包括最小过盈为零），如图 10‐29 所示。主要用于两配合表面间要求紧固连接的场合。

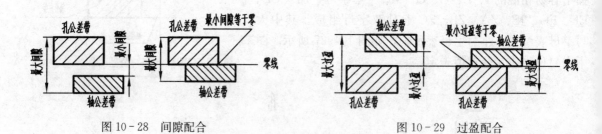

图 10‐28　间隙配合　　　　　　　　　　　　　图 10‐29　过盈配合

（3）过渡配合。基本尺寸相同的孔与轴结合时，孔、轴公差带互相交叠，任取一对孔和轴配合，可能具有间隙，也可能具有过盈，它的特点是：孔的实际尺寸可能大于、也可能小于轴的实际尺寸，如图 10‐30 所示。主要用于要求对中性较好的情况。

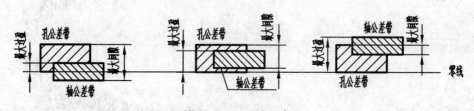

图 10‐30　过渡配合

3. 配合的基准制　国家标准规定了 28 种基本偏差和 20 个等级的标准公差，任取一对孔、轴的公差带都能形成一定性质的配合，如果任意选配，情况变化极多。这样，不便于零件的设计与制造。为此，根据生产实际的需要，国家标准规定了两种基准制。

（1）基孔制。基本偏差为一定值的孔的公差带与不同基本偏差的轴的公差带形成各种配合的一种制度，即将孔的公差带位置固定，通过变动轴的公差带位置，得到各种不同的配合，如图 10‐31（a）所示。基孔制的孔称为基准孔。其基本偏差代号为"H"，基准孔的下偏差为 0。

（2）基轴制。基本偏差为一定值的轴的公差带与不同基本偏差的孔的公差带形成各种配合的一种制度，即将轴的公差带位置固定，通过变动孔的公差带位置，得到各种不同的配合，如图 10‐31（b）所示。基轴制的轴称为基准轴。其基本偏差代号为"h"，基准轴的上偏差为 0。

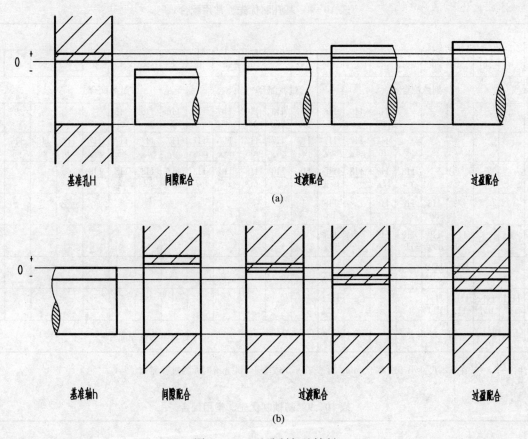

图 10-31 基孔制与基轴制

(a) 基孔制　　(b) 基轴制

分析图 10-27 和图 10-31 可知：

基准孔 H 与 {基本偏差为 a、b、…、h 的轴形成间隙配合
基本偏差为 j、js、…、n 的轴主要形成过渡配合
基本偏差为 p、r、…、zc 的轴主要形成过盈配合

基准轴 h 与 {基本偏差为 A、B、…、H 的孔形成间隙配合
基本偏差为 J、JS、…、N 的孔主要形成过渡配合
基本偏差为 P、R、…、ZC 的孔主要形成过盈配合

　　国家标准根据机械工业产品生产和使用的需要，考虑到各类产品的不同特点，制定了优先和常用配合。在设计零件时，应尽量选用优先和常用配合，表 10-8、表 10-9 为优先和常用的配合。

　　4. 基准制配合的选择　　基准制的选择，主要是从经济性考虑。国家标准明确规定，在一般情况下，优先选用基孔制配合，因为加工中等尺寸的孔，通常要用价格昂贵的扩孔钻、铰刀、拉刀等定直径刀具，而加工轴则可用一把车刀或砂轮加工不同的尺寸。因此，采用基孔制可以减少所用定直径的刀具、量具的数量，降低生产成本，提高经济效益。

　　在一些情况下，选用基轴制配合，经济效益更明显。如采用一根冷拉钢材做轴，不加工，与几个基本尺寸相同公差带不同的孔形成不同的配合等。

表 10-8　基孔制优先、常用配合

基准孔	轴																				
	a	b	c	d	e	f	g	h	js	k	m	n	p	r	s	t	u	v	x	y	z
	间隙配合								过渡配合				过盈配合								
H6						$\frac{H6}{f5}$	$\frac{H6}{g5}$	$\frac{H6}{h5}$	$\frac{H6}{js5}$	$\frac{H6}{k5}$	$\frac{H6}{m5}$	$\frac{H6}{n5}$	$\frac{H6}{p5}$	$\frac{H6}{r5}$	$\frac{H6}{s5}$	$\frac{H6}{t5}$					
H7						$\frac{H7}{f6}$	$\frac{H7}{g6▲}$	$\frac{H7}{h6▲}$	$\frac{H7}{js6}$	$\frac{H7}{k6▲}$	$\frac{H7}{m6}$	$\frac{H7}{n6▲}$	$\frac{H7}{p6▲}$	$\frac{H7}{r6}$	$\frac{H7}{s6▲}$	$\frac{H7}{t6}$	$\frac{H7}{u6▲}$	$\frac{H7}{v6}$	$\frac{H6}{x6}$	$\frac{H6}{y6}$	$\frac{H6}{z6}$
H8				$\frac{H8}{e7}$	$\frac{H8}{f7▲}$	$\frac{H8}{g7}$	$\frac{H8}{h7▲}$	$\frac{H8}{js7}$	$\frac{H8}{k7}$	$\frac{H8}{m7}$	$\frac{H8}{n7}$	$\frac{H8}{p7}$	$\frac{H8}{r7}$	$\frac{H8}{s7}$	$\frac{H8}{t7}$	$\frac{H8}{u7}$					
				$\frac{H8}{d8}$	$\frac{H8}{e8}$	$\frac{H8}{f8}$		$\frac{H8}{h8}$													
H9			$\frac{H9}{c9}$	$\frac{H9}{d9▲}$	$\frac{H9}{e9}$	$\frac{H9}{f9}$		$\frac{H9}{h9▲}$													
H10			$\frac{H10}{c10}$	$\frac{H10}{d10}$				$\frac{H10}{h10}$													
H11	$\frac{H11}{a11}$	$\frac{H11}{b11}$	$\frac{H11}{c11▲}$	$\frac{H11}{d11}$				$\frac{H11}{h11▲}$													
H12		$\frac{H12}{b12}$						$\frac{H12}{h12}$					标▲者为优先配合								

注：$\frac{H6}{n5}$，$\frac{H7}{p6}$ 在基本尺寸小于或等于 3 mm 和 $\frac{H8}{r7}$ 在小于或等于 100 mm 时，为过渡配合。

表 10-9　基轴制优先、常用配合

基准轴	孔																				
	A	B	C	D	E	F	G	H	JS	K	M	N	P	R	S	T	U	V	X	Y	Z
	间隙配合								过渡配合				过盈配合								
h5						$\frac{F6}{h5}$	$\frac{G6}{h5}$	$\frac{H6}{h5}$	$\frac{JS6}{h5}$	$\frac{K6}{h5}$	$\frac{M6}{h5}$	$\frac{N6}{h5}$	$\frac{P6}{h5}$	$\frac{R6}{h5}$	$\frac{S6}{h5}$	$\frac{T6}{h5}$					
h6						$\frac{F7}{h6}$	$\frac{G7}{h6▲}$	$\frac{H7}{h6▲}$	$\frac{JS7}{h6}$	$\frac{K7}{h6▲}$	$\frac{M7}{h6}$	$\frac{N7}{h6▲}$	$\frac{P7}{h6▲}$	$\frac{R7}{h6}$	$\frac{S7}{h6▲}$	$\frac{T7}{h6}$	$\frac{U7}{h6▲}$				
h7					$\frac{E8}{h7}$	$\frac{F8}{h7▲}$		$\frac{H8}{h7▲}$	$\frac{JS8}{h7}$	$\frac{K8}{h7}$	$\frac{M8}{h7}$	$\frac{N8}{h7}$									
h8				$\frac{D8}{h8}$	$\frac{E8}{h8}$	$\frac{F8}{h8}$		$\frac{H8}{h8}$													
h9				$\frac{D9}{h9▲}$	$\frac{E9}{h9}$	$\frac{F9}{h9}$		$\frac{H9}{h9▲}$													
h10				$\frac{D10}{h10}$				$\frac{H10}{h10}$													
h11	$\frac{A11}{h11}$	$\frac{B11}{h11}$	$\frac{C11}{h11▲}$	$\frac{D11}{h11}$				$\frac{H11}{h11▲}$													
h12		$\frac{B12}{h12}$						$\frac{H12}{h12}$					标▲者为优先配合								

与标准件形成配合时，基准制的选择依标准件而定。例如，滚动轴承内圈与轴配合，采用基孔制，滚动轴承外圈与座体的孔配合，采用基轴制；键与键槽的配合也采用基轴制。

表 10-10 提供了基孔制配合的轴的各种基本偏差的配合特性及使用，供设计时选用。

表 10 - 10 基孔制配合的轴的各种基本偏差的配合特性及应用

配合	基本偏差	配合特性及应用
间隙配合	a、b	可得到特别大的间隙，应用很少
	c	可得到很大的间隙，一般适用于缓慢、松弛的动配合。用于工作条件较差（如农业机械）、受力变形或为了便于装配而必须保证有较大的间隙时，推荐配合为 H11/c11，其较高等级的配合如 H8/c7 适用于轴在高温工作的紧密动配合，如内燃机排气阀和导管
	d	配合一般用于 IT7～IT11，适用于松的转动配合，如密封盖、滑轮、空转带轮等与轴的配合，也适用于大直径滑动轴承配合，如透平机、球磨机、轧滚成型和重型弯曲机及其他重型机械中的一些滑动支承
	e	多用于 IT7、IT8 和 IT9 级，通常适用于要求有明显间隙，易于转动的支承配合，如大跨距支承、多支点支承等配合。高等级的 e 轴适用于大的、高速、重载支承，如透平发电机组、大电动机的支承及内燃机主要轴承、凸轮轴支承、摇臂支承等配合
	f	多用于 IT6、IT7 和 IT8 级的一般转动配合。当温度影响不大时，被广泛用于普通润滑油（或润滑脂）润滑的支承，如齿轮箱、小电动机、泵等的转轴与滑动支承的配合
	g	配合间隙很小，制造成本高，除很轻负荷的精密装置外，不推荐用于转动配合。多用 IT5、IT6 和 IT7 级，最适合于不回转的精密滑动配合，也用于插销等定位配合，如精密连杆轴承、活塞及滑阀、连杆销等
	h	多用于 IT4～IT11，广泛用于无相对转动的零件，作为一般的定位配合。若没有温度、变形影响，也用于精密滑动配合
过渡配合	js	完全对称偏差（±IT/2），平均起来为稍有间隙的配合，多用于 IT4～IT7，要求间隙比 h 轴小，并允许略有过盈的定位配合，如联轴器，可用手或木槌装配
	k	平均起来没有间隙的配合，适用 IT4～IT7。推荐用于稍有过盈的定位配合，例如为不消除振动用于定位配合。一般用于木槌装配
	m	平均起来具有不大过盈的过渡配合，适用 IT4～IT7。一般可用木槌装配，但在最大过盈时，要求相当的压入力
	n	平均过盈比 m 轴稍大，很少得到间隙，适用 IT4～IT7。用锤或压力机装配，通常推荐用于紧密的组件配合。H6/n5 配合时为过盈配合
	p	与 H6 或 H7 孔配合时为过盈配合，与 H8 孔配合时则为过渡配合。对非铁类零件，为较轻的压入配合，当需要时易于拆卸。对钢、铸铁或铜、钢组件装配是标准压入配合
	r	对铁类零件为中等打入配合。对非铁类零件，为轻打入配合，当需要时可以拆卸。与 H8 孔配合，直径在 100 mm 以上时为过盈配合，直径较小时为过渡配合
	s	用于钢和铁制零件的永久性和半永久装配，可产生相当大的结合力。当用弹性材料（如轻合金）时，配合性质与铁类零件的 p 轴相当，例如套环压装在轴上、阀座等配合。尺寸较大时，为了避免损伤配合表面，需用热胀或冷缩法装配
	t、u、v、x、y、z	过盈量依次增大，一般不推荐

（四）极限与配合的标注（GB/T 4458.5—2003）

1. 零件图上的标注方法 在零件图上标注尺寸公差，有下列三种形式：

（1）在基本尺寸后面注公差带代号，如 ϕ28K6（图 10 - 32a）。这种注法适用于大批量生产（由该代号查相应国家标准可得该尺寸的极限偏差值），如图 10 - 32(a) 所示。

（2）在基本尺寸后面只注极限偏差，如图 10 - 32(b) 所示，这种注法适用于单件、小批量生产。上偏差写在基本尺寸的右上方，下偏差写在基本尺寸的右下方，与基本尺寸注在同一底线

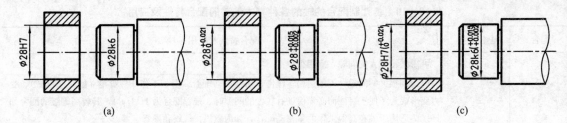

图 10-32 零件图上的标注方法

上；偏差数值应比基本尺寸数字小一号。上、下偏差必须注出正、负号，上、下偏差的小数点必须对齐，小数点后的数位也必须相同；当上偏差或（下偏差）为"零"时，用数字"0"标出，并与上偏差或（下偏差）的小数点前的个位对齐。

（3）在基本尺寸后面同时标出公差带代号和上、下偏差，这时上、下偏差必须加括号，如图 10-32c 所示。这种注法适用于产量不确定。上、下偏差数绝对值相同时的注法，如 $\phi30\pm0.016$，此时偏差数值的字高与基本尺寸相同。

图样上有些尺寸虽未注公差，但仍有公差要求，只不过公差等级较低，在 IT12 以下，公差数值较大，易于保证而已。这样的偏差也可查 GB/T 1800.3—1998 确定。

2. 装配图中的标注方法 在装配图中标注配合代号。配合代号由孔与轴的公差带代号组成，写成分数形式，分子为孔的公差带代号，分母为轴的公差带代号。通常分子中含有 H 的为基孔制；分母中含有 h 的为基轴制。标注的通式如下：

$$基本尺寸\frac{孔的公差带代号}{轴的公差带代号}$$

具体标注形式如图 10-33 所示。

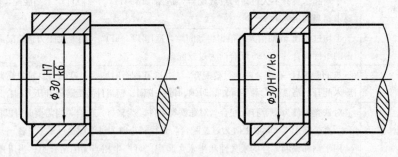

图 10-33 装配图中的标注方法

[**例 8-1**] 查表写出 $\phi30H7/g6$ 和 $\phi20P7/h6$ 的偏差数值，并说明其配合的含义。

解：（1）由附录二中附表 2-5-4 和附表 2-5-3 中查得：

$\phi30H7$ 的上偏差 $ES=+0.021$；下偏差 $EI=0$，即 $\phi30^{+0.021}_{0}$。

$\phi30\,g6$ 的上偏差 $es=-0.007$；下偏差 $ei=-0.020$，即 $\phi30^{-0.007}_{-0.020}$。

$\phi30H7/g6$ 含义：该配合的基本尺寸为 $\phi30$、基孔制的间隙配合，基准孔的公差带代号为 H7，其中 H 为基本偏差，公差等级为 7 级；g6 为轴的公差带代号，其中 g 为基本偏差，公差等级为 6 级。

（2）由附录二中附表 2-5-4 和附表 2-5-3 查得：

$\phi20P7$ 的上偏差 $ES=-0.014$；下偏差 $EI=-0.035$，即 $\phi20^{-0.014}_{-0.035}$。

$\phi20h6$ 的上偏差 $es=0$；下偏差 $ei=-0.013$，即：$\phi20_{-0.013}^{0}$。

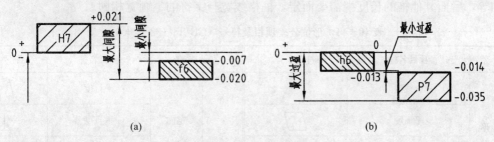

图 10-34 公差带图

配合代号中，凡分子上含有 H 的均为基孔制配合，凡分母上含有 h 的均为基轴制配合。凡分子上含有 H，分母上含 h 的配合，可认为是基孔制配合，也可认为是基轴制配合，而且是最小间隙为零的一种间隙配合。

三、形状和位置公差

零件在加工过程中，不仅会产生尺寸公差，还会产生形状和位置上的误差。图 10-35 所示的销轴加工后的实际形状，可以看出其轴线弯曲了，产生了形状公差。图 10-36 所示的加工阶梯轴，出现了两段轴的轴线不在同一直线上的情况，产生了位置误差。

图 10-35 圆柱的形状误差

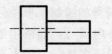
图 10-36 轴线的位置误差

零件存在的严重的形状和位置公差，造成机器装配困难，甚至无法装配。因此，对于零件的重要尺寸除给出尺寸公差外，还应根据设计要求，合理地确定出形状和位置公差的最大允许值。为此，国家标准规定了形状公差和位置公差，以保证零件的加工质量。

(一) 形状和位置公差的定义

1. 形状公差 零件被测要素（如表面或轴线）的实际形状对其理想形状所允许的变动全量。

2. 位置公差 零件被测要素（如表面或轴线）的实际位置对其理想位置所允许的变动全量。

形状公差和位置公差统称为形位公差。

(二) 形位公差的代号及含义

国家标准 GB/T 1182—2008 规定在图样中用代号来标注形位公差，具体内容组成如下。

1. 形状公差代号

形状公差代号 ⎰ 公差框格 ⎰ 第一格：填有关形状公差特征项目符号（表 10-11）
第二格：填公差数值及有关符号
⎱ 指引线（带剪头的细实线）

2. 位置公差代号

位置公差代号 ⎰ 公差框格 ⎰ 第一格：填有关位置公差特征项目符号（表 10-11）
第二格：填公差数值及有关符号
第三格及其以后格：填基准代号的字母及有关符号
⎱ 指引线（带剪头的细实线）

形位公差代号框格中的字高与图中尺寸数字相同，框格高为字高的两倍，框格中第一格长度与高相等，后面其他格的长度视需要而定，框格线宽与字符的笔画宽相同。

表 10-11 形位公差项目及符号 （GB/T 1182—2008）

公 差		项目名称	符 号	公 差		项目名称	符 号
形状公差	形状	直线度	——	位置公差	定向	平行度	//
		平面度	▱			垂直度	⊥
		圆度	○			倾斜度	∠
		圆柱度	⌀			同轴度	◎
形状或位置	轮廓	线轮廓度	⌒		定位	对称度	═
						位置度	⊕
		面轮廓度	◠		跳动	圆跳动	↗
						全跳动	↗↗

3. 形位公差符号的绘制 形位公差在一个长方形框格内填写，框格用细实线绘制，可分两格或多格，一般水平或垂直放置，第一格填写形位公差符号，第二格填写公差数值及有关公差带符号，第三格填写基准代号及其他符号（图 10-37）。

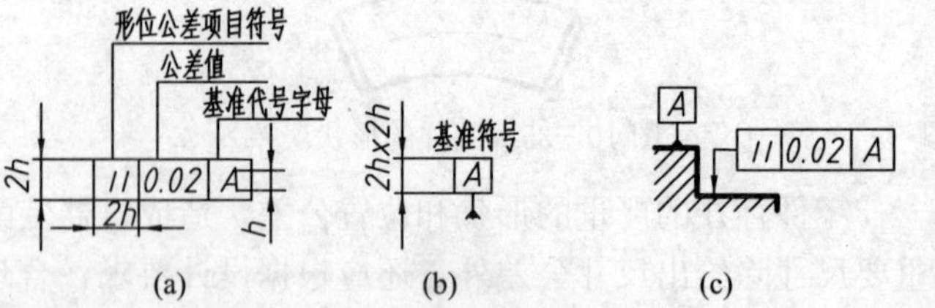

4. 形位公差的标注

（1）形状公差的标注。用带箭头的指引线将被测要素与公差框格相连，指引线的箭头指向应与公差带宽度方向一致（图 10-38）。

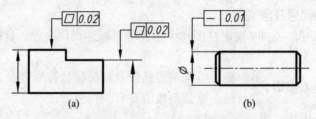

图 10-37 形位公差符号的画法
（a）形位公差符号 （b）基准符号 （c）标注举例

图 10-38 形状公差的标注

当被测要素是零件表面上的线或面时，指引线箭头应指向轮廓线或其延长线上，并明显地与该要素的尺寸线错开，如图 10-38(a) 所示；当被测要素是零件的轴线、球心或中心平面时，指引线箭头应指向轮廓线或其延长线上，并明显地与该要素的尺寸线对齐，如图 10-38(b) 所示。

(2) 位置公差的标注。

(a) 被测要素的标注。与形状公差被测要素的标注完全相同。用带箭头的指引线将被测要素与公差框格相连，指引线箭头的指向与公差带宽度方向一致。

(b) 基准要素的标注。位置公差还必须表示出基准要素，通常在框格的第三格标出基准要素代号的字母（要用大写字母），并在基准要素处画出基准符号与之对应。基准要素符号由一个方格和一个涂黑的空白的或三角形连接而成，字母注写在方格内，如图 10-37 所示。基准要素符号三角形的标注位置：当基准要素为零件表面上的线或面时，三角形的绘制应靠近基准要素的轮廓线或其延长线，并应明显地与该要素的尺寸线错开，如图 10-39a 所示；当基准要素为零件的轴线、球心或中心平面时，三角形的绘制应与该要素的尺寸线对齐。

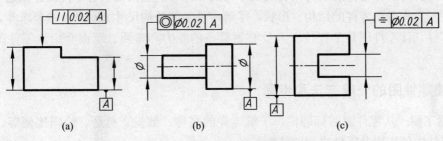

| (a) | (b) | (c) |

图 10-39 位置公差的标注

(3) 形位公差标注示例。图 10-40 中各项形状和位置公差的含义如下：

$\boxed{H\ |\ 0.005}$ 表示 $\phi16f7$ 圆柱面的圆柱度公差为 0.005 mm，其公差带是半径差为 0.005 mm 的两同轴圆柱面之间的区域；

$\boxed{\odot\ |\ \phi0.1\ |\ A}$ 表示 M8×1 的轴线对 $\phi16f7$ 轴线的同轴度公差为 0.1 mm，其公差带是与基准 A 同轴，直径为 0.1 mm 的圆柱面内的区域；

$\boxed{\perp\ |\ 0.03\ |\ A}$ 表示 $\phi32h7$ 的右端面对基准 A 的垂直度公差为 0.03 mm，其公差带是距离为公差值 0.03 mm 的两平行平面之间的区域；

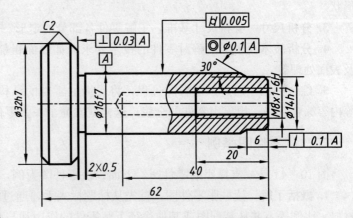

图 10-40 形状和位置公差标注示例

$\boxed{/\ |\ 0.1\ |\ A}$ 表示 $\phi14\ h7$ 的端面对基准 A 的圆跳动公差为 0.1 mm，其公差带是在与基准同轴的任一半径位置的测量圆柱面上距离 0.1 mm 的两圆之间的区域。

四、其他技术要求

1. 热处理要求 热处理是将金属零件半成品通过加热、冷却等手段改变金属材料的内部组织，从而改善材料机械性能的一种工艺方法。常用的热处理方法有正火、退火、淬火、回火、渗碳、调质等。零件进行热处理时，需要在技术要求中说明对零件热处理的处理方法和指标等内容。

2. 表面处理　表面处理一般是在零件表面加镀（涂）层，以改善零件表面的性能。常用的表面处理方法有电镀、涂漆等。零件进行表面处理时，需要在零件图上标注（图 10-24），也可在技术需求中以文字说明。

3. 零件毛坯要求　许多零件是先通过铸、锻等工艺形成毛坯后再进行切削加工。此时对毛坯应有技术要求，在零件图的技术要求中，写明铸造圆角尺寸要求，对气孔、缩孔、裂纹等的限制，锻件要去除氧化皮，等等。

第七节　读零件图

在设计零件时，经常需要参考同类及其零件的图样，这就需要会看零件图。制造零件时也需要看懂零件图，相像出零件的结构、形状，了解零件各部分的尺寸大小及技术要求等，以便加工出合格的零件。读零件图是工程技术人员必须具备的能力和素质。下面介绍读零件图的方法和步骤。

一、读零件图的一般方法和步骤

1. 概括了解　从零件图的标题栏，了解零件的名称、数量、材料、绘图比例等。了解零件在机器或部件中的作用及零件之间的装配关系。

2. 分析视图，想象形状　分析零件图中采用的表达方法，如选用的视图、剖视方法、剖切位置及投影方向等；按照形体分析法，利用各视图之间的投影关系，想象出零件内、外部的结构形状。

3. 分析尺寸　分析尺寸基准，了解零件各部分的定形、定位尺寸和总体尺寸。

4. 分析技术要求　了解对零件的技术要求，如表面粗糙度、尺寸公差、形位公差、热处理及表面处理等。

5. 综合归纳　通过以上看图过程，将看懂的零件的结构、形状、所注的尺寸以及技术要求等内容综合起来，想象出零件的全貌，这样就看懂了一张零件图。

二、读零件图举例

图 10-41 是一支撑座的零件图，下面以该零件图为例，介绍看零件图的方法和步骤。

1. 概括了解　读一张零件图，首先从标题栏入手，通过标题栏概括了解零件的名称、数量、材料、比例等，并从装配图或其他途径了解零件的作用和与其他零件的装配关系，对该零件有一个初步认识。

该支撑座是起支承作用的零件，材料为 HT200（灰口铸铁）。因此，它应具有铸造工艺结构。画图比例为 1∶2，属箱体类零件。

2. 分析视图，想象形状　读图时，必须首先找到主视图，弄清各视图之间的关系；其次分析各视图的表达方法，如选用视图、剖视的意图、剖切面的位置及投射方向等；最后，按照形体分析、线面分析法等利用各视图的投影对应关系，想象出零件的结构、形状。

图 10-41 所示的支承座零件图采用三个基本视图和一个局部视图，主视图采用 A—A 全剖视，清楚地表示出了该零件高度方向上的内部形状。俯视图采用 B—B 全剖视，从主视图上标注的剖切位置可以看出，采用两个平行的剖切平面剖切，清楚地表示出了该零件前方水平孔的内部

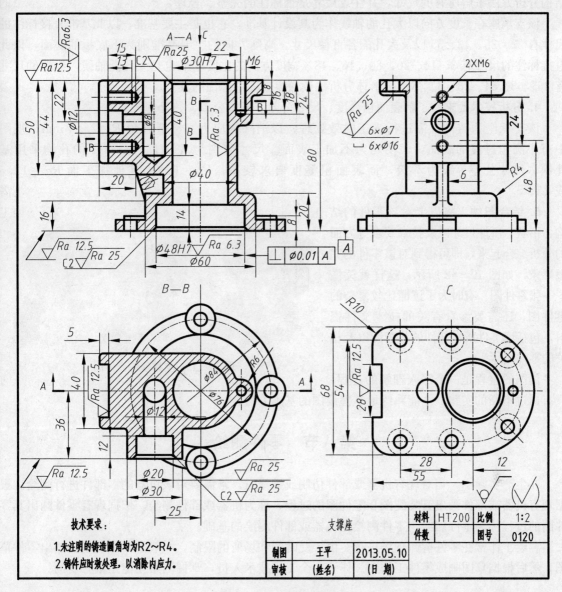

图 10-41 支撑座零件图

形状，与该零件左上方垂直孔的相贯情况，以及零件左方凹槽的形状和底板的形状和小孔的分布情况。左视图上采用一个局部剖视图来表达该零件上方底板上的小孔，其余部分均是该零件的外形图。从 C 向局部视图看，可了解到该零件上方凸缘的外形及上面小孔的数量和分布。联系看各视图，该支承座的内形较简单，很容易看懂，其外形比较复杂，需仔细分析，对照看主视、俯视可知，该零件左上方有一凸台，外形为长方体，且中间开有一方的通槽；前、后两平面与圆筒表面相切，上方与上底板相连，且左端共面，方槽通至底板上方。按照形体分析法详细分析各部分的形状及其相对位置，就可以想象出该壳体的整体形状。该壳体是由主体圆筒、具有多个沉孔的上下两个底板，以及两个凸台等部分组成。

3. 分析尺寸 找出尺寸基准，并根据设计要求了解其主要尺寸，然后综合运用形体分析和结构分析方法了解所有的尺寸，并注意尺寸是否标注的完整、合理。

该支承座在长度方向以大孔的轴线作为其设计基准，它也是主要基准。以此基准直接标注的尺寸有 22、25、12、55 以及大孔的各直径尺寸。高度方向的主要基准则为下底板的底面，以此直接标注的尺寸有 8、14、20、80、16、48。宽度方向的主要基准也是大孔的轴线，标注的尺寸有 36、68、54、28、6。然后按形体分析法读懂零件图中标注的其他尺寸。

4. 分析技术要求 了解表面粗糙度、尺寸公差、形位公差、热处理等。

该支承座为铸件，需进行人工时效处理，以消除内应力。铸造圆角 $R=2\sim4$ mm，视图中有小圆角过渡的表面，表明均为不加工表面。尺寸分别为 $\phi30H7$、$\phi48H7$ 的孔均采用基孔制，尺寸公差等级为 7 级，而表面粗糙度要求较高，$Ra=6.3$。其他加工面 $Ra=12.5$ 或 25。

5. 综合归纳 将以上对该零件的结构、形状、所注尺寸以及技术要求等方面的分析综合起来，即可得到对该零件的完整形象，如图 10-42 所示，这样就读懂了一张零件图。有时为了读懂比较复杂的零件图，还需要参看有关的技术文件资料，包括读零件所在部件的装配图以及相关的零件图。

图 10-42　支撑座的立体图

读图的过程是一个深入理解的过程，只有通过不断的实践，才能熟练地掌握读图的基本方法。

第八节　零件测绘

在生产实际中，当对现有机器或部件仿制或维修时，常需要对该机器的零部件进行测绘。根据现有机器或部件画出其装配图和零件图的过程，称为机器或部件测绘。依据现有零件画出其零件图的过程称为零件测绘。零件测绘是机器或部件测绘的基础。

测绘工作常在零件拆卸现场进行。由于受时间和场所的限制，一般需要在现场先画出零件草图，然后根据草图画成零件工作图。作为一个工程技术人员，掌握测绘技能是很必要的。

一、零件测绘的步骤

(1) 了解该零件的名称、用途（在机器中的作用和工作位置），以及所用材料。

(2) 对该零件进行形体分析、结构分析和工艺分析。由此了解该零件由哪几部分组成，零件上各个结构的功用，以及它的加工过程与制造方法。

(3) 确定该零件的视图表达方案。根据零件的特点，确定其安放位置，并选择主视图的投射方向，选择主视图、视图数量及其表达方法。

(4) 画零件草图。零件草图是凭目测徒手画出的图样。画图时要尽量保持零件各部分的大致比例关系；线型粗细分明，图面要整洁；字体工整、尺寸数字无误、无遗漏；遵守有关国家标准。它具有零件工作图所应包含的全部内容。零件草图的作图步骤与零件工作图的作图步骤完全相同，如图 10-43 所示。

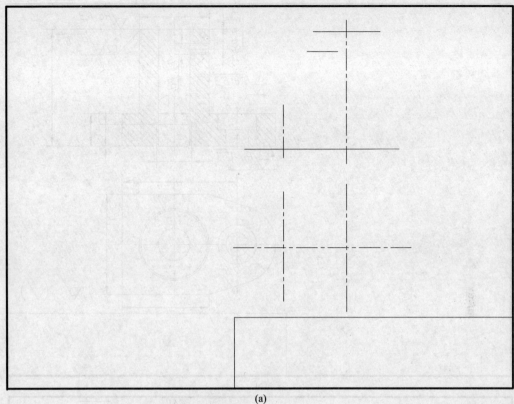

(a)

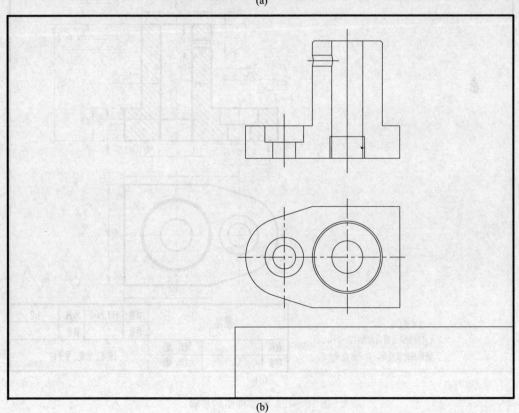

(b)

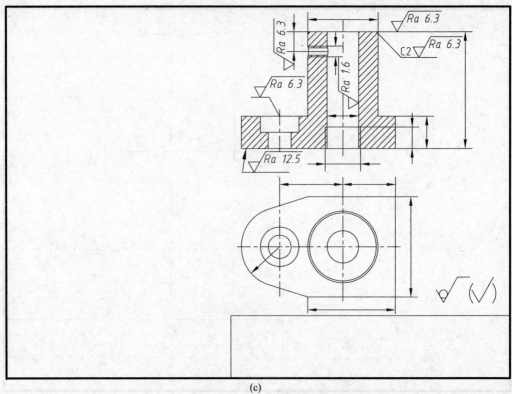

(c)

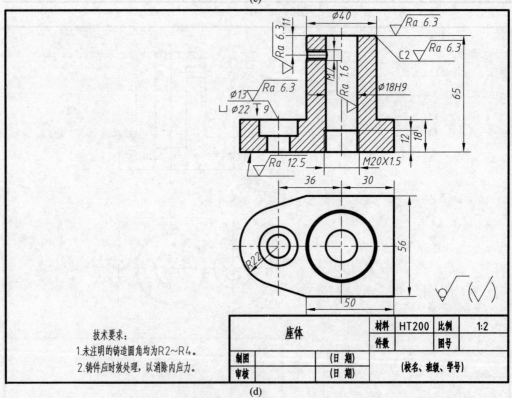

技术要求：
1.未注明的铸造圆角均为R2~R4。
2.铸件应时效处理，以消除内应力。

材料	HT200	比例	1:2
座体			
件数		图号	
制图		（日 期）	（校名、班级、学号）
审核		（日 期）	

(d)

图 10-43 画零件图的步骤

(a) 布置图面。在图纸上定出各个视图的位置，画出各个主要视图的基准线、中心线、对称线，如图 10-43(a) 所示。

在安排视图位置时，必须考虑视图之间留有标注尺寸的地方，右下角画出标题栏，且尽量把一组视图安排在图纸的合适位置。

(b) 画出各主要视图。按零件的形体、结构，逐步画出零件的外部和内部的结构形状，如图 10-43(b) 所示。

应注意零件上的工艺结构，如铸造圆角、倒角、圆角、退刀槽、凸台、凹坑等都必须画出，如图 10-43(b) 所示。

(c) 画出剖面线；选择基准画出所有尺寸的尺寸界线、尺寸线及箭头，仔细检查尺寸是否遗漏或重复，相互关联的零件的尺寸是否协调；标注表面粗糙度符号。如图 10-43(c) 所示。

(d) 对全图仔细校核后，描深。集中测量尺寸，并将尺寸数字逐一填入图中，以提高效率，且避免遗漏尺寸。注写其他技术要求。如图 10-43(d) 所示。

(e) 全面检查草图，填写标题栏。完成后的零件草图见图 10-43(d) 所示。

(5) 画零件工作图。零件草图画完后，需要对零件草图的表达方案的选择、尺寸的标注、技术要求的制定等方面进一步优化，经过补充、调整后，选定图幅、比例，画出其零件工作图。具体的画图步骤如图 10-43 所示。

二、测量工具及使用方法

1. 测量工具 测量尺寸所使用的基本工具有直尺、外卡钳和内卡钳。若是度量较精密的尺寸时，就应使用游标卡尺或千分尺，如图 10-44 所示。

游标卡尺和千分尺只能用于测量加工过的表面，不允许用以测量表面粗糙的零件，以免磨损。用内、外卡钳进行测量时，需与钢尺结合读出数值。

当度量形状较复杂的零件或测量工具较缺乏时，就要进行思考，设法量得所欲测量的尺寸。

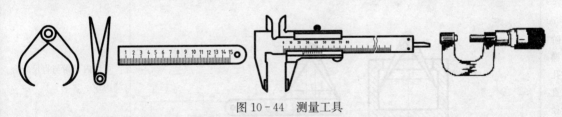

图 10-44 测量工具

2. 常用的测量方法 常用的测量方法见表 10-12。

3. 测量数值的处理 在使用量具测量尺寸时，对实际测得的数据有时需要进行处理，而不能按实际测量所得直接标注在图上。

(1) 零件上非配合面、非连接面或不重要的表面，在测量所得的尺寸有小数时，应圆整为整数。

(2) 零件上具有配合或连接的部分，测量时应和与其配合的或连接的零件共同确定其尺寸，以保证配合或连接的要求。在测量配合尺寸后，应确定其配合性质、精度等级，查有关手册取其相应的标准值。

(3) 对于标准结构，如螺纹、倒角、退刀槽、键槽等，将测量所得的尺寸数值均应查有关手册取其相应的标准值。

表 10－12　常用的测量方法

内容	图　例	说　明
线性尺寸	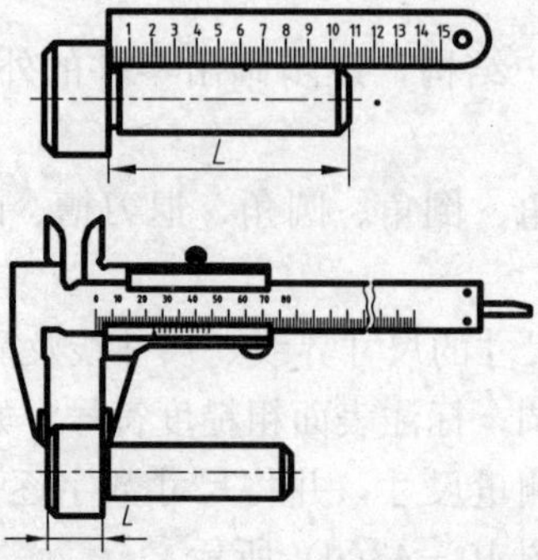	可用直尺和钢板尺直接测量
回转面的直径	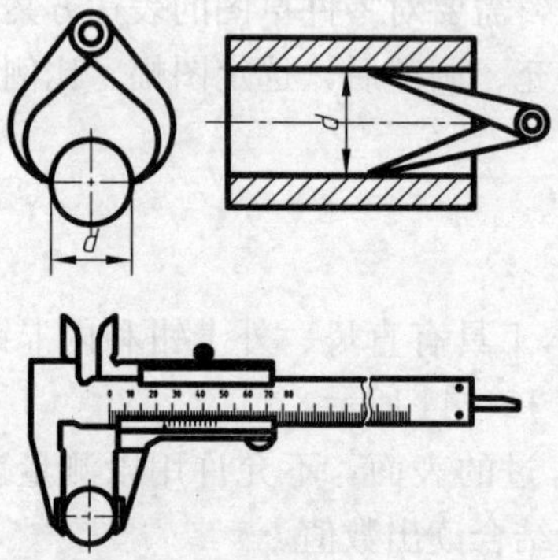	可用外卡钳测外圆直径，用内卡钳测内圆直径，也可用游标卡尺测外径
阶梯孔直径	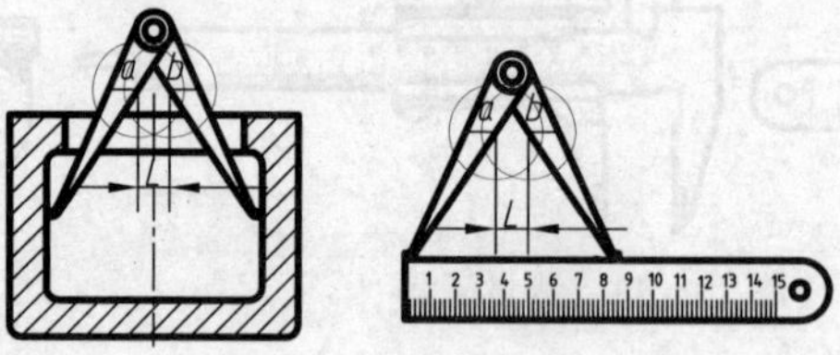	可用内卡钳与直尺配合测内径
壁厚	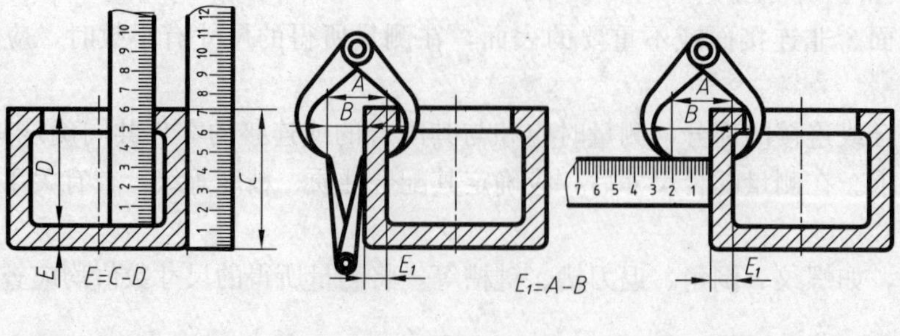	可用直尺或游标卡尺的尾部直接测量，有时也可用内外卡钳测壁厚，还可用直尺与外卡钳配合测量

内容	图 例	说 明
孔心距	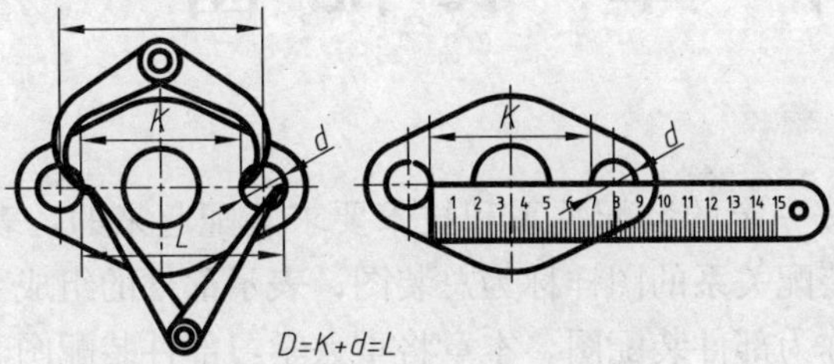 $D=K+d=L$	可用内外卡钳测孔心距，也可用直尺直接测量
中心高	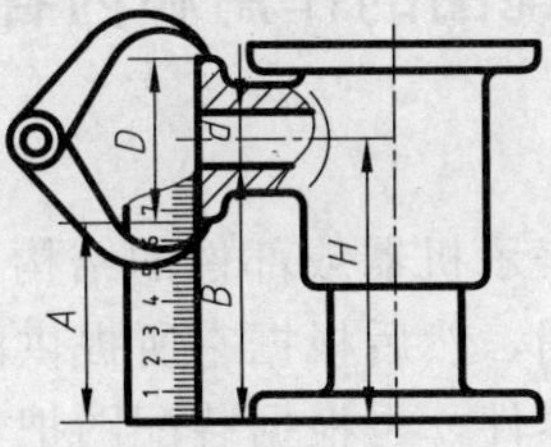 $H=A+\dfrac{D}{2}=B+\dfrac{d}{2}$	可用外卡钳与直尺配合测量孔中心高
测量圆角	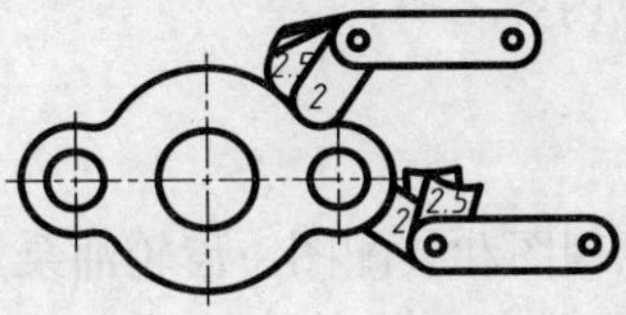	用圆角规测量圆角，测量时，只要在圆角规中找出与被测部分完全吻合的一片，从片上的数值可知圆角半径的大小
测量曲线或曲面	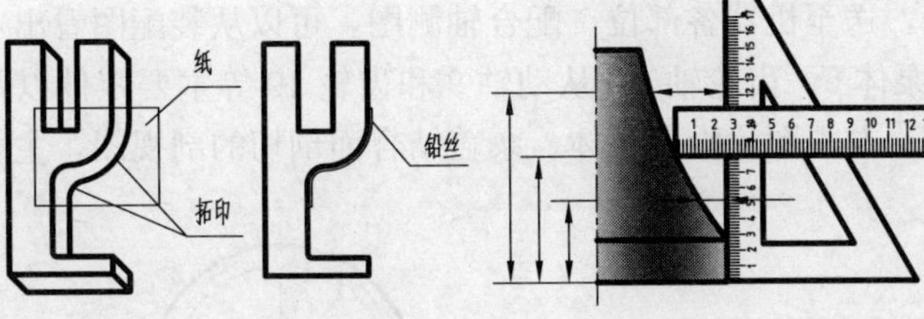 纸 铅丝 拓印	常采用拓印法测量曲线或曲面。用纸拓印其轮廓，得到真实的曲线形状，再找曲率半径

第十一章　装　配　图

机器是由若干个部件和零件按一定的装配关系和技术要求装配起来的，表示整机的组成部分、各部分的相互位置和连接、装配关系的图样称为总装图；表示部件的组成零件、各零件的相互位置和连接、装配关系的图样称为部件装配图。本章将重点学习部件装配图。

第一节　装配图的作用和内容

一、装配图的作用

装配图是生产中重要的技术文件。它表示机器或部件的结构形状、装配关系、工作原理和技术要求等。设计时，一般先画出装配图，然后根据它所提供的总体结构和尺寸，设计绘制零件图；生产时，则根据零件图生产出零件，再根据装配图把零件装配成部件或机器；同时，装配图又是编制装配工艺，进行装配、检验、安装、调试、操作和维修机器或部件的重要依据。

绘制和阅读装配图是本课程的重点学习内容之一。

二、装配图的内容

图 11-1 为齿轮油泵的轴测图、工作原理图和装配图。齿轮油泵是液压传动和润滑系统中常用的部件，其工作原理如图 11-1(b) 所示，当主动齿轮按逆时针方向旋转时，带动从动齿轮按顺时针方向旋转，这时，齿轮啮合区的左边压力降低，产生局部真空，油池中的润滑油在大气压力的作用下，由进油口进入齿轮泵的低压区，随着齿轮的旋转，齿槽中的油不断地沿着箭头方向送至右边，把油经出油口压出去，送至机器各部位。配合轴测图，可以从装配图看出：全剖视的主视图，清晰地表达了泵盖1、泵体5、齿轮轴4、从动轴9和齿轮10等主要零件以及其他零件之间的相互位置关系和连接方式；左视图为沿着泵体、泵盖结合面剖切的剖视图，主要表达了齿

(a)

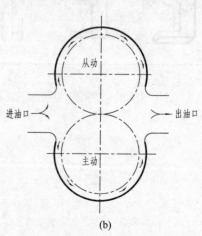

(b)

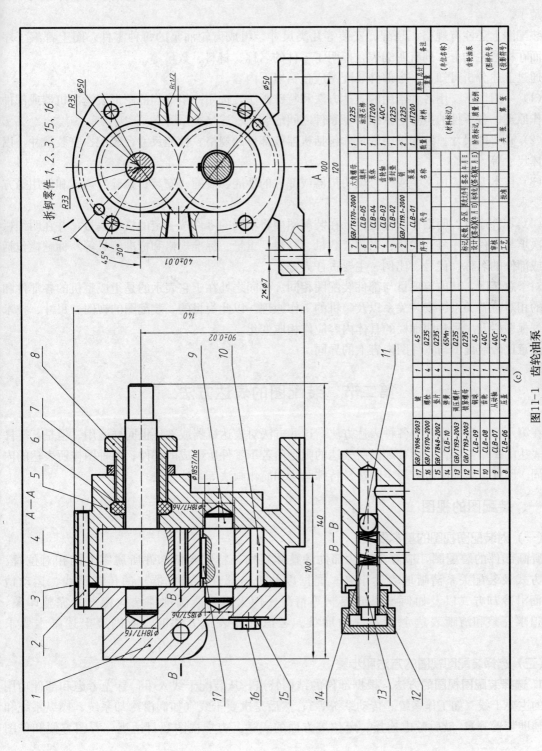

图11-1 齿轮油泵
(a)轴测图 (b)工作原理图 (c)装配图

轮油泵两齿轮的啮合情况；安全阀的结构则由 B—B 剖视表达。这样，齿轮油泵的整体结构都表达清楚了。

装配图上还注有规格、装配、安装等几类尺寸。组成齿轮油泵的每种零件，图上都编了序号，而在标题栏的上方列有明细表，标明了零件的名称、材料、数量等。

通过上述分析可知，一个部件装配图应包括以下内容。

（1）一组图形。用各种常用的表达方法和特殊画法，选用一组恰当的图形表达出机器或部件的工作原理、各零件的主要形状结构、零件之间的装配、连接关系等。

（2）必要的尺寸。装配图中的尺寸包括机器或部件的规格、性能尺寸，装配、安装尺寸，以及总体尺寸等。

（3）技术要求。用文字或符号说明机器或部件的性能、装配、安装、检验、调试和使用等方面的要求。

（4）零件序号、明细栏和标题栏。在装配图中将不同的零件按一定的格式编号，并在明细栏中依次填写零件的序号、代号、名称、数量、材料、重量、标准规格和标准编号等。标题栏包括机器或部件的名称、代号、比例、主要责任人等。

对于总装图，其内容项目与部件装配图相同。不同之处在于它表示的是组成整机的各部件和他们的相对位置关系、安装关系以及整机的工作原理。以此为目的，装配图的视图、尺寸、技术要求、标题栏及序号和明细栏的具体内容应作相应变化。

注意比较装配图与零件图内容上的异同。

第二节　装配图的表达方法

在第八章讨论了零件的各种表达方法，这些方法对表达机器或部件也同样适用。但是，零件图所表达的是单个零件，而装配图所表达的则是由若干零件所组成的部件。两种图样所表达的内容不同。因此，装配图也有规定画法、特殊画法和简化画法等表达方法。

一、装配图的视图

（一）对装配图视图的基本要求

所画部件的装配图，应着重表达部件的整体结构，特别要把部件所属零件的相对位置、连接方式及装配关系清晰地表达出来。能据以分析出部件（或机器）的传动路线、运动情况、润滑冷却方式以及如何操纵或控制等情况，使人得到所画部件结构特点的完整印象，而不追求完整和清晰表达个别零件的形状。考虑选择表达方法时，应围绕上述基本要求进行。

（二）选择装配图视图的方法和步骤

1. 选择装配图视图的方法　根据部件的结构特点，从装配干线入手，首先考虑和部件功用密切的主要干线（如工作系统、传动系统等）；然后是次要干线（如润滑冷却系统、操纵系统和各种辅助装置等）；最后考虑连接、定位等方面的表达。力求视图数目适当，看图方便和作图简便。

2. 选择装配图视图的步骤

（1）部件分析。分析部件的功用、组成；各零件的相互位置和连接、装配关系，各零件的作用；部件中的零件形成几条装配线，分清各装配线的主次；分析各零件的运动情况和部件的工作原理；分析本部件与其他部件及机座的位置关系，安装、固定方式。

（2）选择主视图。

安放位置：符合部件的工作位置。

投射方向：综合考虑以下几方面，以取得最佳效果：

（a）应能反映部件的整体形状特征；

（b）应能表示主装配线零件的装配关系；

（c）应能表示部件的工作原理；

（d）应能表示较多零件的装配关系；

为此应考虑采用恰当的表达方法以求尽可能实现上述要求。例如，图 11-1 齿轮油泵装配图的主视图，既符合工作位置，又抓住两水平轴线共面的特点画成 A—A 剖视，就把主要零件及其他大部分零件的相对位置、连接和装配关系等都表达清楚了。

（3）选择其他视图。主视图没有表达而又必需表达的部分，或者表达不够完整、清晰的部分，可以选用其他视图补充说明。对于比较重要的装配干线、装配结构和装置，要用基本视图并在其上取剖视来表达；对于次要结构或局部结构则用局部剖视、局部视图等表达。例如，图 11-1 所示齿轮油泵的装配图，为了表明齿轮轴 4 和齿轮 10 的啮合情况及其和泵体连接情况，选用了沿着泵体、泵盖结合面剖切的左视图。安全阀的结构主视图没有表达清楚，就另用 B—B 剖视补充说明。以上几个视图将齿轮油泵的工作原理和各零件的装配关系都表达清楚了，故不需要俯视图。装配图视图的数量，随作用、要求不同而不同，但一般每种零件至少应在视图中出现一次。否则，图上就缺少一种零件了。

（4）检查、比较、调整、修改。

（a）检查组成部件的零（组）件是否表示完全。每种零（组）件中起码有一个必须在图样中出现过一次（对省略了其投影的螺栓、螺母、销等紧固件，被指引线指出位置亦算出现过）。

（b）对每条装配线进行检查，看所有零件位置和装配关系是否表示完全、确定。

（c）部件工作原理是否得到表示。

（d）与工作原理有直接关系的各零件的关键结构、形状是否确定表示。

（e）与其他部件和机座的连接、安装关系是否表示明确。

（f）有无其他视图方案？如有，进行比较，需要时作调整、修改，使表示更清晰、合理，利于看图和便于画图。

（g）投影关系是否正确，画法和标注是否正确、规范。

二、规定画法

1. 零件间接触面和配合面的画法　装配图中，零件间的接触面和两零件的配合表面（如轴与轴承孔的配合面等）都只画一条线。非接触或非配合的表面（如相互不配合的螺钉与通孔），即使间隙很小，也应画成两条线。

2. 剖面符号的画法　装配图中剖面符号的画法在 GB/T 17453—1998 中有详细规定，介绍如下：

（1）为了区别不同零件，在装配图中，相邻两零件的剖面线倾斜方向应相反；当三个零件相

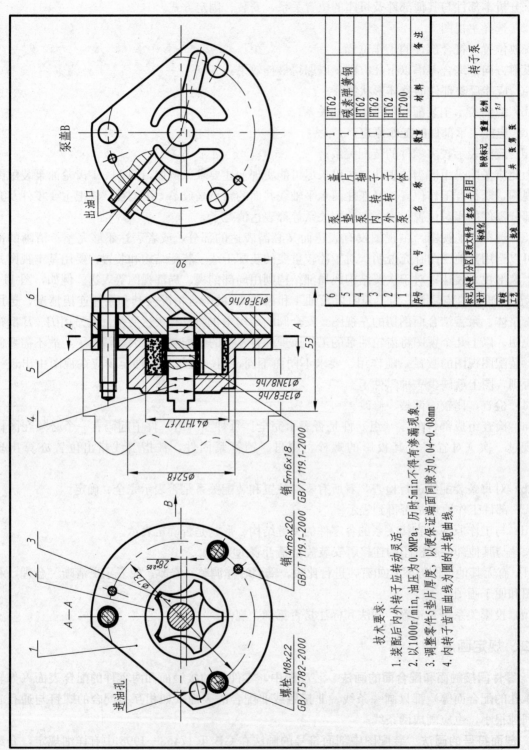

技术要求:

1. 装配后内外转子应转动灵活。
2. 以1000r/min,油压为0.8MPa,历时5min不得有渗漏现象。
3. 调整零件5垫片厚度,以便保证端面间隙为0.04~0.08mm。
4. 内转子齿面曲线为圆的共轭曲线。

图11-2 转子油泵装配图

邻时，其中有两个零件的剖面线倾斜方向一致，但间隔不应相等，或使剖面线相互错开。

（2）在装配图中，同一零件的剖面线倾斜方向和间隔必须一致。

（3）当零件厚度在 2 mm 以下时，剖切后允许以涂黑代替剖面符号。如图 11-2 中垫片的画法。涂黑表示的相邻两个窄剖面区域之间，必须留有不小于 0.7 mm 的间隙。

3. 剖视图中紧固件和实心零件的画法　在装配图中，对于标准件和实心的轴、连杆、拉杆、球等零件，若剖切平面通过其对称中心线或轴线时，这些零件均按不剖画出，如图 11-2 中的轴；若需要特别表明这些零件的局部结构，如凹槽、键槽、销孔等则用局部剖视表示；如果剖切平面垂直上述零件的轴线，则应画剖面线，如图 11-2 的 A—A 剖视图中小轴和三个螺钉的画法。

三、特殊画法

1. 拆卸画法　当需要表达部件中被遮盖部分的结构，或者为了减少不必要的画图工作时，有的视图可以假想将某一个或几个零件拆卸后绘制，为了便于看图而需要说明时，可加标注"拆去××等"，这种画法称为拆卸画法，如图 11-2 中的左视图就拆除了零件 1、2、3、15和 16。

2. 沿零件间的结合面剖切的画法　为了清楚地表达部件的内部结构，可假想沿某些零件的结合面剖切，这时，零件的结合面不画剖面线，但被剖到的其他零件一般都应画剖面线，如图 11-2 中的左视图即为沿泵体与泵盖的结合面剖切的，这些零件的结合面都不画剖面线，但被剖切的轴则按规定画出剖面线。

3. 单独画出某个零件　在装配图中，当某个零件的形状未表达清楚而又对理解装配关系有影响时，可以单独画出某一零件的视图。且在所画视图的上方注出该零件的视图名称，在相应视图的附近用箭头指明投影方向，并注上同样的字母。如图 11-2 泵盖 B 所示。

4. 夸大画法　当遇到很薄、很细的零件，带有很小的斜度、锥度的零件或微小间隙时，若无法按全图绘图比例根据实际尺寸正常绘出，或正常绘出不能清晰表达结构或造成图线密集难以区分时，可将零件或间隙作适当夸大画出。图 11-2 主视图中的垫片（涂黑部分）的厚度就作了夸大。夸大要注意适度，若适度夸大仍不能满足要求时需考虑用局部放大画法画出。

5. 假想画法　在装配图中，用双点画线画出某些零件的外形，以表示：①机器（或部件）中某些运动零件的运动范围或极限位置，如图 11-3 中双点画线表示摇柄等的另一个极限位置；②不属于本部件，但能表明部件的作用或安装情况的有关零件的投影，如图 11-2 中主视图所示。

6. 展开画法　在画传动系统的装配图时，为了在表示装配关系的同时能表示出传动关系，常按传动顺序，用多个在各轴心处首尾相接的剖切平面进行剖切，并将所得剖面顺序摊平在一个平面上绘出剖视图称为展开画法。用此方法画图时，必须在所得展开图上方标出"×—×展开"字样，如图11-4 所示。

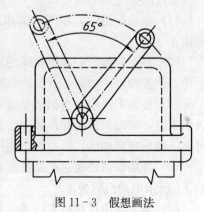

图 11-3　假想画法

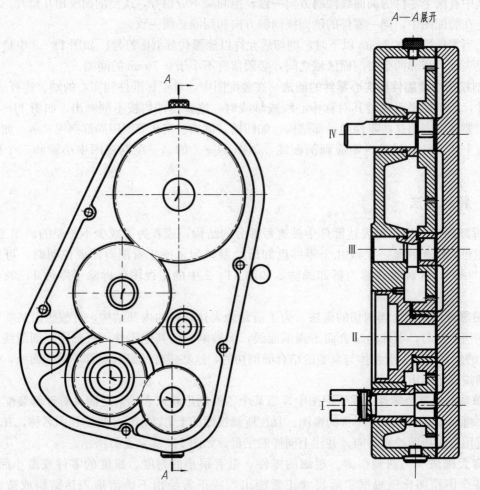

图 11 - 4 传动轴系的展开图

四、简化画法

装配图中使用的简化画法主要有以下几种：

(1) 在装配图中，零件的倒角、圆角、凹坑、凸台、沟槽、滚花、刻线及其他细节等可不画出。

(2) 对于装配图中若干相同的零（组）件、部件，可以仅详细画出一处，其余则以点画线表示中心位置即可，如图 11 - 5 所示螺钉组的处理。

(3) 在装配图中，当剖切平面通过某些标准产品的组合件或该组合件已在其他视图上清楚地表示了时，可以只画出其外形图，如图 11 - 23 中的油杯。装配图中的滚动轴承需要表示结构时可在一侧用规定画法；另一侧用通用画法简化表示，如图 11 - 5 所示。

(4) 在能够清楚表达产品特征和装配关系的条件下，装配图可仅画出其简化后的轮廓，如图 11 - 6 所示电动机的处理。

(5) 装配图中可用粗实线表示带传动中的带，用细点画线表示链传动中的链。必要时，可在粗实线或点画线上绘出表示带或链类型的符号，如图 11 - 7 所示。

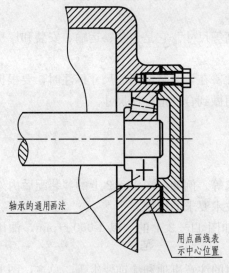

轴承的通用画法

用点画线表示中心位置

图 11-5　简化画法

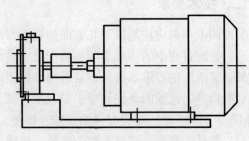

图 11-6　简化画法

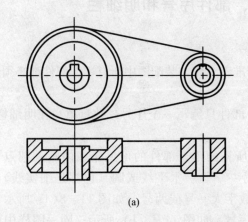

(a)

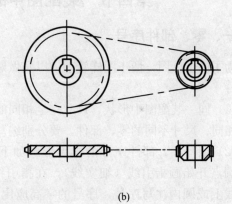

(b)

图 11-7　简化画法

(a) 带传动　(b) 链传动

第三节　装配图的尺寸标注和技术要求

一、尺寸标注

装配图上一般只注下述几类尺寸：

(1) 规格尺寸（性能尺寸）。表示部件或机器规格、性能的尺寸。它是设计和使用部件（机器）的依据。如图 11-1 中齿轮泵油孔 $Rc1/2$。

(2) 装配尺寸。用来保证部件的工作精度和性能要求的尺寸。可分两种：

(a) 配合尺寸；表示零件间配合性质的尺寸，如图 11-1 中的 $\phi18H7/h6$、图 11-2 中的 $\phi41H7/f7$、$\phi13F8/h6$ 等。

（b）相对位置尺寸：表示零件间或部件间比较重要的相对位置，是装配时必须保证的尺寸如图 11-2 中的 $28_0^{+0.05}$。

（3）外形尺寸。表示部件或机器总体的长、宽、高等尺寸。它是包装、运输、安装和厂房设计的依据。如图 11-1 中的 120 和 140 等。

必须指出：不是每一张装配图都具有上述各种尺寸。在学习装配图的尺寸标注时，要根据装配图的作用，真正领会标注上述几种尺寸的意义，从而做到合理地标注尺寸。

二、技术要求

装配图上一般应注写以下几方面的技术要求：

（1）装配过程中的注意事项和装配后应满足的要求等。例如，图 11-2 上的"装配后内外转子应转动灵活"的要求，这条也是拆画零件图时拟订技术要求的依据。

（2）检验、试验的条件和要求以及操作要求等，如图 11-2 上的"以 1 000 r/min，油压为 0.8 MPa，历时 5 min 不得有漏油现象"即是。

（3）部件的性能、规格参数，包装、运输、使用时的注意事项和涂饰要求等。总之，图上所需填写的技术要求，随部件的需要而定。必要时，也可参照类似产品确定。

第四节 装配图中的零、部件序号和明细栏

一、零、部件序号

为了便于读图，便于图样管理，以及做好生产准备工作，装配图中所有零、部件都必须编写序号。

（1）同一装配图中形状、尺寸完全相同的零、部件只编写一个序号，数量填写在明细栏内；形状相同、尺寸不同的零、部件，要分别编写序号。

（2）编写零、部件序号的常见形式如下：在所指的零、部件的可见轮廓内画一圆点，然后从圆点开始画指引线（细实线），在指引线的另一端画一水平线或圆（也都是细实线），在水平线上或圆内注写序号，序号的字高应比尺寸数字大一号或两号，如图 11-8（a）所示；也可以不画水平线或圆，在指引线另一端附近注写序号，如图 11-8（b）所示；同一图样中的序号形式要一致。

（3）对很薄的零件或涂黑的剖面，指引线的末端不宜画圆点时，可在指引线末端画出箭头，并指向该部分的轮廓，如图 11-8（c）所示。

（4）指引线不能相互相交；当它通过有剖面线的区域时，不应与剖面线平行；必要时，指引线可以画成折线，但只允许曲折一次，如图 11-8（d）所示。

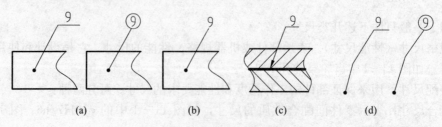

图 11-8 零件序号的编写形式

（5）一组紧固件以及装配关系清楚的零件组，可采用公共指引线，如图 11-9 所示。

（6）装配图中的标准化组件（如油杯、滚动轴承、电动机等）看作为一个整体，只编写一个序号。

（7）零、部件序号应沿水平或垂直方向按顺时针（或逆时针）方向顺次排列整齐，并尽可能均匀分布，如图 11-1 所示。

（8）部件中的标准件，可以如图 11-1 所示，与非标准零件同样地编写序号；也可以不编写序号，而将标准件的数量与规格直接用指引线标明在图中，如图 11-2 所示。

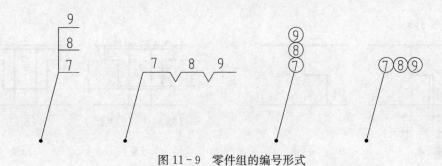

图 11-9　零件组的编号形式

二、明细栏

明细栏是机器或部件中全部零、部件的详细目录，图 11-10 为明细栏的内容、格式和尺寸。

明细栏应画在标题栏的上方，零、部件序号应自下而上填写，以便增加零件时，可以继续向上填写。假如位置不够，可将明细栏分段画在标题栏的左方。在特殊的情况下，明细栏也可作为装配图的续页，单独编写在另一张纸上。

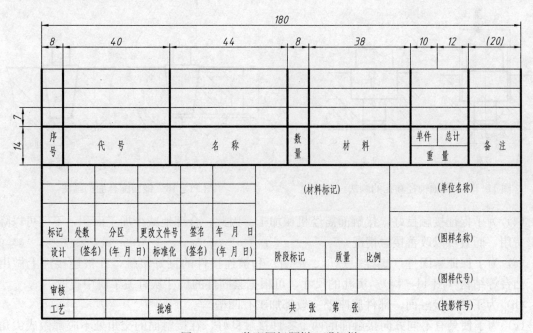

图 11-10　装配图标题栏、明细栏

第五节 常见的装配结构

为了保证装配质量和便于拆装，在设计和测绘装配图时，要考虑到装配结构的合理性。

(一) 接触面和配合面的结构

(1) 两零件的接触面，在同一方向上只能有一对接触面，如图 11 - 11 所示。这样，即保证了零件接触良好，又降低了加工要求。

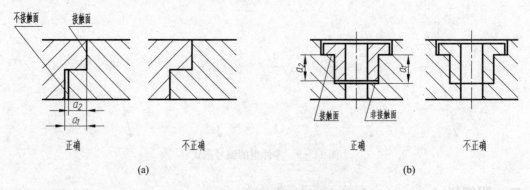

图 11 - 11 接触面和配合面的画法

(2) 同轴的轴径与孔只能有一对面配合，如图 11 - 12 中 ϕA 已形成配合，ϕB 和 ϕC 就不应该再形成配合，即 $\phi B > \phi C$。

(3) 两圆锥面配合时，除锥面外，不应有其他面接触，如图 11 - 13 所示。否则可能达不到锥面的配合要求或增加制造难度。

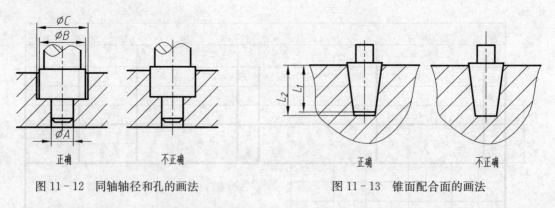

图 11 - 12 同轴轴径和孔的画法   图 11 - 13 锥面配合面的画法

(4) 为了保证接触良好，接触面需经机械加工。因此，合理地减少加工面积，不但可以降低加工费用，而且可以改善接触情况。

(a) 为了保证紧固件（螺栓、螺母、垫圈）和被连接件的良好接触，在被连接件上做出沉孔、凸台等结构（图 11 - 14）。沉孔的尺寸，可根据紧固件的尺寸从有关手册中查取。

(b) 为了减少接触面，部件底座上一般都加工有凹槽。

(c) 为了使具有不同方向接触面的两个零件接触良好，在接触面的交角处不应都做成尖角或大小相同的圆角（图 11 - 15）。

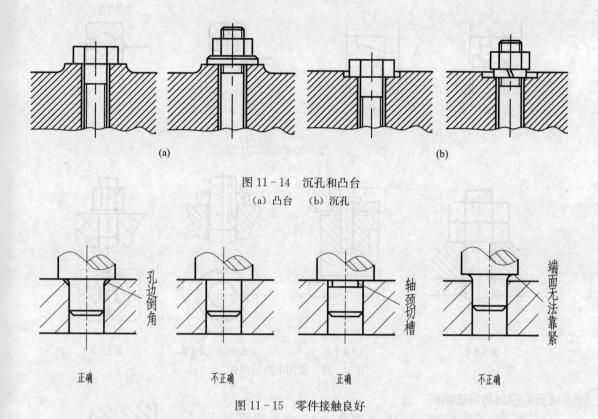

(a)   (b)

图 11-14   沉孔和凸台

(a) 凸台   (b) 沉孔

孔边倒角   轴颈切槽   端面无法靠紧

正确   不正确   正确   不正确

图 11-15   零件接触良好

（二）螺纹连接的合理结构

除第九章中介绍的螺纹连接的结构以外，为了便于拆装，设计时必须留出扳手的活动空间和装、拆螺纹紧固件的空间，如图 11-16 所示。

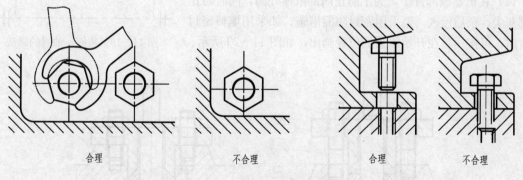

合理   不合理   合理   不合理

图 11-16   螺纹连接的合理画法

（三）滚动轴承轴向定位结构

滚动轴承如以轴肩和孔肩定位，为了便于拆装和维修，滚动轴承的内外圈应能方便地从轴肩和孔内拆出，则轴肩或孔肩的高度须小于轴承内圈或外圈的厚度，如图 11-17 所示。

（四）防松的结构

对承受振动或冲击的部件，为了防止螺纹连接的松脱，可采用图 11-18 中常用的防松装置。

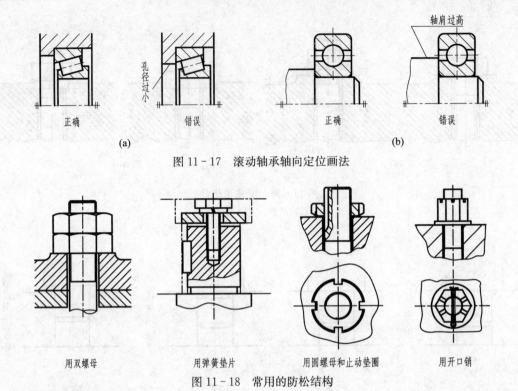

图 11 - 17　滚动轴承轴向定位画法

图 11 - 18　常用的防松结构

用双螺母　　　　　用弹簧垫片　　　用圆螺母和止动垫圈　　　用开口销

（五）密封防漏的结构

（1）滚动轴承常需密封，以防止润滑油外流和外部的水汽、尘埃等侵入。常用的密封件如毡圈、油封均为标准件，可查手册选用。画图时，毡圈、油封等要紧套在轴上；且轴承盖的孔径大于轴径，应有间隙，如图 11 - 19 所示。

（2）在机器或部件中，为了防止内部液体外漏，同时防止外部灰尘、杂质侵入，要采用密封防漏措施。如采用填料密封装置时，可按压盖在开始压紧的位置画出，如图 11 - 20 所示。

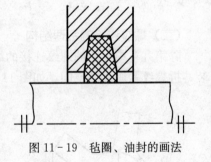

图 11 - 19　毡圈、油封的画法

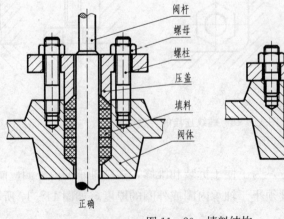

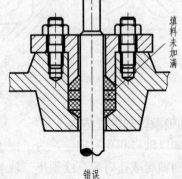

阀杆
螺母
螺柱
压盖
填料
阀体

填料未加满

正确　　　　　　　　　　　错误

图 11 - 20　填料结构

第六节　部件测绘和装配图的画法

一、部件的测绘

对现有的机器或部件进行拆卸、测量、画出零件草图，然后整理绘制出装配图和零件图的过程称为测绘。在实际生产中，测绘是设备维修、改造和仿制等工作中一项常见且十分重要的技术工作，也是工程技术人员必备的一项基本技能。下面以滑动轴承为例说明部件测绘的方法和步骤。

1．了解测绘对象

（1）明确测绘部件的任务和目的。如为了设计新产品提供参考图样，测绘时可进行修改；如为了补充图样或制作备件，则必须准确无误，不能修改。

（2）通过观察实物和阅读说明书及有关图样资料，了解部件的功用、性能、工作原理、结构特点、零件间的装配关系以及拆装方法等。

图 11－21 所示为滑动轴承，主要起支承轴的作用，它由八种零件组成，其中螺栓、螺母为标准件，油杯为标准组合件。为了便于安装轴，轴承做成上、下结构，上、下轴瓦分别装在轴承盖和轴承座上，轴瓦两端的凸缘侧面分别与轴承座和轴承盖两边的端面配合，以防止轴瓦做轴向移动，轴承座与轴承盖之间做成阶梯形止口配合，是为防止座、盖之间横向错动；轴瓦固定套是防止轴瓦在座盖之间出现转动。用螺栓、螺母连接，使其成为一个整体，用方头螺栓是为拧紧螺母时，螺栓不会跟着转动；为防止松动，每个螺栓上用两个螺母紧固；油杯中填满油脂，拧动杯盖，便可将油脂挤入轴瓦内起润滑作用。

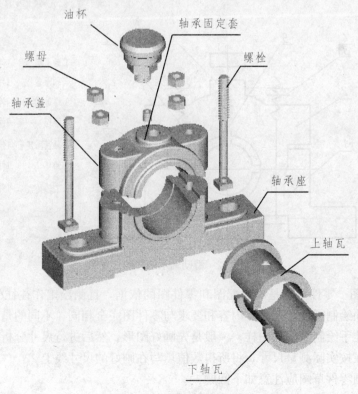

图 11－21　滑动轴承轴测图

2. 拆卸零件　拆卸零件必须按顺序进行，滑动轴承的拆卸顺序为：先拧下油杯、松开螺母再取下轴承盖、上轴瓦、下轴瓦和轴承座。

拆卸零件时应注意：

（1）拆卸前应先测量一些必要的尺寸数据，如某些零件间的相对位置尺寸、运动件极限位置的尺寸等，作为测绘中校核图样的参考。

（2）周密制订拆卸顺序，划分部件的各组成部分，合理地选用工具和正确的拆卸方法，按一定顺序拆卸，严防乱敲乱打。

（3）对精度较高的配合部位或过盈配合，应尽量少拆或不拆，以免降低精度或损坏零件。

（4）拆下的零件要分类、分组，并对所有零件进行编号登记，零件实物对应地拴上标签，有秩序地放置，防止碰伤、变形、生锈或丢失，以便再装配时仍能保证部件的性能和要求。

（5）拆卸时，要认真研究每个零件的作用、结构特点及零件间的装配关系，正确判别配合性质和加工要求。

3. 画装配示意图　对于结构较为复杂的部件，为了便于拆散后装配时能够复原，最好在拆卸时绘制出部件的装配示意图，用以表明零件的名称、数量、零件间的相互位置及其连接关系。这种示意图还可以说明部件的传动和工作情况等。画示意图时应假想部件是透明的，即画外形轮廓，又画内部结构；有些零件如轴、轴承、齿轮、弹簧等，应按"GB4460—1984"中的规定符号表示，没有规定符号的零件，则用简单的线条，画出它的大致轮廓。图形画好后，再进行零件编号和标注，编号要与零件上的号签一致。滑动轴承的装配示意图如图 11-22 所示。

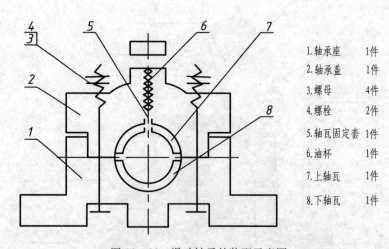

图 11-22　滑动轴承的装配示意图

1.轴承座　　　1件

2.轴承盖　　　1件

3.螺母　　　　4件

4.螺栓　　　　2件

5.轴瓦固定套　1件

6.油杯　　　　1件

7.上轴瓦　　　1件

8.下轴瓦　　　1件

4. 画零件草图　零件草图是画装配图和零件图的依据，且测绘工作往往受时间及工作场地的限制，因此必须绘制零件草图。其内容和要求与零件图完全相同，不同的是零件草图是根据零件用目测比例、徒手绘制而成的图样。一般是先画好图形，然后进行尺寸分析，画出尺寸界线及尺寸线、箭头；在按实际测量尺寸，将所得数值填写在画好的尺寸线上。

部件测绘中画零件草图应注意如下问题：

（1）标准件之外的其余所有零件都必须画出零件草图。如滑动轴承共有 8 种零件，除 2 种标准件只需定标记（列出明细表）之外，其余 6 种非标准件都必须画出零件草图。

（2）画成套零件草图，可先从主要的或大的零件着手，按装配关系依次画出各零件草图，以便随时校核和协调零件的相关尺寸。如轴承座，可先画轴承座、轴承盖、上轴瓦、下轴瓦，再画其他零件。

（3）量出两零件的配合尺寸或结合面的尺寸后，要及时填写在各自的零件草图中，以免发生矛盾。如轴承座与轴承盖的配合尺寸 $\phi 90H9/f9$，其轴承座为 $\phi 90H9$，轴承盖为 $\phi 90f9$，应及时对应地填入各自的零件草图中。

零件草图的画法及要求见第十章。

5. 画装配图　根据零件草图和装配示意图画出装配图。零件图的画法见第十章。

二、画装配图的方法和步骤

1. 画装配图的方法

（1）从各装配干线的核心零件开始。"由内向外"，按装配关系逐层扩展画出各个零件，最后画壳体、箱体等。

（2）先将起支撑、包容作用的体量较大、结构较复杂的箱体、壳体或支架等零件画出，再按装配线和装配关系逐次画出其他零件。此种画法常被称为"由外向内"。

第一种方法的画图过程与大多数设计过程相一致，画图的过程也就是设计的过程，在设计新机器绘制装配图（特别是绘制装配草图）时多被采用（此时尚无零件图，要待此装配图画好后再去拆画零件图）。此种方法的另一优点是画图过程中不必"先画后擦"零件上那些被遮挡的轮廓线。有利于提高作图效率和清洁图面。

第二种方法多用于根据已有零件图"拼画"装配图（对已有机器进行测绘或整理新设计机器技术文件）时，此种方法的画图过程常与较形象、具体的部件装配过程一致，利于空间想象。当需要首先设计出起支撑、包容作用的箱壳、支架零件时，也宜使用此种方法进行设计绘图。

2. 画装配图的步骤

（1）拟定表达方案。滑动轴承的表达方案见图 11－23。

主视图：按工作位置放置，取半剖视图，剖开的一半突出表达了轴瓦与轴承座及轴承盖的连接情况，同时也表达了螺栓连接轴承座和轴承盖的情况；视图的一半突出表达了滑动轴承主要的外部结构形状。

左视图：采用局部剖视图，剖视图突出表达油杯与轴瓦的连接情况以及轴瓦的主要结构形状；视图补充表达了滑动轴承的后面部分的外部结构形状。

俯视图：采用沿结合面剖切的半剖视图表达，剖开的一半补充表达了轴瓦的内部结构以及轴承座和轴承盖结合面的情况；视图的一半补充表达了滑动轴承的上面部分的外部结构形状。

（2）确定比例、图幅，画出图框。根据拟定的表达方案以及部件的大小与复杂程度，确定适当的比例，选择标准图幅，画好图框、明细栏及标题栏，如图 11－23(a)。

（3）合理布图，画出基准线。画各基本视图的主要中心线和画图基准线。主视图以轴承座底面和左右对称中心面为基准，按中心高 70 画出轴瓦的轴线；左视图以轴承座底面和前后对称中心面为基准；俯视图以左右对称中心面和前后对称中心面为基准，如图 11－23(a)。

（4）画底图。

(a) 顺主要装配干线依次画齐零件。滑动轴承可按轴承座 1→轴承盖 3→轴瓦 2、4→轴瓦固

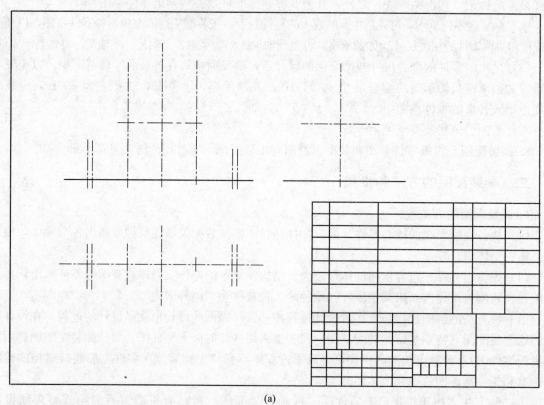

(a)

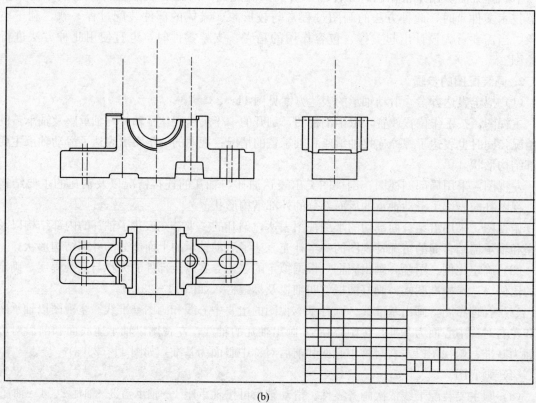

(b)

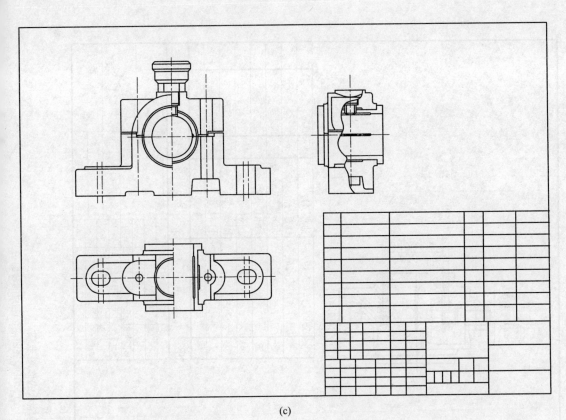

(c)

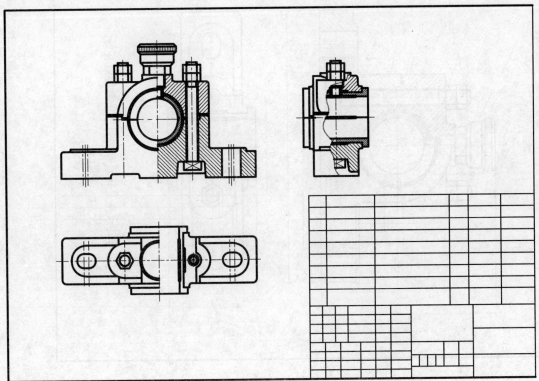

(d)

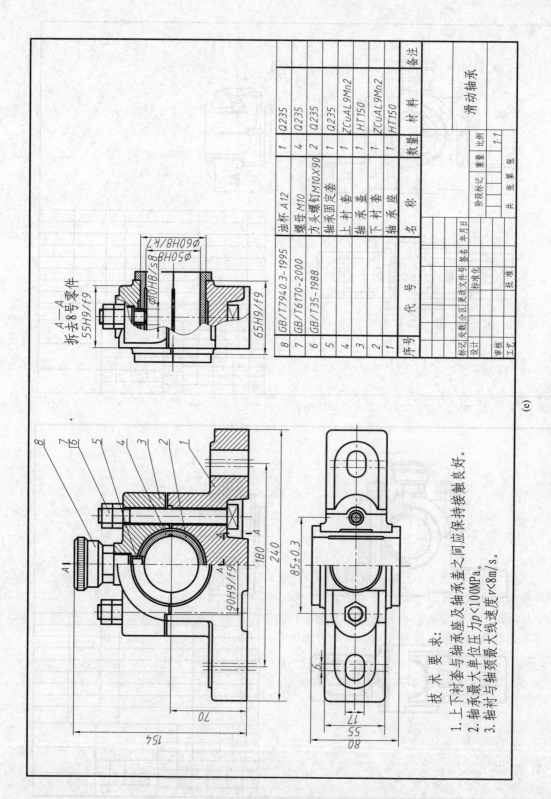

序号	代号	名称	数量	材料	备注
8	GB/T794 0.3-1995	油杯 A12	1	Q235	
7	GB/T6170-2000	螺母 M10	4	Q235	
6	GB/T35-1988	方头螺钉M10×90	2	Q235	
5		轴承固定套	1	ZCuAL9Mn2	
4		上衬套	1	HT150	
3		轴承盖	1	ZCuAL9Mn2	
2		下衬套	1	HT150	
1		轴承座			

滑动轴承

技术要求:
1. 上下衬套与轴承座及轴承盖之间应保持接触良好。
2. 轴承最大单位应压力 $p < 100\text{MPa}$。
3. 轴衬与轴颈最大线速度 $v < 8\text{m/s}$。

(e)

图11-23 滑动轴承的作图步骤

(a)拟定表达方案、合理布局 (b)、(c)、(d)画底图 (e)完成的装配图定套→油杯的顺序，逐步画出它的三个投影，如图 11-23(b)、(c)。注意解决好零件间的定位关系、相邻零件表面的接触关系和零件间的相互遮挡等问题，以便正确画出相应的投影。

(b) 画次要的装配干线，分别画齐各部结构。根据滑动轴承的结构特点，画螺栓连接结构，完成各视图，如图 11-23(d)。

(5) 标注尺寸、编写序号、填表和编写技术要求，并检查、描深，完成全图。完成后滑动轴承的装配图如图 11-23(e)。

第七节　看装配图和由装配图拆画零件图

在生产活动中，设计和制造要看装配图，技术交流和使用机器也要看装配图，通过阅读装配图来了解设计者的意图和部件或机器的结构特点，以及正确的操作方法等。因此，看装配图是工程技术人员必备的基本技能之一。看装配图应达到下列基本要求：

(1) 了解部件或机器的名称、功用、结构和工作原理。

(2) 明确部件的使用和调整方法。

(3) 弄清零件的作用、相互位置、装配连接关系以及装拆顺序等。

(4) 看懂零件的结构。

要看懂一张装配图，还要具备一定的专业知识和生产实践经验，这要通过专业课程的学习和在今后的实际工作中解决。本节着重介绍看装配图的一般方法和步骤。

一、看装配图的方法和步骤

看装配图的基本方法仍然是分析投影；但围绕部件的功用，从结构、装配等方面进行分析，也有利于加深对部件的理解。这就是所谓结构分析。本文以图 11-24 所示球形阀为例，说明看装配图的一般方法和步骤。

1. 概括了解

(1) 阅读有关资料和产品说明书，了解机器或部件的用途、性能和工作原理。

(2) 从标题栏了解机器或部件的名称，名称往往可以反映出部件的功用。球形阀的作用是在管道中通、断流体或控制流体的流量。

(3) 从标题栏了解机器或部件绘图比例，与图形对照，可定性想象出部件的大小；查外形尺寸可定量明确部件的大小。

(4) 从明细栏了解零件名称和数量，有多少自制件，有多少标准件，并在视图中找出所表示的相应零件及其所在位置；大致浏览一下所有视图、尺寸和技术要求等。这样，便对部件有了一个初步的认识。

球形阀由瓣座、阀瓣、阀体、阀盖和标准件等 17 种零件组成，其中标准件 4 种。其工作原理是：转动手轮 11 时，通过圆柱销 12 带动阀杆一起旋转，因与阀杆连接的横臂 7 固定不动，则迫使阀杆上升或下降，从而通过销钉 3 带动阀瓣一起作上、下运动。因此，球形阀就可满足开启或关闭以及控制流量大小的要求。

2. 分析视图　阅读装配图时，首先确定视图名称和数量，明确视图间的投影关系；分析各图采用了哪些表达方法，如果是剖视图还要找到剖切位置和投射方向；然后分析各视图所要表达的重点内容是什么，以便研究有关内容时以它为主，结合其他视图进行分析。

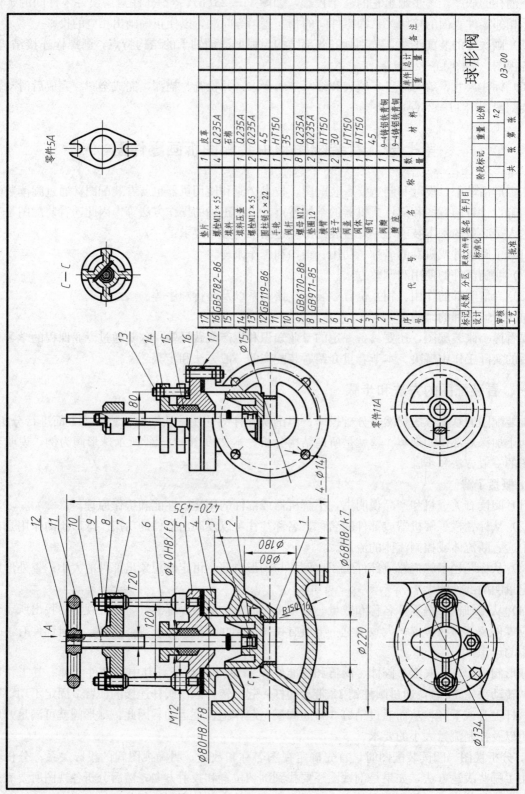

图11-24 球形阀阀装配图

图 11-24 共有三个基本视图和三个辅助视图。左上角那个图为主视图，它采用了全剖视图。主要表达了瓣座、阀瓣、阀体、阀盖以及阀杆之间的连接关系，即表达了球形阀的主要装配关系；剖切位置在阀的前后对称中心面上。俯视图为基本视图，此图表达了阀体和横臂的外形结构。左视图为半剖视图，半个剖视图上主要表达了填料、填料盖和各螺栓的连接情况，半个视图上表达了瓣座、阀瓣、阀体、阀盖、柱子和横臂的外形结构。C—C 剖面图为了清楚表达零件阀瓣 2、销钉 3、阀杆 10 的连接关系。零件 5A 向补充表达阀盖的外形。零件 11A 向表达手轮的外形。

3. 深入分析零件和零件间的装配连接关系　分析零件的关键是区分零件，要与分析和它相邻零件的装配连接关系结合进行，一般可采用下述方法：

（1）可围绕部件的功用、工作原理，从主要装配干线上的主要零件开始，逐步分析其他零件，再扩大到其他装配干线。也可根据传动系统的先后顺序进行。

（2）分析零件可先看标准件、传动件；后看一般零件，先易后难地进行。因为，标准件及轴类实心零件，在装配图的剖视图中是按不剖的形式画出的，比较明显。象齿轮、带轮等传动件，其形式都各有特点，也较易看懂。先把这些零件看懂并分离出去，为看懂较复杂的一般零件提供了方便。

（3）分析一般零件的结构形状时，最好从表达该零件最清楚的视图入手，利用零件的序号和剖面线的方向及疏密度，在投影分析的基础上，分离出它在各视图中的投影轮廓。结合零件的功用及其与相邻零件的装配连接关系，即可想象出零件的结构形状。

在球形阀的装配图中，瓣座、阀体和阀瓣是主要零件，瓣座 1 与阀体 4 采用基孔制过渡配合；阀瓣 2 与阀体采用基孔制间隙配合，使阀瓣能在阀体内上下移动；填料压盖与阀盖采用基孔制间隙配合，使填料压盖能在阀盖内运动而压紧填料，起密封作用。阀盖与横臂用柱子 6 连接。阀盖与阀体用螺栓 16 连接，并用垫片密封；阀盖与填料压盖用螺栓 13 连接。

分析零件及零件间的相互连接关系时还要注意：

（a）几个视图对照阅读。例如，主、俯、左视图对照就容易较快地区分和想清阀体、阀瓣、阀盖和瓣座的形状及它们相互间装配关系；主、左视图对照阅读很容易想清阀盖主要的结构、形状。

（b）功能分析与投影分析相结合。分析时尽可能地与部件功能（在概括了解中作出的判断）和已分析出的零件的功能、作用联系，根据相邻或相关零件功能分析本零件的功能。

4. 归纳总结　经过前述由浅入深的过程，最后再围绕部件的结构、工作情形和装配连接关系等，把各部分结构有机地联系起来一并研究，从而对部件的完整结构有一全面的认识。球形阀的实体图如图 11-25 所示。必要时，还可以进一步分析结构能否完成预定的功用、工作是否可靠、装拆是否方便等。

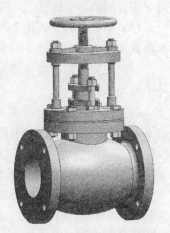

图 11-25　球形阀的实体图

二、由装配图拆画零件图

在设计新机器时，经常是按功能要求先设计、绘制出部件装配图，确定零件主要结构，然后再根据装配图画零件图，将各零件结构、形状和大小完全确定。根据装配图画零件图的工作称为"拆图"，拆图的过程往往也是完成设计零件的过程。

下面以拆画球形阀的阀盖为例，说明拆画零件图的方法步骤和应注意的问题。

1. 零件视图的选择 拆画零件图时，零件的表达方案是根据零件的结构形状特点考虑的，装配图上的表达方案可作为参考，不强求与装配图一致。具体选择方法参见第十章。对于阀盖来说，装配图中的表达方案仍可以使用。主视图采用全剖表达阀盖的内部结构；俯视图采用基本视图以表达外形；左视图采用半剖视图表达，以对其内外结构不太清楚的部分进行补充表达。

2. 确定零件的形状 在读懂装配图的基础上，将要拆画的零件的结构、形状完全确定，首先是将由装配图能确定的部分想象清楚，确定下来；其次对分离出的零件投影轮廓，应补全被其他零件遮挡的可见轮廓线，如从装配图中分离出阀盖的投影轮廓如图 11 - 26 所示，在主视图中被阀杆、柱子和螺栓等遮挡住的轮廓线，在左视图中被遮挡住的轮廓线及俯视图中漏画的可见轮廓线，都要一一补全。

由于装配图对某些零件往往表达不完全，这些零件的形状尚不能由图中完全确定，在此情况下，可根据零件的功用及与相邻零件的装配连接关系，用零件结构和装配结构的知识对零件进行构形设计而确定，并补画出来。

在装配图中被省略的工艺结构，如倒角、圆角、退刀槽等，在拆画的零件图中应全部补齐。

3. 标注尺寸 拆画的零件图标注尺寸时，用下列五种方法确定尺寸数值：

(1) 从装配图中抄下来。装配图中已标注的该零件尺寸可以直接注出。例如，阀盖主视图所注尺寸 120、左视图所注尺寸 $\phi 40H8$、80，俯视图中所注尺寸 $\phi 134$、M12 和左视均如此。拆时注意配合代号中孔、轴公差带代号的正确拆取，如阀盖 $\phi 40H8(\phi 40)$。

(2) 根据明细栏或相关标准查出来。凡与螺纹紧固件、键、销和滚动轴承等装配之处的尺寸均需如此。例如，阀盖上 4 个光孔孔经大小按明细栏所注螺栓的规格确定。对于常见局部功能结构如 T 型槽、燕尾槽、三角带槽等和局部工艺结构如退刀槽、圆角等，标准亦有规定值或推荐值，应查阅确定后标注。

(3) 根据公式计算出来。若拆画齿轮零件图时，其分度圆、齿顶圆均应根据模数、齿数等基本参数计算出来。

(4) 从装配图中按比例量出来。零件上的多数非功能尺寸都是如此确定下来的，如阀盖中的外形尺寸 $\phi 60$。

(5) 按功能需要定下来。对于那些装配图中未给定的结构形状，在设定形状结构后将其尺寸定下来，如阀盖上部凸台的圆弧尺寸 R14。对于某些量出来的尺寸，也尚需根据功能准确确定其数值。

4. 确定表面结构等技术要求

(1) 根据各表面作用确定其表面结构要求。有相对运动和配合要求的表面，其表面结构轮廓参数 Ra 值要小；有密封、耐腐蚀、美观等要求的表面，Ra 值也要小。无相对运动和无配合要求的接触面、螺栓孔、凸台和沉孔的表面结构轮廓参数 Ra 值较大。表面结构轮廓参数还可参照同类零件选取。

(2) 按公差带代号查表标注尺寸公差或仅标注尺寸公差带代号。

(3) 对零件表面形状和表面相对位置有较高精度要求时，应在零件图上标注形位公差。

(4) 其他技术要求视具体情况而定。

阀盖的标注见图 11 - 26。

5. 填写零件图标题栏　根据装配图明细栏上该零件相应内容填写零件图标题栏。

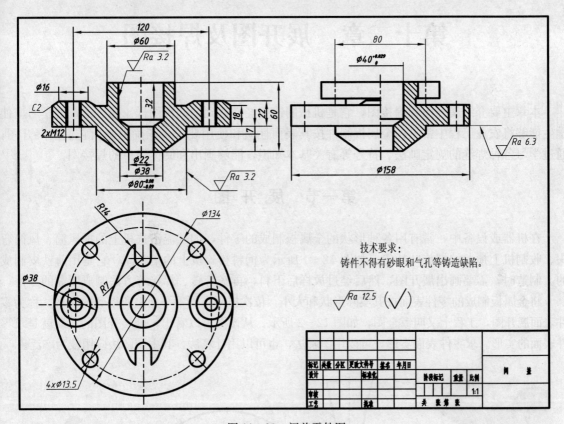

图 11-26　阀盖零件图

第十二章 展开图及焊接图

本章主要介绍展开图和焊接图，它是机械制造中经常遇到的两种图样。通过本章的学习应使学生能够将农业工程中常见的金属板制件按其表面性质和使用要求，正确地画出它们的展开图；通过学习各种焊缝的规定画法、符号等有关基本知识，能够画出和阅读简单的焊接图。

第一节 展 开 图

在机器或设备中，常有用各种形状的金属板制成的零件，如气流清选机上的抽风筒、风筒弯头、收割机上搅龙的螺旋叶片等。如图 12-1 所示为饲料粉碎机上的集粉筒，它是用薄铁皮制成的。制造时，需要画出展开图，然后经过放样后下料，再经弯转、焊接等方法制成所需的零件。

将金属板制成的零件表面按其实际形状和大小，依次摊平在同一平面上所得到的图形，称为零件表面展开图，工程上又叫钣金图，如图 12-2 所示。从该图可以看出，画展开图的实质就是求零件表面的实形。求零件表面实形，可以用图解法，也可以用计算法，其中图解法应用较为广泛。

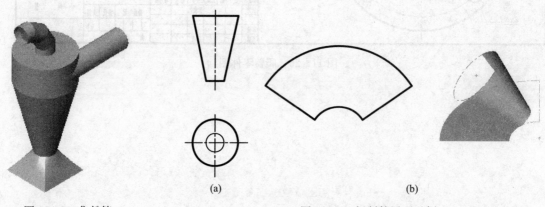

图 12-1 集粉筒   图 12-2 板制件展开示例

金属板制件种类很多，形状各种各样，但不管它们的外形如何复杂，均可分解为许多基本形体（或基本形体的一部分）。如集粉筒可分解为弯头（由几段斜切圆管所构成）、偏交圆管、锥管和变形管接头四部分。由此可见，如果要展开金属板制件的表面，实际上就是展开组成该制件的基本形体的表面。为此着重介绍各种基本形体表面展开的原理和方法。

一、平面立体的表面展开

画平面立体表面的展开图，只要求出立体棱线的实长和所有表面的实形，即可顺次展平在纸上。平面立体的表面展开，最常用的方法是三角形法，对棱柱制件还应用侧滚法和正截面法，下面分别介绍这几种方法。

（一）棱柱制件的表面展开

1. 三角形法 图 12-3 为一斜棱柱接管，其三个棱面均为平行四边形，上下底面为相同的三角形。在求出各边实长后便可顺次画出展开图。

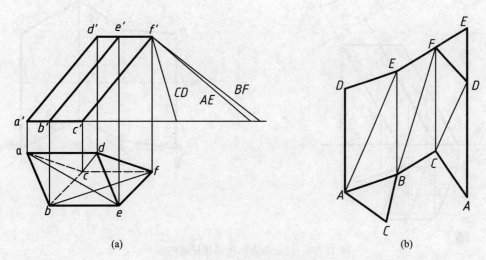

图 12-3 用三角形法求棱柱的展开

2. 侧滚法 当棱柱的棱线为投影面平行线时，可以这些棱线为轴，连续旋转各棱面使它们依次平行于同一投影面，画出这些棱面的实形，即得展开图。如图 12-4 所示，以 A_1A 棱线为轴进行侧滚，由此求出各棱面的实形。

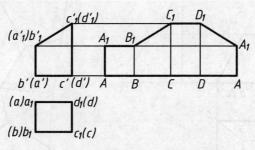

图 12-4 用侧滚法求正四棱柱的展开

3. 正截面法 由于正截面垂直棱线，在展开图上截交线展成一直线，棱线必定仍与截交线的展开直线相垂直。因此，可利用这一特性借助于侧滚法作图，如图 12-5 所示。

图 12-5 中三棱柱的棱线是正平线，与正平线垂直的平面是正垂面。显然，$P_V \perp a'b'$ 且有 P_V 积聚性，因而可直接求得截平面的水平投影△123。图 12-5 中用变换 H 面的方法使 $H_1 /\!/ P$，在 H_1 平面上求出截断面的实形△$1_1 2_1 3_1$。

（二）棱锥制件的表面展开

图 12-6(a) 为矩形渐缩管的投影图，棱线延长后交于 S 点，形成四棱锥。该矩形渐缩管是一四棱台，其上下底面均为水平面，水平投影反映实形。前后棱面相同，左右棱面也相同，四条棱线长度相等，在投影图中是一般位置直线，只要求出棱线的实长，便可求出棱锥各面的实形，实现矩形渐缩管表面的展开。具体的作图步骤为：利用直角三角形法求出棱锥各棱线的实长；依次棱线的

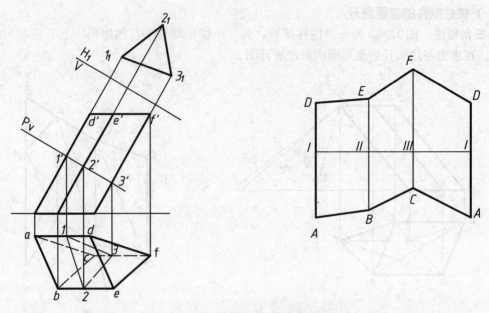

图 12 - 5   用正截面法求斜棱柱面的展开

实长和下底面各边的实长画出各棱锥面的实形△SAB、△SBC、△SCD、△SAD；再画出上底面的各边线ⅠⅡ、ⅡⅢ、ⅢⅣ、ⅣⅠ，即完成矩形渐缩管的展开，如图 12 - 6(b) 所示。

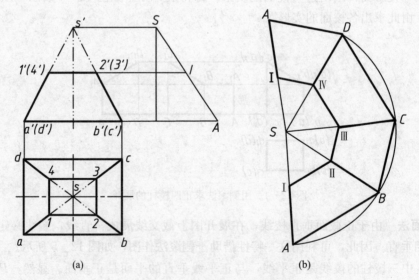

(a)   (b)

图 12 - 6   棱锥表面展开的画法

二、曲面立体的表面展开

曲面有可展曲面和不可展曲面。

(一)可展曲面的表面展开

曲面上连续两素线能组成一个平面时这种曲面是可展的。因此，可展曲面只能是直线面，最常见的是柱面、锥面和切线面。

1. 圆管制件的表面展开 圆管的表面展开图是一个矩形,矩形一边长度为这正截面的周长 πd,其邻边长度等于圆管高度 H。

2. 斜口圆管的展开 圆柱面可认为是无穷多棱线的棱柱,它的展开画法与棱柱相似。图 12-7 为一斜圆管,利用内接正十二棱柱近似代替圆柱画它的展开图。由于圆柱轴线为铅垂线,柱面上素线的正面投影表达实长,其作图步骤为:

(1) 作内接正十二棱柱。

(2) 画展开图。将底圆周长展开成直线,并作 12 等分;过等分点作垂线,在所作垂线上截取相应素线的实长;最后,将各垂线的端点连接成圆滑的曲线即可。

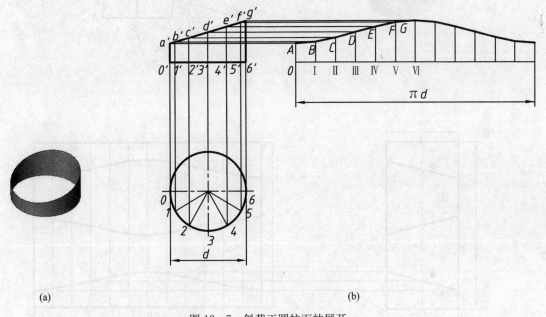

图 12-7 斜截正圆柱面的展开

3. 等径直角弯管的展开 图 12-8(a) 为一等径直角弯管,用以连接两垂直的圆管,因此接口要求是圆形,为了达到这个要求可用若干斜口圆管来组成等径直角弯管。图 12-8(b) 表示四节斜口圆管拼接而成的直角弯管,中间两节是两面倾斜的全节,两端两节是一面倾斜的半节。弯管的曲面半径为 R,管口直径为 d。

等径直角弯管作图步骤:

(1) 画出截切圆管成四节的正面投影图,如图 12-8(b) 所示。

(a) 过任一点作相互垂直的两条线,以 O 为圆心,R 为半径,在两线之间画圆弧;

(b) 分别以 $R-d/2$ 和 $R+d/2$ 为半径画内、外两同心圆弧;

(c) 该弯管由两个全节、两个半节,即六个半节组成,半节的中心角 $\alpha = 90°/6 = 15°$,按 α 将直角分成 6 等份,画出全节的对称线和各节的分界线;

(d) 作出各节外切于各节圆弧的切线,即完成该弯管的正面投影。

(2) 把弯管的 BC、DE 翻转 $180°$,四节斜口圆管拼接成一个正圆柱管,如图 12-8(c) 所示。

(3) 按照斜口圆管的展开方法,将四节斜口圆管逐一展开,就拼接成了等径直角弯管的展开图，如图 12-8(d) 所示。

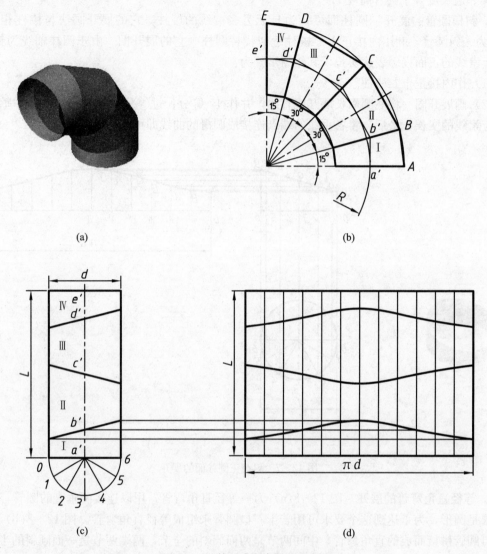

图 12-8　等径直角弯头的展开
(a) 立体图　　(b) 四节直角圆管的正面投影图
(c) 截切圆管成四节的投影图　　(d) 展开图

4. 锥管制件的表面展开　锥管制件的表面展开后为一扇形，扇形的周长为 πd，圆心角为 $d/2L \times 360°$，其中 L 为圆锥的素线长度。

5. 斜口正圆锥管的展开　圆锥面可认为是无穷多棱线的棱锥，它的展开画法与棱锥相似。

作图：用内接正八棱锥近似地代替正圆锥面，然后用展开正八棱锥的方法画圆锥的展开图，如图 12-9 所示。

(1) 将底圆 8 等分，得 I、II、III、…、VIII等点；连接 S I、S II、…即得内接正八棱锥。

(2) 除 $s'1'$、$s'5'$ 为素线实长外，其他素线的实长可用直角三角形法求出。

(3) 画完整圆锥面的展开图。以 s' 为圆心，以 $s'1'$ 为半径画圆弧，并在圆弧上截取 I、II、

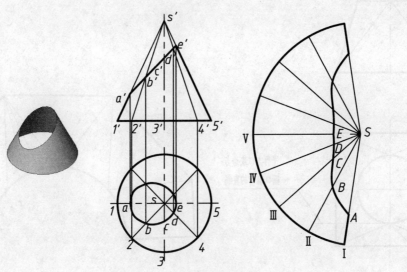

图 12-9　斜截正圆锥的展开

Ⅲ、…、Ⅷ等点，使ⅠⅡ＝12、ⅡⅢ＝23、…；把所得各点与 S 连接起来。

（4）在展开图上的每一素线上截取切口以上相应素线的实长，得 A、B、C、…等点；将所求各点依次圆滑连接即得。

6. 变形管接头的展开　变形管接头供连通两段形状不同的管道之用，使通道形状不断变化，减小过渡处的阻力，以利流体顺畅通过。如图 12-10 所示，上圆下方管接头是用来连接圆管和方管的，在展开前先对其表面形状和分界线进行分析。

（1）表面形状和分界线分析。图示接头由四个三角形平面和四个部分椭圆锥面组成。画展开图前，应找出平面与锥面的分界线。为使接头内壁圆滑，三角形平面应与相邻的椭圆锥面相切。显然，方口的每边都是三角形的一边，而包含方口每边所作椭圆锥面的切平面，它和圆口的切点，即为三角形的顶点。顶点与相应方口的连线，即椭圆锥面和平面的分界线。

（2）画展开图。把四个三角形和四个部分椭圆锥面（作棱锥按三角形法展开）顺次毗连地画出，即得图 12-11 所示的上圆下方管接头的展开图。

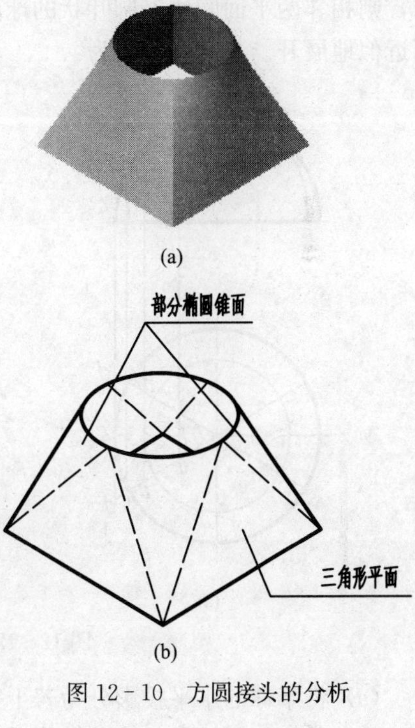

（二）不可展曲面近似展开的画法

如因生产需要必须画出不可展曲面的展开图时，只能采用近似的方法作图，将不可展曲面分为若干小块，使每小块接近于可展曲面（如平面、柱面或锥面），然后按可展曲面展开，下面以球面和正螺旋面为例介绍不可展曲面的近似展开画法。

1. 球面的近似展开　近似地展开球面的方法很多，常用的有近似柱面法和近似锥面法两种。

部分椭圆锥面

三角形平面

(a)

(b)

图 12-10　方圆接头的分析

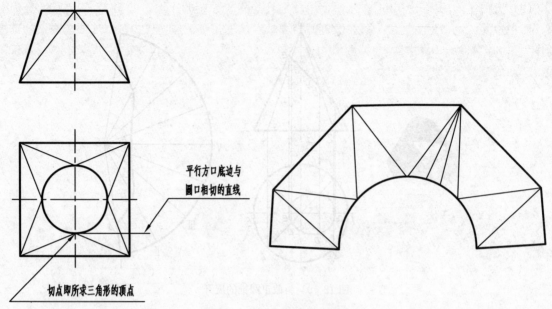

平行方口底边与圆口相切的直线

切点即所求三角形的顶点

图 12-11　方圆接头的展开

（1）近似柱面法展开。过球心将圆球分为若干等分，图 12-12 分为 6 等份，并且只画了半球，则相邻两平面间所夹柳叶状的球面，可近似地看成柱面，然后用展开柱面的方法把这部分球面近似地展开。其具体做法为：

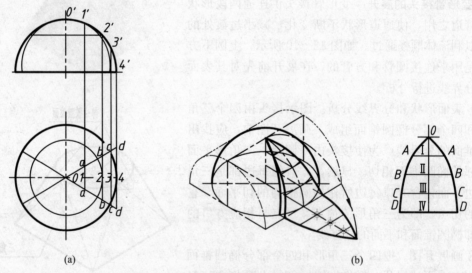

(a)　　　　　　　　　　(b)

图 12-12　用展开柱面的方法近似展开半球

（a）将半球的水平投影分为若干等份（图中为 6 等份）。

（b）将正面投影的轮廓线分为若干等份（图中为 4 等份）。得分点 $1'$、$2'$、…。

（c）过正面投影各等份点作正垂线，并求出其水平投影 aa、bb、cc、…。

（d）将 $0'4'$ 展开成 $0Ⅳ(=\pi R/2)$，并在此线上确定分点 Ⅰ、Ⅱ、…。

（e）过点 Ⅰ、Ⅱ、…分别作 $0Ⅳ$ 的垂线，并取 $AA=aa$、$BB=bb$、…得 A、B、…等点。

（f）将 A、B、…等点连成圆滑的曲线，即得六分之一半圆球面的展开图。

（2）近似锥面法展开。用若干水平面将球面分为相应数量的小块，如图 12-13 所示分为七块，而把中间一块Ⅰ近似地作为圆柱面展开，其余各块球带则近似地作为圆台处理，两极的球冠则作为正圆锥面展开。各锥面的锥顶分别位于球轴上的 S_1、S_2、…等点的地方。分别展开各块即得球面的近似展开图。

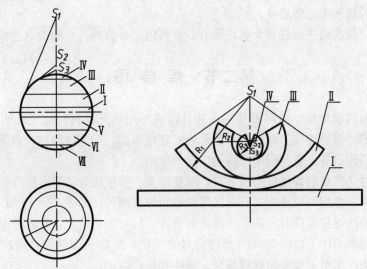

图 12-13 用展开锥面的方法近似展开球面

2. 正螺旋面的近似展开 用正螺旋面制成的螺旋输送器（俗称搅龙），在农业机械上经常用到，它可用作输送物料，也可用作搅拌机构。制作时需要画出它的展开图，如图 12-14 所示，用近似三角形法展开。

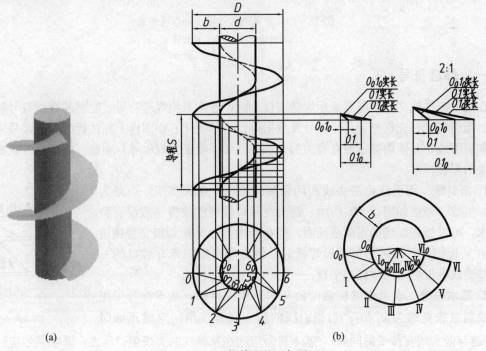

图 12-14 正螺旋面的近似展开

（1）把一个导程内的正圆柱螺旋面等分为若干小块（图中是 12 小块，每块是由两直边和两曲边组成的四边形）。在水平投影上，把两圆周分为 12 等份，连接对应分点；在正面投影上，将导程也作 12 等份，并过各等分点作水平线，这样就求出了每小块的水平投影和正面投影。

（2）画每小块的近似展开图。此时把每小块划分为两个三角形；而把空间曲线作为直线并求每边的实长，然后按平面近似展开。

（3）依同法。顺次毗连地将其余各块展开，并将内、外两侧各点圆滑地连成曲线。

第二节 焊 接 图

焊接是通过加热或加压，或两者并用，并且用或不用填充材料，使工件达到结合的一种方法。焊接是一种不可拆的连接。焊接具有重量轻、连接可靠、工艺过程和设备简单等优点，在机械、电子、化工、建筑等工业部门中都得到广泛的应用。

零件在焊接时，常见的焊接接头形式有：对接接头、搭接接头、T 形接头和角接接头等。从接头形式可以看出，常用的焊缝形式有对接焊缝和角焊缝两种，如图 12-15 所示。

在工程图中表达焊接零件时，需要将焊缝的形式、尺寸表达清楚，有时还要说明焊接方法和具体要求，国家标准 GB/T324—2008《焊缝符号表示法》规定了焊缝符号的表示规则和焊接接头的符号标注方法。本节主要介绍焊缝符号、画法和标记方法。

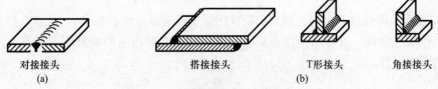

对接接头　　　　搭接接头　　　T 形接头　　　角接接头
(a)　　　　　　　　　　　　(b)

图 12-15　常见的焊接接头和焊缝形式
(a) 对接焊缝　(b) 角焊缝

一、焊缝符号

在技术图样或文件上需要表示焊缝或接头时，通常采用焊缝符号。完整的焊缝符号包括基本符号、指引线、补充符号、尺寸符号及数据等。为了简化，在图样上标注焊缝时通常只采用基本符号和指引线，其他内容一般在有关的文件中（如焊接工艺规程等）明确。焊缝符号很多，请参阅有关的焊接标准。

1. 指引线　指引线由箭头线和两条基准线（一条为实线，一条为虚线）组成，画法如图12-16 所示。箭头线相对焊缝的位置一般没有特殊要求，可以指在焊缝的正面或反面。但在标注单边 V 形焊缝、带钝边的单边 V 形焊缝、带钝边的 J 形焊缝时，箭头线应指向带有坡口的一侧。基准线一般应与图样底边平行。

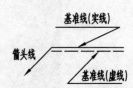

图 12-16　指引线的画法

2. 基本符号　表示焊缝横截面的基本形式或特征。基本符号采用实线绘制（线宽约为 0.7b）。当指引线的箭头线直接指向焊缝正面时（即焊缝与箭头线在接头的同侧），基本符号应注在基准线的实线侧；反之，基本符号应注在基准线的虚线侧。表 12-1 列出了焊缝的基本符号和标注方法，供参考。

表 12 - 1　焊缝的基本符号和标注方法举例

符号种类			标注方法举例		说　明
名称	符号	图例	焊缝形式	标注方法	
I 型焊缝	||				1. 焊缝外表面在接头一侧时，符号注在横线上；否则注在横线下 2. 单面角焊符号为 △，双面角焊的符号为
V 型焊缝	V				
角焊缝	△				

3. 补充符号　用来补充说明有关焊缝或接头的某些特征（如表面形状、衬垫、焊缝分布、施焊地点等）。补充符号的线宽要求同基本符号，不需确切说明时可以不标注。表 12 - 2 列出了几种补充符号，供参考。

表 12 - 2　焊缝的补充符号和标注方法举例

符号种类			标注方法举例		说　明
名称	符号	图例	焊缝形式	标注方法	
平面符号	——				表示焊缝表面平齐
三面焊缝符号	⊏				要求三面焊缝符号的开口与焊缝实际方向画得基本一致
周围焊缝符号	○				表示在现场环绕工件周围进行角焊
现场符号	▶				

4. 尺寸符号及数据　必要时，可以在焊缝符号中标注尺寸和数据。焊缝尺寸标注方法如图 12 - 17 所示，焊缝尺寸符号如表 12 - 3。

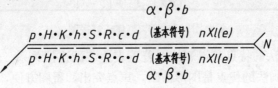

图 12 - 17　尺寸标注方法

表 12-3 焊缝的尺寸符号

名称	符号	名称	符号	名称	符号	名称	符号
工件厚度	δ	钝边	p	焊缝有效厚度	S	焊接段数	n
坡口角度	α	坡口深度	H	根部半径	R	焊缝长度	l
坡口面角度	β	焊脚尺寸	K	焊缝宽度	c	焊缝间距	e
根部间隙	b	余高	h	熔核直径	d	相同焊缝数量	N

二、金属焊接图

金属焊接图是焊接施工所用的一种图样，它除了应把构件的形状、尺寸和一般要求表达清楚外，还必须把焊接有关的内容表达清楚，包括表达焊接件的结构形状；表达焊接件的规格尺寸、各焊件的装配位置尺寸及焊缝尺寸；构件装配、焊接以及焊后处理、加工的技术要求；标题栏和说明焊件型号、规格、材料、重量的明细栏及焊件相应的编号。根据焊接件结构复杂程度的不同，大致有两种画法。

1. 整体式 这种画法的特点是，图上不仅表达了各零件（构件）的装配、焊接要求，而且还表达了每个零件的形状和尺寸大小以及其他加工要求，不再画零件图了，如图 12-18 所示。这种画法的优点是表达集中、出图快，适用于结构简单的焊接件以及修配和小批量生产。

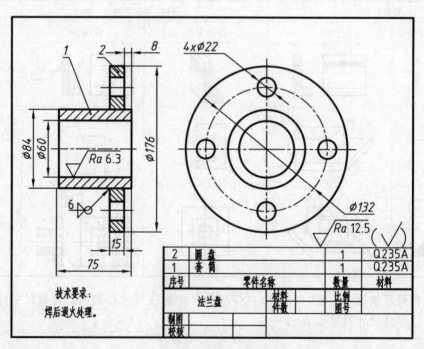

图 12-18 整体式焊接图

2. 分件式 这种画法的特点是：焊接图着重表达装配连接关系、焊接要求等，而每个零件另画零件图表达。这种画法的优点是图形清晰，重点突出，看图方便，适用于结构比较复杂的焊接件和大批量生产。图 12-19 只画了总图，单个零件图未画出。

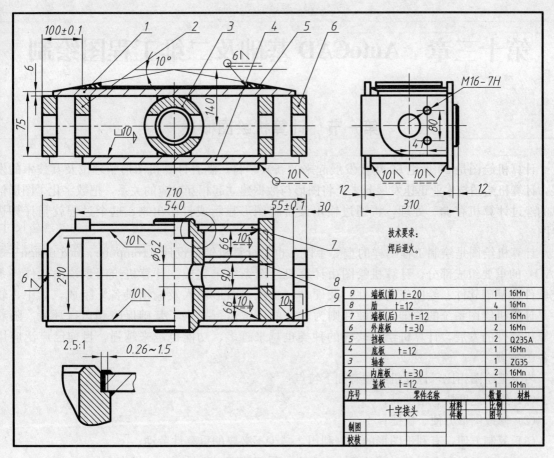

技术要求：

焊后退火。

9	端板(前) t=20	1	16Mn
8	肋 t=12	4	16Mn
7	端板(后) t=12	1	16Mn
6	外座板 t=30	2	16Mn
5	挡板	2	Q235A
4	底板 t=12	1	16Mn
3	轴套	1	ZG35
2	内座板 t=30	2	16Mn
1	盖板 t=12	1	16Mn
序号	零件名称	数量	材料

十字接头

| 材料件数 | | 比例图号 | |

制图

校核

图 12-19 分件式画法（总图）

第十三章 AutoCAD 基础及二维工程图绘制

第一节 计算机绘图概述

计算机绘图是 20 世纪 60 年代发展起来的新兴学科。随着计算机图形学理论及其技术的发展，计算机绘图技术业迅速发展起来。将图形与数据建立起相互对应的关系，把数字化了图形信息的经过计算机存储、处理，再通过输出设备将图形显示或打印出来，这个过程就是计算机绘图。

计算机绘图是绘制工程图样的重要手段，也是计算机辅助设计（computer aided design——CAD）的重要组成部分。计算机绘图由计算机绘图系统来完成。计算机绘图系统由软件（系统软件、基础软件、绘图应用软件）及硬件（主机、图形输入及输出设备）组成，其中，软件是计算机绘图系统的关键，而硬件则为软件的正常运行提供了基础保障和运行环境。随着计算机硬件的发展，计算机绘图软件的种类也越来越多、功能也越来越强，目前已广泛应用于各个领域。

与手工绘图相比，计算机绘图有如下特点：
（1）绘图速度快、精度高；
（2）修改图形方便、快捷；
（3）复制方便，有利于图形的重复利用，减少不必要的重复性劳动；
（4）图形可保存在硬盘、移动盘或光盘上，易于管理，不易污损，携带方便；
（5）可促进产品设计的标准化、系列化，缩短产品的开发周期；
（6）便于网络传输。

AutoCAD 软件是美国 Autodesk 公司 1982 年推出的，是目前计算机 CAD 系统中使用最广泛和最为普及的集二维绘图、三维实体造型、关联数据库管理和互联网通信于一体的计算机辅助设计与绘图软件。该软件的功能经过 30 多年不断完善和改进升级，已由当初的 1.0 版本升级为现在的 AutoCAD 2013。

第二节 AutoCAD 2013 的主界面及其基本操作

一、认识 AutoCAD 2013 的主界面

AutoCAD 2013 提供了"草图与注释"、"三维基础"、"三维建模"和"AutoCAD 经典"4 种工作界面。默认状态下，打开的是"草图与注释"界面，如图 13-1 所示。在该空间可以使用"绘图"、"修改"、"图层"、"注释"、"块"、"特性"等工具方便地绘制二维图形。

对于习惯使用 AutoCAD 经典工作界面的用户，可以采用"AutoCAD"经典工作界面。如图 13-2 所示。

要进行 AutoCAD 2013 的 4 种工作界面转换，选择如图 13-3 所示的黑三角按钮进行切换。

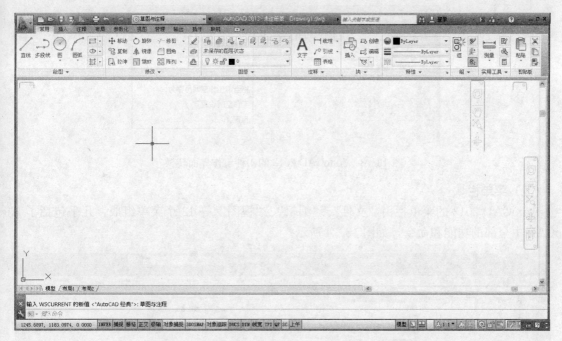

图 13-1 AutoCAD 2013 "草图与注释" 主界面

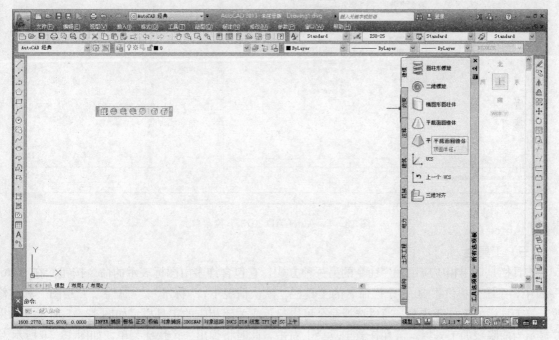

图 13-2 AutoCAD 2013 "AutoCAD 经典" 主界面

(一) 标题栏

标题栏位于应用程序窗口的最上面的中间位置,用于显示当前正在运行的程序名及文件名等信息,如果是 AutoCAD 默认的图形文件,其名称为 Drawing1.dwg (1 表示当前打开的是第一个文件,以此类推)。单击标题栏右端的 ─□× 按钮,可以最小化、最大化或关闭应用程序窗口。

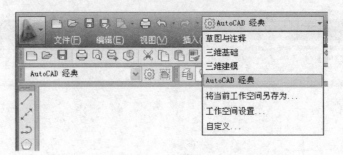

图 13-3　AutoCAD 2013 的 4 种工作界面转换

(二) 菜单栏

AutoCAD 2013 的菜单栏由"文件"、"编辑"、"视图"等 12 个菜单组成，几乎包括了 AutoCAD 中全部的功能和命令，如图 13-4 所示。

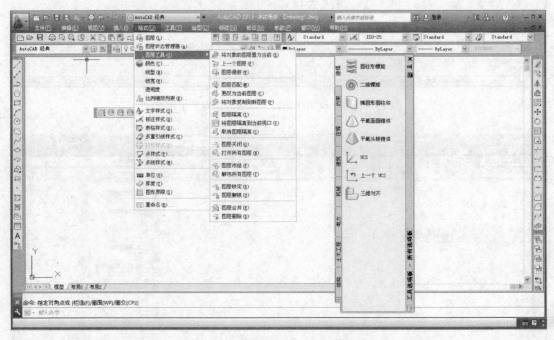

图 13-4　AutoCAD 2013 下拉菜单

(三) 工具栏

工具栏是调用相应应用程序命令的另一种方式，它包含许多由图标表示的命令按钮。在 AutoCAD 中，系统共提供了 30 多个已命名的工具栏。默认情况下，"标准"、"属性"、"绘图"和"修改"等工具栏处于打开状态。通过选择命令可以显示或关闭相应的工具栏，如图 13-5 所示。如果要显示当前隐藏的工具栏，可在任意工具栏上右击，此时将弹出一个快捷菜单，如图 13-6 所示。

图 13-5　AutoCAD 2013 工具栏

（四）绘图窗口

在 AutoCAD 中，绘图窗口是用户绘图的工作区域，所有的绘图结果都反映在这个窗口中。可根据需要关闭相应工具栏，以增大绘图空间。如果图纸比较大，需要查看未显示部分时，可以单击窗口右边与下边滚动条上的箭头，或拖动滚动条上的滑块来移动图纸。

在绘图窗口中还显示了当前使用的坐标系类型以及坐标原点，X、Y、Z 轴的方向等。默认情况下，坐标系为世界坐标系（WCS）。

绘图窗口的左下方有"模型"、"布局 1"和"布局 2"选项卡，单击其标签可以在三者之间来回切换。

（五）命令行

命令行窗口位于绘图窗口的底部，用于接收用户输入的命令，并显示 AutoCAD 提示信息，如图 13-7。

图 13-7 命令行和文本窗口

图 13-6 快捷菜单

（六）状态显示区

在 AutoCAD 界面的下方，有状态显示区，如图 13-8 所示。状态显示区的辅助工具，用鼠标单击来控制其开关。当图标为彩色显示，其功能为开；灰色显示时，其功能为关闭状态。当鼠标移动在图标上，会悬浮出现该图标的名称及快捷键形式。

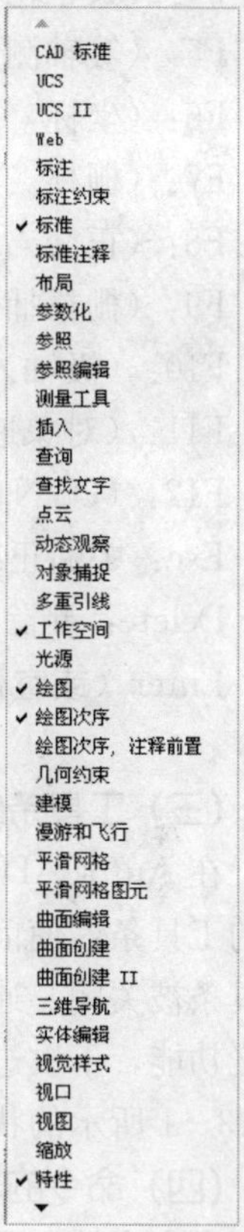

图 13-8 状态显示区

二、AutoCAD 2013 的基本操作方法

（一）鼠标的操作

用 AutoCAD 进行绘图时，鼠标是主要的命令输入及操作工具，也是图形显示与控制的重要工具。点选命令及工具条上的图标、设置状态开关、确定屏幕上点的位置、拾取操作对象等，均按鼠标的左键；查询对象属性、确认操作结束、弹出屏幕对话框、设置状态参数等，则按鼠标的右键；中键滚轮则主要用于图形的显示与控制。因此，鼠标左、右键及滚轮的配合使用可大大提高作图效率。

（二）键盘的使用

键盘主要用于数字、命令和文字的输入。键盘上快捷键可使作图更为方便、快捷。如：

F1：（AutoCAD 2013 帮助）可随时打开帮助文本，查找所需的帮助信息；

F2：（AutoCAD 2013 文本窗口）可查看历史命令；

F3：（对象捕捉 开/关）打开或关闭对象捕捉；

F4：（数字化仪　关）在打开数字化仪之前进行校准；

F5：（等轴测切换）实现等轴测平面左、右、上的切换；

F6：（坐标　开/关）打开或关闭实时坐标显示；

F7：（栅格　开/关）打开或关闭栅格显示；

F8：（正交　开/关）打开或关闭正交模式；

F9：（栅格捕捉　开/关）打开或关闭栅格捕捉；

F10：（极轴　开/关）打开或关闭极轴模式；

F11：（对象追踪　开/关）打开或关闭对象捕捉追踪；

F12：（DYN　开/关）打开或关闭动态输入模式；

Esc：中断正在执行的命令，使系统返回到能接受命令的状态；

Delete：删除键，按此键可以删除选中的对象；

Enter（或空格键）：确认某项操作，结束命令，结束键盘输入数据、文字或命令，重复上一命令。

（三）工具条的打开和关闭

在 AutoCAD 环境下任意按钮上单击鼠标右键打开工具条快捷窗口如图 13-6 所示，点选需要的工具条，使前面出现打钩符号"√"，则工具条被打开；如果再点击使符号"√"消失，则工具条被关闭。通常标准工具条、图层工具条、物体特性条不应关闭。因 AutoCAD 系统有自动记忆功能，下次进入 AutoCAD 后，将是上次退出时的状态。故上机结束时，应将主界面恢复到图 13-1 所示的状态再退出。

（四）命令的输入方法

在命令输入及显示区出现"命令："状态时，表明 AutoCAD 已处于接受命令的状态，可用下列任一方法输入命令。

方法一：从工具条输入，将光标移到工具条相应的图标上，单击鼠标左键即可。

方法二：从下拉菜单输入，将光标移到相应的下拉菜单上，则自动弹出二级下拉菜单（部分命令还有第三级、第四级菜单），再将光标移到选定命令，单击鼠标左键即可。此方法通常用于工具条上找不到的命令的输入。

方法三：从键盘输入，将命令直接从键盘敲入并按回车键即可。

此外，如需重复前一命令时，可在下一个"命令："提示符出现时，通过按空格键或回车键来实现。也可按鼠标右键弹出屏幕对话框，再选"重复 xxx"（xxx 为上一命令名）来实现。

（五）数据的输入方法

当调用一条命令时，通常还需要提供某些参数或坐标值等，这时 AutoCAD 会在命令输入及提示区显示提示信息，用户可根据提示信息从键盘输入相应参数或坐标值。

当提示为"指定下一点或［放弃（U）］："时，即要求输入点的坐标，这时可从键盘输入相应的坐标，也可将光标移至相应位置后单击鼠标左键。坐标点的定位有如下形式：

（1）绝对直角坐标：x，y，z，绘图区域以屏幕左下角为坐标原点，从左向右为 x 正向，从下向上为 y 的正向，进行二维作图时，z 可不输入。如输入 $x=420$，$y=297$ 的点，则从键盘敲入 420，297 回车即可。

（2）绝对极坐标：距离＜角度。如过坐标原点画一条距原点 50 且与 x 轴正向成逆时针 30°

夹角的直线，则可先输入 0，0↙①，再输入 50<30↙即可。

（3）相对直角坐标：@Δx，Δy。如新输入点在前一点的左方 50，上方 20 处，则键入@－50，20↙即可。

（4）相对极坐标：@距离<角度。如新输入点到前一点的距离为 40 且与 x 轴正向成逆时针 60°夹角的直线，则键入@40<60↙即可。

（5）方向距离输入法：当第一点的位置确定后，移动光标（可利用状态设置配合）到下一点的方向上，再从键盘输入相距前一点的距离。这种方法用于输入点的位置或复制、平移的定位，既快又准确。

（6）动态输入法：动态输入法是 AutoCAD2011 新增加的功能，打开动态输入后，用户可以直接在绘图区输入栏输入长度或角度，操作方便简单。

第三节　AutoCAD 2013 辅助作图工具及显示控制

一、绘图区背景颜色的设置

AutoCAD 主界面的绘图区域，其缺省配置背景颜色为黑色。如需改变背景色，进行如下操作：从下拉菜单"工具"→选项，弹出系统配置对话框，如图 13－9 所示，选择"显示"标签项，再单击"颜色"按钮，弹出"颜色选项"对话框，如图 13－10 所示，设置颜色为白色，单击"应用并关闭"按钮，回到"选项"对话框的"显示"标签项，点击"确定"按钮确定，则将背景色改为了白色。

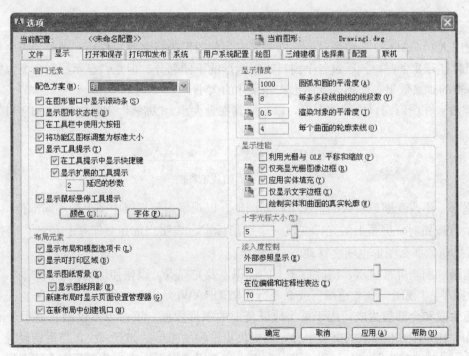

图 13-9　选项对话框

---

① 注：本章自定义符号"↙"为回车的意思，符号"/"为下一步的意思。

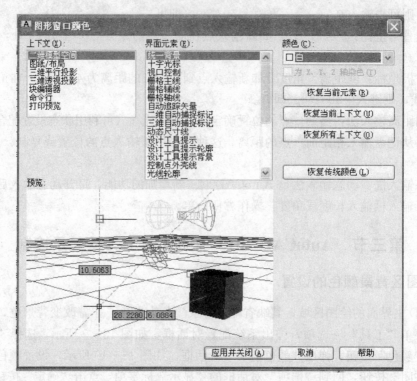

图 13 - 10　颜色对话框

二、AutoCAD 2013 显示控制工具

在使用 AutoCAD 2013 绘图时，经常需要对当前图形进行缩放、移动、刷新、再生等，有时还可能同时打开几个窗口，通过各个窗口观察图形的不同部分。但是，显示控制命令只能改变图形在屏幕上的观察效果，而不改变图形实际尺寸的大小。

1. 缩放　在图形窗口内缩放图形，以改变其视觉大小。"缩放"工具栏如图 13 - 11 所示。

图 13 - 11　缩放工具栏

2. 平移　不改变缩放系数的情况下移动图形，以观察当前视窗中图形的不同部位。

执行 按钮时，屏幕上的光标变成一个手形标志，表明当前正处于平移模式，若按住鼠标左键进行拖动，那么图形也随之移动。

3. 重画　刷新屏幕显示，清除屏幕上的标识点及光标点，以便使屏幕图形清晰。

下拉菜单："视图"→"重画"或命令行：REDRAW↙

4. 重生成和全部重生成　用于重生成屏幕上的图形数据。该命令不仅刷新显示，而且更新图形数据库中所有图形对象的屏幕坐标，以提供更精确的图形。如点画线，当重新设置了线型比例因子后，通过"重生"才会显现出来。重生成命令用来重新生成当前视窗内全部图形，并在屏幕上显示出来，而全部重生成命令将用来重新生成所有视窗的图形。

执行"视图"→"重生成"（或"全部重生成"）即可。

第四节　AutoCAD 2013 二维绘图环境设置

一、设置图形界限、线型比例

1. 设置图形界限　设置图形界限即确定绘图区域。图形界限为一矩形区域，系统通过定义其左下角和右上角的坐标来确定图形界限。用户可根据所画图形的大小自行定义图形界限的大小。如绘制横放 A4 图（X 方向 297，Y 方向 210），可用以下命令实现：

Limits↙/↙（默认左下角坐标为 0，0）/297，210↙。

设置图限后，此时最好按状态栏中"栅格"按钮打开栅格显示，栅格仅显示在图形界限范围内。当采用公制（mm）单位时，默认的栅格点之间距离为 10 mm。当图限很大时，栅格点太密，将无法显示。可在"栅格"按钮上单击右键/选择"设置（S）"，重新确定栅格大小（图 13-12）。一般以全屏显示 20 左右个格为宜（如图限为 10 000×10 000，可将栅格点之间距离设为 500）。显示栅格，可起到度量上的参考作用，方便判断屏幕上的局部区域的大小。

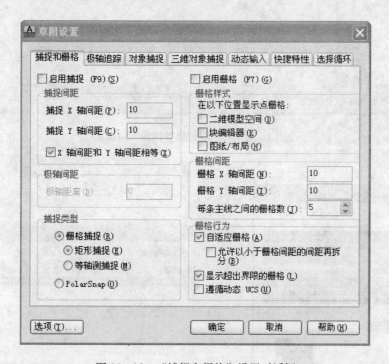

图 13-12　"捕捉和栅格"设置对话框

2. 设置线型比例　线型比例需根据图形界限大小设置，设置线型比例可调整虚线、点画线等线型的疏密程度，线型比例太大或太小，都使虚线、点画线等看上去是实线。线型比例的默认值为 1。当图幅较小（如 A4、A3）时，可将线型比例设为 0.3。设置线型比例的命令如下：Itscale（或 lbs）↙/0.3↙。图幅较大（如 A0）时，线型比例可设为 10~25。

二、设置图层、颜色、线型和线宽

1. 设置图层、颜色和线型　单击"图层"工具栏中"图层特性管理器"按钮，打开

图 13-13 所示的对话框。其中的 🔆 图标控制图层的可见性；🌣 图标为冻结开关，冻结图层时不可修改，也不可见；🔒 图标为锁定开关，图层被锁定时可见但不可修改；🖶 图标控制图层的打印，关闭时不打印该层。注意当单击"颜色"列中的颜色块设置颜色时，可在出现的"选择颜色"对话框（图 13-14）中选择一种颜色，推荐选用上方的"标准颜色"；当设置"线型"列中的线型时，出现"选择线型"对话框（图 13-15），若该对话框中的列表中没有所需线型，可按"加载（L）…"按钮打开"加载或重载线型"对话框加载新的线型。

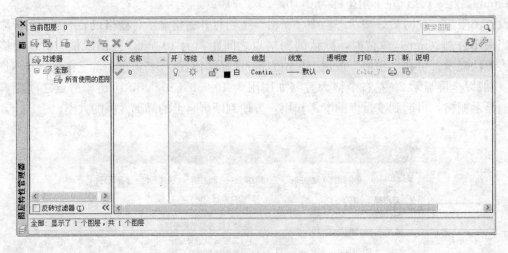

图 13-13　"图层特性管理器"对话框

图 13-14　"选择颜色"对话框

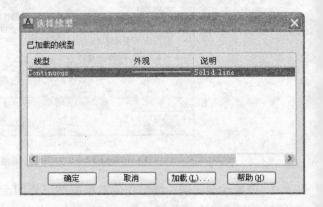

图 13-15　"选择线型"对话框

2. 设置线宽　线宽的设置，除粗实线建议设为 0.5（mm）之外，其他均可用缺省线宽（0.25 mm），线宽设置对话框如图 13-16 所示。

3. 更换图层　画图时应养成按层画图的好习惯。利于图形的编辑修改和图纸输出。

更换图层的操作方法：

（a）见图 13-17，其结果是将细实线图层置为当前层。

（b）选中某图形对象，点击图 13-1 图层管理器中的 按钮，则该图形对象所在图层被置为当前层。

（c）若欲将某图形对象换层，首先选中该图形对象，然后在图 13-17 所示图层控制下拉列表中选择新图层即可。

图 13-16　线宽的设置

图 13-17　图层下拉列表

三、其他准备工作

检查状态栏中的按钮开关状态。为保证方便、快捷地绘图，推荐将"极轴"、"对象捕捉"、"对象追踪"按钮按下。

实际作图时，还应根据需要事先设置文本的样式、尺寸标注的样式等，本教材结合命令的使用讲解。以上准备工作做好之后，应存盘。可将其作为原形图保存，以后的作图工作不必每次都重新设置初始绘图环境，直接在原形图的基础上画图另存即可。

第五节　AutoCAD 2013 常用的绘图命令与修改命令

一、常用绘图命令及使用

AutoCAD 2013 的下拉式菜单包括了所有命令，但在画图时很少用下拉式菜单的命令操作方式，下拉式菜单的命令方法通常用于工具条上找不到的命令的输入。本节主要介绍二维绘图的常用工具栏。熟练掌握 AutoCAD 的基本绘图命令，如画直线、圆、圆弧等命令，就能绘制出机械图样。

"绘图"工具栏（图 13-18）中的每个工具按钮都与"绘图"菜单中的绘图命令相对应，是图形化的绘图命令，具体功能与操作见表 13-1。

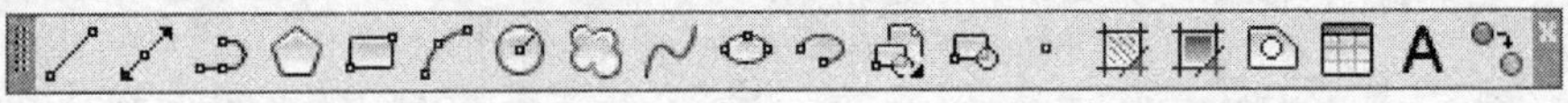

图 13-18　"绘图"工具栏

表 13 - 1 常用的绘图命令

命令输入	功能及操作示例	说　明
工具图标： 菜单： "绘图"→"直线" 命令行：Line✓	画直线 命令：_line 指定第一点：100，100 指定下一点或［放弃（U）］：@50＜30 指定下一点或［放弃（U）］：@-30，0 指定下一点或［闭合（C）/放弃（U）］：c	（1）最初由两点决定一直线，若继续输入第三点，则画出第二条直线，以此类推 （2）坐标输入可采取绝对坐标或相对坐标；第三点为相对坐标输入 闭合（C）：图形封闭 放弃（U）：取消刚绘制的直线段
工具图标： 菜单： "绘图"→"构造线" 命令行：Xline✓	画构造线 命令：_xline 指定点或［水平（H）/垂直（V）/角度（A）/二等分（B）/偏移（O）］：10，10 指定通过点：@15，30 指定通过点：（点击右键结束命令）	构造线没有起点和终点，主要用于绘制辅助线。指定一点为构造线的通过点，再确定另外一点为其第二个通过点；如再确定第三点，则画出通过第一点和第三点的构造线 水平（H）：绘制水平构造线 垂直（V）：绘制垂直构造线 角度（A）：绘制某一倾角构造线 二等分（B）：绘制将两条直线夹角平分的构造线 偏移（O）：绘制与某一条直线相平行的构造线，且带有一定的距离
工具图标： 菜单： "绘图"→"正多边形" 命令行：Polygon✓	画 3～1024 边的正多边形 命令：_polygon 输入边的数目＜4＞：6 指定正多边形的中心点或［边（E）］：100，200 输入选项［内接于圆（I）/外切于圆（C）］＜I＞：I（选择画正多边形的方式） 指定圆的半径：100（输入半径）	POLYGON 画正多边形有三种方法：（a）设置外切与圆半径（C）；（b）设置内接与圆半径（I）；（c）设置正多边形的边长（E）
工具图标： 菜单： "绘图"→"矩形" 命令行：Rectangle✓	画矩形 命令：_rectang 指定第一个角点或［倒角（C）/标高（E）/圆角（F）/厚度（T）/宽度（W）］：0，0 指定另一个角点或［面积（A）/尺寸（D）/旋转（R）］：@420，297	该命令可以绘制不同线宽的矩形，以及带圆角的矩形 （1）如果要改变矩形的线框，在提示项中先选（W）； （2）如果要画带有圆角的矩形，在提示项中先选（F）； （3）如果要画带有倒角的矩形，在提示项中先选（C）。 （绘制其他形状的矩形，方法同上）

（续）

命令输入	功能及操作示例	说　明
工具图标：▫ 菜单： 　"绘图"→"点" 命令行：Point↙	 绘制点 　命令：_ point 　当前点模式：PDMODE=0　PDSIZE=0.0000 　（按 Esc 结束命令）	在 AutoCAD 2009 中，点对象有单点、多点、定数等分和定距等分 4 种 　PDMODE 为点的样式设置命令，左图为 PDMODE=3 的点的样式 　PDSIZE 为点的大小设置命令
工具图标：◞ 菜单： 　"绘图"→"圆弧" 命令行：Arc↙	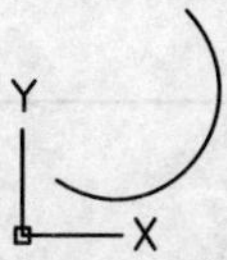 画一段圆弧 　令：_ arc 指定圆弧的 　起点或 [圆心（C）]：100，100 　指定圆弧的第二个点或 [圆心（C）/端点（E）]：c 　指定圆弧的圆心：@150，200 　指定圆弧的端点或 [角度（A）/弦长（L）]：a 　指定包含角：175	默认按逆时针画圆弧。若所画圆弧不符合要求，可将起始点及终点倒换次序后重画；如果有回车键回答第一次提问，则以上次所画线或圆弧的中点及方向作为本次所画弧的起点及起始方向 　（绘制圆弧共有 10 种方法，读者可根据需要进行选择）
工具图标：∿ 菜单： 　"绘图"→"样条曲线" 命令行：Spline↙	 绘制样条曲线 　命令：_ spline 　指定第一个点或 [对象（O）]： 　指定下一点： 　指定下一点或 [闭合（C）/拟合公差（F）]＜起点切向＞： 　指定下一点或 [闭合（C）/拟合公差（F）]＜起点切向＞： 　指定起点切向： 　指定端点切向：	用输入一系列点和首末点的切线方向画一条样条曲线。机械制图中的波浪线，就需用此命令绘制 　一条波浪线至少要画四个点
工具图标：⊙ 菜单： 　"绘图"→"圆" 命令行：CIRCLE↙	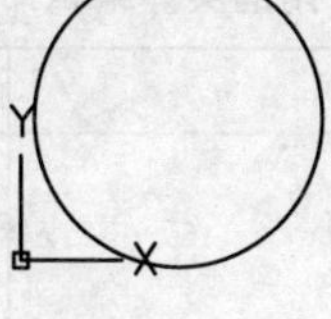 绘制圆 　命令：_ circle 指定圆的圆心或 [三点（3P）/两点（2P）/相切、相切、半径（T）]：50，50 　指定圆的半径或 [直径（D）]：50	(1) 半径或直径的大小可直接输入或在屏幕上取两点间的距离 　(2) Circle 命令主要有以下选项： 　2P——用直径的两个端点决定圆； 　3P——三点决定圆； 　TTR——与两物相切配合半径决定圆； 　C，R——圆心配合半径决定圆； 　C，D——圆心配合直径决定圆。

（续）

命令输入	功能及操作示例	说　明
工具图标： 菜单： 　"绘图"→"椭圆" 命令行：Ellipse↙	绘制椭圆 命令：_ ellipse 指定椭圆的轴端点或［圆弧（A）/中心点（C）］： 指定轴的另一个端点： 指定另一条半轴长度或［旋转（R）］：	在绘制椭圆和椭圆弧时执行的是同一个命令，即：Ellipse

二、常用修改命令及使用

在 AutoCAD 中，可以使用夹点对图形进行简单编辑，或综合使用"修改"菜单和"修改"工具栏中的多种编辑命令对图形进行较为复杂的编辑。

（一）常用编辑命令及使用

1. 使用夹点编辑对象　在选择对象时，在对象上将显示出若干个蓝色的小方框，这些小方框用来标记被选中对象的夹点，夹点就是对象上的控制点。然后单击其中一个夹点作为基点，可进行拉伸、旋转、移动、缩放及镜像等图形编辑操作。

2. 修改菜单　"修改"菜单用于编辑图形，创建复杂的图形对象。"修改"菜单中包含了 AutoCAD 2013 的大部分编辑命令，通过选择该菜单中的命令或子命令，可以完成对图形的所有编辑操作。

3. 修改工具栏

如图 13-19 所示，"修改"工具栏的每个工具按钮都与"修改"菜单中相应的绘图命令相对应，单击即可执行相应的修改操作，具体功能见表 13-2。

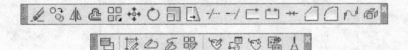

图 13-19　"修改"工具条

表 13-2　常用的实体编辑命令

命令输入	功能及操作示例	图　例
工具图标： 菜单： 　"编辑"→"删除" 命令行：Erase↙	删除图形中部分或全部实体 命令：_ erase 选择对象：（选择欲删除的实体）	

（续）

命令输入	功能及操作示例	图 例
工具图标： 菜单： "编辑"→"复制" 命令行：Copy↙	复制一个实体，原实体保持不变 　命令：_ copy 　选择对象：找到 6 个 　指定基点或［位移（D)]＜位移＞：指定 第二个点或＜使用第一个点作为位移＞：P1 　指定第二个点或［退出（E)/放弃（U)]＜退出＞：P2	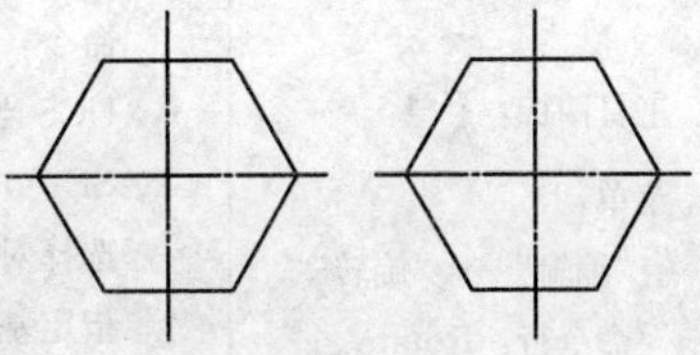 P1　　　　　　P2
工具图标： 菜单： "编辑"→"镜像" 命令行：Mirror↙	将实体作镜像复制，原实体可保留也可删除 　命令：_ mirror 　选择对象：指定对角点：找到 3 个选择对象： 　指定镜像线的第一点：指定镜像线的第二点： 　要删除源对象吗？［是（Y)/否（N)]＜N＞：	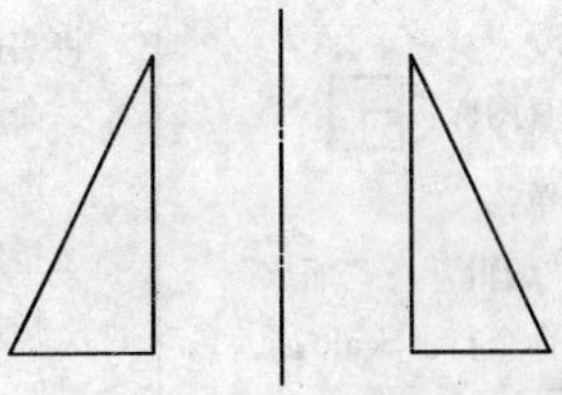 P1　　　　　　P2
工具图标： 菜单： "编辑"→"偏移" 命令行：Offset↙	复制一个与选定实体平行并保持距离的实体到指定的那一边 　命令：_ offset 　当前设置：删除源＝否　图层＝源　OFFSET-GAPTYPE＝0 　指定偏移距离或［通过（T)/删除（E)/图层(L)]＜8.0000＞：8 　选择要偏移的对象，或［退出（E)/放弃（U)]＜退出＞： 　指定要偏移的那一侧上的点，或［退出（E)/多个(M)/放弃（U)]＜退出＞： 　选择要偏移的对象，或［退出（E)/放弃（U)]＜退出＞：	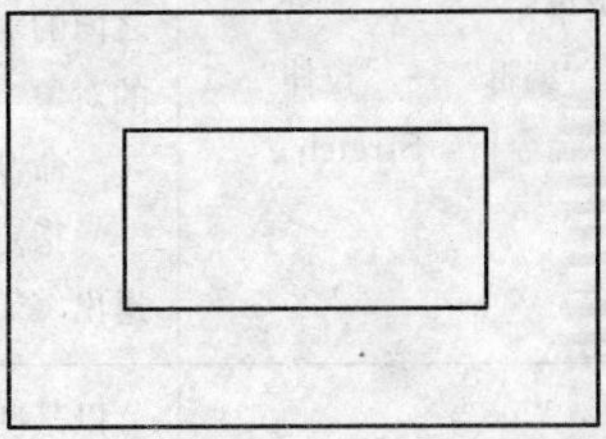
工具图标： 菜单： "编辑"→"移动" 命令行：Move↙	将实体从当前位置移动到另一新位置 　命令：_ move 　选择对象：找到 6 个 　指定基点或［位移（D)]＜位移＞：P1 　指定第二个点或＜使用第一个点作为位移＞：P2	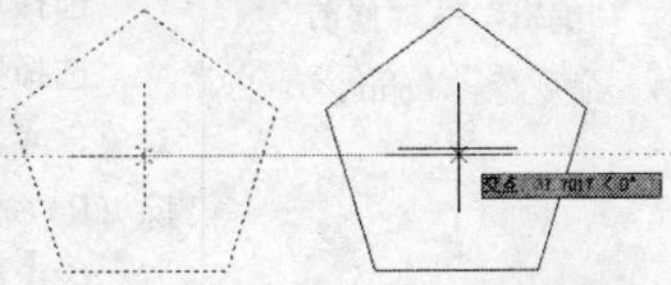 图点 30707＜0° P1　　　　　　P2
工具图标： 菜单： "编辑"→"阵列" 命令行：Array↙	将选中的实体按矩形或环形排列方式进行复制，产生的每个目标可单独处理 　需要注意的是，在对被选中的实体进行环形阵列时，如果选中"复制时旋转项目"所对应的复选框，则旋转被阵列实体，否则不旋转，如右图	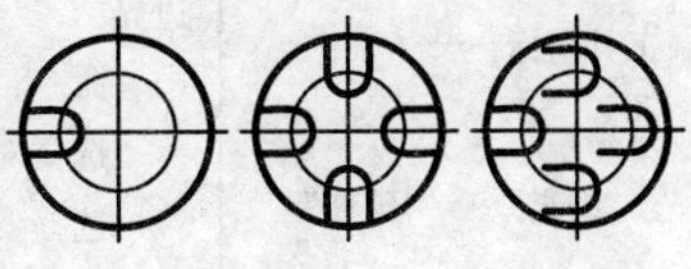 Y　　　　　N 阵列时随旋转中心旋转吗？

（续）

命令输入	功能及操作示例	图　例
工具图标：⟳ 菜单： 　"编辑"→"旋转" 命令行：Rotate✓	将实体绕某一基准点旋转一定角度 　命令：_rotate 　UCS当前的正角方向：ANGDIR＝逆时针　ANGBASE＝0 　选择对象：找到1个 　指定基点： 　指定旋转角度，或［复制（C）/参照（R）]＜0＞：30	P1　　　　P2
工具图标：▫ 菜单： 　"编辑"→"缩放" 命令行：Scale✓	将实体按一定比例放大或缩小 　命令：_scale 　选择对象：找到6个 　指定基点： 　指定比例因子或［复制（C）/参照（R）]＜1.0000＞：2	
工具图标：▫ 菜单： 　"编辑"→"拉伸" 命令行：Stretch✓	移动或拉伸对象，操作方式根据图形对象在选择框中的位置决定。执行该命令时，可以使用"交叉窗口"方式或者"交叉多边形"方式选择对象，然后依次指定位移基点和位移矢量，将会移动全部位于选择窗口之内的对象，而拉伸（或压缩）与选择窗口边界相交的对象 　命令：＊＊拉伸＊＊ 　指定拉伸点或［基点（B）/复制（C）/放弃（U）/退出（X）]：	P1　　　　P2
工具图标：⊢ 菜单： 　"编辑"→"修剪" 命令行：Trim✓	以某些实体作为边界（剪刀），将另外某些不需要的部分剪掉 　命令：_trim 　当前设置：投影＝UCS，边＝无 　选择剪切边… 　选择对象或＜全部选择＞： 　选择要修剪的对象，或按住Shift键选择要延伸的对象，或［栏选（F）/窗交（C）/投影（P）/边（E）/删除（R）/放弃（U）]： 　依次修剪，修剪要修剪的对象	修剪前　　　　修剪后 注意：选择被剪切边时， 　　必须选在要删除的部分
工具图标：⊣ 菜单： 　"编辑"→"延伸" 命令行：Extend✓	以某些实体作为边界，将另外一些实体延伸到此边界 　命令：_extend 　选择对象或＜全部选择＞：找到1个选择对象： 　选择要延伸的对象，或按住Shift键选择要修剪的对象，或［栏选（F）/窗交（C）/投影（P）/边（E）/放弃（U）]：	

（续）

命令输入	功能及操作示例	图　例
工具图标： 菜单： "编辑"→"拉长" 命令行：Lengthen	修改线段或者圆弧的长度 命令：_ lengthen 选择对象或［增量（DE）/百分数（P）/全部（T）/动态（DY）］：de 输入长度增量或［角度（A）］<0.0000>：2 选择要修改的对象或［放弃（U）］：	
工具图标： 菜单： "编辑"→"打断于点" 命令行：Break	将对象在一点处断开成两个对象，它是从"打断"命令中派生出来的 命令：_ break 选择对象： 指定第二个打断点或［第一点（F）］：_ f 指定第一个打断点： 指定第二个打断点：@	打断前　　　打断后
工具图标： 菜单： "编辑"→"打断" 命令行：Break	将线、圆、弧和多义线等断开为两段 命令：_ break 选择对象： 指定第二个打断点或［第一点（F）］： 说明：①如果输入"@"表示第二个断点和第一个断点为同一点，相当于将实体分成两段；②圆和圆弧总是依逆时针方向断开。	
工具图标： 菜单： "编辑"→"合并" 命令行：Join	连接某一连续图形上的两个部分，或者将某段圆弧闭合为整圆 命令：_ join 选择源对象： 选择要合并到源的直线：找到1个 选择要合并到源的直线：找到1个，总计2个 选择要合并到源的直线： 已将1条直线合并到源	合并前　　　合并后
工具图标： 菜单： "编辑"→"倒角" 命令行：Chamfer	对两条直线或多义线倒斜角 命令：_ chamfer 选择第一条直线或［放弃（U）/多段线（P）/距离（D）/角度（A）/修剪（T）/方式（E）/多个（M）］：d 指定第一个倒角距离<0.0000>：10 指定第二个倒角距离<10.0000>： 选择第一条直线或［放弃（U）/多段线（P）/距离（D）/角度（A）/修剪（T）/方式（E）/多个（M）］： 选择第二条直线，或按住 Shift 键选择要应用角点的直线： 选择第二条直线，或按住 Shift 键选择要应用角点的直线：	

（续）

命令输入	功能及操作示例	图　例
工具图标： 菜单： "编辑"→"圆角" 命令行：Fillet↙	对两实体或多义线进行圆弧连接 　命令：_fillet 　当前设置：模式＝修剪，半径＝0.0000 　选择第一个对象或［放弃（U）/多段线（P）/半径（R）/修剪（T）/多个（M）］：r 　指定圆角半径<0.0000>：10 　选择第一个对象或［放弃（U）/多段线（P）/半径（R）/修剪（T）/多个（M）］： 　选择第二个对象，或按住 Shift 键选择要应用角点的对象： 　选择第二个对象，或按住 Shift 键选择要应用角点的对象：	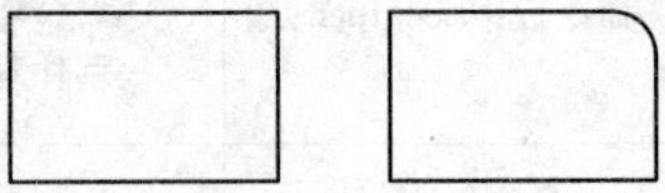
工具图标： 菜单： "编辑"→"分解" 命令行：Explode↙	将矩形、块等由多个对象编组成的组合对象分解成独立的实体 　命令：_explode 　选择对象：找到 1 个 　选择对象：	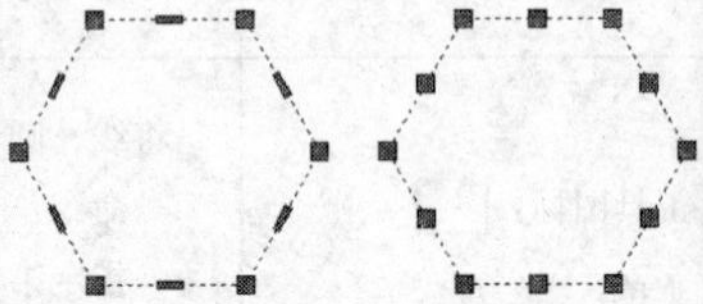

　　利用"修改"工具栏对图形对象进行编辑时，首先要求选中图形对象。所有选中对象的集合称为选择集。主要方法如下：

　　（1）单击图形对象构造选择集：对多个对象逐一单击，构成选择集。

　　（2）用矩形框构造选择集：AutoCAD 能用矩形框来同时选择多个编辑对象。用光标确定矩形框的两个角点即可。注意，此方法有如下两种不同的选择方式：

　　方式一：先指定矩形框左边的角点称窗口方式（Window）。只有当图形对象全部处于矩形框内时才被选中。

　　方式二：先指定矩形框右边的角点称交叉方式（Crossing）。只要图形对象有一部分在矩形框内即被选中。

　　（3）采用"快速选择"工具，选择满足条件的实体构造选择集。方法是在绘图工作区单击鼠标右键，在出现的快捷菜单中选择"快速选择"，出现图 13-20 所示对话框。按图 13-21 所示操作，图形中所有颜色为黄色的实体被选中。

　　按 Esc 键可取消刚构造的选择集；若想从选择集中去除某个图形对象，可按住 Shift 键后单击要去除的图形对象；当命令行中提示"选择对象："时，键入 All 将全选实体，键入 L 选中上一个实体，键入 u 取消上一次选中的实体。

（二）对象特性编辑

　　对象特性包含一般特性和几何特性，一般特性包括对象的颜色、线型、图层及线宽等，几何特性包括对象的尺寸和位置。可以直接在"特性"选项板中设置和修改对象的特性。

1. 打开"特性"选项板　选择"修改"｜"特性"命令，或选择"工具"｜"特性"命令，也可以在"标准"工具栏中单击"　"按钮，打开"特性"选项板。

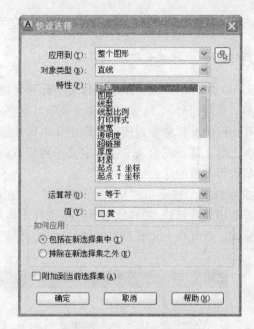

图 13-20　快捷菜单　　　　　　　　　图 13-21　快速选择对话框

2. "特性"选项板的功能　如图 13-22 所示，"特性"选项板中显示了当前选择集中对象的所有特性和特性值，当选中多个对象时，将显示它们的共有特性。可以通过它浏览、修改对象的特性，也可以通过它浏览、修改满足应用程序接口标准的第三方应用程序对象。

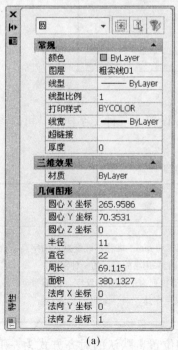

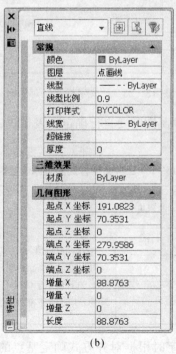

(a)　　　　　　　　　　　(b)　　　　　　　　　　　(c)

图 13-22　"特性"选项板

第六节　AutoCAD 2013 文字输入与尺寸标注

一、文字输入

在 AutoCAD 2013 中可以为图形进行文本标注和说明。另外，在图形中还经常出现一些诸如直径符号（ϕ）、角度符号（°）、正/负（±）等，这些在 AutoCAD 中都可以实现。对于已标注的文本，还有相应的编辑命令，使得绘图中文本标注能力大为增强。

标注文本之前，需要先给文本字体定义一种样式（Style），字体样式是所用字体文件、字体大小、宽度系数等参数的综合。

1. 设置文字样式　按菜单"格式/文字样式"，在出现的"文字样式"对话框（图 13-23）中设置。设置顺序为：新建/填样式名/确定/选择宋体/确定宽度比例/确定倾斜角度/应用；如需要创建多个样式，重复以上步骤设置需要的字样；最后按"关闭"按钮。

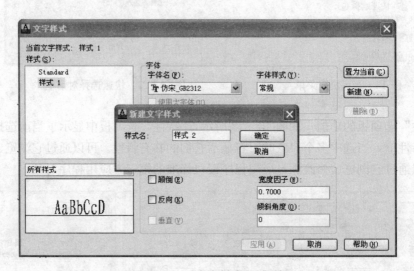

图 13-23　"文字样式"对话框

文字样式依据国家标准，根据画图需要自行确定。表 13-3 设置了三种文字样式，可以参考使用。

表 13-3　三种文字样式的具体设置内容

字样名 （自己确定）	字体名	宽度系数	倾斜角度	注　意　事　项
样式 1	宋体	0.7	0	1. 字高默认值为 0，即 2.5 mm。推荐不改变默认的字高。待书写时再确定字高。否则只能采用事先设好的一种字高 2. 选择汉字字体时，下拉列表上部分的汉字（前面带@）是横写的，应选取下部分的汉字字体
样式 2	仿宋体	1	0	
样式 3 （写斜体数字）	gbeitc.shx	1	0	

2. 文本的对齐方式　书写文字时根据对齐方式确定基点的位置，默认的对齐方式为左下角的对齐方式（图 13-24）。

图13-24　文本的对齐方式

3. 书写单行文本　"DT"命令用于书写单行文本，激活该命令后，可选项确定书写文本的样式（S选项）、对齐方式（J选项）等，然后指定文字的起点，书写文字。

4. 书写多行文本　书写文字的另一种方式是采用多行文本输入。方法是输入命令"T"或"MT"，或者激活"绘图"工具栏中**A**命令指定书写区域（用一个矩形框确定，拾取两个角点即可）/在出现的多行文本编辑器中录入文本，多行文本编辑器类似于字处理软件，在其中可改变字体、字高、插入符号等，如图13-25所示。

图13-25　多行文本编辑器

5. 文本的编辑修改　双击欲修改的文本/在打开的对话框中修改即可。该方法可修改单行文本、多行文本。若要编辑修改尺寸文本：命令行输入 ED/单击欲修改的尺寸文本/在打开的对话框中修改即可。该方法也可连续修改单行文本、多行文本。

二、尺寸标注

采用 AutoCAD 绘制机械图时，一般采用1：1绘图，这样可以直接利用 AutoCAD 的自动尺寸标注功能，进行尺寸标注：首先需要设置尺寸标注样式，然后利用尺寸标注工具条的各项命令进行尺寸标注。尺寸标注工具条如图13-26所示。

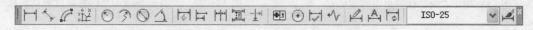

图13-26　尺寸标注工具条

（一）设置尺寸样式

选择菜单"格式/尺寸样式"或单击标注工具栏中按钮，打开图13-27所示对话框，按"新建"按钮/键入新样式名/按"继续"按钮，在出现的"新建标注样式"对话框中设置。

1. 设置"线性尺寸"标注样式　以 ISO-25 为基础，新建"线性尺寸"样式设置，如图13-28所示。具体步骤如下：

图 13-27　新建标注样式对话框

（1）在"线"标签页中进行尺寸线、尺寸界线（延伸线）、起点偏移量等内容的设置，特别注意颜色、线型和线宽都是设置成随层（Bylaer），起点偏移量设置成 0，符合机械制图国家标准。

（2）在"符号和箭头"标签页中进行箭头大小的设置，一般为 3～6 mm。设置"圆心标记"为"无"。其他设置不变（图 13-29）。

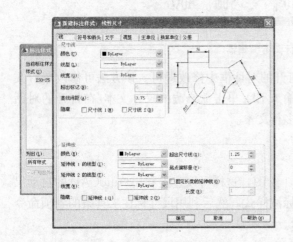

图 13-28　"线"标签页设置对话框

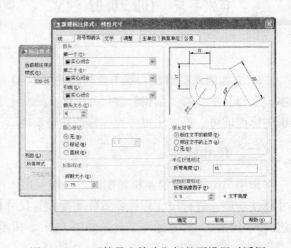

图 13-29　"符号和箭头"标签页设置对话框

（3）在"文字"标签页中选择文字样式，确定文字颜色为随层，进行文字高度的设置，其他设置不变（图 13-30）。

（4）在"主单位"标签页中选择"精度"为 0（图 13-31）。

2. 设置"角度尺寸"标注样式　以"线性尺寸"为基础样式，将"文字"标签下的"文字对齐"设置为水平。其余设置不变（图 13-30）。

3. 设置"直径尺寸"标注样式　以"线性尺寸"为基础样式，将"主单位"标签下的"前缀（X）"后面输入"％％c"。其余设置不变（图 13-31）。

以上三种尺寸样式的标注样例如图 13-32 所示。

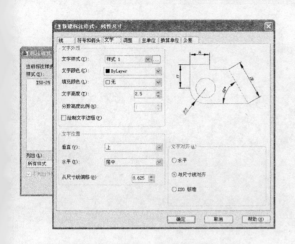

图 13-30　"文字"标签页设置对话框

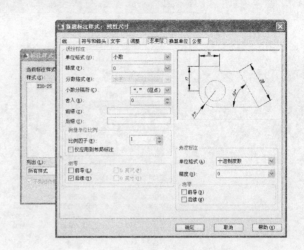

图 13-31　"主单位"标签页设置对话框

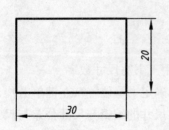 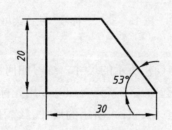 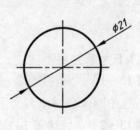

图 13-32　三种标注样式的标注效果

（二）设置尺寸样式应注意的问题

（1）"前缀"中的"％％c"代表"ϕ"，是系统提供的特殊符号。另外"％％p"代表"±"；"％％d"代表角度"°"符号；需要更多符号，在文本输入区击鼠标右键，则会弹出"符号"快捷菜单（图 13-33），选择需要的符号。

（2）标注偏差时由于每次标注的数值可能不同，"公差"标签下的"上偏差"和"下偏差"可不设定，标注时可使用该尺寸标注样式的"替代"方式，标注时先在图 13-27 所示对话框中按"替代"按钮，再在"公差"标签下临时设好上、下偏差值，确定之后即可用该"替代"样式标注尺寸，标注完毕后在尺寸标注工具条（图 13-26）中的"尺寸样式控制"下拉列表中选择一种样式，则该替代样式自动取消。

（3）"下偏差"的编辑框中要键入下偏差的相反值。

（4）在"方式"下拉列表框中选择"权限偏差"项，可标注如 $280^{+0.028}_{-0.007}$ 形式的尺寸；若选择"极限尺寸"项，可标注成 $280^{+0.028}_{-0.007}$ 的形式；选择"基本尺寸（Basic）"项，标注结果为 280。若上下偏差值一致，则可选择"对称"选项，注成 280±0.001 的形式。"高度比例"编辑框键入公差数字与基本尺寸数字字高的比值。

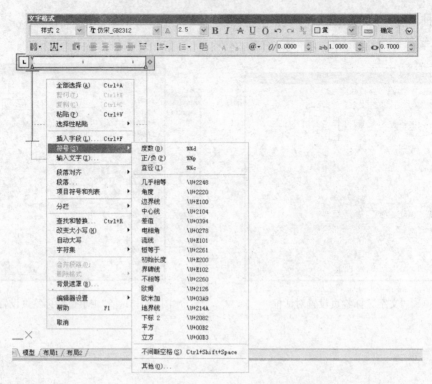

图 13-33　"符号"快捷菜单

（三）尺寸标注举例

［例 13-1］　标注图 13-34(a) 所示的尺寸。练习如何手工书写尺寸数字。

⊘/选中圆弧/T（书写文字选项）↙2×%%c20↙/用光标确定书写位置（左键单击）。

［例 13-2］　标注图 13-34(b)、(c) 所示的尺寸。练习尺寸的编辑与尺寸公差与尺寸配合的标注。

(1) ⊢⊣/捕捉点 A/捕捉点 B/T↙/%%c20G7/h6↙/在合适的位置单击左键确定书写位置。

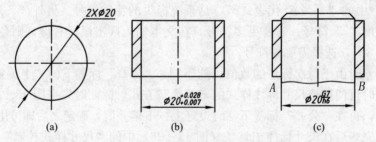

(a)　　　　　　　　(b)　　　　　　　　(c)

图 13-34　尺寸文本编辑与"堆叠"的作用

(2) A 或 ED↙/选中图中已注好的尺寸/在出现的文本编辑对话框中选中 G7/h6，按堆叠按钮 ▣ 确定。

另外，堆叠按钮 ▣ 可将"＋0.028~＋0.007"变成 $^{+0.028}_{+0.007}$ 的形式，如图 13-33b 所示。也可以将"2/3"变成 $\frac{2}{3}$ 的形式。

第七节　AutoCAD 2013 图案填充和图块功能

一、图案填充

对于复杂的剖面图形，为了区分各部分零件，可采用不同的图例或颜色加以体现。例如，在机械图样中，图案填充用于表达一个剖切的区域，并且不同的图案填充表达不同的零件或者材料。AutoCAD 2013 采用 Hatch 或 BHatch 命令来进行图案填充。

启动 BHatch 命令后，AutoCAD 将打开"图案填充和渐变色"对话框，如图 13 - 35 所示。限于篇幅，下面仅介绍该对话框中"图案填充"选项卡的各部分功能。

（1）"类型和图案"选项区域：用于设置填充图案的类型。该区域包含类型、图案、样例和自定义图案列表内容，机械图的图案表示金属符号一般用"ANSI31"图案。

（2）"角度和比例"选项区域：用于设置填充图案的角度和比例因子。该区域包含角度、比例等内容。角度下拉列表框用于设置当前图案的旋转角度，默认的旋转角度为零。注意逆时针方向旋转为正值，顺时针方向旋转输入负值。比例下拉列表框用于设置当前图案的比例因子。若比例值大于 1，则放大图案；若比例值小于 1，则缩小图案，默认值为 1。双向复选框用于类型列表中"用户定义"选项时，选中该复选框，则可以使用两组互相垂直的平行线填充图形，否则为一组平行线。间距也仅用于类型列表中"用户定义"选项时的间距调节。ISO 笔宽下拉列表框用于设置笔的宽度值，当填充图案采用 ISO 图案时，该选项可用。

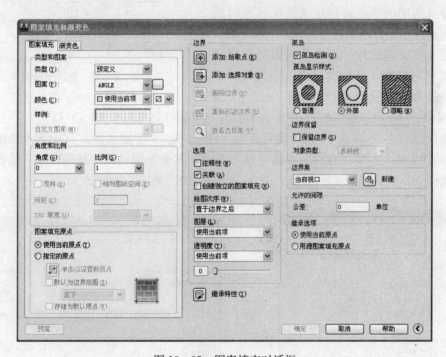

图 13 - 35　图案填充对话框

图 13 - 36 中的 （a）、（b）、（c） 分别表明拾取内点进行图案填充的操作过程，拾取内点如图 13 - 36（a） 所示；AutoCAD 2013 分析判断包含内点的边界如图 13 - 36（b） 所示；最终图案填充结果如图 13 - 36（c） 所示。

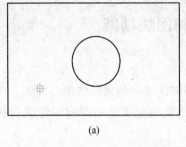
(a)

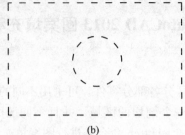
(b)

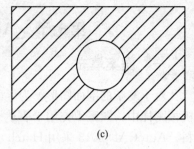
(c)

图 13-36　拾取内点的操作过程

二、图块

在绘制工程图样、注写技术要求时，常常会遇到反复应用的图形，如零件表面粗糙度符号、基准符号、建筑标高等，这些图例可以由用户定义为图块。图块是由若干个单个实体组合成的复合实体。定义成图块的实体可当做单一的对象来处理，可以在图形中的任何地方插入，同时可以改变图块的比例因子和旋转角度。图块一经定义，可多次引用。

1. 创建图块　步骤为：①画出图形；②定义属性；③创建图块。

［例 13-3］　绘制零件表面结构代号图块。

操作步骤如下：

（1）按图 13-37(a) 中所给尺寸画出零件表面结构代号（图中的小方块是定义图块属性时属性文字插入基点位置，不必画出）。

（2）定义图块的属性：该零件表面结构代号有 1 处需要填写属性，因此应定义 1 个属性。定义属性的操作如下：选择菜单"绘图/块/定义属性"/打开图 13-38 所示对话框/按图中内容操作定义属性结果见图 13-37(b)。

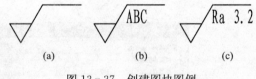
(a)　　　　(b)　　　　(c)

图 13-37　创建图块图例

（3）创建图块：块命令/在出现对话框（图 13-39）中定义块。首先键入块的名称，按"拾取点"按钮，返回绘图工作区，单击三角形下面顶点作为块的插入基点；按"选择对象"按钮，返回绘图工作区，将图 13-37(b) 全选，回车，按"确定"按钮。

图 13-38　属性定义

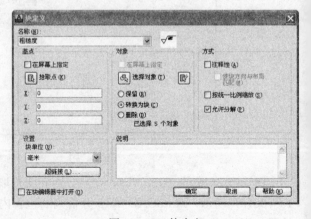

图 13-39　块定义

2. 插入图块 "绘图"工具条中 插入块命令/在弹出对话框（图 13 - 40）中操作。

在下拉列表中选择要插入的块/确定 X、Y、Z 方向的缩放比例/指定旋转角度/确定/返回绘图工作区/拾取需要插入的位置点/命令行提示"请输入表面粗糙度 Ra 值<3.2>:"/填写属性值或回车选默认值，结果见图 13 - 37c。

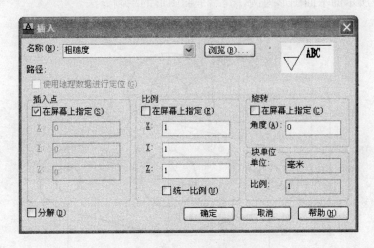

图 13 - 40 块的插入

3. 图块的存盘 用图块命令定义的图块只能保存于当前图形中，虽然能随图形一起存盘，但不能用于其他图形中，用 WBLOCK 命令存盘的图块是公共图块，可供其他图形插入和引用。

键入 WBLOCK↙/打开如图 13 - 41 所示对话框/选择源为"块"/取文件名（一般默认）/选择存盘路径/确认。

图 13 - 41 块的保存

第八节　用 AutoCAD 2013 绘制二维工程图

一、平面图形绘制

以图 13-42 所示的平面图形为例，介绍平面图形的绘制方法。

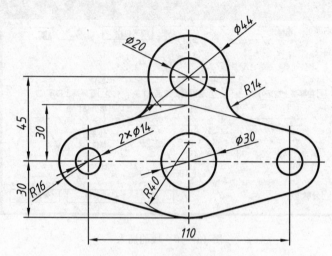

图 13-42　平面图形及尺寸

绘制平面图形的具体步骤如下：

（一）平面图形分析

1. 尺寸分析　该图形中的线性尺寸 110、45 和 30 为定位尺寸，$\phi44$、$\phi20$、$\phi30$、$2\times\phi14$、$R16$、$R40$ 和 $R14$ 等均为定形尺寸。

2. 线段分析　根据尺寸分析的结果，该图形中圆或圆弧 $\phi44$、$\phi20$、$\phi30$、$2\times\phi14$、$R16$、$R40$、$R14$ 为已知线段，连接 $R16$ 上方的两条直线为中间线段，$R14$ 和连接 $R16$ 下方的两条直线为连接线段。

（二）平面图形绘制

图 13-42 所示的平面图形的作图过程如图 13-43 所示，具体步骤如下：

（1）绘制图形的基准线及各线段的定位线，如图 13-43(a) 所示。作图时应注意：

（a）图形的基准线一般为图形的对称线、中心线或该图形上较长的直线段，本例以对称线和中心线为基准线。由于图形左右对称，故建议先绘制左边即可。

（b）选择点画线所在的层为当前层。

（c）相互平行的线段应尽量采用偏移命令作图。

（2）绘制已知线段，如图 13-43(b) 所示。作图时应注意：

（a）先画已知线段 $\phi44$、$\phi20$、$\phi30$、$2\times\phi14$、$R16$、$R40$。

（b）绘制线段时，应尽量采用对象捕捉方式或采用"先画长后剪短"的作图方法，以满足图线"线线相交"的要求。

（c）绘制圆弧时，可采用圆命令。

（3）绘制中间线段和连接线段，如图 13-43(c) 所示。采用"修剪"和"删除"命令除去多余的图线，如图 13-43(d) 所示。

(4) 采用"镜像"命令绘制右半边的图形，如图 13-43(e) 所示。

(5) 按制图要求整理各线段，如图 13-42 的图形所示。

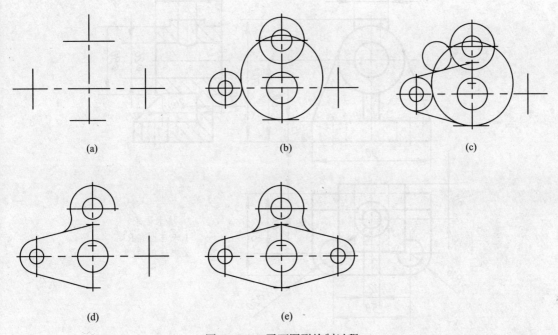

(a)　　　　　　　　　(b)　　　　　　　　　(c)

(d)　　　　　　　　　(e)

图 13-43　平面图形绘制过程

二、零件图绘制

图 13-44 所示是一个典型的机械零件图，由凸台、圆筒、肋板、支撑板和底板等组成。现将该零件图的具体绘制步骤叙述如下：

1. 设置绘图环境

(1) 设定图纸幅面。应用 LIMITS 命令设定图纸幅面，本图可设定为 A3 图幅（420×297）。利用 ZOOM 命令将设定好的图幅缩放到当前屏幕视窗。打开栅格显示，以清楚显示当前绘图的有效区。

(2) 创建图层。创建新图层，设置图层、颜色和线型。

2. 绘制图形实体

(1) 通过"图层"工具条，设置"中心线"为当前层。按图纸幅面布置视图的位置，绘制各视图的轴线及中心线。结果如图 13-45(a) 所示。

(2) 绘制主视图。通过"图层"工具条，设置"粗实线"为当前层，并关闭线宽显示按钮。根据已绘出的定位线绘制图形中的粗实线轮廓。绘图中，遵循先易后难、先已知后未知的顺序绘图。如该主视图中，先画直径 $\phi50$ 和 $\phi26$ 两个同心圆。应用"偏移"命令，由过圆心的水平点画线确定凸台和底板的水平轮廓线的位置，由过圆心的铅垂点画线确定凸台和底板的铅垂轮廓线的位置。结果如图 13-45(b) 所示。

应用"延伸"、"修剪"和"删除"命令，对凸台和底板的主视图轮廓进行整理。应用"直线"命令，绘制肋板的主视图轮廓，画线过程中要应用目标捕捉方式"端点"和"切点"完成肋板轮廓的绘制。结果如图 13 - 45(c) 所示。

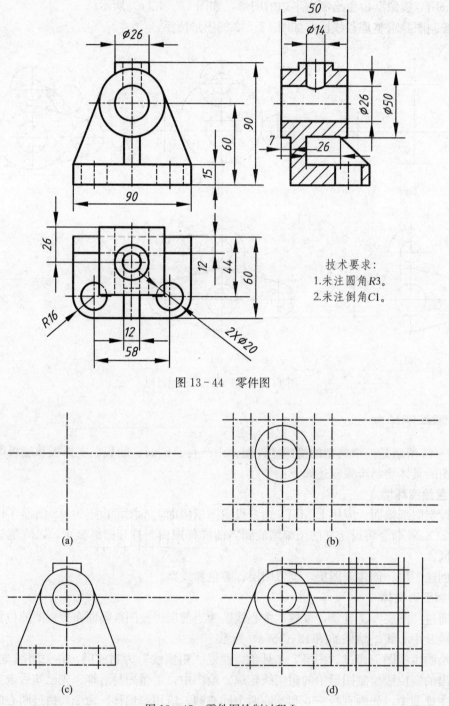

图 13 - 44 零件图

技术要求：
1. 未注圆角 R3。
2. 未注倒角 C1。

(a)

(b)

(c)

(d)

图 13 - 45 零件图绘制过程 I

（3）绘制左视图。在机械制图中，左视图和主视图具有"高平齐"的视图投影对应关系。对于投影对应画线，可以利用正交模式和捕捉模式命令，用直线命令十分方便地根据主视图快速绘制左视图的一些轮廓线。具体步骤如下：

（a）画线。确定左视图最左端的基准轮廓线，再应用"偏移"命令，由该轮廓线绘制左视图中所有的铅垂线。

（b）用延伸命令将主视图中凸台和底板的水平轮廓线延伸至左视图的合适位置。

（c）画线。打开正交模式，应用目标捕捉模式过主视图的切点绘制水平线与左视图的两肋板轮廓线相交，过主视图的相应交点，绘制主体圆柱体的水平轮廓线。结果如图 13-45(d) 所示。

（d）用延伸、修剪、删除等命令整理轮廓线。结果如图 13-46(a) 所示。

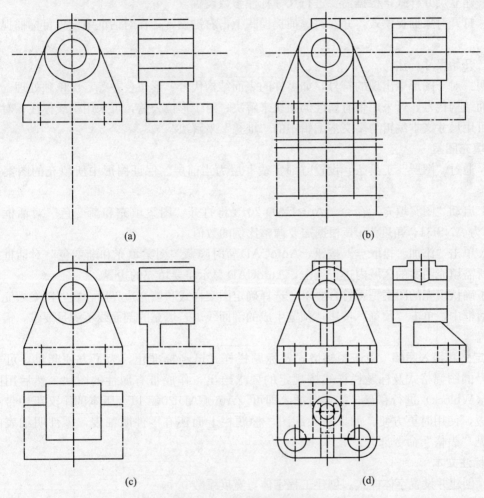

(a)　　　　　　　　　　　　　(b)

(c)　　　　　　　　　　　　　(d)

图 13-46　零件图绘制过程 Ⅱ

（4）绘制俯视图。在机械制图中，俯视图和主视图具有"长对正"的视图投影对应关系。对于投影对应画线，可以利用正交模式和捕捉模式命令，用直线命令十分方便地根据主视图快速绘制俯视图的一些轮廓线。具体步骤如下：

（a）画线。确定俯视图最后面的基准轮廓线，再应用"偏移"命令，由该轮廓线绘制俯视图中所有的水平线。

（b）用延伸命令将主视图中所有铅垂轮廓线延伸至俯视图中合适位置。过主视图的相应交点，绘制主体圆柱体的铅垂轮廓线。结果如图 13-46(b) 所示。

（c）用延伸、修剪、删除等命令整理轮廓线。结果如图 13-46(c) 所示。

（5）整理三视图。

（a）打开线宽显示按钮，将不同线型的轮廓线进行分类整理，调整线型比例。

（b）补画残缺的图线，如支撑板、凸台和小孔轮廓线等。结果如图 13-46（d）所示。

3. 标注尺寸

（1）通过"图层"工具条，设置"尺寸"层为当前层。保证图形中所标注的尺寸在该图层上。

（2）建立尺寸样式，根据需要进行尺寸标注参数设置。

（3）打开对象捕捉模式，并在对象捕捉模式上击右键设置，在对话框中设置目标捕捉方式为"端点"。

（4）开始尺寸标注。

说明：对于图形中出现的符号，如零件的表面结构代号、形位公差等，可单独处理。对于零件的表面结构代号，可采用带有属性的图块来解决；对于形位公差，可采用引线标注；对于尺寸公差，可用尺寸文本编辑与多文本编辑中的"堆叠"来解决。

4. 填充图案

（1）通过"图层"工具条，设置"细实线"层为当前层。保证图形中所填充的图案在该图层上。

（2）启动"图案填充"命令，AutoCAD 2013 将打开"图案填充和渐变色"对话框，设置"图案"为 ANSI31，角度为 0，根据需要调整比例的数值。

（3）单击"添加：拾取点"按钮，AutoCAD 暂时隐藏"图案填充和渐变色"对话框，用户可以在所需填充图案的区域内进行点击，AutoCAD 显示将要填充的边界。

为了确认填充的图案是否符合要求，选择确定图案样式和填充边界后，在"图案填充和渐变色"对话框中，单击"预览"按钮，预览生成的剖面线。若填充的剖面线不满足要求，需要重新进行设置。

5. 定义和插入图幅 由于图幅格式及标题栏样式已经标准化，为了方便起见，可事先将各种型号的图幅格式及标题栏样式按规定的要求绘出，作成带有属性的图块，然后用图块存盘命令（Wblock）进行存盘，需要时插入即可。AutoCAD 2004 以上版本的中文版带有国内国标模板，使用时更方便。如果是装配图，标题栏上面还有零件明细表，零件明细表的创建方法详见"表格"命令部分。

6. 标注文本

（1）创建并设置字体样式。创建工程字体，宽度系数 0.7。

（2）应用文本命令，在图形中添加文本，如填写标题栏和书写技术要求等。

7. 整理文件 绘图过程中，由于频繁地对图形进行创建和删除操作，在当前图形文件中可能存在一些已经没有用的图块、图层、尺寸标注样式、线型、打印样式、字体样式或外部引用等"垃圾"。AutoCAD 提供 Purge 命令允许清除这些垃圾，以减少磁盘空间占用和加速图形文件打开、保存等，减少文件大小也便于网上传输。

三、轴测图绘制

AutoCAD 为绘制轴测图创建了一个特定的环境。在这个环境中，系统提供了绘制正等轴测图的辅助工具，这就是轴测图绘制模式（简称轴测模式）。

（一）轴测模式的设置

AutoCAD设置轴测模式可以有以下两种方式：

1. 使用"草图设置"对话框 "右击"状态栏上"捕捉"按钮，弹出"草图设置"对话框，选中"捕捉和栅格"标签，如图13-47所示。在"捕捉类型"区域中选中"等轴测捕捉（M）"，单击"确定"按钮，退出该对话框，此时十字光标变成等轴测捕捉模式，如图13-48所示。

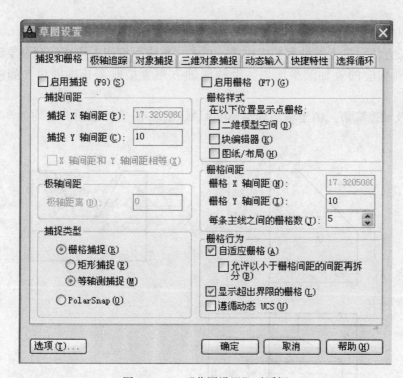

图13-47 "草图设置"对话框

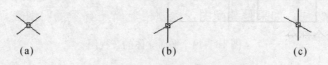

(a)　　　　　　　　(b)　　　　　　　　(c)

图13-48 等轴测捕捉模式

(a) *XOY* 平面光标　　(b) *XOZ* 平面光标　　(c) *YOZ* 平面光标

2. 使用SNAP命令的"Style"选项 键入SNAP命令，命令行提示：

指定捕捉间距或［开（ON）/关（OFF）/纵横向间距（A）/旋转（R）/样式（S）/类型（T）］〈当前间距〉：S（使用"样式"选项）

输入捕捉删格类型［标准（S）/等轴测（I）]〈当前间距〉：I（指定样式为等轴测）

指定垂直间距〈当前间距〉：

命令结束后，十字光标设定为等轴测捕捉模式。

在轴测模式下，用F5键或"Ctrl＋E"，可按"等轴测平面　左"、"等轴测平面　上"和"等轴测平面　右"的顺序循环切换。

应注意的是：轴测模式仅仅是改变了光标显示状态，是辅助绘图工具，并没有改变 Auto CAD 的系统坐标，因此 X、Y 坐标仍然是水平和垂直方向的。

（二）轴测图绘制举例

1. 正等轴测图绘制　在轴测模式下，打开正交模式，可用"直线"命令绘制与相应轴测轴平行的直线；对于一般位置直线，则可关闭正交模式，打开极轴追踪、对象捕捉及自动追踪，沿轴测轴方向测量获得该直线两个端点的轴测投影，然后相连即得一般位置线的轴测图。

（1）平面立体的绘制。下面以图 13-49 为例说明平面立体的绘制。

（a）绘制长方体。进入等轴测捕捉模式，单击"正交"按钮，用直线命令绘制长方体。绘制时循环切换到相应的等轴测平面内，沿轴测轴方向直接输入长度即可，如图 13-50(a) 所示。

（b）设置极轴追踪角。由于轴测轴与 AutoCAD 系统 X 坐标轴的夹角均为 30°的整数倍。

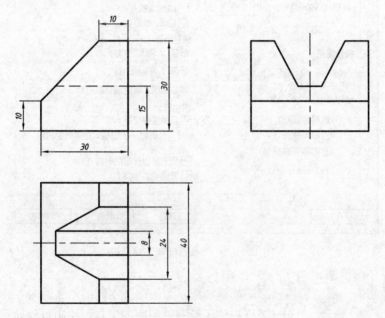

图 13-49　平面立体的三视图

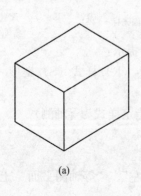 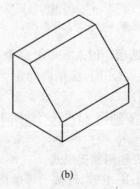 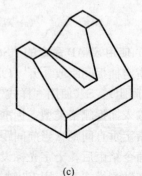

(a)　　　　　　　　(b)　　　　　　　　(c)

图 13-50　平面立体轴测图绘制过程

为快速方便地作图，在设置轴测模式的同时，还应在草图设置对话框中"极轴追踪"标签中设置极轴追踪的"增量角"为30°，并选中"用所有极轴角设置追踪"，选项如图13-51所示。

(c) 绘制斜角。绘制立方体前方的斜角，用"直线"、"复制"、"修剪"和"删除"等命令绘制斜角，结果如图13-50(b) 所示。

(d) 绘制缺口。同样用绘制"直线"的命令绘制，再利用"修剪"和"删除"命令去掉多余图线，结果如图13-50(c) 所示。

图13-51　设置极轴追踪

(2) 曲面立体的绘制。

(a) 圆的轴测图。圆的正等轴测图都是椭圆，当圆位于不同的轴测面时，椭圆的长短轴的位置不同，如图13-52所示。AutoCAD提供了绘制轴测圆的工具，绘制过程如下：

• 设置轴测模式；
• 设定当前的轴测面；
• 调用椭圆命令。

单击 图标或键入 ELLIPSE 命令，命令提示如下：

命令：-ellipse

指定椭圆的断点或 [圆弧 (A)/中心点 (C)/等轴测圆 (I)]：I↙

制定等轴测圆的圆心：指定圆心

制定等轴测圆的圆的半径或 [直径 (D)]：输入圆的直径。

注意：绘制圆的轴测投影时必须选择"等轴测圆 (I)"选项，随时切换到合适的轴测面，使之与圆所在的平面相对应。

(b) 圆柱体的绘制。绘制圆柱体的轴测图时，应先画出两端面的椭圆，如图13-53(a) 所示，然后画出转向素线。绘制转向素线时是从圆的象限点到象限点，而不是切点到切点，如图13-53(b) 所示。最后修剪去不可见部分，如图13-53(c) 所示。

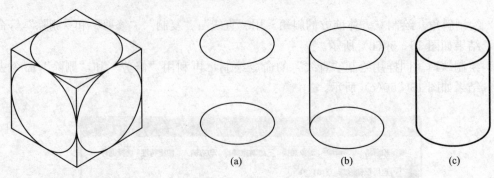

图13-52 圆的正等轴测图　　　　图13-53　圆柱轴测图的画法

　　(c) 圆角的绘制。绘制圆角的轴测图时，不能用倒角命令，而是用椭圆命令绘制出圆的轴测投影，如图13-54(a) 所示，在利用修剪命令进行裁去多余部分，最后画出轮廓线，完成全图如图13-54(b) 所示。

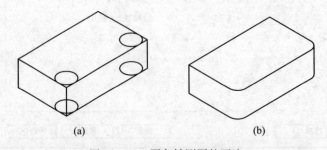

图13-54　圆角轴测图的画法

　　(d) 组合体的绘制。组合体是由若干个基本体按照不同的方式组合而成的。因此，组合体的轴测图是由组成该组合体的基本体的轴测图组成。轴测图中的尺寸是沿着轴测轴方向度量的，当两个基本体之间有两个以上定位尺寸时，应分别沿轴测轴方向度量。

　　下面以图13-55为例说明组合体轴测图绘制的方法和步骤：
- 设置轴测模式，极轴追踪增量角为30°。
- 绘制长方体底板，如图13-56(a) 所示。
- 绘制长方体底板上的圆角，如图13-56(b) 所示。
- 绘制长方体底板上的圆柱孔，如图13-56(c) 所示。
- 绘制底板上面的带圆头的四棱柱，如图13-56(d) 所示。
- 绘制带圆头的四棱柱上的圆柱孔，如图13-56(e) 所示。
- 绘制筋板，如图13-56(f) 所示

　　2. 斜二等轴测图绘制　下面以图13-57轴承座为例，介绍斜二等轴测图的绘制。
　　如图13-58所示，斜二等轴测图的轴间角为$\angle XOZ=90°$，$\angle XOY=\angle YOZ=135°$。作图时，一般使 Z 轴处于铅垂位置，X 轴处于水平位置，Y 轴与水平方向交角为135°；轴向伸缩系数为 $p=r=1$，$q=0.5$。

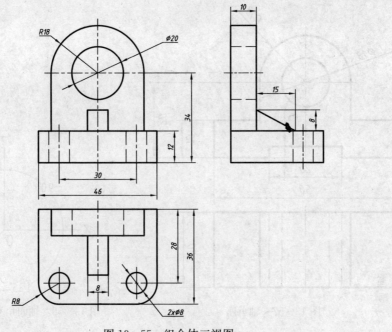

图 13 - 55　组合体三视图

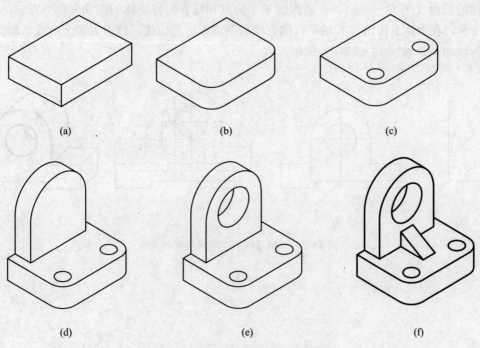

| (a) | (b) | (c) |
| (d) | (e) | (f) |

图 13 - 56　组合体正等轴测图的画法

在斜二等轴测图中，由于 XOZ 面的轴测投影反映实形，因此 XOZ 面或其平行面上圆的投影仍为圆；而在 XOY 面和 YOZ 面上圆的投影为椭圆，且画法较复杂，因此当物体在 XOY 面和 YOZ 面上有圆时，应避免用斜二等轴测图表示。

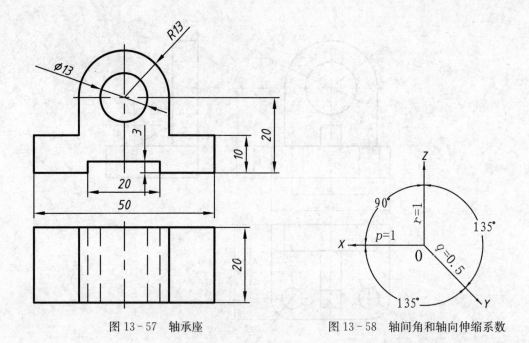

图 13 - 57 轴承座

图 13 - 58 轴间角和轴向伸缩系数

在绘制斜二等轴测图时，将极轴追踪设置为 45°。首先建立轴测轴，如图 13 - 59(a) 所示。绘制物体的前面（图 13 - 59b），在轴测轴 Y 上向其相反方向将物体的前面复制 20 mm，如图 13 -59(c)所示，在物体上作出与 Y 轴平行的直线和两圆弧的公切线，修剪去多余的线，即得到物体的斜二等轴测图，如图 13 - 59(d) 所示。

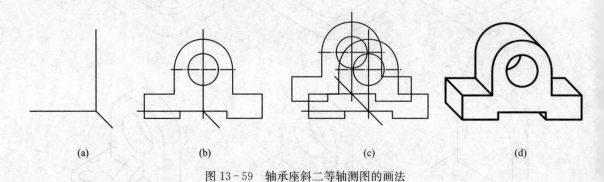

(a)　　　　　　(b)　　　　　　　　(c)　　　　　　　(d)

图 13 - 59 轴承座斜二等轴测图的画法

第十四章 AutoCAD 三维建模

第一节 AutoCAD 三维建模简介

AutoCAD 不仅具有强大的二维绘图功能，而且还具备基本的三维造型能力，它以形体分析及平面绘图为基础，通过对平面图形的拉伸、旋转，从而构成柱体及回转体，或通过基本实体绘制命令直接创建基本立体，再通过体与体的布尔运算来实现复杂工程形体的实体建模。本章将介绍 AutoCAD 三维绘图的基本知识。

一、三维坐标系

在三维空间中，图形对象上每一点的位置均是用三维坐标表示的。利用 AutoCAD 绘制三维实体，首先要进行三维建模。二维图形对象都是在 XOY 平面上，若赋予该对象一个 Z 轴方向的值，就可得到一个三维实体，这个过程就称为建模。

1. 坐标系的类型 在 AutoCAD 中，三维坐标系有世界坐标系 (World Coordinate System)，简称 WCS；用户坐标系 (User Coordinate System)，简称 UCS。

（1）世界坐标系。世界坐标系的平面图标如图 14-1 所示，其 X 轴正向向右，Y 轴正向向上，Z 轴正向由屏幕指向操作者，坐标原点位于屏幕左下角。当用户从三维空间观察世界坐标系时，其图标如图 14-2 所示。

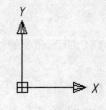

图 14-1 平面世界坐标系

（2）用户坐标系。利用 AutoCAD 作图时，AutoCAD 默认的坐标系为世界坐标系，即以 XOY 平面为作图的基准面，但是在三维建模的过程中，常常需要不断地变换绘图基准面，将坐标系移动到不同的位置，变换移动后的坐标系称为用户坐标系 (UCS)。坐标系图标显示当前坐标系的形式及坐标系的方位，系统可在屏幕上显示该图标。用户坐标系的图标如图 14-3 所示。

建立用户坐标系主要用途有两个：一是可以灵活定位 XY 平面，用于绘制立体的二维截面；另一个是方便将模型尺寸转化为坐标值。

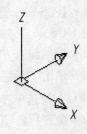

图 14-2 三维世界坐标系

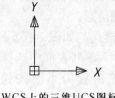

WCS上的三维UCS图标

三维UCS图标

着色UCS图标

图 14-3 用户坐标系

2. UCS 坐标系设置

（1）UCS 坐标系图标的设置。选择"视图"选单→"显示"→"UCS 图标"→"开"，若选择"开"，则显示 UCS 图标，否则隐藏 UCS 图标；若选择"原点"，则图标位于原点，否则图标位于屏幕左下角位置；选择"特性"，则打开 UCS 图标对话框，用户可以在该对话框中对 UCS 图标的相关属性进行设置（图 14-4）。

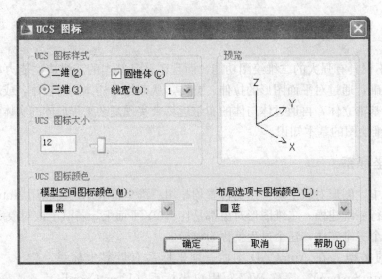

图 14-4　"UCS 图标"特性对话框

（2）UCS 命令的使用。该命令用于设置用户坐标系在三维空间中的方向，该命令的使用方法有：

（a）工具栏中的 ⊾ 图标：单击。

（b）选择"工具（T）"→"新建 UCS(W)"，设置相应的选项。

（c）命令行输入：UCS

（3）UCS 命令管理 UCSMAN。其功能是显示和修改已定义的和未命名的用户坐标系，并恢复正交 UCS。

该命令的输入方法有三种：

（a）单击工具栏中的 ⊞ 图标：单击。

（b）下拉选单："工具（T）"→"命名 UCS(U)"→"UCS 对话框"。

（c）命令行：UCSMAN

（4）UCS 对话框中有命名 UCS、正交 UCS 和设置三个选项卡，其功能如下：

（a）"命名 UCS"选项卡：用于列出当前已有的用户坐标系并设置当前 UCS。选择相应的 UCS 名称后，单击详细信息按钮，可以显示指定坐标系的详细信息。

（b）"正交 UCS"选项卡：用于将 UCS 设置为某一正交模式，如图 14-6 所示。在"相对于"下面的下拉列表中选择某一坐标作为基础坐标，在当前 UCS 列表框中选择某一正交模式，单击详细信息按钮，可以显示指定坐标系的详细信息；单击置为当前按钮，可建立相应的 UCS。

（c）"设置"选项卡：用于设置 UCS 图标的显示形式和应用范围等，如图 14-7 所示。

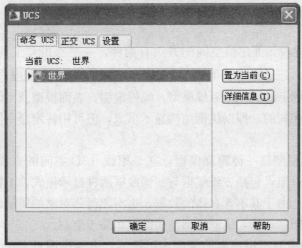

图 14 - 5　"命名 UCS" 对话框

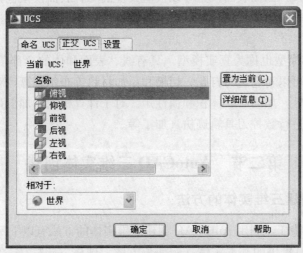

图 14 - 6　"正交 UCS" 选项卡

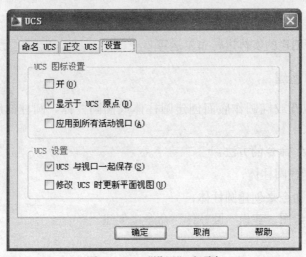

图 14 - 7　"设置" 选项卡

二、AutoCAD 三维模型

在 AutoCAD 中，进入三维建模空间的方法有两种，一是点击"工具→工作空间→三维建模"选单进入工作空间；二是点击 AutoCAD 右下角"切换工作空间 ⚙ 图标→三维建模"进入工作空间。用户可以创建三种类型的三维模型：线框模型、表面模型及实体模型。这三种模型在计算机上的显示方式是相同的，即以线框结构显示出来，但可用特定命令使表面模型及实体模型的真实性表现出来。

1. 线框模型 线框模型是一种轮廓模型，它是用线（3D 空间的直线及曲线）表达三维立体，是描绘三维对象的骨架，包括二维线框与三维线框两种显示模式，不包含面及体的信息，不能使该模型消隐或着色。由于其不含有体的数据，也不能得到对象的质量、重心、体积、惯性矩等物理特性，不能进行布尔运算，线框模型结构简单，易于绘制。

2. 表面模型 表面模型是用物体的表面表示物体，表面模型具有面及三维立体边界信息。表面不透明，能遮挡光线，因而表面模型可以被渲染及消隐，表面模型包括三维隐藏与概念两种显示模式。对于计算机辅助加工，用户还可以根据零件的表面模型形成完整的加工信息，但是不能进行布尔运算。

3. 实体模型 实体模型也称为真实模型，具有线、表面和体的全部信息，此类模型可以区分对象的内部及外部，可以对它进行打孔、切槽和添加材料等布尔运算，对实体装配进行干涉检查，分析模型的质量特性，如质心、体积和惯性矩。对于计算机辅助加工，可利用实体模型的数据生成数控加工代码，进行数控刀具轨迹仿真加工等。

第二节　AutoCAD 三维实体创建

一、AutoCAD 创建三维实体的方法

三维实体具有体的特征，利用 AutoCAD 创建三维实体的方法有以下三种：

（1）利用 AutoCAD 提供的基本实体（例如长方体、球体、圆柱体、圆锥体、楔体和圆环）创建简单实体。

（2）沿路径将二维对象拉伸，或者将二维对象绕轴旋转。

（3）将前两种方法创建的实体进行布尔运算（交、并、差），生成更复杂的实体。

二、基本实体的创建

1. 创建圆柱体 以圆或椭圆作底面创建圆柱体或椭圆柱体，圆柱的底面位于当前 UCS 的 XOY 平面上。

（1）启用"圆柱体"命令的方法：

（a）利用 🔲 图标创建圆柱体；

（b）利用 cylinder 命令来创建圆柱体；

（c）利用"选单—绘图—建模—圆柱体"命令来创建。

（2）步骤：

（a）单击"实体"工具条中 🔲 按钮。系统提示：

指定底面的中心点或［三点（3P）/两点（2P）/切点、切点、半径（T）/椭圆（E）］：

指定底面半径或［直径（D)]＜30＞：30

指定高度或［两点（2P）/轴端点（A)]＜60＞：80

（b）生成圆柱体（图 14-8），圆柱体的轴线与 Z 轴平行。

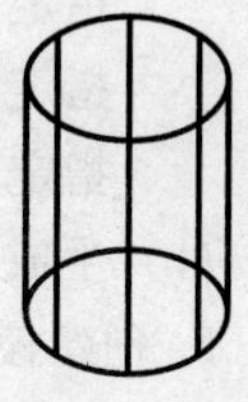

2. 创建圆锥体　圆锥体由圆或椭圆作底面以及垂足在其底面上的锥顶点所
定义，缺省为圆锥体的底面位于当前 UCS 的 XOY 平面上，圆锥体的高平行于
Z 轴，高度值可以是正也可以是负。

（1）启用"圆锥体"命令的方法：

（a）利用△图标创建圆锥体；

（b）利用 cone 命令来创建圆锥体；

（c）利用"选单—绘图—建模—圆锥体"命令来创建。

图 14-8　圆柱体

（2）步骤：

（a）单击"实体"工具条中△图标。系统提示：

指定底面的中心点或［三点（3P）/两点（2P）/切点、切点、半径
（T）/椭圆（E）］：

指定底面半径或［直径（D)]＜30.0000＞：30

指定高度或［两点（2P）/轴端点（A）/顶面半径（T)]＜80.0000
＞：80

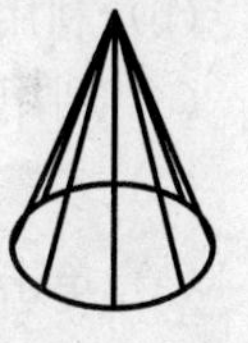

（b）生成圆锥体（图 14-9），圆锥体的轴线与 Z 轴平行。

图 14-9　圆锥体

3. 创建球体　球体由中心点和半径或直径定义。

（1）启用"球体"命令的方法：

（a）利用○图标创建球体；

（b）利用 sphere 命令来创建圆锥体；

（c）利用"选单—绘图—建模—球体"命令来创建。

（2）步骤：

（a）单击"实体"工具条中○图标。系统提示：

指定中心点或［三点（3P）/两点（2P）/切点、切点、半径（T）］：

指定半径或［直径（D)]＜40.0000＞：

（b）生成球体，如图 14-10 所示。

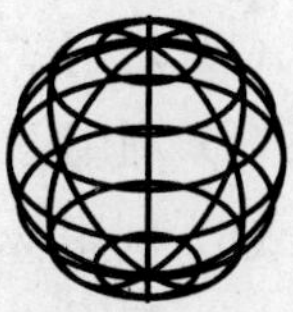

当用户绘制出的球体线框模型显示效果不太理想时，可以通过打开
AutoCAD 的"工具→选项"选单，单击"显示"选项卡（或者在命令输入区
输入 op 命令），增大显示精度的值来调整视觉效果，但这样会增大计算机的运算量。

图 14-10　球　体

4. 创建长方体　长方体由底面（即两对角点）和高度定义。可以用▱命令创建长方体。长
方体的底面总与当前 UCS 的 XOY 平面平行。

（1）启用"长方体"命令的方法：

（a）利用▱图标创建长方体；

（b）利用 box 命令来创建长方体；

（c）利用"选单—绘图—建模—长方体"命令来创建。

（2）步骤：

（a）单击"实体"工具条中⬜图标。系统提示：

指定第一个角点或［中心（C）］：

指定其他角点或［立方体（C）/长度（L）］：L

指定长度：60

指定宽度：40

指定高度或［两点（2P）］＜50.0000＞：

图 14-11　长方体

（b）生成长方体，如图 14-11 所示。

5. 创建棱锥体　棱锥体由底面和高度定义。棱锥体的底面总与当前 UCS 的 XOY 平面平行，用户在使用棱锥命令时，可以通过修改侧面数来修改底面的边数。

（1）启用"棱锥体"命令的方法：

（a）利用△图标创建长方体；

（b）利用 pyramid 命令来创建棱锥体；

（c）利用"选单—绘图—建模—棱锥体"命令来创建。

（2）步骤：

（a）单击"实体"工具条中△图标。系统提示：

4 个侧面　外切

指定底面的中心点或［边（E）/侧面（S）］：S

输入侧面数＜4＞：4

指定底面半径或［内接（I）］＜166.1957＞：30

指定高度或［两点（2P）/轴端点（A）/顶面半径（T）］＜

193.0474＞：80

图 14-12　棱锥体

（b）生成棱锥体，如图 14-12 所示。

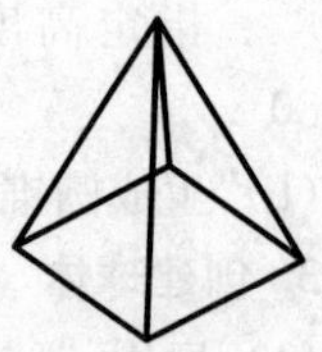

6. 创建楔体　楔体可用◣命令创建。楔形的底面平行于当前 UCS 的 XOY 平面，其倾面正对第一个角。它的高可以是正也可以是负，并与 Z 轴平行。

（1）启用"楔体"命令的方法：

（a）利用◣图标创建楔体；

（b）利用 wedge 命令来创建楔体；

（c）利用"选单—绘图—建模—楔体"命令来创建。

（2）步骤：

（a）单击"实体"工具条中◣图标。系统提示：

指定第一个角点或［中心（C）］：

指定其他角点或［立方体（C）/长度（L）］：L

指定长度＜60.0000＞：60

指定宽度＜40.0000＞：40

指定高度或［两点（2P）］＜80.0000＞：80

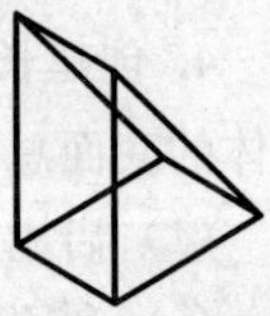

图 14-13　楔体

（b）生成楔体，如图 14-13 所示。

7. 创建圆环体　圆环体可用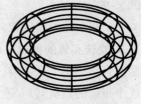命令创建。圆环体底面与当前 UCS 的 XOY 平面平行。

(1) 启用"圆环体"命令的方法：

(a) 利用◎图标创建圆环体；

(b) 利用 torus 命令来创建圆环体；

(c) 利用"选单—绘图—建模—圆环体"命令来创建。

(2) 步骤：

(a) 单击"实体"工具条中◎图标。系统提示：

指定中心点或［三点（3P）/两点（2P）/切点、切点、半径（T）］：

指定半径或［直径（D）］<60.0000>：60

指定圆管半径或［两点（2P）/直径（D）］<20.0000>：15

(b) 生成圆环体，如图 14-14 所示。

图 14-14　圆环体

三、拉伸实体和旋转实体的创建

1. 拉伸实体的创建　单击命令，可以将二维的封闭图形（多段线、多边形、矩形、圆、椭圆、封闭的样条曲线、圆环和面域）对象拉伸成三维实体。在拉伸过程中，可以将一些二维对象沿指定的路径拉伸。路径由圆、椭圆、圆弧、椭圆弧、多段线、样条曲线等组成，路径可以封闭也可以不封闭。

(1) 多段体命令的使用。启动"绘制多段体"的命令的方法：

(a) 选择"绘图—建模—多段体"命令。

(b) 单击"建模"工具栏或"三维制作"面板中的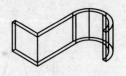图标。

(c) 在命令行中执行 POLYSOLID 命令。

图 14-15　多段体

系统提示内容如下：

高度＝80.0000，宽度＝10.0000，对正＝居中

指定起点或［对象（O）/高度（H）/宽度（W）/对正（J）］<对象>：W

指定宽度<10.0000>：5

高度＝40.0000，宽度＝5.0000，对正＝居中

指定起点或［对象（O）/高度（H）/宽度（W）/对正（J）］<对象>：H

指定高度<80.0000>：40

高度＝40.0000，宽度＝5.0000，对正＝居中

指定下一个点或［圆弧（A）/放弃（U）］：40

指定下一个点或［圆弧（A）/放弃（U）］：60

指定下一个点或［圆弧（A）/闭合（C）/放弃（U）］：A

指定圆弧的端点或［闭合（C）/方向（D）/直线（L）/第二个点（S）/放弃（U）］：50

(2) 利用多段线进行拉伸。

(a) 利用多段线绘制该形体下表面的二维封闭对象。

(b) 单击"实体"工具条中命令，也可以输入命令：extrude，此时系统提示：

当前线框密度：　　ISOLINES＝4

选择要拉伸的对象：找到 1 个

选择要拉伸的对象：

指定拉伸的高度或 ［方向 （D)/路径 （P)/倾斜角 （T)］

<336.1272>：

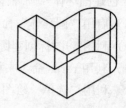

若输入 P（路径），选择作为路径的对象，即可拉伸实体。拉伸倾斜角度是指拉伸方向偏移的角度，其范围是 -90°～90°。

图 14-16　利用多段线拉伸实体

(c) 回车即可生成拉伸实体，如图 14-16 所示。

2. 旋转实体的创建　单击 命令，可以将二维的封闭对象（如矩形、圆、椭圆、封闭的样条曲线）绕当前 UCS 坐标系的 X 轴或 Y 轴，旋转一定的角度形成实体。也可以绕直线、多段线或连个指定的点旋转对象。

下面以图 14-17 为例，介绍旋转对象的方法和步骤。

(1) 利用"多段线"命令绘制二维封闭对象，用"直线"命令生成直线。

(2) 单击"实体"工具条中 按钮。系统提示：

选择要旋转的对象：

指定轴起点或根据以下选项之一定义轴 ［对象 （O)/X/Y/Z］ <对象>：

指定轴端点：

指定旋转角度或 ［起点角度 （ST)］<360>：

(3) 若旋转角为 360°，回车即可生成旋转实体，如图 14-17 所示。

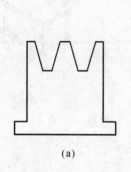
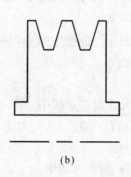

(a)　　　　　　　　　　(b)　　　　　　　　　　(c)

图 14-17　旋转过程

(a) 绘制旋转截面　　(b) 旋转中心轴　　(c) 旋转实体

四、扫掠实体和放样实体

1. 扫掠 （SWEEP)　　扫掠实体是指通过沿路径扫掠二维曲线来创建三维实体或曲面。下面以绘制弹簧为例，介绍扫掠命令的使用方法和步骤。

(1) 绘制扫掠路径：单击绘图工具栏中的 命令，按照下面命令执行：

指定底面的中心点：

指定底面半径或 ［直径 （D)］<30.0000>：40

指定顶面半径或 ［直径 （D)］<40.0000>：

指定螺旋高度或 ［轴端点 （A)/圈数 （T)/圈高 （H)/扭曲 （W)］<120.0000>：T

输入圈数<5.0000>：6

指定螺旋高度或 [轴端点 (A)/圈数 (T)/圈高 (H)/扭曲 (W)]<120.0000>：90

绘制好的螺旋如图 14-18(a) 所示。

(2) 绘制扫掠截面：在绘图区任意位置绘制扫掠截面，如绘制一个半径为 2 的圆。

(3) 执行扫掠命令：单击绘图工具栏中的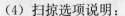命令，系统要求选择要扫掠的对象，单击绘制好的圆，系统提示：找到一个，然后右击鼠标，结束选择，系统提示选择扫掠路径或 [对齐 (A)/基点 (B)/比例 (S)/扭曲 (T)]：，选择绘制好的螺旋作为扫掠路径，则生成如图 14-18(b) 所示的弹簧。

(4) 扫掠选项说明：

选择要扫掠的对象：（使用对象选择方法并在完成时按 ENTER 键）

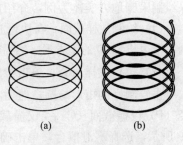

图 14-18　扫掠过程

(a) 扫掠路径　　(b) 扫掠实体

选择扫掠路径或 [对齐 (A)/基点 (B)/比例 (S)/扭曲 (T)]：（选择二维或三维扫掠路径，或输入选项）

对齐 (A) 选项：

扫掠前对齐垂直于路径的扫掠对象 [是 (Y)/否 (N)]<是>：（输入 no 指定轮廓无需对齐或按 ENTER 键指定轮廓将对齐）

指定是否对齐轮廓以使其作为扫掠路径切向的法向。默认情况下，轮廓是对齐的。

基点 (B) 选项：

指定基点：（指定选择集的基点）

指定要扫掠对象的基点。如果指定的点不在选定对象所在的平面上，则该点将被投影到该平面上。

比例 (S) 选项：

输入比例因子或 [参照 (R)]<1.0000>：（指定比例因子、输入 r 调用参照选项或按 ENTER 键指定默认值）

指定比例因子以进行扫掠操作。从扫掠路径的开始到结束，比例因子将统一应用到扫掠的对象。

参照 (R) 选项：

指定起点参照长度<1.0000>：（指定要缩放选定对象的起始长度）

指定终点参照长度<1.0000>：（指定要缩放选定对象的最终长度）

通过拾取点或输入值来根据参照的长度缩放选定的对象。

扭曲 (T) 选项：

输入扭曲角度或允许非平面扫掠路径倾斜 [倾斜 (B)]<n>：（指定小于 360 的角度值、输入 b 打开倾斜或按 ENTER 键指定默认角度值）

选择扫掠路径 [对齐 (A)/基点 (B)/比例 (S)/扭曲 (T)]：（选择扫掠路径或输入选项）

扭曲设置正被扫掠的对象的扭曲角度。扭曲角度指定沿扫掠路径全部长度的旋转量。

倾斜指定被扫掠的曲线是否沿三维扫掠路径（三维多线段、三维样条曲线或螺旋）自然倾斜（旋转）。

在执行扫掠命令时，扫掠截面区域是一个面域，如果是采用的是普通绘图命令绘制的区域，则需要通过面域命令来是绘制的图形成为一个面域。利用扫掠命令可以对异形弹簧进行绘制，结合布尔运算可以进行蜗轮、蜗杆零件的绘制。

2. 放样（LOFT）　放样实体是在数个横截面之间的空间创建三维实体或曲面的方法。下面以绘制天圆地方实体为例，介绍放样命令的使用方法和步骤。

（1）绘制放样截面：在执行放样命令的过程中，放样截面要求至少有两个，单击矩形命令，绘制一个边长为 40 的正方形，然后在正方体的上方 40 处绘制一个半径为 30 的圆，如图 14 - 20(a)。

（2）执行放样命令：单击绘图工具栏中的 命令，系统要求选按放样次序选择横截面，依次单击绘制好的矩形与圆，然后右击鼠标，结束选择，此时系统提示：输入选项［导向（G）/路径（P）/仅横截面（C）]<仅横截面>：C，此时系统要求进行放样设置，放样设置面板如图 14 - 19 所示，选择平滑拟合，单击确定，生成如图 14 - 20(b) 所示的天圆地方模型。

（3）放样选项说明：

按放样次序选择横截面：（按照曲面或实体将要通过的次序选择开放或闭合的曲线）。

输入选项［引导（G）/路径（P）/仅横截面（C）]<仅横截面>：（按 ENTER 键使用选定的横截面，从而显示"放样设置"对话框，或输入选项）。

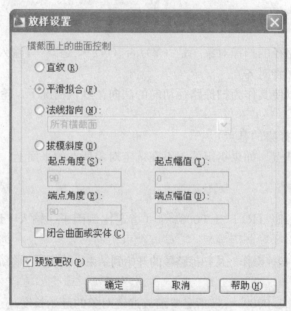

图 14 - 19　放样设置面板

引导（G）选项：

选择导向曲线：（选择放样实体或曲面的导向曲线，然后按 ENTER 键）。

指定控制放样实体或曲面形状的导向曲线。导向曲线是直线或曲线，可通过将其他线框信息添加至对象来进一步定义实体或曲面的形状。可以使用导向曲线来控制点如何匹配相应的横截面以防止出现不希望看到的效果。

可以为放样曲面或实体选择任意数量的导向曲线。每条导向曲线必须满足以下条件才能正常工作：①与每个横截面相交；②始于第一个横截面；③止于最后一个横截面。

路径（P）选项：

选择路径：（指定放样实体或曲面的单一路径）。

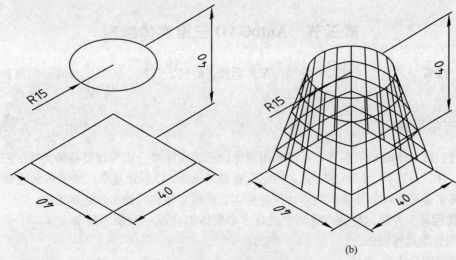

(b)

图 14-20　放样过程

(a) 放样路径　　(b) 天圆地方

指定放样实体或曲面的单一路径，路径曲线必须与横截面的所有平面相交。

3. 扫掠、放样、沿曲线路径拉伸总结　扫掠、放样、沿曲线路径拉伸建模时三维特征截面绘制要点：

(1) 路径不能自相交。

(2) 相对于截面的大小，路径轨迹线中的弧或样条曲线的半径不能太小，否则会造成三维实体不能生成。

五、基本实体创建注意事项

(1) 关于"线框密度"的调整。线框密度主要指表现实体或平面中线条的多少，系统默认的线框密度 (ISOLINES) 为 4，用户如需改变线框密度，则在命令行中输入 ISOLINES，即可根据提示修改线框密度。若在绘制图形完成后修改线框密度，此时模型并没有发生改变，需要在命令行输入再生 REGEN (或者 re) 命令，使模型再生，就得到修改线框密度后的效果。

(2) 关于"封闭区域"的绘制。在使用三维命令创建实体时，若封闭区域采用多段线绘制，可以直接使用三维命令使绘制的区域形成相应的实体；若封闭区域不是采用多段线绘制，看起来封闭的区域是由独立的对象构成，此时生成的三维图形看起来是实体，本质上却是壳体，要形成真正的实体，需要选中对象执行面域命令（region），此时形成的图形才是真正的实体；若绘制的图形采用的是 AutoCAD 的封闭图形（如圆、多边形），则不需要进行此操作。

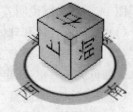

图 14-21　ViewCube 三维
导航立方体

(3) 在进行三维建模时，经常需要对坐标系进行变换，用户可以使用 UCS 命令对坐标系进行变化，也可以使用视图选单下的 UCS 工具选项卡来对坐标系进行变换。

(4) AutoCAD 提供了 ViewCube 三维导航立方体（图 14-21），用户可以根据不同的视角来制作和观察立体。

第三节　AutoCAD 三维实体编辑

创建三维模型之后，还可以对其进行布尔运算、旋转、阵列、镜像、修剪、倒角和倒圆等编辑操作。

一、布尔运算

通过对三维实体的布尔运算，可以利用简单的三维实体组合成为较复杂的实体。三维实体可以进行交、并、差运算，即布尔运算。布尔运算是 AutoCAD 创建复杂三维实体最主要的编辑方法之一。布尔运算的对象是基本实体、拉伸实体、旋转实体和其他布尔运算实体。

1. 并集运算　并集运算是指将两个或者多个实体组合成一个新的复杂实体。下面以图 14-22 为例说明并集运算操作。

（1）绘制圆柱体和球体。

（2）执行并集运算命令 ⊙⊙（union）。选择要合并的圆柱体和球体，即可完成并集运算。

（3）执行"三维隐藏（hide）"命令后，即可得到实体效果。

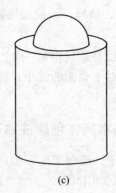

(a)　　　　　　　　　　(b)　　　　　　　　　　(c)

图 14-22　并集运算
(a) 并集运算前　　(b) 并集运算后　　(c) 三维隐藏后

2. 差集运算　差集运算是指从选定的实体中减去另一个实体，从而得到一个新的实体。下面以图 14-23 为例说明差集运算操作。

（1）绘制圆柱体和球体。

（2）执行差集运算命令 ⊙⊙（subtract）。选择要从中减去的实体圆柱体，选择要减去的实体球体，即可完成差集运算所示。

（3）执行"三维隐藏（hide）"命令后，即可得到实体效果。

3. 交集运算　交集运算是指创建一个由两个或者多个实体的公共部分形成的实体。下面以图 14-24 为例说明差集运算操作。

（1）绘制圆柱体和球体。

（2）执行交集运算命令 ⊙⊙（intersect）。选择相交的对象——圆柱体和球体，即可完成交集运算。

（3）执行"三维隐藏（hide）"命令，即可得到所示的实体效果。

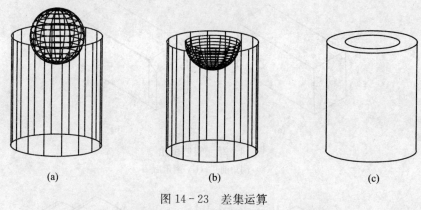

图 14 - 23　差集运算

（a）差集运算前　　（b）差集运算后　　（c）三维隐藏后

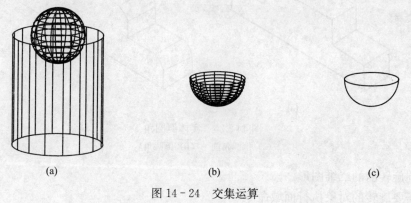

图 14 - 24　交集运算

（a）交集运算前　　（b）交集运算后　　（c）三维隐藏后

二、三维对象的图形编辑

1. 倒角　利用"倒角"命令可以切去实体的外角或填充实体的内角，从而在两相邻表面之间生成一个平坦的过渡面。下面以图 14 - 25 为例介绍实体倒角的操作过程。

（1）绘制如图 14 - 25 所示的长方体。然后选择下拉式选单"修改（M）"→"倒角（C）"命令。

（2）选取长方形体的某条边，以确定要对其倒角的基面。

（3）确定后输入要倒角的距离，确定；再输入另一距离，确定。

（4）选择在基面上要倒角的边，回车。

2. 倒圆角　利用"圆角"命令可以在选定实体上倒圆角。系统缺省时采用先确定倒圆角的半径，然后选择边界切除的方法。下面以图 14 - 26 为例介绍实体倒圆角的操作过程。

（1）绘制如图 14 - 26 所示的实体。然后选择下拉式选单"修改（M）"→"圆角（F）"命令。

（2）选取实体上要倒圆的边线。

（3）输入圆角半径，确定。

3. 剖切　对三维实体进行剖切操作，是为了看清楚其内部结构。剖切时，首先要选择剖切的三维对象，然后确定剖切平面的位置，之后还必须指明是否要将实体分割成的两部分保留，可根据需要进行选择。下面以图 14 - 27 中的实例介绍实体剖切的操作过程。

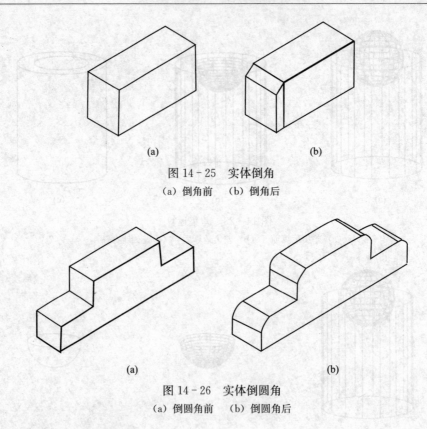

图 14-25　实体倒角

(a) 倒角前　　(b) 倒角后

图 14-26　实体倒圆角

(a) 倒圆角前　　(b) 倒圆角后

（1）绘制旋转前的二维图形。

（2）对需要旋转的对象执行面域命令。

（3）单击 命令。

（4）选择剖切的三维实体。

（5）指定剖切平面。

（6）保留指定的一侧后得到最后结果。

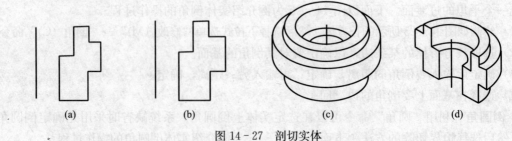

图 14-27　剖切实体

(a) 旋转前　　(b) 旋转对象执行面域命令后　　(c) 旋转后　　(d) 剖切后

三、三维造型要领

（1）在缺省状态下，系统构造的三维形体，对于圆柱体、圆锥体、圆环体，其轴线是 Z 轴方向的；对于长方体、楔形体，底面在 XY 坐标面或其平行面上，高度方向是 Z 轴方向；对于拉伸体，平面图形画在 XY 坐标面上，沿 Z 轴方向拉伸。因此，在不同的视角下，可构造不同方向的三维立体。

（2）建议用户在西南等轴测视角下构造形体，这样做的好处在于造型过程非常直观，减少出错，用户可以点击▣（navvcube）命令来显示或者隐藏三维导航立方体。当在等轴测视角下不容易作出判断时，可随时将视角改变为主、俯、左视图方向来检查作图的正误。

（3）将构造好的基本形体按要求的相对位置定位后，进行布尔运算（交、并、差）可得到组合体。

第四节　三维立体的尺寸标注

一、三维立体图尺寸标注方法

采用 AutoCAD 进行三维立体尺寸标注时，只能在 XY 平面上进行尺寸的标注，因此在标注尺寸的过程中，需要移动坐标原点到指定位置，创建新的用户坐标系。三维实体的标注命令在注释选单下，一般在进行标注前，需要首先设置用户坐标系 UCS，其执行命令为：命令行输入 UCS—Enter—新建（N）—回车—输入 X（指定的 X 轴旋转）—回车—指定绕 X 轴的旋转角度（输入 90°）—回车，在确定了 XY 平面后，标注方法与二维标注相同。

二、三维立体图尺寸标注提示

标注尺寸时，要打开对象捕捉的端点、交点等，以便准确定位使尺寸标注准确。必须在 XY 平面上标注，根据所标注尺寸平面的空间位置旋转坐标轴及移动用户坐标原点，或者用选择一个新的坐标面（在立体某一表面）的方法来标注尺寸。要执行标注——对齐命令，对于水平面尺寸、正平面尺寸和侧平面尺寸的标注顺序，实际标注时没有先后顺序的规定，根据图形要求自主决定即可。

三维立体图尺寸标注实例如图 14-28 所示。

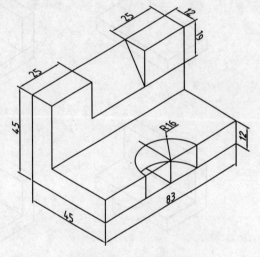

图 14-28　三维实体标注

第五节　AutoCAD 三维造型举例

在使用 AutoCAD 进行三维建模时，首先要要对模型的形体进行分析，确定建模方法与建模步骤，然后绘制截面图形，利用相关命令进行建模。

（一）创建组合体的实体模型

如图 14-28 所示，首先对该组合体进行形体分析，该零件主体部分为叠加式组合体，故可制作采用立方体的方法创建两个立方体，然后减去一个楔体与一个圆柱体，可运用布尔运算方法。具体步骤如下：

（1）画底板。按照图 14-28 的尺寸，在 AutoCAD 三维环境中利用立方体命令画出底板，结果如图 14-29(a) 所示。

（2）画立板。按照图 14-28 的尺寸，在底板上利用立方体命令画出立板，结果如图 14-

29(b)所示。

(3) 运算。利用并集命令合并底板和立板，合并为一个整体，结果如图 14 - 29(c) 所示。

(4) 画圆柱体。按照图 14 - 28 的尺寸，在底板上利用圆柱体命令画出圆柱，结果如图 14 - 29(d) 所示。

(5) 运算。利用差集命令在底板上去除圆柱体，结果如图 14 - 29(e) 所示。

(6) 画楔体。按照图 14 - 28 的尺寸，在立板上利用楔体，或者多段线命令画出楔体截面，然后拉伸，结果如图 14 - 29(f) 所示。

(7) 把楔体移动到指定位置，结果如图 14 - 29(g) 所示。

(8) 运算。利用差集命令在立板上去除楔体，结果如图 14 - 29(h) 所示。

(9) 着色。可以按照需要给立体着色，显示颜色效果。

(10) 标注。按照要求使用三维标注命令把立体标注出来，结果如图 14 - 28 所示。

(11) 调整立体到合适大小和位置，存盘。

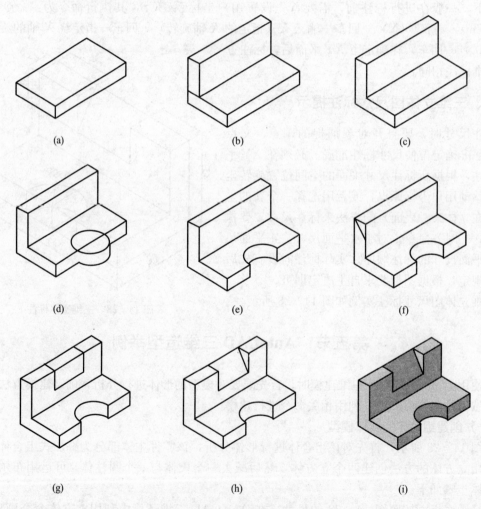

图 14 - 29 三维实体制作过程

(a) 底板实体   (b) 立板实体   (c) 底板与立板并集运算   (d) 圆柱体绘制   (e) 底板与圆柱体差集运算
(f) 立板上绘制楔体截面   (g) 楔体移动到指定位置   (h) 楔体与立板差集运算   (i) 整体着色效果

（二）创建填料压盖的实体模型

如图 14－30 所示，首先要进行形体分析，该零件由带有两圆孔的底板及圆筒构成，各部分均为柱体，故可采用拉伸的方法创建立体。具体步骤如下：

（1）画截面。按照图 14－30 的尺寸，在 AutoCAD 二维环境画出填料压盖的左视图，并将最外面轮廓创建为面域，作为待拉伸的截面。

（2）拉伸。以刚才创建的面域和两小圆为截面，拉伸高度 10；以直径 34 和 22 圆为截面，拉伸高度 26，结果见图 14－31(a)，图 14－31(b) 是西南轴测方向观察的结果。

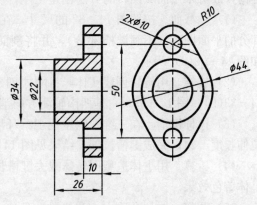

图 14－30　填料压盖视图

（3）运算。将底板与大圆柱体作布尔并运算，然后用主体造型减去两个小圆柱体及中心圆柱体，消隐后的结果见图 14－31(c)，图 14－31(d) 是体着色效果。

（4）调整立体到合适大小和位置，存盘。

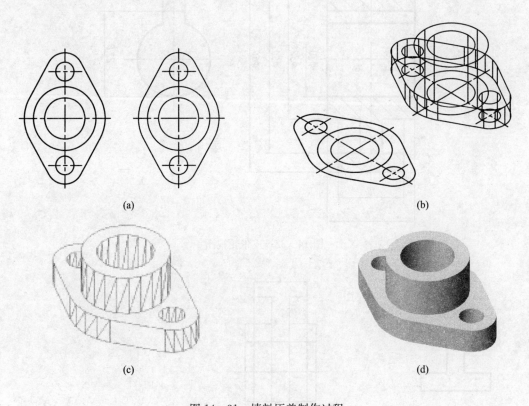

(a)　　　　　　　　　　　　　　(b)

(c)　　　　　　　　　　　　　　(d)

图 14－31　填料压盖制作过程

(a) 二维观察　(b) 西南轴测方向观察　(c) 运算后消隐效果　(d) 真实视觉效果

（三）创建皮带轮的实体模型

如图 14－32 所示，对皮带轮进行形体分析，该零件主体部分为回转体，只是中间轮孔带有键槽，故可采用面域回转的方法创建主体，然后减去键槽。具体步骤如下：

（1）画截面。按照图 14-32 的尺寸，在 AutoCAD 二维环境画出皮带轮轴线及其以上剖面部分的平面图形（不画键槽部分），并将剖面部分的平面图形创建为面域，作为待旋转的截面。如图 14-33（a）所示。

（2）旋转。用旋转创建实体，将刚才创建的面域旋转 360°，完成回转体的创建，结果见图 14-33（b），图 14-33（c）是西南轴测方向消隐观察的结果。

（3）拉伸键槽。在三维视图左视观察环境下，用矩形命令创建键槽面域，如图 14-33（d），拉伸长度-24，完成键槽拉伸。结果见图 14-33（e）。

（4）运算。用主体造型回转体减去键槽长方体，消隐后的结果见图 14-33（f），图 14-33（g）是体着色效果。

（5）调整立体到合适大小和位置，存盘。

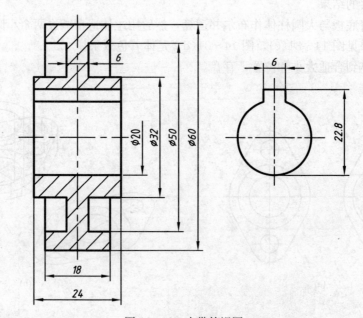

图 14-32　皮带轮视图

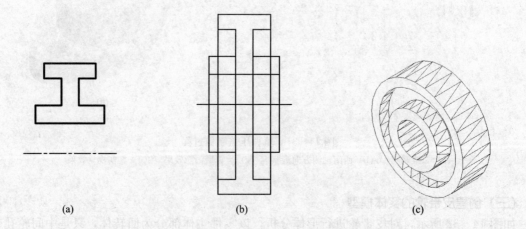

(a)　　　　　　　　　(b)　　　　　　　　　(c)

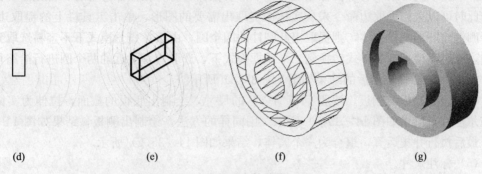

(d)　　　　　　　　(e)　　　　　　　(f)　　　　　　　(g)

图 14-33　皮带轮的实体建模过程

(a) 平面图形　(b) 旋转结果　(c) 消隐轴测观察　(d) 创建键槽面域
(e) 拉伸键槽面域　(f) 差集运算结果　(g) 真实视觉效果

(四) 创建弯管的实体模型

如图 14-34 所示，首先进行形体分析，该零件由以一个底板、一个弯管与一个侧板组合而成，其建模过程可以分别对这三部分进行建模，每部分的建模过程结合布尔运算的法则进行，中间弯管可以采用沿路径拉伸的建模方法来进行建模，具体步骤如下：

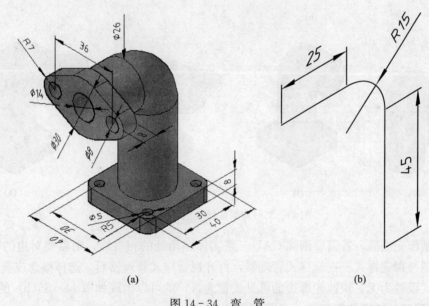

(a)　　　　　　　　　　　　　　　　　　(b)

图 14-34　弯　管

(a) 弯管三维实体　(b) 弯管路径

(1) 绘制弯管拉伸路径，如图 14-34(b) 所示。

(2) 画截面。按照图 14-34(a) 的尺寸，在路径的一端的端点处绘制出直径为 26 与 14 的两个圆 (图 14-35a)，点击拉伸按钮，点选绘制好的两个圆，然后右击鼠标结束选择，此时系统提示指定拉伸的高度或 [方向 (D)/路径 (P)/倾斜角 (T)]；，输入 p，然后点选长度为 25 的直线作为拉伸路径，结果如图 14-35(b) 所示，下一步执行布尔运算中的差集运算，从大圆柱中减去小圆柱，结果如图 14-35(c) 所示。

（3）提取边。水平直管拉伸完成后，下一步拉伸弯管，在拉伸弯管时，首先需要创建拉伸截面，此时可以采用提取边命令来从实体中提取出需要的图形，单击工具栏上的提取边 ⬚▾ 按钮，选择刚创建好的圆柱实体，则提取出此圆柱的四个圆，由于在概念模式下不容易选取到刚提取出的边，此时需要把视觉样式转换到二维线框模式下，选取弯管附近的两个圆进行沿路径拉伸的操作，沿 $R15$ 的圆弧拉伸后的结果如图 $14-35(d)$ 所示。

（4）绘制底板与侧板。按照 $14-34(a)$ 的尺寸，绘制出底板的截面，拉伸为实体，然后执行布尔运算，结果如图 $14-35(e)$ 所示。用同样的方法，绘制出侧板，结果如图 $14-35(f)$ 所示，最后执行并集运算，组合为一个实体，结果如图 $14-35(g)$ 所示。

（5）标注尺寸。

（6）调整立体到合适大小和位置，存盘。

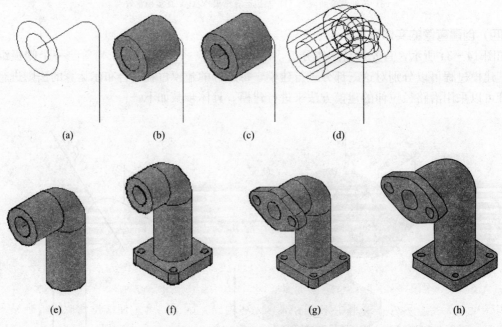

(a)　　　　　(b)　　　　　(c)　　　　　(d)

(e)　　　　　(f)　　　　　(g)　　　　　(h)

图 $14-35$　弯管实体模型的制作过程

在实体制作完成后，若需要消除 CAD 三维实体圆角处的相贯线，则需要对边的样式进行设置，选择视图—视觉样式—视觉样式管理器，打开视觉样式管理器后，选择概念或真实，把边设置中的边模式设置为无、快速轮廓边的可见设置为否，就可以出现如图 $14-35(h)$ 的视觉效果。

（五）创建斧头的实体模型

如图 $14-36$ 所示，首先进行形体分析，该零件是由几个截面沿指定的路径生成的三维实体，故适合于采用放样的方法来进行建模。具体步骤如下：

（1）绘制斧头的放样路径及放样截面，如图 $14-36(b)$ 所示。

（2）执行放样命令，单击绘图工具栏中的放样命令 ⬚，依次选择绘制好的 5 个放样截面，右击鼠标，选择横截面，弹出放样设置选项卡，选择横截面上的曲面控制选项为直纹，即可生成如图 $14-36(a)$ 所示的斧头实体模型。

用户可以改变横截面上的曲面控制选项，可生成不同效果的斧头模型。

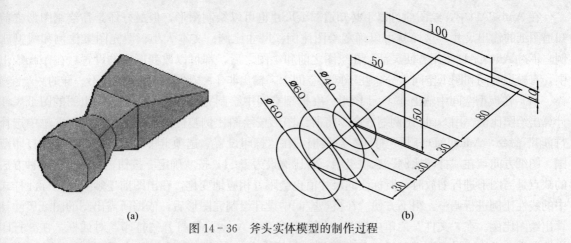

图 14-36　斧头实体模型的制作过程

第六节　图形输出

AutoCAD 系统提供了将图形输出为图像文件与打印两种输出方式，与 Microsoft Office Word 的打印方式类似，AutoCAD 也提供页面设置，并且存盘时将页面设置信息存入文件中。在模型空间和布局中均可进行打印设置，方法是选择"文件（F）"选单下的"页面设置管理器（G）"。

一、将 AutoCAD 图形输出为图像文件

AutoCAD 可以将绘制好的图形输出为图像文件，选择"文件"选单中的"输出"命令，或直接在命令区输入"export"命令并执行，系统弹出"输出"对话框，在"保存类型"下拉列表中选择"*.bmp"格式，单击"保存"，用鼠标依次选中或框选出要输出的图形后回车，则被选图形便被输出为 bmp 格式的图像文件。

1. 保证输出图像的清晰度　AutoCAD 在输出图像时，通常以屏幕显示为标准。输出图像的图幅与 AutoCAD 图形窗口的尺寸相等，图形窗口中的图形按屏幕显示尺寸输出，输出结果与图形的实际尺寸无关。另外，屏幕中未显示部分无法输出。因此，为了使输出图像能清晰显示，应在屏幕中将欲输出部分以尽量大的比例显示。

AutoCAD 中图形显示比例较大时，圆和圆弧看起来由若干直线段组成，这虽然不影响打印结果，但在输出图像时，输出结果将与屏幕显示完全一致，因此若发现有圆或圆弧显示为折线段时，应在输出图像前使用 Viewres 命令，修改圆或圆弧的缩放百分比，使圆和圆弧看起来尽量光滑逼真。

2. 控制输出图像的背景　输出图像的颜色通常也是与屏幕显示完全相同，即 AutoCAD 操作界面中的黑底白字效果，这可能与所需要的实际效果不同。可以通过"工具"选单下的"选项"命令，在弹出的"选项"对话框中，选择"显示"选项卡，单击"颜色"按钮，在弹出的"颜色选项"窗口中，直接点击"颜色"中的白色或其他颜色后按两次回车，窗口背景颜色即发生变化。输出图像的颜色与实际绘图颜色完全一致。

3. 将 AutoCAD 图形输出为非 1∶1 图形　在 AutoCAD 中绘制完图形后，需要将图形输出到绘图仪或打印机，而大部分的图纸比例都是非 1∶1 的，不同行业使用不同的绘图比例，如机械工程中常用的比例有 1∶1、1∶2、1∶5、1∶10 等，建筑工程中常使用的比例大一些，可从 1∶10 到 1∶100，甚至更大。

在 AutoCAD 中，绘图前可以不必知道图纸尺寸也可以绘制图形，但最好还是在绘制图形之前知道图纸的输出尺寸，这样就可以确定绘图比例、尺寸比例、文本大小、填充图案比例和线型比例。不过 AutoCAD 使用方便灵活，在绘图之前和绘图之后，都可以改变所有的设置。在 AutoCAD 中，有模型空间和图纸空间之分，在不同的空间下，输出非 1：1 图形的方法也是不一样的。

（1）在模型空间中输出非 1：1 图形。在模型空间中绘制完图形后，依据所需出图的图纸尺寸计算出绘图比例，用 Scale 比例缩放命令将所绘图形按绘图比例整体缩放。在"文件"选单中选择"打印"命令，AutoCAD 打开"打印"对话框，在"打印设置"选项卡中，设置图纸尺寸、打印范围、图纸方向，在"打印比例"选项组中，将比例设为 1：1，按"确定"按钮输出图形。这种方法的缺点是当图形进行缩放时，所标注的尺寸值也会跟着相应地变化，在出图前还须对尺寸标注样式中的线性比例进行调整，很不方便。在模型空间中设计绘制完图形后，依据所需出图的图纸尺寸计算出绘图比例。在"文件"菜单中选择"打印"命令，AutoCAD 打开"打印"对话框，在"打印设置"选项卡中，设置图纸尺寸、打印范围、图纸方向，在"打印比例"选项组中，选择"自定义"选项，将比例设置成合适的绘图比例，或者选择"按图纸空间缩放"选项，绘图比例将自动设置成最佳比例，以自适应所选择的图纸尺寸，最后按"确定"按钮输出图形。这种方法优点是使用实际的尺寸，方便以后的修改和管理，在打印图形时可以指定精确比例。

（2）在图纸空间中输出非 1：1 图形。虽然可以直接在模型空间选择"打印"命令打印图形，但是在很多情况下，需要对图形进行适当处理后再输出。例如，在一张图纸中输出图形的多个视图、添加标题块等，此时就要用到所谓的图纸空间了。图纸空间是一种工具，它完全模拟图纸页面，用于在绘图之前或之后安排图形的输出布局。

在模型空间中设计绘制完图形后，创建布局并在布局中进行页面设置，在"打印设备"选项卡中，选定打印设备和打印样式表，在"布局设置"选项卡中，设置图纸尺寸、打印范围、图纸方向，在"打印比例"选项组中，将比例设为 1：1。在图纸空间创建浮动视口，利用对象特性设置视口的标准比例，每个视口中都有自己独立的视口标准比例，这样就可以在一张图纸上用不同的比例因子生成许多视口，从而不必复制该几何图形或对其缩放便可使用相同的几何图形。做好所有的设置后，选择"打印"命令按 1：1 的比例打印输出图形。

4. 将 AutoCAD 图形输出到网页　由于 Internet 使用的日益广泛，利用 Internet 进行设计和交流已成为发展的趋势。但是，如果只想给别人看一看自己的设计，而对方又没有安装 AutoCAD，或者不会使用 AutoCAD，那就要用到 DWF 文件格式。

AutoCAD 的 ePlot 图形输出功能可生成 DWF 格式的"电子图形文件"，可在 Internet 上发表。DWF 以 Web 图形格式保存，用浏览器之类的程序可以打开、查看和打印，并支持实时平移和缩放、图层、命名视图和嵌入超级链接的显示。但是 DWF 不能直接转化成可以利用的 DWG，也没有图线修改的功能，在某种程度上保证了设计数据的安全，DWF 是压缩的矢量数据格式，打开与传输的速度比 DWG 快，用户可以很容易地查看 DWF 中的图样。要将图形输出为 DWF 格式，首先要打开输出的图形文件，在"文件"菜单中选择"打印"命令，AutoCAD 打开"打印"对话框，在"打印设备"标签的"打印配置"栏目中选定"DWFePlot. pc3"方式，用户可以按下"特性"按钮来设置 DWF 的有关参数。

二、将 AutoCAD 图形输出到打印机

1. 页面设置　点击"文件"下拉式选单中的"页面设置管理器"（图 14 - 37），单击"修改"

命令按钮，弹出如图 14－38 所示的"页面设置—模型"对话框，在"打印机/绘图机"框架中的"名称（M）"复选框中选择所用的打印机，选择打印机后，"特性（R）"按钮由暗灰色变为可用状态，单击"特性（R）"按钮可改变打印机属性（如进纸方式、打印质量等）。"打印样式表（G）"复选框中可选择打印样式、编辑已有的打印样式或定义新的打印样式。系统默认样式为"无"，此方式下，按彩色打印方式打印。此时若使用黑白打印机，打印出的线条为灰度效果而并非黑白效果；若想打印成黑白图，应选择下拉列表中"monochrome.ctb（单色模式）"，系统默认打印线宽随图层设置而定。

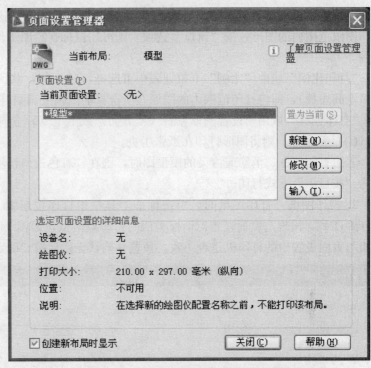

图 14－37 "页面设置管理器"对话框

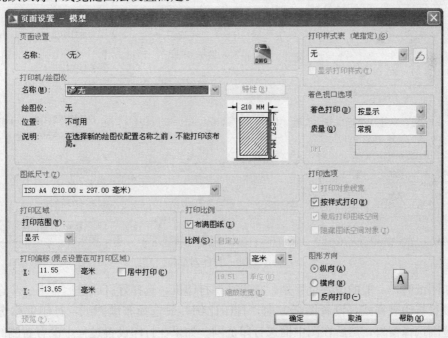

图 14－38 "页面设置—模型"对话框

在"图纸尺寸（Z）"组合框中可选择纸张大小，提供使用该纸张时的打印尺寸范围；"图形方向"域中可设置横向打印或纵向打印；"打印区域"域用于确定打印范围。默认为"显示"选项，下拉列表可选择其他选项。"显示"选项：打印当前屏幕上显示的图形；"图形界限"选项：打印图限范围内的图形；按"窗口"选项，则可用鼠标在绘图工作区确定一个矩形区域作为打印范围。

"打印比例"域中"比例"下拉列表中可选择打印比例，默认为"布满图纸（I）"方式（按图纸空间缩放），即将打印范围内的图形在所选择的图幅上满幅打印。

"打印偏移"域用于设置图形左右（X 方向）或上下（Y 方向）的移动距离。选择"居中打印（C）"复选框，则将图形打印在纸张中央。

若想打印线框、消隐或渲染的模型图时，则在"着色视口选项"标签下选择相应的选项，默认为"按显示"方式打印。

2. 打印图纸　打印图纸时，单击标准工具栏中打印按钮 ，或选择选单"文件（F）"→"打印（P）"，出现与页面设置对话框类似的打印对话框，如图 14-39 所示，检查实际使用的打印机与页面设置中的打印机是否一致，预览并确认无误后按"确定"按钮即可输出图形。

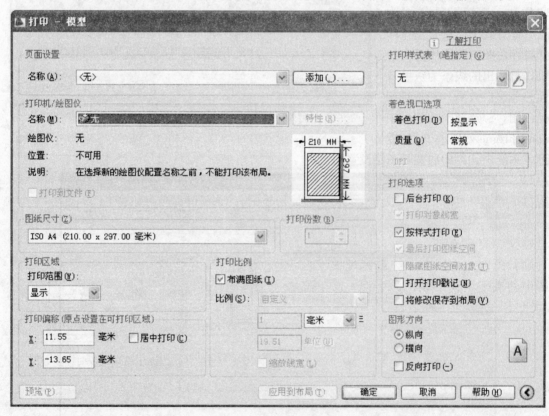

图 14-39　打印对话框

在打印图纸时，一般的设置过程是，首先选择打印机，选择好打印机后，下一步选择图纸尺寸，然后设置打印表样式，设置图纸方向，打印比例一般选择布满图纸，打印偏移选择居中打印，打印范围选择窗口，然后在图中框选打印范围。如果在打印设置过程中没有右侧的选项，需要用户单击右下角的"＞"按钮，打开隐藏的选项进行设置。如果要重复打印相同尺寸的图纸，则需要单击应用到布局命令按钮，也可以添加新的页面设置，在下一次打印时选择在页面设置中选取"＜上一次打印＞"或者选择新添加的页面设置进行打印。

附录一 计算机绘图实验指导

实验一 设置绘图环境和制作样本文件

在绘图之前要熟悉 AutoCAD 软件的界面，掌握绘图环境各项内容的设置方法，学会制作样板文件，该文件包含各种设置，绘有图框和标题栏等基础图形的文件。可以根据自己定义的样本文件开始自己的绘图。本实验制作留有装订边的 A4 幅面的样本文件（附图 1-1-1）。

1. 设置绘图环境。

（1）创建新图层，一般包括设置层名、颜色、线型和线宽。图层的多少需要根据所绘制图形的需要来确定。在校学习阶段所绘图形可按常用线型设置粗实线、细实线、细点画线、虚线以及文字和尺寸标注层。各层属性可按附表 1-1-1 设置。

（2）设置文字样式，设置文字样式一般包括文字样式名、字体、高度和宽度比例、倾斜角度等内容。在绘制图形时，根据图中的文字用途可设两种字样：汉字字样，字母（数字）字样。汉字字样设置选择 gbcbig, shx 大字样，选择 gbenor. shx 字样；字母（数字）字样设置选择 gbeitc. shx 字样。

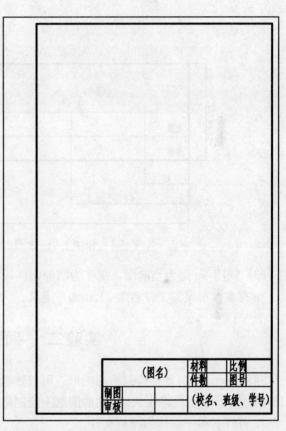

附图 1-1-1 留有装订边的 A4 幅面样本文件

附表 1-1-1 设置图层属性

图层	名称	颜色	线型	线宽
粗实线层	csx	可以设置或默认	continuous	0.5
细实线层	xsx	可以设置或默认	continuous	默认或 0.25
细点画线层	xdhx	可以设置或默认	Center0. 5x	默认或 0.25
细虚线层	xxx	可以设置或默认	ACAD_IS004W100	默认或 0.25
文字层	wz	可以设置或默认	continuous	默认或 0.25
尺寸标注层	ccbz	可以设置或默认	continuous	默认或 0.25

本文件中设置图层，包括粗实线层、细实线层和细点画线层。汉字设置 gbcbig，shx 大字体，设置 gbenor. shx 字样；字高可以设置为5。

2. 绘制 A4 图幅的边框、图框及标题栏。

（1）调用细实线层为当前层，打开辅助作图工具"正交"功能，绘制 210×297 的矩形图幅线框；采用"偏移"编辑工具偏移"图框"；采用"修剪"编辑工具修剪多余线段，形成矩形图框。再用"匹配刷"工具使该图框边线成粗实线。

（2）根据附图 1-1-2 提供的格式和尺寸，继续使用"偏移"、"修剪"编辑工具和"匹配刷"工具绘制标题栏。

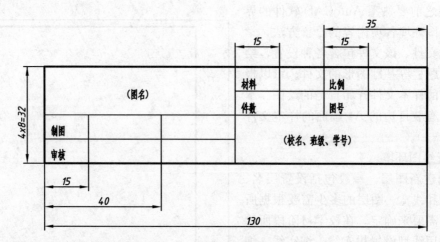

附图 1-1-2　标题栏格式和尺寸

（3）调用 wz 层为当前层，汉字为当前字样，完成标题栏中文字的书写。

3. 存盘（可设置文件名为 a1. dwg）退出。

实验二　平面图形绘制

利用 AutoCAD 软件绘制平面图形，可以熟悉该软件基本的绘图和编辑命令，以及绘制平面图形的技巧。本实验将在 A4 幅面的图纸上绘制附图 1-2-1 所示的平面图形。

1. 打开实验一制作的样板文件。

（1）调出 A4 图幅（210×297）的样板文件。

（2）使用样板文件中已创建的图层。包括粗实线层（图层名：csx）、细点画线层（图层名：xdhx）。

2. 绘制平面图形。附图 1-2-1 所示的平面图形的作图过程如附图 1-2-2 所示，具体步骤如下：

（1）绘制图形的基准线。如附图 1-2-2(a) 所示，选择细点画线层为当前层，绘制中心线。注意相互平行的线段尽量采用偏移命令作图。

（2）调出粗实线层（关闭图线显示），绘制已知线段，如附图 1-2-2(b) 所示。作图时应注意：

（a）先画已知线段（定形和定位尺寸均已知）$\phi12$、$\phi32$、4、13.8、$R8$（左下方圆弧）。

（b）绘制线段时，应采用对象捕捉方式捕捉"交点"即圆心，应采用偏移功能确定由尺寸4

和 13.8 决定的直线段，采用"修剪"功能，剪掉多余的线段。

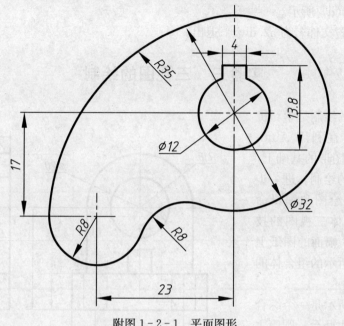

附图 1-2-1 平面图形

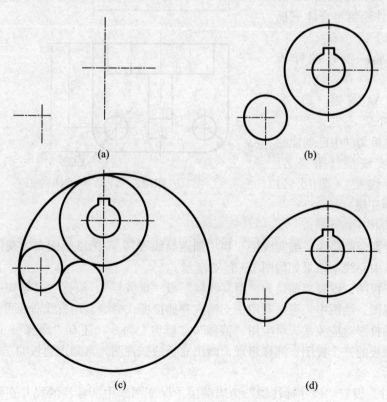

附图 1-2-2 平面图形的绘制过程

(c) 采用圆命令绘制圆弧。

(3) 绘制连接线段 $R35$、$R8$，如附图 1-2-2(c) 所示。采用"修剪"命令除去多余的图线，如附图 1-2-2(d) 所示。

3. 存盘（可设置文件名为 a2.dwg）退出。

实验三　三视图的绘制

组合体三视图的绘制是学习机械图绘制的基础。在利用 Auto-CAD 软件绘制平面图形的基础上，练习组合体三视图的绘制，进一步熟悉该软件基本的绘图和编辑命令，以及绘制组合体三视图的技巧。本实验将在 A3 幅面的图纸上绘制附图 1-3-1 所示的组合体的三视图。

附图 1-3-1 所示是一个综合式的组合体，它是由凸台、圆筒主体、肋板、支撑板和底板组成。使用 AutoCAD 软件绘制组合体三视图的具体步骤如下：

1. 打开实验一制作的样板文件。

（1）调出 A4 图幅（210×297）的样板文件。

（2）使用样板文件中已创建的图层。包括粗实线层（图层名：csx）、细点画线层（图层名：xdhx）和尺寸标注层（ccbz）。

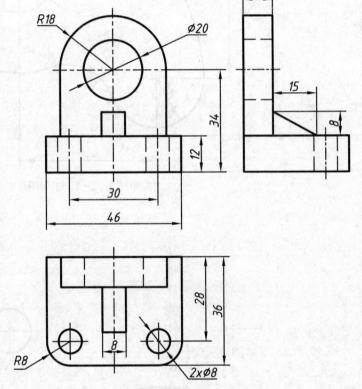

附图 1-3-1　组合体三视图

2. 绘制组合体三视图。

（1）分别设置当前层为"细实线层"和"细点画线层"。按图纸幅面布置视图的位置，绘制各视图的轴线及中心线，结果如附图 1-3-2 所示。

（2）绘制三视图。设置当前层为"粗实线层"或"虚线层"。根据"三等规律"和已绘出的定位线绘制三视图。绘图中，可以利用正交模式和捕捉模式命令，用直线命令可十分方便地保证三个视图之间的投影对应关系。可应用"偏移"、"修剪"命令，还有"画圆"、命令和"特性匹配"功能画出底板的三个视图；同样道理，画出立板的三视图，再画出肋板的三视图，结果如附图 1-3-3 所示。

3. 标注尺寸。设置"尺寸标注层"为当前层。保证图形中所标注的尺寸在该图层上；建立尺寸样式，根据需要进行尺寸标注参数设置；打开对象捕捉模式，并在对象捕捉模式上击右键设置，在对话框中设置目标捕捉方式为"端点"；开始标注尺寸。结果见附图 1-3-1。

4. 存盘（可设置文件名为 a3.dwg）退出。

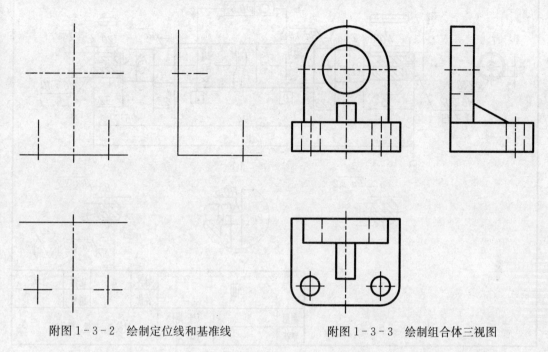

附图 1-3-2　绘制定位线和基准线　　　　附图 1-3-3　绘制组合体三视图

实验四　零件图的绘制

利用 AutoCAD 软件绘制零件图是应该熟练掌握的内容。轴类零件是最常见的零件之一，这类零件的视图较简单。下面以附图 1-4-1 所示的轴为例，介绍用 AutoCAD 软件绘制零件图的步骤和方法。

1. 打开 A3 图幅的样板文件。

（1）调出 A4 图幅（210×297）的样板文件，修改其图幅边框和图框为 A3 图幅（420×297）。

（2）使用样板文件中已创建的图层。包括粗实线层（图层名：csx）、细实线层（图层名：xsx）、细点画线层（图层名：xdhx）、尺寸标注层（ccbz）和文字层（wz）。

2. 绘制各个图形。

（1）设置当前层为"细点画线层"。按图纸幅面布置视图的位置，绘制主视图的轴线，绘制 ϕ44 轴的右端面，结果如附图 1-4-2 所示。

（2）绘制各图形。设置"粗实线层"为当前层，用"偏移"命令绘制各段不同直径的轴的轮廓线；用"修剪"命令进行修剪；用"特性匹配"把各轮廓线变为粗实线；用"倒角"命令绘制轴两端的倒角；再绘制主视图中的螺孔、销孔及 C 向局部视图，还有键槽及其局部放大图、断面图轮廓；再利用辅助作图工具中的"捕捉最近点功能"和"样条线"在主视图及局部剖视图上绘制功能绘制断裂边界线；再设置"细实线层"为当前层，利用剖面线绘制功能绘制剖面线；设置"文字层"为当前层，对 C 向局部视图标注。作图结果见附图 1-4-3 所示。

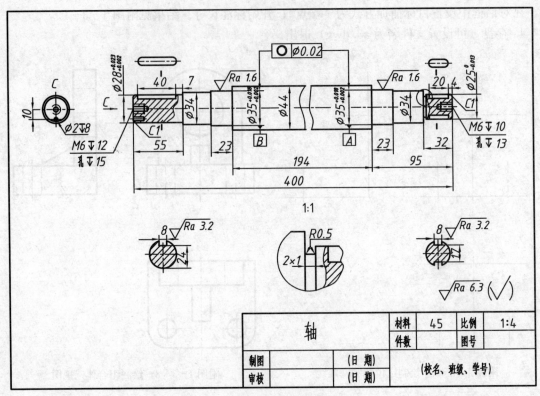

附图 1-4-1　轴零件图

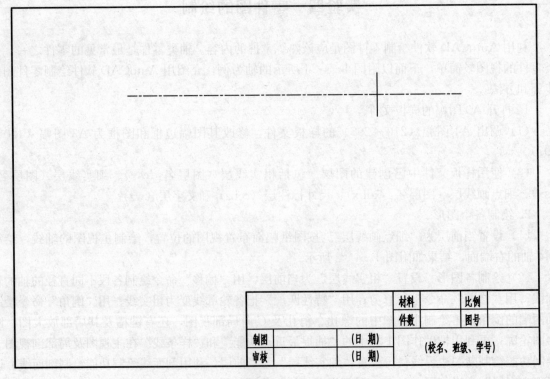

附图 1-4-2

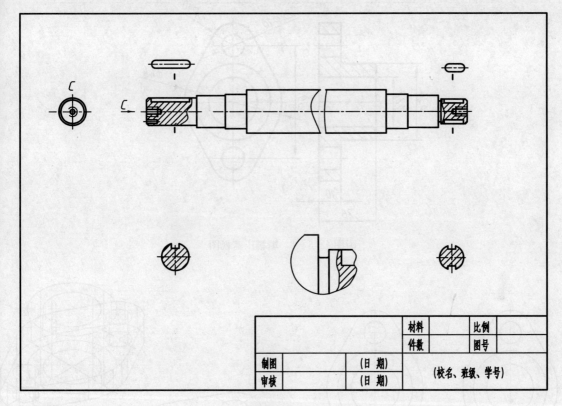

附图 1-4-3

（3）标注尺寸和技术要求。设置"尺寸标注层"为当前层，在"格式"下拉式菜单中选定"尺寸样式"，利用对话框设置尺寸标注样式并进行尺寸标注；将文字层设为当前层，用单行或多行文字输入方法填写技术要求及标题栏，完成全图，见附图 1-4-1。

3. 存盘（可设置文件名为 a4.dwg）或打印输出。

实验五　三维实体造型

在这个实验中，练习 AutoCAD 软件的三维实体设计功能，创建附图 1-5-1 所示填料压盖的实体模型。该零件从形体分析的角度看，由带有两圆孔的底板及圆筒构成，各部分均为柱体，故可采用拉伸的方法创建立体。具体作图步骤如下：

（1）画截面。按照附图 1-5-1 的尺寸，在 AutoCAD 二维环境画出填料压盖的左视图，并将最外面轮廓创建为面域，作为待拉伸的截面。

（2）拉伸。以刚才创建的面域和两小圆为截面，拉伸高度 10；以直径 34 和 22 圆为截面，拉伸高度 26，结果见附图 1-5-2，附图 1-5-3 是西南轴测方向观察的结果。

（3）运算。将底板与大圆柱体作布尔并运算，然后用主体造型减去两个小圆柱体及中心圆柱体，消隐后的结果见附图 1-5-4，附图 1-5-5 是体着色效果。

（4）调整立体到合适大小和位置，存盘（可设置文件名为 a5）。

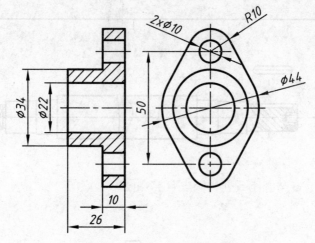

附图 1-5-1　填料压盖视图

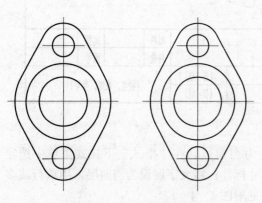

附图 1-5-2　二维观察

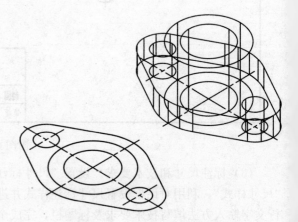

附图 1-5-3　西南轴测方向观察

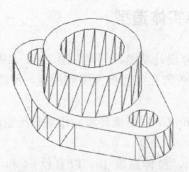

附图 1-5-4　运算后消隐效果

附图 1-5-5　着色效果

附　录　二

一、常用螺纹及螺纹紧固件

1. 普通螺纹

（1）普通螺纹的直径与螺距系列（摘自 GB/T 196—2003）

附表 2 - 1 - 1　普通螺纹的直径与螺距系列、基本尺寸　　　　单位：mm

公称直径 D，d			螺 距 P										
第一系列	第二系列	第三系列	粗牙	细牙									
				3	2	1.5	1.25	1	0.75	0.5	0.35	0.25	0.2
1			0.25										0.2
	1.1		0.25										0.2
1.2			0.25										0.2
	1.4		0.3										0.2
1.6			0.35										0.2
	1.8		0.35										0.2
2			0.4									0.25	
	2.2		0.45									0.25	
2.5			0.45								0.35		
3			0.5								0.35		
	3.5		0.6								0.35		
4			0.7							0.5			
	4.5		0.75							0.5			
5			0.8							0.5			
		5.5								0.5			
6			1						0.75				
	7		1						0.75				
8			1.25					1	0.75				
		9	1.25					1	0.75				
10			1.5				1.25	1	0.75				
		11	1.5			1.5		1	0.75				
12			1.75				1.25	1					
	14		2			1.5	1.25[a]	1					
		15				1.5		1					
16			2			1.5		1					

（续）

公称直径 D，d			螺距 P										
第一系列	第二系列	第三系列	粗牙	细牙									
				3	2	1.5	1.25	1	0.75	0.5	0.35	0.25	0.2
		17				1.5		1					
	18		2.5		2	1.5		1					
20			2.5		2	1.5		1					
	22		2.5		2	1.5		1					
24			3		2	1.5		1					
		25			2	1.5		1					
		26				1.5							
	27		3		2	1.5							
		28			2	1.5							
30			3.5	(3)	2	1.5							
	32				2	1.5							
	33		3.5	(3)	2	1.5							
		35[b]				1.5							
36			4	3	2	1.5							
		38				1.5							
	39		4	3	2	1.5							

注：a. 仅用于发动机的火花塞；b. 仅用于轴承的锁紧螺母。

（2）普通螺纹基本尺寸（摘自 GB/T 196—2003）

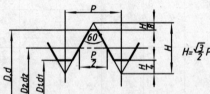

附表 2-1-2 内的螺纹中径和螺纹小径是按下列公式计算的，计算数值需圆整到小数点后的第三位。

$$D_2 = D - 2 \times \frac{3}{8}H = D - 0.6495P$$

$$d_2 = d - 2 \times \frac{3}{8}H = d - 0.6495P$$

$$D_1 = D - 2 \times \frac{5}{8}H = D - 1.0825P$$

$$d_1 = d - 2 \times \frac{5}{8}H = d - 1.0825P$$

其中，$H = \frac{\sqrt{3}}{2}P = 0.866\,025\,404P$

附 录 二

附表 2-1-2 普通螺纹基本尺寸

单位：mm

公称直径（大径）D、d	螺距 P	中径 D_2、d_2	小径 D_1、d_1	公称直径（大径）D、d	螺距 P	中径 D_2、d_2	小径 D_1、d_1
1	0.25	0.838	0.729		1.25	8.188	7.647
	0.2	0.870	0.783	9	1	8.350	7.917
1.1	0.25	0.938	0.829		0.75	8.513	8.188
	0.2	0.970	0.883		1.5	9.026	8.376
1.2	0.25	1.038	0.929	10	1.25	9.188	8.647
	0.2	1.070	0.983		1	9.350	8.917
1.4	0.3	1.205	1.075		0.75	9.513	9.188
	0.2	1.27	1.183		1.5	10.026	9.376
1.6	0.35	1.373	1.221	11	1	10.350	9.917
	0.2	1.470	1.383		0.75	10.513	10.188
1.8	0.35	1.573	1.421		1.75	10.863	10.106
	0.2	1.670	1.583	12	1.5	11.026	10.376
2	0.4	1.740	1.567		1.25	11.188	10.647
	0.25	1.838	1.729		1	11.350	10.917
2.2	0.45	1.908	1.713		2	12.701	11.835
	0.25	2.038	1.929	14	1.5	13.026	12.376
2.5	0.45	2.208	2.013		1.25	13.188	12.647
	0.35	2.273	2.121		1	13.350	12.917
3	0.5	2.675	2.459	15	1.5	14.026	13.376
	0.35	2.773	2.621		1	14.350	13.917
3.5	0.6	3.110	2.850		2	14.701	13.835
	0.35	3.273	3.121	16	1.5	15.026	14.376
4	0.7	3.545	3.242		1	15.350	14.917
	0.5	3.675	3.459	17	1.5	16.026	15.376
4.5	0.75	4.013	3.688		1	16.350	15.917
	0.5	4.175	3.959		2.5	16.376	15.294
5	0.8	4.480	4.134	18	2	16.701	15.835
	0.5	4.675	4.459		1.5	17.026	16.376
5.5	0.5	5.175	4.595		1	17.350	16.917
6	10.75	5.350	4.917		2.5	18.376	17.294
		5.513	5.188	20	2	18.701	17.835
7	1	6.350	5.917		1.5	19.026	18.376
	0.75	6.513	6.188		1	19.350	18.917
8	1.25	7.188	6.647		2.5	20.376	19.294
	1	7.350	6.917	22	2	20.701	19.835
	0.75	7.513	7.188		1.5	21.026	20.376
					1	21.350	20.917

（3）普通螺纹收尾、肩距、退刀槽、倒角（摘自 GB/T 3—1997）

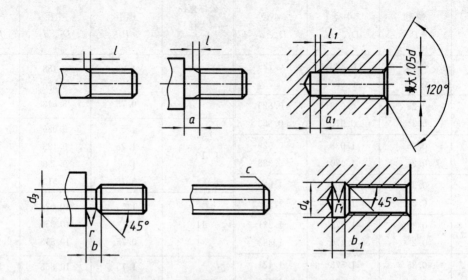

附表 2-1-3　普通螺纹收尾、肩距、退刀槽、倒角　　　　单位：mm

螺距 P	粗牙螺纹大径 D、d	外螺纹 螺纹收尾 l（不大于）一般	短的	肩距 a（不大于）一般	长的	短的	退刀槽 b 一般	r≈	d_3	倒角 C	内螺纹 螺纹收尾 l（不大于）一般	短的	肩距 a（不小于）一般	长的	退刀槽 b_1 一般	$r_1≈$	d_4
0.2	—	0.5	0.25	0.6	0.8	0.4				0.2	0.4	0.6	1.2	1.6			
0.25	1; 1.2	0.6	0.3	0.75	1	0.5	0.75				0.5	0.8	1.5	2			
0.3	1.4	0.75	0.4	0.9	1.2	0.6	0.9			0.3	0.6	0.9	1.8	2.4			
0.35	1.6; 1.8	0.9	0.45	1.05	1.4	0.7	1.05		$d-0.6$		0.7	1.1	2.2	2.8			
0.4	2	1	0.5	1.2	1.6	0.8	0.2		$d-0.7$	0.4	0.8	1.2	2.5	3.2			
0.45	2.2; 2.5	1.1	0.6	1.35	1.8	0.9	1.35		$d-0.7$		0.9	1.4	2.8	3.6			
0.5	3	1.25	0.7	1.5	2	1	1.5		$d-0.8$	0.5	1	1.5	3	4	2		
0.6	3.5	1.5	0.75	1.8	2.4	1.2	1.8		$d-1$		1.2	1.8	3.2	4.8			
0.7	4	1.75	0.9	2.1	2.8	1.4	2.1		$d-1.1$	0.6	1.4	2.1	3.5	5.6			$D+0.3$
0.75	4.5	1.9	1	2.25	3	1.5	2.25		$d-1.2$		1.5	2.3	3.8	6	3		
0.8	5	2	1	2.4	3.2	1.6	2.4		$d-1.3$	0.8	1.6	2.4	4	6.4			
1	6; 7	2.5	1.25	3	4	2	3		$d-1.6$	1	2	3	5	8	4		
1.25	8	3.2	1.6	4	5	2.5	3.75		$d-2$	1.2	2.5	3.8	6	10	5		
1.5	10	3.8	1.9	4.5	6	3	4.5	$0.5P$	$d-2.3$	1.5	3	4.5	7	12	6	$0.5P$	
1.75	12	4.3	2.2	5.3	7	3.5	5.25		$d-2.6$		3.5	5.2	9	14	7		
2	14; 16	5	2.5	6	8	4	6		$d-3$	2	4	6	10	16	8		
2.5	18; 20; 22	6.3	3.2	7.5	10	5	7.5		$d-3.6$		5	7.5	12	18	10		
3	24; 27	7.5	3.8	9	12	6	9		$d-4.4$	2.5	6	9	14	22	12		$D+0.5$
3.5	30; 33	9	4.5	10.5	14	7	10.5		$d-5$		7	10.5	16	24	14		
4	36; 39	10	5	12	16	8	12		$d-5.7$	3	8	12	18	26	16		
4.5	42; 45	11	5.5	13.5	18	9	13.5		$d-6.4$		9	13.5	21	29	18		
5	48; 52	12.5	6.3	15	20	10	15		$d-7$	4	10	15	23	32	20		
5.5	56; 60	14	7	16.5	22	11	17.5		$d-7.7$		11	16.5	25	35	22		
6	64; 68	15	7.5	18	24	12	18		$d-8.3$	5	12	18	28	38	24		

注：左侧竖列标注"普通螺纹"。

2. 梯形螺纹（摘自 GB/T 5796.2—1986，GB/T 5796.3—1986）

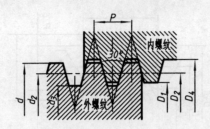

标记示例

公称直径为 40 mm，螺距为 7 mm 的单线右旋梯形螺纹：Tr40×7

公称直径为 40 mm，导程为 14 mm，螺距为 7 mm 的双线左旋梯形螺纹：Tr40×14(P7)LH

附表 2-1-4　直径与螺距系列、基本尺寸

单位：mm

| 公称直径 d | | 螺距 P | 中径 $d_2=D_2$ | 大径 D_4 | 小径 | | 公称直径 d | | 螺距 P | 中径 $d_2=D_2$ | 大径 D_4 | 小径 | |
第一系列	第二系列				d_3	D_1	第一系列	第二系列				d_3	D_1
8		1.5	7.25	8.30	6.20	6.50		26	3	24.50	26.50	22.50	23.00
	9	1.5	8.25	9.30	7.20	7.50			5	23.50	26.50	20.50	21.00
		2	8.00	9.50	6.50	7.00			8	22.00	27.00	17.00	18.00
10		1.5	9.25	10.30	8.20	8.50	28		3	26.50	28.50	24.50	25.00
		2	9.00	10.50	7.50	8.00			5	25.50	28.50	22.50	23.00
	11	2	10.00	11.50	8.50	9.00			8	24.00	29.00	19.00	20.00
		3	9.50	11.50	7.50	8.00		30	3	28.50	30.50	26.50	29.00
12		2	11.00	12.50	9.50	10.00			6	27.00	31.00	23.00	24.00
		3	10.50	12.50	8.50	9.00			10	25.00	31.00	19.00	20.00
	14	2	13.00	14.50	11.50	12.00	32		3	30.50	32.50	28.50	29.00
		3	12.50	14.50	10.50	11.00			6	29.00	33.00	25.00	26.00
16		2	15.00	16.50	13.50	14.00			10	27.00	33.00	21.00	22.00
		4	14.00	16.50	11.50	12.00		34	3	32.50	34.50	30.50	31.00
	18	2	17.00	18.50	15.50	16.00			6	31.00	35.00	27.00	28.00
		4	16.00	18.50	13.50	14.00			10	29.00	35.00	23.00	24.00
20		2	19.00	20.50	17.50	18.00	36		3	34.50	36.50	32.50	33.00
		4	18.00	20.50	15.50	16.00			6	33.00	37.00	29.00	30.00
	22	3	20.50	22.50	18.50	19.00			10	31.00	37.00	25.00	26.00
		5	19.50	22.50	16.50	17.00		38	3	36.50	38.50	34.50	35.00
		8	18.00	23.00	13.00	14.00			7	34.50	39.00	30.00	31.00
24		3	22.50	24.50	20.50	21.00			10	33.00	39.00	27.00	28.00
		5	21.50	24.50	18.50	19.00	40		3	38.50	40.50	36.50	37.00
									7	36.50	41.00	32.00	33.00
		8	20.00	25.00	15.00	16.00			10	35.00	41.00	29.00	30.00

3. 非螺纹密封的管螺纹（摘自 GB/T 7307—2001）

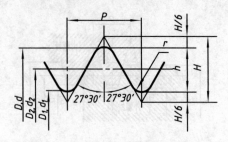

标记示例

管子尺寸代号为 3/4 左旋螺纹：

G3/4—LH（右旋不标）

管子尺寸代号为 1/2A 级外螺纹：

G1/2A

管子尺寸代号为 1/2B 级外螺纹：

G1/2B

附表 2-1-5　管螺纹尺寸代号及基本尺寸　　　　单位：mm

尺寸代号	每 25.4 mm 内的牙数 n	螺距 P	牙高 h	圆弧半径 r	基本直径		
					大径 D、d	小径 D_2、d_2	小径 D_1、d_1
1/16	28	0.907	0.581	0.125	7.723	7.142	6.561
1/8	28	0.907	0.581	0.125	9.728	9.147	8.566
1/4	19	1.337	0.856	0.184	13.157	12.301	11.445
3/8	19	1.337	0.856	0.184	16.662	15.806	14.950
1/2	14	1.814	1.162	0.249	20.955	19.793	18.631
3/4	14	1.814	1.162	0.249	26.441	25.279	24.117
1	11	2.309	1.479	0.317	33.249	31.770	30.291
$1\frac{1}{4}$	11	2.309	1.479	0.317	41.910	40.431	38.952
$1\frac{1}{2}$	11	2.309	1.479	0.317	47.803	46.324	44.845
2	11	2.309	1.479	0.317	59.614	58.135	56.656
$2\frac{1}{2}$	11	2.309	1.479	0.317	75.184	73.705	72.226
3	11	2.309	1.479	0.317	87.884	86.405	84.926
4	11	2.309	1.479	0.317	113.030	111.551	110.072
5	11	2.309	1.479	0.317	138.430	136.951	135.472
6	11	2.309	1.479	0.317	163.830	162.351	162.351

4. 螺栓

六角头螺栓—C 级（摘自 GB/T 5780—2000）、六角头螺栓—A 和 B 级（摘自 GB/T 5782—2000）

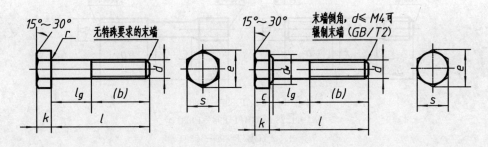

标记示例

螺纹规格 d＝M12，公称长度 l＝80，性能等级为 8.8 级，表面氧化，A 级的六角头螺栓：

螺栓　GB/T 5782　M12×80

附表 2－1－6　六角头螺栓各部分尺寸　　　　　　　单位：mm

螺纹规格 d			M3	M4	M5	M6	M8	M10	M12	M16	M20	M24	M30	M36	M42
b 参考	$l≤125$		12	14	16	18	22	26	30	38	46	54	66	—	—
	$125<l≤200$		18	20	22	24	28	32	36	44	52	60	72	84	96
	$l>200$		31	33	35	37	41	45	49	57	65	73	85	97	109
c			0.4	0.4	0.5	0.5	0.6	0.6	0.6	0.8	0.8	0.8	0.8	0.8	1
d_w	产品等级	A	4.57	5.88	6.88	8.88	11.63	14.63	16.63	22.49	28.19	33.61	—	—	—
		B	4.45	5.74	6.74	8.74	11.47	14.47	16.47	22	27.7	33.25	42.75	51.11	59.95
e	产品等级	A	6.01	7.66	8.78	11.05	14.38	17.77	20.03	26.75	33.53	39.98	—	—	—
		B、C	5.88	7.5	8.63	10.89	14.20	17.59	19.85	26.17	32.95	39.55	50.85	60.79	72.02
k 公称			2	2.8	3.5	4	5.3	6.4	7.5	10	12.5	15	18.7	22.5	26
r			0.1	0.2	0.2	0.25	0.4	0.4	0.6	0.6	0.8	0.8	1	1	1.2
s 公称			5.5	7	8	10	13	16	18	24	30	36	46	55	65
l（商品规格范围）			20~30	25~40	25~50	30~60	40~80	45~100	50~120	65~160	80~200	90~240	110~300	140~360	160~400
l 系列			12，16，20，25，30，35，40，45，50，55，60，65，70，80，90，100，110，120，130，140，150，160，180，200，220，240，260，280，300，320，340，360，380，400，420，440，460，480，500												

注：1. A 级用于 $d≤24$ mm 和 $l≤10d$ 或≤150 mm 的螺栓；B 级用于 $d>24$ mm 和 $l>10d$ 或>150 mm 的螺栓。

2. 螺纹规格 d 范围：GB/T 5780 为 M5~M64；GB/T 5782 为 M1.6~M64。

3. 公称长度范围：GB/T 5780 为 25~500；GB/T 5782 为 12~500。

5. 双头螺柱

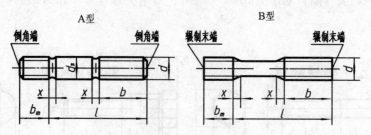

$b_m = 1d$ （GB/T 897—1988）
$b_m = 1.25d$ （GB/T 898—1988）
$b_m = 1.5d$ （GB/T 899—1988）
$b_m = 2d$ （GB/T 900—1988）

标记示例

两端均为粗牙普通螺纹 $d=10$ mm、$l=50$ mm、性能等级为 4.8 级、B 型、$b_m = 1d$ 的双头螺柱：

螺柱　GB/T 897—1988　M10×50

旋入一端为粗牙普通螺纹，紧固端为螺距 1 mm 的细牙普通螺纹，$d=10$ mm，$l=50$ mm，

性能等级为 4.8 级、A 型、$b_m = 1d$ 的双头螺柱：

螺柱　GB/T 897—1988　AM10—M10×1×50

附表 2-1-7　双头螺柱各部分尺寸

单位：mm

螺纹规格		M5	M6	M8	M10	M12	M16	M20	M24	M30	M36	M42
b_m	GB/T 897	5	6	8	10	12	16	20	24	30	36	42
	GB/T 898	6	8	10	12	15	20	25	30	38	45	52
	GB/T 899	8	10	12	15	18	24	30	36	45	54	65
	GB/T 900	10	12	16	20	24	32	40	48	60	72	84
d_s		5	6	8	10	12	16	20	24	30	36	42
x							1.5P					
l/b	l	16~22	20~22	20~22	25~28	25~30	30~38	35~40	45~50	60~65	65~75	65~80
	b	10	10	12	14	16	20	25	30	40	45	50
	l	25~50	25~30	25~30	30~38	32~40	40~55	45~65	55~75	70~90	80~110	85~100
	b	16	14	16	16	20	30	35	45	50	60	70
	l		32~75	32~90	40~120	45~120	60~120	70~120	80~120	95~120	120	120
	b		18	22	26	30	38	46	54	60	78	90
	l		130	130~180	130~200	130~200	130~200	130~200	130~200	130~200	130~200	130~200
	b		32	36	44	52	60	72	84	96		
	l									210~250	210~300	210~300
	b									85	91	109
l 系列		16, (18), 20, (22), 25, (28), 30, (32), 35, (38), 40, 45, 50, (55), 60, (65), 70, (75), 80, (85), 90, (95), 100, 110, 120, 130, 140, 150, 160, 170, 180, 200, 210, 220, 230, 240, 250, 260, 280, 300										

注：P 是粗牙螺纹的螺距，$x=1.5P$，$d_s \approx$ 螺纹中径。

6. 螺钉

（1）开槽沉头螺钉（摘自GB/T 68—2000）

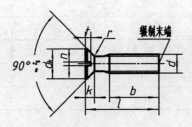

标记示例

螺纹规格 d＝M5、公称长度 l＝20mm、性能等级为4.8级、不经表面处理的A级开槽沉头螺钉：

螺钉　GB/T 68　M5×20

附表 2-1-8　开槽沉头螺钉　　　　　单位：mm

螺纹规格 d	M1.6	M2	M2.5	M3	M4	M5	M6	M8	M10
P(螺距)	0.35	0.4	0.45	0.5	0.7	0.8	1	1.25	1.5
b	25	25	25	25	38	38	38	38	38
d_k	3.6	4.4	5.5	6.3	9.4	10.4	12.6	17.3	20
k	1	1.2	1.5	1.65	2.7	2.7	3.3	4.65	5
n	0.4	0.5	0.6	0.8	1.2	1.2	1.6	2	2.5
r	0.4	0.5	0.6	0.8	1	1.3	1.5	2	2.5
t	0.5	0.6	0.75	0.85	1.3	1.4	1.6	2.3	2.6
公称长度 l	2.5~16	3~20	4~25	5~30	6~40	8~50	8~60	10~80	12~80
l系列	2.5，3，4，5，6，8，10，12，(14)，16，20，25，30，35，40，45，50，(55)，60，(65)，70，(75)，80								

注：1. 括号中的规格尽可能不采用。

2. M1.6~M10 的螺钉、公称长度 l≤3 mm 的，制出全螺纹。

3. M4~M10 的螺钉、公称长度 l≤45 mm 的，制出全螺纹。

（2）开槽圆柱头螺钉（GB/T 65—2000）

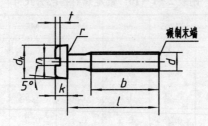

标记示例

螺纹规格 d＝M5、公称长度 l＝20mm、性能等级为4.8级、不经表面处理的A级开销圆柱头螺钉：

螺钉　GB/T 65　M5×20

附表 2 − 1 − 9　开槽圆柱头螺钉各部分尺寸　　　　　　　　单位：mm

螺纹规格 d	M4	M5	M6	M8	M10
P(螺距)	0.7	0.8	1	1.25	1.5
b	38	38	38	38	38
d_k	7	8.5	10	13	16
k	2.6	3.3	3.9	5	6
n	1.2	1.2	1.6	2	2.5
r	0.2	0.2	0.25	0.4	0.4
t	1.1	1.3	1.6	2	2.4
公称长度 l	5～40	6～50	8～60	10～80	12～80
l 系列	5, 6, 8, 10, 12, (14), 16, 20, 25, 30, 35, 40, 45, 50, (55), 60, (65), 70, (75), 80				

注：1. 公称长度 $l \leqslant 40$ mm 的螺钉，制出全螺纹。

　　2. 括号中的规格尽可能不采用。

　　3. 螺纹规格 d＝M1.6～M10；公称长度 l＝2～80 mm。

（3）紧定螺钉

开槽锥端紧定螺钉（GB/T 71—1985），开槽平端紧定螺钉（GB/T 73—1985）；开槽凹端紧定螺钉（GB/T 74—1985），开槽长圆柱端紧定螺钉（GB/T 75—1985）

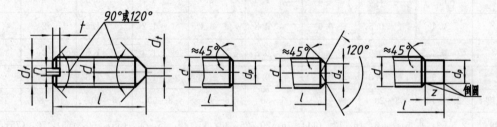

标记示例

螺纹规格 d＝M5，公称长度 l＝12 mm，性能等级为 14H 级，表面氧化的开槽锥端紧定螺钉：

螺钉　GB/T 71　M5×12−14H

螺纹规格 d＝M8，公称长度 l＝20 mm，性能等级为 14H 级，表面氧化的开槽长圆柱端紧定螺钉：

螺钉　GB/T 75　M8×20−14H

附表 2 − 1 − 10　紧定螺钉各部分尺寸　　　　　　　　单位：mm

螺纹规格 d	M1.6	M2	M2.5	M3	M4	M5	M6	M8	M10	M12
P(螺距)	0.35	0.4	0.45	0.5	0.7	0.8	1	1.25	1.5	1.75
n	0.25	0.25	0.4	0.4	0.6	0.8	1	1.2	1.6	2
t	0.74	0.84	0.95	1.05	1.42	1.63	2	2.5	3	3.6
d_t	0.16	0.2	0.25	0.3	0.4	0.5	1.5	2	2.5	3
d_p	0.8	1	1.5	2	2.5	3.5	4	5.5	7	8.5
z	1.05	1.25	1.5	1.75	2.25	2.75	3.25	4.3	5.3	6.3

（续）

螺纹规格 d		M1.6	M2	M2.5	M3	M4	M5	M6	M8	M10	M12
公称长度 l	GB/T 71—1985	2～8	3～10	3～12	4～16	6～20	8～25	8～30	10～40	12～50	14～60
	GB/T 73—1985	2～8	2～10	2.5～12	3～16	4～20	5～25	6～30	8～40	10～50	12～60
	GB/T 74—1985	2～8	2.5～10	3～12	3～16	4～20	5～25	6～30	8～40	10～50	12～60
	GB/T 75—1985	2.5～8	3～10	4～12	5～16	6～20	8～25	10～30	10～40	12～50	14～60
l 系列		2, 2.5, 3, 4, 5, 6, 8, 10, 12, (14), 6, 20, 25, 30, 35, 40, 45, 50, (55), 60									

注：1. 括号内的规格尽可能不采用。

　　2. $d_f \approx$ 螺纹小径。

　　3. 紧定螺钉性能等级有 14H、22H 级，其中 14H 级为常用。

7. 螺母

六角螺母—C 级（GB/T 41—2000），Ⅰ型六角螺母—A 和 B 级（GB/T 6170—2000），六角薄螺母（GB/T 6172.1—2000）

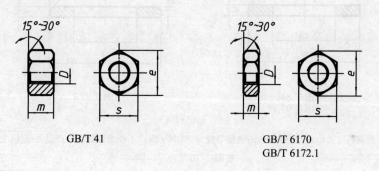

GB/T 41

GB/T 6170
GB/T 6172.1

标记示例

螺纹规格 D＝M12、性能等级为 5 级、不经表面处理、C 级的六角螺母：

螺母　GB/T 41　M12

螺纹规格 D＝M12、性能等级为 8 级、不经表面处理、A 级的Ⅰ型六角螺母：

螺母　GB/T 6170　M12

附表 2－1－11　螺母各部分尺寸

单位：mm

螺纹规格 d		M3	M4	M5	M6	M8	M10	M12	M16	M20	M24	M30	M36	M42
e	GB/T 41	—	—	8.63	10.89	14.20	17.59	19.85	26.17	32.95	39.55	50.85	60.79	72.02
	GB/T 6170	6.01	7.66	8.79	11.05	14.38	17.77	20.03	26.75	32.95	39.55	50.85	60.79	72.02
	GB/T 6172.1	6.01	7.66	8.79	11.05	14.38	17.77	20.03	26.75	32.95	39.55	50.85	60.79	72.02
s	GB/T 41	—	—	8	10	13	16	18	24	30	36	46	55	65
	GB/T 6170	5.5	7	8	10	13	16	18	24	30	36	46	55	65
	GB/T 6172.1	5.5	7	8	10	13	16	18	24	30	36	46	55	65

（续）

螺纹规格 d		M3	M4	M5	M6	M8	M10	M12	M16	M20	M24	M30	M36	M42
m	GB/T 41	—	—	5.6	6.1	7.9	9.5	12.2	15.9	18.7	22.3	23.4	31.5	34.9
	GB/T 6170	2.4	3.2	4.7	5.2	6.8	8.4	10.8	14.8	18	21.5	25.6	31	34
	GB/T 6172.1	1.8	2.2	2.7	3.2	4	5	6	8	10	12	15	18	21

注：A 级用于 $D \leqslant 16$；B 级用于 $D > 16$。

8. 垫圈

（1）平垫圈

小垫圈—A 级（GB/T 848—2002），平垫圈—A 级（GB/T 97.1—2002），平垫圈倒角型—A 级（GB/T 97.2—2002）

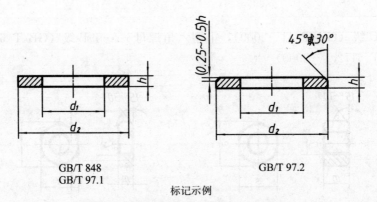

GB/T 848
GB/T 97.1

GB/T 97.2

标记示例

标准系列、公称尺寸 8 mm、由钢制造的硬度等级为 200HV 级，不经表面处理、产品等级为 A 级的平垫圈：

垫圈 GB/T 97.1 8

附表 2-1-12 垫圈各部分尺寸　　　　单位：mm

公称尺寸 （螺纹规格 d）		1.6	2	2.5	3	4	5	6	8	10	12	16	20	24	30	36
d_1	GB/T 848	1.7	2.2	2.7	3.2	4.3	5.3	6.4	8.4	10.5	13	17	21	25	31	37
	GB/T 97.1	1.7	2.2	2.7	3.2	4.3	5.3	6.4	8.4	10.5	13	17	21	25	31	37
	GB/T 97.2	—	—	—	—	—	5.3	6.4	8.4	10.5	13	17	21	25	31	37
d_2	GB/T 848	3.5	4.5	6	7	8	9	11	15	18	20	28	34	39	50	60
	GB/T 97.1	4	5	6	7	9	10	12	16	20	24	30	37	44	56	66
	GB/T 97.2	—	—	—	—	—	10	12	16	20	24	30	37	44	56	66
h	GB/T 848	0.3	0.3	0.5	0.5	0.5	1	1.6	1.6	1.6	2	2.5	3	4	4	5
	GB/T 97.1	0.3	0.3	0.5	0.5	0.5	1	1.6	1.6	2	2.5	2.5	3	4	4	5
	GB/T 97.2	—	—	—	—	—	1	1.6	1.6	2	2.5	2.5	3	4	4	5

注：1. 硬度等级有 200HV、300HV 级；材料有钢和不锈钢两种。

2. d 的范围：GB/T 848 为 1.6～36 mm，GB/T 97.1 为 1.6～64 mm，GB/T 97.2 为 5～64 mm。表中所列的仅为 $d \leqslant$ 36 mm 的优选尺寸；$d > 36$ mm 的优选尺寸和非优选尺寸，可查阅这三个标准。

（2）弹簧垫圈

标准型弹簧垫圈（GB/T 93—1987），轻型弹簧垫圈（GB/T 859—1987）

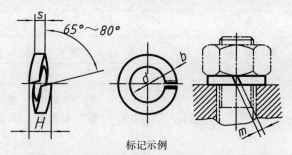

标记示例

规格 16mm、材料为 65Mn、表面氧化的标准型弹簧垫圈：

垫圈　GB/T 93　16

附表 2 – 1 – 13　弹簧垫圈各部分尺寸

单位：mm

规格（螺纹大径）		3	4	5	6	8	10	12	(14)	16	(18)	20	(22)	24	(27)	30
d		3.1	4.1	5.1	6.1	8.1	10.1	12.2	14.2	16.2	18.2	20.2	22.5	24.5	27.5	30.5
H	GB/T 93	1.6	2.2	2.6	3.2	4.2	5.2	6.2	7.2	8.2	9	10	11	12	13.6	15
	GB/T 859	1.2	1.6	2.2	2.6	3.2	4	5	6.4	7.2	8	9	10	11	10	12
s(b)	GB/T 93	0.8	1.1	1.3	1.6	2.1	2.6	3.1	3.6	4.1	4.5	5	5.5	6	6.8	7.5
s	GB/T 859	0.6	0.8	1.1	1.3	1.6	2	2.5	3	3.2	3.6	4	4.5	5	5.5	6
m≤	GB/T 93	0.4	0.55	0.65	0.8	1.05	1.3	1.55	1.8	2.05	2.25	2.5	2.75	3	3.4	3.75
	GB/T 859	0.3	0.4	0.55	0.65	0.8	1	1.25	1.5	1.6	1.8	2	2.25	2.5	2.75	3
b	GB/T 859	1	1.2	1.2	2	2.5	3	3.5	4	4.5	5	5.5	6	7	8	9

注：1. 括号中的规格尽可能不采用。

　　2. m 应大于零。

二、常用键与销

1. 键

（1）平键

键槽的剖面尺寸（GB/T 1095—2003）

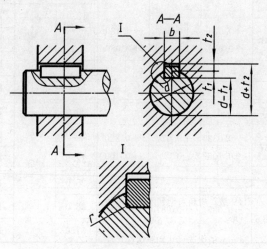

附表 2-2-1　普通平键键槽的尺寸与公差　　　单位：mm

键尺寸 $b\times h$	基本尺寸	轴 N9	毂 JS9	轴和毂 P9	轴 H9	毂 D10	轴 t_1 基本尺寸	轴 t_1 极限偏差	毂 t_2 基本尺寸	毂 t_2 极限偏差	半径 r min	半径 r max
		宽度 b 极限偏差					**深度**				**半径 r**	
		正常连接		紧密连接	松连接							
2×2	2	-0.004 -0.029	±0.012 5	-0.006 -0.031	+0.025 0	+0.060 +0.020	1.2	+0.1 0	1.0	+0.1 0	0.08	0.16
3×3	3						1.8		1.4			
4×4	4	0 -0.030	±0.015	-0.012 -0.042	+0.030 0	+0.078 +0.030	2.5		1.8			
5×5	5						3.0		2.3			
6×6	6						3.5		2.8		0.16	0.25
8×7	8	0 -0.036	±0.018	-0.015 -0.051	+0.036 0	+0.098 +0.040	4.0		3.3			
10×8	10						5.0		3.3			
12×8	12	0 -0.043	±0.021 5	-0.018 -0.061	+0.043 0	+0.120 +0.050	5.0		3.3			
14×9	14						5.5		3.8		0.25	0.40
16×10	16						6.0	+0.2 0	4.3	+0.2 0		
18×11	18						7.0		4.4			
20×12	20	0 -0.052	±0.026	-0.022 -0.074	+0.052 0	+0.149 +0.065	7.5		4.9			
22×14	22						9.0		5.4			
25×14	25						9.0		5.4		0.40	0.60
28×16	28						10.0		6.4			
32×18	32	0 -0.062	±0.031	-0.026 -0.088	+0.062 0	+0.180 +0.080	11.0		7.4			
36×20	36						12.0		8.4			
40×22	40						13.0		9.4		0.70	1.00
45×25	45						15.0		10.4			
50×28	50						17.0		11.4			
56×32	56	0 -0.074	±0.037	-0.032 -0.106	+0.074 0	+0.220 +0.100	20.0	+0.3 0	12.4	+0.3 0		
63×32	63						20.0		12.4			
70×36	70						22.0		14.4		1.20	1.60
80×40	80						25.0		15.4			
90×45	90	0 -0.087	±0.043 5	-0.037 -0.124	+0.087 0	+0.260 +0.120	28.0		17.4		2.00	2.50
100×50	100						31.0		19.5			

（2）普通型　平键（GB/T 1095—2003）

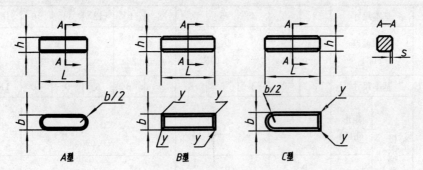

注：$y \leqslant s_{max}$。

标记示例

圆头普通平键（A 型），$b=18$ mm，$h=11$ mm，$L=100$ mm，其标记为：

键 18×100　GB/T 1096—2003

平普通平键（B 型），$b=18$ mm，$h=11$ mm，$L=100$ mm，其标记为：

键 B18×100　GB/T 1096—2003

单圆头普通平键（C 型），$b=18$ mm，$h=11$ mm，$L=100$ mm，其标记为：

键 C18×100　GB/T 1096—2003

附表 2-2-2　普通平键的尺寸与公差　　　　　　　　　单位：mm

宽度 b	基本尺寸		2	3	4	5	6	8	10	12	14	16	18	20	22
	极限偏差 (h8)		0 −0.014		0 −0.018			0 −0.022		0 −0.027				0 −0.033	
高度 h	基本尺寸		2	3	4	5	6	7	8	8	9	10	11	12	14
	极限偏差	矩形 (h11)	—							0 −0.090				0 −0.110	
		方形 (h8)	0 −0.014			0 −0.018			—				—		
倒角或倒圆 s			0.16～0.25			0.25～0.40			0.40～0.60				0.60～0.80		

长度 L														
基本尺寸	极限偏差 (h14)												
6	0 −0.36		—	—	—	—	—	—	—	—	—	—	—
8				—	—	—	—	—	—	—	—	—	—
10					—	—	—	—	—	—	—	—	—
12					—	—	—	—	—	—	—	—	—
14	0 −0.43					—	—	—	—	—	—	—	—
16						—	—	—	—	—	—	—	—
18							—	—	—	—	—	—	—

（续）

宽度 b	基本尺寸	2	3	4	5	6	8	10	12	14	16	18	20	22
	极限偏差 （h8）	0 −0.014			0 −0.018		0 −0.022		0 −0.027				0 −0.033	

高度 h		基本尺寸	2	3	4	5	6	7	8	8	9	10	11	12	14
	极限偏差	矩形 （h11）	—			—				0 −0.090				0 −0.110	
		方形 （h8）	0 −0.014			0 −0.018			—					—	

倒角或倒圆 s	0.16～0.25	0.25～0.40	0.40～0.60	0.60～0.80

长度 L

基本尺寸	极限偏差（h14）	2	3	4	5	6	8	10	12	14	16	18	20	22
20	0 −0.52						—	—	—	—	—	—	—	—
22		—			标准				—	—	—	—	—	—
25		—									—	—	—	—
28		—										—	—	—
32		—											—	—
36	0 −0.62	—												—
40		—	—											
45		—	—			长度							—	—
50		—	—	—										—
56		—	—	—										
63	0 −0.74	—	—	—	—									
70		—	—	—	—									
80		—	—	—	—	—								
90	0 −0.87	—	—	—	—	—		范围						
100		—	—	—	—	—								
110		—	—	—	—	—	—							
125	0 −1.00	—	—	—	—	—	—							
140		—	—	—	—	—	—	—						
160		—	—	—	—	—	—	—						
180		—	—	—	—	—	—	—	—					
200	0 −1.15	—	—	—	—	—	—	—	—	—				
220		—	—	—	—	—	—	—	—	—	—			
250		—	—	—	—	—	—	—	—	—	—	—		

（续）

宽度 b	基本尺寸	25	28	32	36	40	45	50	56	63	70	80	90	100
	极限偏差 (h8)	0 −0.033		0 −0.039					0 −0.046				0 −0.054	

高度 h		基本尺寸	14	16	18	20	22	25	28	32	32	36	40	45	50
	极限偏差	矩形 (h11)	0 −0.110			0 −0.130					0 −0.160				
		方形 (h8)	—			—					—				

倒角或倒圆 s	0.6~0.80	1.00~1.20	1.60~2.00	2.50~3.00

长度 L

基本尺寸	极限偏差 (h14)
70	0
80	−0.74
90	0
100	−0.87
110	
125	
140	0
160	−1.00
180	
200	0
220	−1.15
250	
280	0 −1.30
320	0
360	−1.40
400	
450	0
500	−1.55

（表中标准长度范围按阶梯斜线划分）

（3）半圆键　键槽的剖面尺寸（GB/T 1098—2003）

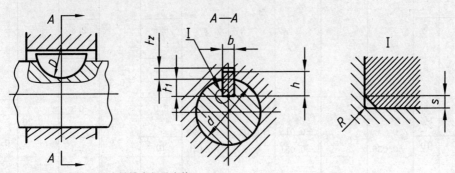

注：键尺寸中的公称直径 D 即为键槽直径最小值。

附表 2-2-3 半圆键键槽的尺寸与公差　　单位：mm

键尺寸 b×h×D	宽度 b 基本尺寸	正常连接 轴 N9	正常连接 毂 JS9	紧密连接 轴和毂 P9	松连接 轴 H9	松连接 毂 D10	轴 t₁ 基本尺寸	轴 t₁ 极限偏差	毂 t₂ 基本尺寸	毂 t₂ 极限偏差	半径 R max	半径 R min
1×1.4×4 / 1×1.1×4	1						1.0		0.6			
1.5×2.6×7 / 1.5×2.1×7	1.5						2.0		0.8			
2×2.6×7 / 2×2.1×7	2						1.8	+0.10	1.0			
2×3.7×10 / 2×3×10	2	−0.004 −0.029	±0.0125	−0.006 −0.031	+0.0250	+0.060 +0.020	2.9		1.0		0.16	0.08
2.5×3.7×10 / 2.5×3×10	2.5						2.7		1.2			
3×5×13 / 3×4×13	3						3.8		1.4			
3×6.5×16 / 3×5.2×16	3						5.3		1.4	+0.10		
4×6.5×16 / 4×5.2×16	4						5.0	+0.20	1.8			
4×7.5×19 / 4×6×19	4						6.0		1.8			
5×6.5×19 / 5×5.2×19	5						4.5		2.3			
5×7.5×19 / 5×6×19	5	0 −0.030	±0.015	−0.012 −0.042	+0.030 0	+0.078 +0.030	5.5		2.3		0.25	0.16
5×9×22 / 5×7.2×22	5						7.0		2.3			
6×9×22 / 6×7.2×22	6						6.5		2.8			
6×10×25 / 6×8×25	6						7.5	+0.30	2.8			
8×11×28 / 8×8.8×28	8	0 −0.036	±0.018	−0.015 −0.051	+0.036 0	+0.098 +0.040	8.0		3.3	+0.20	0.40	0.25
10×13×32 / 10×10.4×32	10						10		3.3			

（4）普通型半圆键（GB/T 1099.1—2003）

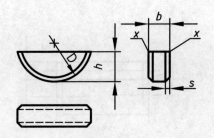

注：$x \leqslant s_{max}$。

标记示例：

宽度 b＝6 mm、高度 h＝10 mm、直径 D＝25 mm 普通型半圆键：

GB/T 1099.1　键 6×10×25

附表 2－2－4　普通型半圆键的尺寸与公差

单位：mm

键尺寸 $b×h×D$	宽度 b		高度 h		直径 D		倒角或倒圆 s	
	基本尺寸	极限偏差	基本尺寸	极限偏差 （h12）	基本尺寸	极限偏差 （h12）	min	max
1×1.4×4	1		1.4		4	0 −0.120		
1.5×2.6×7	1.5		2.6	0 −0.10	7			
2×2.6×7	2		2.6		7	0 −0.150	0.16	0.25
2×3.7×10	2		3.7		10			
2.5×3.7×10	2.5		3.7	0 −0.12	10			
3×5×13	3		5		13			
3×6.5×16	3		6.5		16	0 −0.180		
4×6.5×16	4		6.5		16			
4×7.5×19	4	0 −0.025	7.5		19	0 −0.210		
5×6.5×16	5		6.5	0 −0.15	16	0 −0.180	0.25	0.40
5×7.5×19	5		7.5		19			
5×9×22	5		9		22			
6×9×22	6		9		22	0 −0.210		
6×10×25	6		10		25			
8×11×28	8		11		28			
10×13×32	10		13	0 −0.18	32	0 −0.250	0.40	0.60

2. 销

（1）圆柱销—不淬硬钢和奥氏体不锈钢（GB/T 119.1—2000）；圆柱销—淬硬钢和马氏体不锈钢（GB/T 119.2—2000）

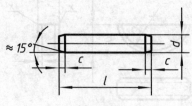

标记示例

公称直径 $d=8$ mm，公差为 m6，公称长度 $L=30$ mm，材料为钢，不经淬火，不经表面处理的圆柱销：

销　GB/T 119.1　8m6×30

公称直径 $d=8$ mm，公差为 m6，公称长度 $L=30$ mm，材料为钢，普通淬火（A 型），表面氧化处理的圆柱销：

销　GB/T119.2　8×30

附表 2－2－5　圆柱销各部分尺寸　　　　　　　　单位：mm

公称直径 d	0.6	0.8	1	1.2	1.5	2	2.5	3	4	5
$c\approx$	0.12	0.16	0.20	0.25	0.30	0.35	0.40	0.50	0.63	0.80
l(商品规格范围公称长度)	2～6	2～8	4～10	4～12	4～10	6～20	6～24	8～30	8～40	10～50
公称直径 d	6	8	10	12	16	20	25	30	40	50
$c\approx$	1.2	1.6	2	2.5	3.0	3.5	4.0	5.0	6.3	8.0
l(商品规格范围公称长度)	12～60	14～80	18～95	22～140	26～180	35～200	50～200	60～200	80～200	95～200
l系列	2, 3, 4, 5, 6, 8, 10, 12, 14, 16, 18, 20, 22, 24, 26, 28, 30, 32, 35, 40, 45, 50, 55, 60, 65, 70, 75, 80, 85, 90, 95, 100, 120, 140									

注：1. GB/T 119.1—2000 规定圆柱销的公称直径 $d=0.6$～50 mm。公称长度 $l=2$～200 mm，公差有 m6 和 h8。

2. GB/T 119.2—2000 规定圆柱销的公称直径 $d=1$～20 mm。公称长度 $l=3$～100 mm，公差仅有 m6。

3. 当圆柱销公差为 m6 时，表面粗糙度 $Ra\leqslant 0.8\ \mu$m；当圆柱销公差为 h8 时，表面粗糙度 $Ra\leqslant 1.6\ \mu$m。

（2）圆锥销（GB/T 117—2000）

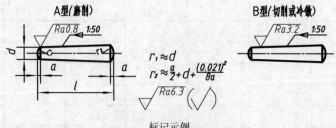

标记示例

公称直径 $d=10$ mm，长度 $l=60$ mm，材料为 35 钢，热处理硬度 28～38HRC，表面氧化处理的 A 型圆锥销：

销　GB/T 117　10×60

附表 2-2-6　圆锥销各部分尺寸　　　　　　单位：mm

公称直径 d	0.6	0.8	1	1.2	1.5	2	2.5	3	4	5
a≈	0.08	0.1	0.12	0.16	0.2	0.25	0.3	0.4	0.5	0.63
l(商品规格范围公称长度)	4~8	5~12	6~16	6~20	8~24	10~35	10~35	12~45	14~55	18~60
公称直径 d	6	8	10	12	16	20	25	30	40	50
a≈	0.8	1	1.2	1.6	2	2.5	3	4	5	6.3
l(商品规格范围公称长度)	22~90	22~120	26~160	32~180	40~200	45~200	50~200	55~200	60~200	65~200

l 系列: 2, 3, 4, 5, 6, 8, 10, 12, 14 , 16, 18, 20, 22, 24, 26, 28, 30, 32, 35, 40, 45, 50, 55, 60, 65, 70, 75, 80, 85, 90, 100, 120, 140, 160, 180, 200

（3）开口销（GB/T 91—2000）

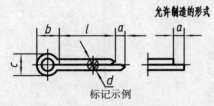

标记示例

公称直径 d＝5 mm、长度 l＝50 mm、材料为低碳钢，不经表面处理的开口销：

销　GB/T 91　5×50

附表 2-2-7　开口销各部分尺寸　　　　　　单位：mm

公称规格		0.6	0.8	1	1.2	1.6	2	2.5	3.2	4	5	6.3	8	10	13
d	max	0.5	0.7	0.9	1.0	1.4	1.8	2.3	2.9	3.7	4.6	5.9	7.5	9.5	12.4
	min	0.4	0.6	0.8	0.9	1.3	1.7	2.1	2.7	3.5	4.4	5.7	7.3	9.3	12.1
c	max	1	1.4	1.8	2	2.8	3.6	4.6	5.8	7.4	9.2	11.8	15	19	24.8
	min	0.9	1.2	1.6	1.7	2.4	3.2	4	5.1	6.5	8	10.3	13.1	16.6	21.7
b≈		2	2.4	3	3	3.2	4	5	6.4	8	10	12.6	16	20	26
a_max		1.6	1.6	1.6	2.5	2.5	2.5	2.5	3.2	4	4	4	4	6.3	6.3
l(商品规格范围公称长度)		4~12	5~16	6~20	8~26	8~32	10~40	12~50	14~65	18~80	22~100	30~120	40~160	45~200	70~200

l 系列: 4, 5, 6, 8, 10, 12, 14, 16, 18, 20, 22, 24, 26, 28, 30, 32, 36, 40, 45, 50, 55, 60, 65, 70, 75, 80, 85, 90, 95, 100, 120, 140, 160, 180, 200

注：公称规格等于开口销直径。对销孔直径推荐的公差为：公称规格≤1.2：H13；公称规格>1.2：H14。

三、常用滚动轴承

1. 深沟球轴承（摘自 GB/T 276—1994）

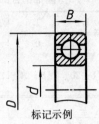

标记示例

类型代号：6，内圈孔径 $d=60$ mm、尺寸系列代号（0)2 的深沟球轴承：

滚动轴承　6212　GB/T 276—1994

附表 2 - 3 - 1　深沟球轴承　　　　　　　　单位：mm

轴承型号	尺　　寸			轴承型号	尺　　寸		
	d	D	B		d	D	B
尺寸系列代号（1）0				尺寸系列代号（0）3			
606	6	17	6	633	3	13	5
607	7	19	6	634	4	16	5
608	8	22	7	635	5	19	6
609	9	24	7	6300	10	35	11
600	10	26	8	6301	12	37	12
6001	12	28	8	6302	15	42	13
6002	15	32	9	6303	17	47	14
6003	17	35	10	6304	20	52	15
6004	20	42	12	6305	25	62	17
6005	25	47	12	6306	30	72	19
6006	30	55	13	6307	35	80	21
6007	35	62	14	6308	40	90	23
6008	40	68	15	6309	45	100	25
6009	45	75	16	6310	50	110	27
6010	50	80	16	6311	55	120	29
6011	55	90	18	6312	60	130	31
6012	60	95	18	尺寸系列代号（0）4			
尺寸系列代号（0）2				6403	17	62	17
623	3	10	4	6404	20	72	19
624	4	13	5	6405	25	80	21
625	5	16	5	6406	30	90	23
626	6	19	6	6407	35	100	25
627	7	22	7	6408	40	110	27
628	8	24	8	6409	45	120	29
629	9	26	8	6410	50	130	31
6200	10	30	9	6411	55	140	33
6201	12	32	10	6412	60	150	35
6202	15	35	11	6413	65	160	37
6203	17	40	12	6414	70	180	42
6204	20	47	14	6415	75	190	45
6205	25	52	15	6416	80	200	48
6206	30	62	16	6417	85	210	52
6207	35	72	17	6418	90	225	54
6208	40	80	18	6419	95	240	55
6209	45	85	19	6420	100	250	58
6210	50	90	20	6422	110	280	65
6211	55	100	21	注：表中括号"（ ）"，表示该数字在轴承代号中省略。			
6212	60	110	22				

2. 推力球轴承（摘自 GB/T 301—1995）

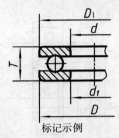

标记示例

类型代号：5，内圈孔径 $d=30$ mm、尺寸系列代号为 13 的推力轴承：

滚动轴承 51306 GB/T 301—1995

附表 2-3-2 推力球轴承

单位：mm

轴承型号	d	D	T	d_1	D_1	轴承型号	d	D	T	d_1	D_1
尺寸系列代号11						51216	80	115	28	82	115
51100	10	24	9	11	24	51217	85	125	31	88	125
51101	12	26	9	13	26	51218	90	135	35	93	135
51102	15	28	9	16	28	51220	100	150	38	103	150
51103	17	30	9	18	30	51222	110	160	38	113	160
51104	20	35	10	21	35	51224	120	170	39	123	170
51105	25	42	11	26	42	51226	130	190	45	133	187
51106	30	47	11	32	47	51228	140	200	46	143	197
51107	35	52	12	37	52	51230	150	215	50	153	212
51108	40	60	13	42	60	尺寸系列代号13					
51109	45	65	14	47	65	51304	20	47	18	22	47
51110	50	70	14	52	70	51305	25	52	18	27	52
51111	55	78	16	57	78	51306	30	60	21	32	60
51112	60	85	17	62	85	51307	35	68	24	37	68
51113	65	90	18	67	90	51308	40	78	26	42	78
51114	70	95	18	72	95	51309	45	85	28	47	85
51115	75	100	19	77	100	51310	50	95	31	52	95
51116	80	105	19	82	105	51311	55	105	35	57	105
51117	85	110	19	87	110	51312	60	110	35	62	110
51118	90	120	22	92	120	51313	65	115	36	67	115
51120	100	135	25	102	135	51314	70	125	40	72	125
51122	110	145	25	112	145	51315	75	135	44	77	135
51124	120	155	25	122	155	51316	80	140	44	82	140
51126	130	170	30	132	170	51317	85	150	49	88	150
51128	140	180	31	142	178	51318	90	155	50	93	155
51130	150	190	31	152	188	51320	100	170	55	103	170
尺寸系列代号12						51322	110	190	63	113	187
51200	10	26	11	12	26	51324	120	210	70	123	205
51201	12	28	11	14	28	51326	130	225	75	134	220
51202	15	32	12	17	32	51328	140	240	80	144	235
51203	17	35	12	19	35	51330	150	250	80	154	245
51204	20	40	14	22	40	尺寸系列代号14					
51205	25	47	15	27	47	51405	25	60	24	27	60
51206	30	52	16	32	52	51406	30	70	28	32	70
51207	35	62	18	37	62	51407	35	80	32	37	80
51208	40	68	19	42	68	51408	40	90	36	42	90
51209	45	73	20	47	73	51409	45	100	39	47	100
51210	50	78	22	52	78	51410	50	110	43	52	110
51211	55	90	25	57	90	51411	55	120	48	57	120
51212	60	95	26	62	95	51412	60	130	51	62	130
51213	65	100	27	67	100	51413	65	140	56	68	140
51214	70	105	27	72	105	51414	70	150	60	73	150
51215	75	110	27	77	110	51415	75	160	65	78	160

3. 圆锥滚子轴承外形尺寸（摘自 GB/T 297—1994）

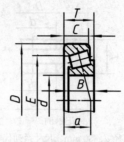

标记示例

轴承类型：3，内圈孔径 $d=35$ mm、尺寸系列代号为 03 的圆锥滚子轴承：

滚动轴承　30303　GB/T 297—1994

附表 2 - 3 - 3 　圆锥滚子轴承 　　　　　　　　　　　　　　　　　单位：mm

轴承型号	d	D	T	B	C	a	E	轴承型号	d	D	T	B	C	a	E
尺寸系列代号 02								尺寸系列代号 22							
30205	25	52	16.25	15	13	12.6	41.1	32206	30	62	21.5	20	17	15.4	48.9
30206	30	62	17.25	16	14	13.8	49.9	32207	35	72	24.25	23	19	17.6	57.0
302/32	32	65	18.25	17	15	14.0	52.5	32208	40	80	24.75	23	19	19.0	64.7
30207	35	72	18.25	17	15	15.3	58.8	32209	45	85	24.75	23	19	20.0	69.6
30208	40	80	19.75	18	16	16.9	65.7	32210	50	90	24.75	23	19	21.0	74.2
30209	45	85	20.75	19	16	18.6	70.4	32211	55	100	26.75	25	21	22.5	82.8
30210	50	90	21.75	20	17	20.0	75.0	32212	60	110	29.75	28	24	24.9	90.2
30211	55	100	22.75	21	18	21.0	84.1	32213	65	120	32.75	31	27	27.2	99.4
30212	60	110	23.75	22	19	22.4	91.8	32214	70	125	33.25	31	27	28.6	103.7
30213	65	120	24.25	23	20	24.0	101.9	32215	75	130	33.25	31	27	30.2	108.9
30214	70	125	26.25	24	21	25.9	105.7	32216	80	140	35.25	33	28	31.1	117.4
30215	75	130	27.25	25	22	27.4	110.4	32217	85	150	38.50	36	30	34.0	124.9
30216	80	140	28.25	26	22	28.0	119.1	32218	90	160	42.50	40	34	36.7	132.6
30217	85	150	30.50	28	24	29.9	126.6	32219	95	170	45.50	43	37	39.0	140.2
30218	90	160	32.50	30	26	32.4	134.9	32220	100	180	49.00	46	39	41.8	148.1
30219	95	170	34.50	32	27	35.1	143.3	尺寸系列代号 23							
30220	100	180	37.00	34	29	36.5	151.3	32304	20	52	22.25	21	18	13.4	39.5
尺寸系列代号 03								32305	25	62	25.25	24	20	15.5	48.6
								32306	30	72	28.75	27	23	18.8	55.0
30305	25	62	18.25	17	15	13.0	50.6	32307	35	80	32.75	31	25	20.5	62.8
30306	30	72	20.75	19	16	15.0	58.2	32308	40	90	35.25	33	27	23.4	69.2
30307	35	80	22.75	21	18	17.0	65.7	32309	45	100	38.25	36	30	25.6	78.3
30308	40	90	25.25	23	20	19.5	72.7	32310	50	110	42.25	40	33	28.0	86.2
30309	45	100	27.25	25	22	21.5	81.7	32311	55	120	45.50	43	35	30.6	94.3
30310	50	110	29.25	27	23	23.0	90.6	32312	60	130	48.50	46	37	32.0	102.9
30311	55	120	31.50	29	25	25.0	99.1	32313	65	140	51.00	48	39	34.0	111.7
30312	60	130	33.50	31	26	26.5	107.7	32314	70	150	54.00	51	42	36.5	119.7
30313	65	140	36.00	33	28	29.0	116.8	32315	75	160	58.00	55	45	39.0	127.8
30314	70	150	38.00	35	30	30.6	125.2	32316	80	170	61.50	58	48	42.0	136.5
30315	75	160	40.00	37	31	32.0	134.0	32317	85	180	63.50	60	49	43.6	144.2
30316	80	170	42.50	39	33	34.0	143.1	32318	90	190	67.50	64	53	46.0	151.7
30317	85	180	44.50	41	34	36.0	150.4	32319	95	200	71.50	67	55	49.0	160.3
30318	90	190	46.50	43	36	37.5	159.0	32320	100	215	77.50	73	60	53.0	171.6
30319	95	200	49.50	45	38	40.0	165.8								
30320	100	215	51.50	47	39	42.0	178.5								

四、零件常用标准结构

1. 零件倒圆与倒角 （GB/T 6403.4—2008）

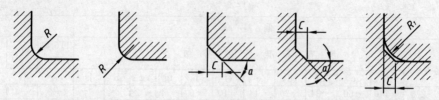

α 一般采用 45°，也可用 30°或 60°。

附表 2-4-1　与直径 ϕ 相应的倒角 C、倒圆 R 的推荐值

单位：mm

ϕ	～3	>3～6	>6～10	>10～18	>18～30	>30～50	>50～80	>80～120	>120～180
C 或 R	0.2	0.4	0.6	0.8	1.0	1.6	2.0	2.5	3.0
ϕ	>180～250	>250～320	>320～400	>400～500	>500～630	>630～800	>800～1 000	>1 000～1 250	>1 250～1 600
C 或 R	4.0	5.0	6.0	8.0	10	12	16	20	25

附表 2-4-2　内角倒角、外角倒圆时 C 的最大值 C_{max} 与 R_1 的关系

单位：mm

R_1	0.3	0.4	0.5	0.6	0.8	1.0	1.2	1.6	2.0	2.5	3.0	4.0
C_{max}	0.1	0.2	0.2	0.3	0.4	0.5	0.6	0.8	1.0	1.2	1.6	2.0

2. 砂轮越程槽 （GB/T 6403.5—2008）

  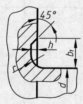 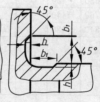 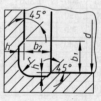

附表 2-4-3　砂轮越程槽的尺寸

单位：mm

b_1	0.6	1.0	1.6	2.0	3.0	4.0	5.0	8.0	10
b_2	2.0	3.0		4.0			5.0	8.0	10
h	0.1	0.2		0.3		0.4		0.6	0.8	1.2
r	0.2	0.5		0.8		1.0		1.6	2.0	3.0
d	～10			>10～50		>50～100		>100	

注：1. 越程槽内两直线相交处，不允许产生尖角。

　　2. 越程槽深度 h 与圆弧半径 r，要满足 $r \leqslant 3h$。

五、极限与

附表 2-5-1　轴的基本偏差数值

基　本　偏　差

基本尺寸 (mm)		上偏差 es（所有标准公差等级）												IT5和IT6	IT7	IT8	IT4和IT7
大于	至	a	b	c	cd	d	e	ef	f	fg	g	h	js	j	j	j	—
—	3	−270	−140	−60	−34	−20	−14	−10	−6	−4	−2	0		−2	−4	−6	0
3	6	−270	−140	−70	−46	−30	−20	−14	−10	−6	−4	0		−2	−4		+1
6	10	−280	−150	−80	−56	−40	−25	−18	−13	−8	−5	0		−2	−5		+1
10	14	−290	−150	−95		−50	−32		−16		−6	0		−3	−6		+1
14	18																
18	24	−300	−160	−110		−62	−40		−20		−7	0		−4	−8		+2
24	30																
30	40	−310	−170	−120		−80	−50		−25		−9	0		−5	−10		+2
40	50	−320	−180	−130													
50	65	−340	−190	−140		−100	−60		−30		−10	0		−7	−12		+2
65	80	−360	−200	−150													
80	100	−380	−210	−170		−120	−72		−36		−12	0		−9	−15		+3
100	120	−410	−240	−180													
120	140	−460	−260	−200		−145	−85		−43		−14	0		−11	−18		+3
140	160	−520	−280	−210													
160	180	−580	−310	−230													
180	200	−660	−340	−240		−170	−100		−50		−15	0		−13	−21		+4
200	225	−740	−380	−260													
225	250	−820	−420	−280													
250	280	−920	−480	−300		−190	−110		−56		−17	0		−16	−26		+4
280	315	−1 050	−540	−330													
315	355	−1 200	−600	−360		−210	−125		−63		−18	0		−18	−28		+4
355	400	−1 350	−680	−400													
400	450	−1 500	−760	−440		−230	−135		−68		−20	0		−20	−32		+5
450	500	−1 650	−840	−480													
500	560					−260	−145		76		−22	0					0
560	630																
630	710					−290	−160		80		24	0					0
710	800																
800	900					−320	−170		86		−26	0					0
900	1 000																
1 000	1 120					−350	−195		98		−28	0					0
1 120	1 250																
1 250	1 400					−390	−220		110		−30	0					0
1 400	1 600																
1 600	1 800					−430	−240		−120		−32	0					0
1 800	2 000																
2 000	2 240					−480	−260		130		−34	0					0
2 240	2 500																
2 500	2 800					−520	−290		145		−38	0					0
2 800	3 150																

js 列：偏差 $=\pm \dfrac{ITn}{2}$，式中 ITn 是 IT 值数

注：1. 基本尺寸小于或等于 1 mm 时，基本偏差 a 和 b 均不采用。

2. 公差带 js7 至 js11，若 ITn 值数是奇数，则取偏差 $=\pm \dfrac{ITn-1}{2}$。

配合

(GB/T 1800.4—1999、GB/T 1800.3—1998)

数　值（μm）

下　偏　差　ei

≤IT13 >IT7 ———— 所有标准公差等级

k	m	n	p	r	s	t	u	v	x	y	z	za	zb	zc
0	+2	+4	+6	+10	+14		+18		+20		+26	+32	+40	+60
0	+4	+8	+12	+15	+19		+23		+28		+35	+42	+50	+80
0	+6	+10	+15	+19	+23		+28		+34		+42	+52	+67	+97
0	+7	+12	+18	+23	+28		+33		+40		+50	+64	+90	+130
								+39	+45		+60	+77	+108	+150
0	+8	+15	+22	+28	+35		+41	+47	+54	+63	+73	+98	+136	+188
						+41	+48	+55	+64	+75	+88	+118	+160	+218
0	+9	+17	+26	+34	+43	+48	+60	+68	+80	+94	+112	+148	+200	+274
						+54	+70	+81	+97	+114	+136	+180	+242	+325
0	+11	+20	+32	+41	+53	+66	+87	+102	+122	+144	+172	+226	+300	+405
				+43	+59	+75	+102	+120	+146	+174	+210	+274	+360	+480
0	+13	+23	+37	+51	+71	+91	+124	+146	+178	+214	+258	+335	+445	+585
				+54	+79	+104	+144	+172	+210	+254	+310	+400	+525	+690
0	+15	+27	+43	+63	+92	+122	+170	+202	+248	+300	+365	+470	+620	+800
				+65	+100	+134	+190	+228	+280	+340	+415	+535	+700	+900
				+68	+108	+146	+210	+252	+310	+380	+465	+600	+780	+1 000
0	+18	+31	+50	+77	+122	+166	+236	+284	+350	+425	+520	+670	+880	+1 150
				+80	+130	+180	+258	+310	+385	+470	+575	+740	+960	+1 250
				+84	+140	+196	+284	+340	+425	+520	+640	+820	+1 050	+1 350
0	+20	+34	+56	+94	+157	+218	+315	+385	+475	+580	+710	+920	+1 200	+1 550
				+98	+170	+240	+350	+425	+525	+650	+790	+1 000	+1 300	+1 700
0	+21	+37	+62	+108	+190	+268	+390	+475	+590	+730	+900	+1 150	+1 500	+1 900
				+114	+208	+294	+435	+530	+660	+820	+1 000	+1 300	+1 650	+2 100
0	+23	+40	+68	+126	+232	+330	+490	+595	+740	+920	+1 100	+1 450	+1 850	+2 400
				+132	+252	+360	+540	+660	+820	+1 000	+1 250	+1 600	+2 100	+2 600
0	+26	+44	+78	+150	+280	+400	+600							
				+155	+310	+450	+660							
0	+30	+50	+88	+175	+340	+500	+740							
				+185	+380	+560	+840							
0	+34	+56	+100	+210	+430	+620	+940							
				+220	+470	+680	+1 050							
0	+40	+66	+120	+250	+520	+780	+1 150							
				+260	+580	+840	+1 300							
0	+48	+78	+140	+300	+640	+960	+1 450							
				+330	+720	+1 050	+1 600							
0	+58	+92	+170	+370	+820	+1 200	+1 850							
				+400	+920	+1 350	+2 000							
0	+68	+110	+195	+440	+1 000	+1 500	+2 300							
				+460	+1 100	+1 560	+2 500							
0	+76	+135	+240	+550	+1 250	+1 900	+2 900							
				+580	+1 400	+2 100	+3 200							

附表 2-5-2　孔的基本偏差数值

基本偏差

基本尺寸 (mm) 大于	至	A	B	C	CD	D	E	EF	F	FG	G	H	JS	J IT6	J IT7	J IT8	K ≤IT8	K >IT8	M ≤IT8	M >IT8	N ≤IT8	N >IT8
—	3	+270	+140	+60	+34	+20	+14	+10	+6	+4	+2	0		+2	+4	+6	0	0	−2	−2	−4	−4
3	6	+270	+140	+70	+46	+30	+20	+14	+10	+6	+4	0		+2	+4	+10	−1 +Δ		−4 +Δ	−4	−8 +Δ	0
6	10	+280	+150	+80	+56	+40	+25	+18	+13	+8	+5	0		+2	+5	+12	−1 +Δ		−6 +Δ	−6	−10 +Δ	0
10	14	+290	+150	+95		+50	+32		+16		+6	0		+3	+6	+15	−1 +Δ		−7 +Δ	−7	−12 +Δ	0
14	18	+290	+150	+95		+50	+32		+16		+6	0		+3	+6	+15	−1 +Δ		−7 +Δ	−7	−12 +Δ	0
18	24	+300	+160	+110		+62	+40		+20		+7	0		+4	+8	+20	−2 +Δ		−8 +Δ	−8	−15 +Δ	0
24	30	+300	+160	+110		+62	+40		+20		+7	0		+4	+8	+20	−2 +Δ		−8 +Δ	−8	−15 +Δ	0
30	40	+310	+170	+120		+80	+50		+25		+9	0		+5	+10	+24	−2 +Δ		−9 +Δ	−9	−17 +Δ	0
40	50	+320	+180	+130		+80	+50		+25		+9	0		+5	+10	+24	−2 +Δ		−9 +Δ	−9	−17 +Δ	0
50	65	+340	+190	+140		+100	+60		+30		+10	0		+7	+12	+28	−2 +Δ		−11 +Δ	−11	−20 +Δ	0
65	80	+360	+200	+150		+100	+60		+30		+10	0		+7	+12	+28	−2 +Δ		−11 +Δ	−11	−20 +Δ	0
80	100	+380	+210	+170		+120	+72		+36		+12	0		+9	+15	+34	−3 +Δ		−13 +Δ	−13	−23 +Δ	0
100	120	+410	+240	+180		+120	+72		+36		+12	0		+9	+15	+34	−3 +Δ		−13 +Δ	−13	−23 +Δ	0
120	140	+460	+260	+200		+145	+85		+43		+14	0		+11	+18	+41	−3 +Δ		−15 +Δ	−15	−27 +Δ	0
140	160	+520	+280	+210		+145	+85		+43		+14	0		+11	+18	+41	−3 +Δ		−15 +Δ	−15	−27 +Δ	0
160	180	+580	+310	+230		+145	+85		+43		+14	0		+11	+18	+41	−3 +Δ		−15 +Δ	−15	−27 +Δ	0
180	200	+660	+340	+240		+170	+100		+50		+15	0		+13	+21	+47	−4 +Δ		−17 +Δ	−17	−31 +Δ	0
200	225	+740	+380	+260		+170	+100		+50		+15	0		+13	+21	+47	−4 +Δ		−17 +Δ	−17	−31 +Δ	0
225	250	+820	+420	+280		+170	+100		+50		+15	0		+13	+21	+47	−4 +Δ		−17 +Δ	−17	−31 +Δ	0
250	280	+920	+480	+300		+190	+110		+56		+17	0		+16	+26	+55	−4 +Δ		−20 +Δ	−20	−34 +Δ	0
280	315	+1 050	+540	+330		+190	+110		+56		+17	0		+16	+26	+55	−4 +Δ		−20 +Δ	−20	−34 +Δ	0
315	355	+1 200	+600	+360		+210	+125		+63		+18	0		+18	+28	+60	−4 +Δ		−21 +Δ	−21	−37 +Δ	0
355	400	+1 350	+680	+400		+210	+125		+63		+18	0		+18	+28	+60	−4 +Δ		−21 +Δ	−21	−37 +Δ	0
400	450	+1 500	+760	+440		+230	+135		+68		+20	0		+20	+32	+66	−5 +Δ		−23 +Δ	−23	−40 +Δ	0
450	500	+1 650	+840	+480		+230	+135		+68		+20	0		+20	+32	+66	−5 +Δ		−23 +Δ	−23	−40 +Δ	0
500	560					+260	+145		76		+22	0					0		−26		−44	
560	630					+260	+145		76		+22	0					0		−26		−44	
630	710					+290	+160		80		24	0					0		−30		−50	
710	800					+290	+160		80		24	0					0		−30		−50	
800	900					+320	+170		86		+26	0					0		−34		−56	
900	1 000					+320	+170		86		+26	0					0		−34		−56	
1 000	1 120					+350	+195		98		+28	0					0		−48		−65	
1 120	1 250					+350	+195		98		+28	0					0		−48		−65	
1 250	1 400					+390	+220		110		+30	0					0		−48		−78	
1 400	1 600					+390	+220		110		+30	0					0		−48		−78	
1 600	1 800					+430	+240		+120		+32	0					0		−58		−92	
1 800	2 000					+430	+240		+120		+32	0					0		−58		−92	
2 000	2 240					+480	+260		130		+34	0					0		−68		−110	
2 240	2 500					+480	+260		130		+34	0					0		−68		−110	
2 500	2 800					+520	+290		145		+38	0					0		−76		−135	
2 800	3 150					+520	+290		145		+38	0					0		−76		−135	

JS 列：偏差 $= \pm \dfrac{\mathrm{IT}n}{2}$，其中 $\mathrm{IT}n$ 是 IT 值数。

注：1. 基本尺寸小于或等于 1 mm 时，基本偏差 A 和 B 及大于 IT8 的 N 均不采用。

2. 公差带 JS7 至 JS11，若 $\mathrm{IT}n$ 值数是奇数，则取偏差 $= \pm \dfrac{\mathrm{IT}n-1}{2}$。

3. 对小于或等于 IT8 的 K、M、N 和小于或等于 IT7 的 P～ZC，所需 Δ 值从表内右侧选取，例如：18～30 mm 段的

4. 特殊情况。250～315 mm 段的 M6，$ES = -9\ \mu\mathrm{m}$（代替 $-11\ \mu\mathrm{m}$）。

(GB/T 1800.3—1998)

数 值

	上 偏 差 ES												△ 值					
≤IT7	标 准 公 差 等 级 大 于 IT7												标准公差等级					
P~ZC	P	R	S	T	U	V	X	Y	Z	ZA	ZB	ZC	IT3	IT4	IT5	IT6	IT7	IT8
在大于IT7的相应数值上增加一个△值	−6	−10	−14		−18		−20		−26	−32	40	60	0	0	0	0	0	0
	−12	−15	−19		−23		−28		−35	−42	−50	−80	1	1.5	1	3	4	6
	−15	−19	−23		−28		−34		−42	−52	−67	−97	1	1.5	2	3	6	7
	−18	−23	−28		−33		−40		−50	−64	−90	−130	1	2	3	3	7	9
						−39	−45		−60	−77	−108	−150						
	−22	−28	−35		−41	−47	−54	−63	−73	−98	−136	−188	1.5	2	3	4	8	12
				−41	−48	−55	−64	−75	−88	−118	−160	−218						
	−26	−34	−43	−48	−60	−68	−80	−94	−112	−136	−200	−274	1.5	3	4	5	9	14
				−54	−70	−81	−97	−114	−136	−148	−242	−325						
	−32	−41	−53	−66	−87	−102	−122	−144	−172	−180	−300	−405	2	3	5	6	11	16
		−43	−59	−75	−102	−120	−146	−174	−210	−226	−360	−480						
	−37	−51	−71	−91	−124	146	−178	−214	−258	−274	−445	−585	2	4	5	7	13	19
		−54	−79	−104	−144	−172	−210	−254	−310	−335	−525	−690						
	−43	−63	−92	−122	−170	−202	−248	−300	−365	−400	−620	−800	3	4	6	7	15	23
		−65	−100	−134	−190	−228	−280	−340	−415	−470	−700	−900						
		−68	−108	−146	−210	−252	−310	−380	−465	−535	−780	−1 000						
	−50	−77	−122	−166	−236	−284	−350	−425	−520	−600	−880	−1 150	3	4	6	9	17	26
		−80	−130	−180	−258	−310	−385	−470	−575	−740	−960	−1 250						
		−84	−140	−196	−284	−340	−425	−520	−640	−820	−1 050	−1 350						
	−56	−94	−158	−218	−315	−385	−475	−580	−710	−920	−1 200	−1 550	4	4	7	9	20	29
		−98	−170	−240	−350	−425	−525	−650	−790	−1 000	−1 300	−1 700						
	−62	−108	−190	−268	−390	−475	−590	−730	−900	−1 150	−1 500	−1 900	4	5	7	11	21	32
		−114	−208	−294	−435	−530	−660	−820	−1 000	−1 300	−1 650	−2 100						
	−68	−126	−232	−330	−490	−595	−740	−920	−1 100	−1 450	−1 850	−2 400	5	5	7	13	23	34
		−132	−252	−360	−540	−660	−820	−1 000	−1 250	−1 600	−2 100	−2 600						
	−78	−150	−280	−400	−600													
		−155	−310	−450	−660													
	−88	−175	−340	−500	−740													
		−185	−380	−560	−840													
	−100	−210	−430	−620	−940													
		−220	−470	−680	−1 050													
	−120	−250	−520	−780	−1 150													
		−260	−580	−810	−1 300													
	−140	−300	−640	−960	−1 450													
		−300	−720	−1 050	−1 600													
	−170	−370	−820	−1 200	−1 850													
		−400	−920	−1 350	−2 000													
	−195	−440	−1 000	−1 500	−2 300													
		−460	−1 100	−1 650	−2 500													
	−240	−550	−1 250	−1 900	−2 900													
		−580	−1 400	−2 100	−3 200													

K7：△＝8 μm，所以 ES＝－2＋8＝＋6 μm，18～30 mm 段的 S6：△＝4 μm，所以 ES＝－35＋4＝－31 μm。

基本尺寸 (mm)		a	b		c			d				e		
大于	至	11	11	12	9	10	⑩	8	⑨	10	11	7	8	9
—	3	−270 −330	−140 −200	−140 −240	−60 −85	−60 −100	−60 −120	−20 −34	−20 −45	−20 −60	−20 −30	−14 −24	−14 −28	−14 −30
3	6	−270 −345	−140 −215	−140 −260	−70 −100	−70 −118	−70 −145	−30 −48	−30 −60	−30 −78	−30 −105	−20 −32	−20 −38	−20 −50
6	10	−280 −370	−150 −240	−150 −300	−80 −116	−80 −138	−80 −170	−40 −62	−40 −76	−40 −98	−40 −130	−25 −40	−25 −47	−25 −61
10	14	−290 −400	−150 −260	−150 −330	−95 −138	−95 −165	−95 −205	−50 −77	−50 −93	−50 −120	−50 −160	−32 −50	−32 −59	−32 −75
14	18													
18	24	−300 −430	−160 −290	−160 −370	−110 −162	−110 −194	−110 −240	−65 −98	−65 −117	−65 −149	−65 −195	−40 −61	−40 −73	−40 −92
24	30													
30	40	−310 −470	−170 −330	−170 −420	−120 −182	−120 −220	−120 −280	−80 −119	−80 −142	−80 −180	−80 −240	−50 −75	−50 −112	−50 −189
40	50	−320 −480	−180 −340	−180 −430	−130 −192	−130 −230	−130 −290							
50	65	−340 −530	−190 −380	−190 −490	−140 −214	−140 −260	−140 −330	−100 −146	−100 −174	−100 −220	−100 −290	−60 −90	−60 −106	−60 −134
65	80	−360 −550	−200 −390	−200 −500	−150 −224	−150 −270	−150 −340							
80	100	−380 −600	−220 −440	−220 −570	−170 −257	−170 −310	−170 −390	−120 −174	−120 −207	−120 −260	−120 −340	−72 −107	−72 −126	−72 −159
100	120	−410 −630	−240 −460	−240 −590	−180 −267	−180 −320	−180 −400							
120	140	−460 −710	−260 −510	−260 −660	−200 −300	−200 −360	−200 −450	−145 −208	−145 −245	−145 −305	−145 −395	−85 −125	−85 −148	−85 −185
140	160	−520 −770	280 −530	280 −680	−210 −310	−210 −370	−210 −460							
160	180	−580 −830	−310 −560	−310 −710	−230 −330	−230 −390	−230 −480							
180	200	−660 −950	−340 −630	−340 −800	−240 −355	−240 −425	−240 −530	−170 −242	−170 −285	−170 −355	−170 −460	−100 −146	−100 −172	−100 −215
200	225	−740 −1 030	−380 −670	−380 −840	−260 −375	−260 −445	−260 −550							
225	250	−820 −1 110	−420 −710	−420 −880	−280 −395	−280 −465	−280 −570							
250	280	−920 −1 240	−480 −800	−480 −1 000	−300 −430	−300 −510	−300 −620	−190 −271	−190 −320	−190 −400	−190 −510	−110 −162	−110 −191	−110 −240
280	315	−1 050 −1 370	−540 −860	−540 −1 060	−330 −460	−330 −540	−330 −650							
315	355	−1 200 −1 560	−600 −960	−600 −1 170	−360 −500	−360 −590	−360 −720	−210 −299	−210 −350	−210 −440	−210 −570	−125 −182	−125 −214	−125 −265
355	400	−1 350 −1 710	−680 −1 040	−680 −1 250	−400 −540	−400 −630	−400 −760							
400	450	−1 500 −1 900	−760 −1 160	−760 −1 390	−440 −595	−440 −690	−440 −840	−230 −327	−230 −385	−230 −480	−230 −630	−135 −198	−135 −232	−135 −200
450	500	−1 650 −2 050	−840 −1 240	−840 −1 470	−480 −635	−480 −730	−480 −880							

(GB/T 1801—1999)

（带圈优先公差带）（μm）

f					g			h							
5	6	⑦	8	9	5	⑥	7	5	⑥	⑦	8	⑨	10	⑪	12
−6	−6	−6	−6	−6	−2	−2	−2	0	0	0	0	0	0	0	0
−10	−12	−16	−20	−31	−6	−8	−12	−4	−6	−10	−14	−25	−40	−60	−100
−10	−10	−10	−10	−10	−4	−4	−4	0	0	0	0	0	0	0	0
−15	−18	−22	−28	−40	−9	−12	−16	−5	−8	−12	−18	−30	−48	−75	−120
−13	−13	−13	−13	−13	−5	−5	−5	0	0	0	0	0	0	0	0
−19	−22	−28	−35	−49	−⑩	−14	−20	−6	−9	−15	−22	−36	−58	−90	−150
−16	−16	−16	−16	−16	−6	−6	−6	0	0	0	0	0	0	0	0
−24	−27	−34	−43	−59	−14	−17	−24	−8	−11	−18	−27	−43	−70	−110	−180
−20	−20	−20	−20	−20	−7	−7	−7	0	0	0	0	0	0	0	0
−29	−33	−41	−53	−72	−16	−20	−28	−9	−13	−21	−33	−52	−84	−130	−210
−25	−25	−25	−25	−25	−9	−9	−9	0	0	0	0	0	0	0	0
−36	−41	−50	−64	−87	−20	−25	−34	−11	−16	−25	−39	−62	−100	−160	−250
−30	−30	−30	−30	−30	−10	−10	−10	0	0	0	0	0	0	0	0
−43	−49	−60	−76	−104	−23	−29	−40	−13	−19	−30	−46	−74	−120	−190	−300
−36	−36	−36	−36	−36	−12	−12	−12	0	0	0	0	0	0	0	0
−51	−58	−71	−90	−123	−27	−34	−47	−15	−22	−35	−54	−87	−140	−220	−350
−43	−43	−43	−43	−43	−14	−14	−14	0	0	0	0	0	0	0	0
−61	−68	−83	−106	−143	−32	−39	−54	−18	−25	−40	−63	−100	−160	−250	−400
−50	−50	−50	−50	−50	−15	−15	−15	0	0	0	0	0	0	0	0
−70	−79	−96	−122	−165	−35	−44	−61	−20	−29	−46	−72	−115	−185	−290	−460
−56	−56	−56	−56	−56	−17	−17	−17	0	0	0	0	0	0	0	0
−79	−79	−108	−137	−186	−40	−49	−69	−23	−32	−52	−81	−130	−210	−320	−520
−62	−62	−62	−62	−62	−18	−18	−18	0	0	0	0	0	0	0	0
−87	−87	−119	−151	−202	−43	−54	−75	−25	−36	−57	−89	−140	−230	−360	−570
−68	−68	−68	−68	−68	−20	−20	−20	0	0	0	0	0	0	0	0
−95	−95	−131	−165	−223	−47	−60	−83	−27	−40	−63	−97	−155	−250	−400	−630

基本尺寸 (mm)		js			k			m			n			常用及优先公差带 p		
大于	至	5	6	7	5	⑥	7	5	6	7	5	⑥	7	5	⑥	7
—	3	±2	±3	±5	+4/0	+6/0	+10/0	+6/+2	+8/+2	+12/+2	+8/+4	+10/+4	+14/+4	+10/+6	+12/+6	+16/+6
3	6	±2.5	±4	±6	+6/+1	+9/+1	+13/+1	+9/+4	+12/+4	+16/+4	+13/+8	+16/+8	+20/+8	+17/+12	+20/+12	+24/+12
6	10	±3	±4.5	±7	+7/+1	+10/+1	+16/+1	+12/+6	+15/+6	+21/+6	+16/+10	+19/+10	+25/+10	+21/+15	+24/+15	+30/+15
10	14	±24	±5.5	±9	+9/+1	+12/+1	+19/+1	+15/+7	+18/+7	+25/+7	+20/+12	+23/+12	+30/+12	+26/+18	+29/+18	+36/+18
14	18	±24	±5.5	±9	+9/+1	+12/+1	+19/+1	+15/+7	+18/+7	+25/+7	+20/+12	+23/+12	+30/+12	+26/+18	+29/+18	+36/+18
18	24	±4.5	±6.5	±10	+11/+2	+15/+2	+23/+2	+17/+8	+21/+8	+29/+8	+24/+15	+28/+15	+36/+15	+31/+22	+35/+22	+43/+22
24	30	±4.5	±6.5	±10	+11/+2	+15/+2	+23/+2	+17/+8	+21/+8	+29/+8	+24/+15	+28/+15	+36/+15	+31/+22	+35/+22	+43/+22
30	40	±5.5	±8	±12	+13/+2	+18/+2	+27/+2	+20/+9	+25/+9	+34/+9	+28/+17	+33/+17	+42/+17	+37/+26	+42/+26	+51/+26
40	50	±5.5	±8	±12	+13/+2	+18/+2	+27/+2	+20/+9	+25/+9	+34/+9	+28/+17	+33/+17	+42/+17	+37/+26	+42/+26	+51/+26
50	65	±6.5	±9.5	±15	+15/+2	+21/+2	+32/+2	+24/+11	+30/+11	+41/+11	+33/+20	+39/+20	+50/+20	+45/+32	+51/+32	+62/+32
65	80	±6.5	±9.5	±15	+15/+2	+21/+2	+32/+2	+24/+11	+30/+11	+41/+11	+33/+20	+39/+20	+50/+20	+45/+32	+51/+32	+62/+32
80	100	±7.5	±11	±17	+18/+3	+25/+3	+38/+3	+28/+13	+35/+13	+48/+13	+38/+23	+45/+23	+58/+23	+52/+37	+59/+37	+72/+37
100	120	±7.5	±11	±17	+18/+3	+25/+3	+38/+3	+28/+13	+35/+13	+48/+13	+38/+23	+45/+23	+58/+23	+52/+37	+59/+37	+72/+37
120	140	±9	±12.5	±20	+21/+3	+28/+3	+43/+3	+33/+15	+40/+15	+55/+15	+45/+27	+52/+27	+67/+27	+61/+43	+68/+43	+83/+43
140	160	±9	±12.5	±20	+21/+3	+28/+3	+43/+3	+33/+15	+40/+15	+55/+15	+45/+27	+52/+27	+67/+27	+61/+43	+68/+43	+83/+43
160	180	±9	±12.5	±20	+21/+3	+28/+3	+43/+3	+33/+15	+40/+15	+55/+15	+45/+27	+52/+27	+67/+27	+61/+43	+68/+43	+83/+43
180	200	±10	±14.5	±23	+24/+4	+33/+4	+50/+4	+37/+17	+46/+17	+63/+17	+51/+31	+60/+31	+77/+31	+70/+50	+79/+50	+96/+50
200	225	±10	±14.5	±23	+24/+4	+33/+4	+50/+4	+37/+17	+46/+17	+63/+17	+51/+31	+60/+31	+77/+31	+70/+50	+79/+50	+96/+50
225	250	±10	±14.5	±23	+24/+4	+33/+4	+50/+4	+37/+17	+46/+17	+63/+17	+51/+31	+60/+31	+77/+31	+70/+50	+79/+50	+96/+50
250	280	±11.5	±16	±26	+27/+4	+36/+4	+56/+4	+43/+20	+52/+20	+72/+20	+57/+34	+66/+34	+86/+34	+79/+56	+88/+56	+108/+56
280	315	±11.5	±16	±26	+27/+4	+36/+4	+56/+4	+43/+20	+52/+20	+72/+20	+57/+34	+66/+34	+86/+34	+79/+56	+88/+56	+108/+56
315	355	±12.5	±18	±28	+29/+4	+40/+4	+61/+4	+46/+21	+57/+21	+78/+21	+62/+37	+73/+37	+94/+37	+87/+62	+98/+62	+119/+62
355	400	±12.5	±18	±28	+29/+4	+40/+4	+61/+4	+46/+21	+57/+21	+78/+21	+62/+37	+73/+37	+94/+37	+87/+62	+98/+62	+119/+62
400	450	±13.5	±20	±31	+32/+5	+45/+5	+68/+5	+50/+23	+63/+23	+86/+23	+67/+40	+80/+40	+103/+40	+95/+68	+108/+68	+131/+68
450	500	±13.5	±20	±31	+32/+5	+45/+5	+68/+5	+50/+23	+63/+23	+86/+23	+67/+40	+80/+40	+103/+40	+95/+68	+108/+68	+131/+68

(续)

(带圈优先公差带)（μm）

r			s			t			u		v	x	y	z
5	6	7	5	⑥	7	5	6	7	⑥	7	6	6	6	6
+14 +10	+16 +10	+20 +10	+18 +14	+20 +14	+24 +14	—	—	—	+24 +18	+28 +18	—	+26 +20	—	+32 +26
+20 +15	+23 +15	+27 +15	+24 +19	+27 +19	+31 +19	—	—	—	+31 +23	+35 +23	—	+36 +28	—	+43 +35
+25 +19	+28 +19	+34 +19	+29 +23	+32 +23	+38 +23	—	—	—	+37 +28	+43 +28	—	+43 +34	—	+51 +42
+31 +23	+34 +23	+41 +23	+36 +28	+39 +28	+46 +28	—	—	—	+44 +33	+51 +33	—	+51 +40	—	+61 +50
											+50 +39	+56 +45	—	+71 +60
+37 +28	+41 +28	+49 +28	+44 +35	+48 +35	+56 +35	—	—	—	+54 +41	+62 +41	+60 +47	+67 +54	+76 +63	+86 +73
						+50 +41	+54 +41	+62 +41	+61 +48	+69 +48	+68 +55	+77 +64	+88 +75	+101 +88
+45 +34	+50 +34	+59 +34	+54 +43	+59 +43	+68 +43	+59 +48	+64 +48	+73 +48	+76 +60	+85 +60	+84 +68	+96 +80	+110 +94	+128 +112
						+65 +54	+70 +54	+79 +54	+86 +70	+95 +70	+97 +81	+113 +97	+130 +114	+152 +136
+54 +41	+60 +41	+71 +41	+66 +53	+72 +53	+83 +53	+79 +66	+85 +66	+96 +66	+106 +87	+117 +87	+121 +102	+141 +122	+163 +144	+191 +172
+56 +43	+62 +43	+73 +43	+72 +59	+78 +59	+89 +59	+88 +75	+94 +75	+105 +75	+121 +102	+132 +102	+139 +120	+165 +146	+193 +174	+229 +210
+66 +51	+73 +51	+86 +51	+86 +71	+93 +71	+106 +71	+106 +91	+113 +91	+126 +91	+146 +124	+159 +124	+168 +146	+200 +178	+236 +214	+280 +258
+69 +54	+76 +54	+89 +54	+94 +79	+101 +79	+114 +79	+119 +104	+126 +104	+139 +104	+166 +144	+179 +144	+194 +172	+232 +210	+276 +254	+332 +310
+81 +63	+88 +63	+103 +63	+110 +92	+117 +92	+132 +92	+140 +122	+147 +122	+162 +122	+195 +170	+210 +170	+227 +202	+273 +248	+325 +300	+390 +365
+83 +65	+90 +65	+105 +65	+118 +100	+125 +100	+140 +100	+152 +134	+159 +134	+174 +134	+215 +190	+230 +190	+253 +228	+305 +280	+365 +340	+440 +415
+86 +68	+93 +68	+108 +68	+126 +108	+133 +108	+148 +108	+164 +146	+171 +146	+186 +146	+235 +210	+250 +210	+277 +252	+335 +310	+405 +380	+490 +465
+97 +77	+106 +77	+123 +77	+142 +122	+151 +122	+168 +122	+186 +166	+195 +166	+212 +166	+265 +236	+282 +236	+313 +284	+379 +350	+454 +425	+549 +520
+100 +80	+109 +80	+126 +80	+150 +130	+159 +130	+176 +130	+200 +180	+209 +180	+226 +180	+287 +258	+304 +258	+339 +310	+414 +385	+499 +470	+604 +575
+104 +84	+113 +84	+130 +84	+160 +140	+169 +140	+186 +140	+216 +196	+225 +196	+242 +196	+313 +284	+330 +284	+369 +340	+454 +425	+549 +520	+669 +640
+117 +94	+126 +94	+146 +94	+181 +158	+190 +158	+210 +158	+241 +218	+250 +218	+270 +218	+347 +315	+367 +315	+417 +385	+507 +475	+612 +580	+742 +710
+121 +98	+130 +98	+150 +98	+193 +170	+202 +170	+222 +170	+263 +240	+272 +240	+292 +240	+382 +350	+402 +350	+457 +425	+557 +525	+682 +650	+822 +790
+133 +108	+144 +108	+165 +108	+215 +190	+226 +190	+247 +190	+293 +268	+304 +268	+325 +268	+426 +390	+447 +390	+511 +475	+626 +590	+766 +730	+936 +900
+139 +114	+150 +114	+171 +114	+133 +108	+244 +208	+265 +208	+319 +294	+330 +294	+351 +294	+471 +435	+492 +435	+566 +530	+696 +660	+856 +820	+1 036 +1 000
+153 +126	+166 +126	+189 +126	+259 +232	+272 +232	+295 +232	+357 +330	+370 +330	+393 +330	+530 +490	+553 +490	+635 +595	+780 +740	+960 +920	+1 140 +1 100
+159 +132	+172 +132	+195 +132	+279 +252	+292 +252	+315 +252	+387 +360	+400 +360	+423 +360	+580 +540	+603 +540	+700 +660	+860 +820	+1 040 +1 000	+1 290 +1 250

常用及优先公差带

基本尺寸 (mm)		A	B		C	D				E	
大于	至	11	11	12	⑪	8	⑨	10	11	8	9
—	3	+330 +270	+200 +140	+240 +140	+120 +60	+34 +20	+45 +20	+60 +20	+80 +20	+28 +14	+39 +14
3	6	+345 +270	+215 +140	+260 +140	+145 +70	+48 +30	+60 +30	+78 +30	+105 +30	+38 +20	+50 +20
6	10	+370 +280	+240 +150	+300 +150	+170 +80	+62 +40	+76 +40	+98 +40	+130 +40	+47 +25	+61 +25
10	14	+400 +290	+260 +150	+330 +150	+205 +95	+77 +50	+93 +50	+120 +50	+160 +50	+59 +32	+75 +32
14	18										
18	24	+430 +300	+290 +160	+370 +160	+240 +110	+98 +65	+117 +65	+149 +65	+195 +65	+73 +40	+92 +40
24	30										
30	40	+470 +310	+330 +170	+420 +170	+280 +120	+119 +80	+142 +80	+180 +80	+240 +80	+89 +50	+112 +50
40	50	+480 +320	+340 +180	+430 +180	+290 +130						
50	65	+530 +340	+380 +190	+490 +190	+330 +150	+146 +100	+170 +100	+220 +100	+290 +100	+106 +60	+134 +60
65	80	+550 +360	+390 +200	+500 +200	+340 +150						
80	100	+600 +380	+400 +220	+570 +220	+390 +170	+174 +120	+207 +120	+260 +120	+340 +120	+126 +72	+159 +72
100	120	+630 +410	+460 +240	+590 +240	+400 +180						
120	140	+710 +460	+510 +260	+660 +260	+450 +200	+208 +145	+245 +145	+305 +145	+395 +145	+148 +85	+185 +85
140	160	+770 +520	+530 +280	+680 +280	+460 +210						
160	180	+830 +580	+560 +310	+710 +310	+480 +230						
180	200	+950 +660	+630 +340	+800 +340	+530 +240	+242 +170	+285 +170	+355 +170	+460 +170	+172 +100	+215 +100
200	225	+1 030 +740	+670 +380	+840 +380	+550 +260						
225	250	+1 110 +820	+710 +420	+880 +420	+570 +280						
250	280	+1 240 +920	+800 +480	+1 000 +480	+620 +300	+271 +190	+320 +190	+400 +190	+510 +190	+191 +110	+240 +110
280	315	+1 370 +1 050	+860 +540	+1 060 +540	+650 +330						
315	355	+1 560 +1 200	+960 +600	+1 170 +600	+720 +360	+299 +210	+350 +210	+440 +210	+570 +210	+214 +125	+265 +125
355	400	+1 710 +1 350	+1 040 +680	+1 250 +680	+760 +400						
400	450	+1900 +1 500	+1 160 +760	+1 390 +760	+840 +440	+327 +230	+385 +230	+480 +230	+630 +230	+232 +135	+290 +135
450	500	+2 050 +1 650	+1 240 +840	+1 470 +840	+880 +480						

(GB/T 1801—1999)

（带圈优先公差带）（μm）

F				G		H						
6	7	⑧	9	6	⑦	6	⑦	⑧	⑨	10	⑪	12
+12 / +6	+16 / +6	+20 / +6	+31 / +6	+8 / +2	+12 / +2	+6 / 0	+10 / 0	+14 / 0	+25 / 0	+40 / 0	+60 / 0	+100 / 0
+18 / +10	+22 / +10	+28 / +10	+40 / +10	+12 / +4	+16 / +4	+8 / 0	+12 / 0	+18 / 0	+30 / 0	+48 / 0	+75 / 0	+120 / 0
+22 / +13	+28 / +13	+35 / +13	+49 / +13	+14 / +5	+20 / +5	+9 / 0	+15 / 0	+22 / 0	+36 / 0	+58 / 0	+90 / 0	+150 / 0
+27 / +16	+34 / +16	+43 / +16	+59 / +16	+17 / +6	+24 / +6	+11 / 0	+18 / 0	+27 / 0	+43 / 0	+70 / 0	+110 / 0	+180 / 0
+33 / +20	+41 / +20	+53 / +20	+72 / +20	+20 / +7								
+41 / +25	+50 / +25	+64 / +25	+87 / +25	+25 / +9	+28 / +7	+13 / 0	+21 / 0	+33 / 0	+52 / 0	+84 / 0	+130 / 0	+210 / 0
+49 / +30	+60 / +30	+76 / +30	+104 / +30	+29 / +10	+34 / +9	+16 / 0	+25 / 0	+39 / 0	+62 / 0	+100 / 0	+160 / 0	+250 / 0
+58 / +36	+71 / +36	+90 / +36	+123 / +36	+34 / +12	+40 / +10	+19 / 0	+30 / 0	+46 / 0	+74 / 0	+120 / 0	+190 / 0	+300 / 0
+68 / +43	+83 / +43	+106 / +43	+143 / +43	+39 / +14	+47 / +12	+22 / 0	+35 / 0	+54 / 0	+87 / 0	+140 / 0	+220 / 0	+350 / 0
					+54 / +14	+25 / 0	+40 / 0	+63 / 0	+100 / 0	+160 / 0	+250 / 0	+400 / 0
+79 / +50	+96 / +50	+122 / +50	+165 / +50	+44 / +15	+61 / +15	+29 / 0	+46 / 0	+72 / 0	+115 / 0	+185 / 0	+290 / 0	+460 / 0
+88 / +56	+108 / +56	+137 / +56	+186 / +56	+49 / +17	+69 / +17	+32 / 0	+52 / 0	+81 / 0	+130 / 0	+210 / 0	+320 / 0	+520 / 0
+98 / +62	+119 / +62	+151 / +62	+202 / +62	+54 / +18	+75 / +18	+36 / 0	+57 / 0	+89 / 0	+140 / 0	+230 / 0	+360 / 0	+570 / 0
+108 / +68	+131 / +68	+165 / +68	+223 / +68	+60 / +20	+83 / +20	+40 / 0	+63 / 0	+97 / 0	+155 / 0	+250 / 0	+400 / 0	+630 / 0

基本尺寸 (mm)		常用及优先公差带								
		JS			K			M		
大于	至	6	7	8	6	⑦	8	6	7	8
—	3	±3	±5	±7	0 −6	0 −10	0 −14	−2 −8	−2 −12	−2 −16
3	6	±4	±6	±9	+2 −6	+3 −9	+5 −13	−1 −9	0 −12	+2 −16
6	10	±4.5	±7	±⑩	+2 −7	+5 −10	+6 −16	−3 −12	0 −15	+1 −21
10	14	±5.5	±9	±13	+2 −9	+6 −12	+8 −19	−4 −15	0 −18	+2 −25
14	18									
18	24									
24	30									
30	40	±6.5	±10	±16	+2 −11	+6 −15	+10 −23	−4 −17	0 −21	+4 −29
40	50									
50	65	±8	±12	±19	+3 −13	+7 −18	+12 −27	−4 −20	0 −25	+5 −34
65	80									
80	100	±9.5	±15	±23	+4 −15	+9 −21	+14 −32	−5 −24	0 −30	+5 −41
100	120									
120	140	±11	±17	±27	+4 −18	+10 −25	+16 −38	−6 −28	0 −35	+6 −48
140	160									
160	180	±12.5	±20	±31	+4 −21	+12 −28	+20 −43	−8 −33	0 −40	+8 −55
180	200									
200	225	±14.5	±23	±36	+5 −24	+13 −33	+22 −50	−8 −37	0 −46	+9 −63
225	250									
250	280	±16	±26	±40	+5 −27	+16 −36	+25 −56	−9 −41	0 −52	+9 −72
280	315									
315	355	±18	±28	±44	+7 −29	+17 −40	+28 −61	−10 −46	0 −57	+11 −78
355	400									
400	450	±20	±31	±48	+8 −32	+18 −45	+29 −68	−10 −50	0 −63	+11 −86
450	500									

附　录　二

（续）

（带圈优先公差带）（μm）

N			P		R		S		T		U
6	⑦	8	6	⑦	6	7	6	⑦	6	7	⑦
−4 / −10	−4 / −14	−4 / −18	−6 / −12	−6 / −16	−10 / −16	−10 / −20	−14 / −20	−14 / −24	—	—	−18 / −28
−5 / −13	−4 / −16	−9 / −20	−9 / −17	−8 / −20	−12 / −20	−11 / −23	−16 / −24	−15 / −27	—	—	−19 / −31
−7 / −16	−4 / −19	−3 / −25	−12 / −21	−9 / −24	−16 / −25	−13 / −28	−20 / −29	−17 / −32	—	—	−22 / −37
−9 / −20	−5 / −23	−3 / −30	−15 / −26	−11 / −29	−20 / −31	−16 / −34	−25 / −35	−21 / −39	—	—	−26 / −44
−11 / −24	−7 / −28	−3 / −36	−18 / −31	−14 / −35	−24 / −37	−20 / −41	−31 / −44	−27 / −48	—	—	−33 / −54
									−37 / −50	−33 / −54	−40 / −61
−12 / −28	−8 / −33	−3 / −42	−21 / −37	−17 / −42	−29 / −45	−25 / −50	−38 / −54	−34 / −59	−43 / −59	−39 / −64	−51 / −76
									−49 / −65	−45 / −70	−61 / −86
−14 / −33	−9 / −39	−4 / −50	−26 / −45	−21 / −51	−35 / −54	−30 / −60	−47 / −66	−42 / −72	−60 / −79	−55 / −85	−76 / −106
					−37 / −56	−32 / −62	−53 / −72	−48 / −78	−69 / −88	−64 / −94	−91 / −121
−16 / −38	−10 / −45	−4 / −58	−30 / −52	−24 / −59	−44 / −66	−38 / −73	−64 / −86	−58 / −93	−84 / −106	−78 / −113	−111 / −146
					−47 / −69	−41 / −76	−72 / −94	−66 / −101	−97 / −119	−91 / −126	−131 / −166
−20 / −45	−12 / −52	−4 / −67	−36 / −61	−28 / −68	−56 / −81	−48 / −88	−85 / −110	−77 / −117	−115 / −140	−107 / −147	−155 / −195
					−58 / −83	−50 / −90	−93 / −118	−85 / −125	−127 / −152	−119 / −159	−175 / −215
					−61 / −86	−53 / −93	−101 / −126	−93 / −133	−139 / −164	−131 / −171	−195 / −235
−22 / −51	−14 / −60	−5 / −77	−41 / −70	−33 / −79	−68 / −97	−60 / −106	−113 / −142	−105 / −151	−157 / −186	−149 / −195	−219 / −265
					−71 / −100	−68 / −109	−121 / −150	−113 / −159	−171 / −200	−163 / −209	−241 / −287
					−75 / −104	−67 / −113	−131 / −160	−123 / −169	−187 / −216	−179 / −225	−267 / −313
−25 / −57	−14 / −66	−5 / −86	−47 / −79	−36 / −88	−85 / −117	−74 / −126	−149 / −181	−138 / −190	−209 / −241	−198 / −250	−295 / −347
					−89 / −121	−78 / −130	−161 / −193	−150 / −202	−231 / −263	−220 / −270	−330 / −382
−26 / −62	−16 / −73	−5 / −94	−51 / −87	−41 / −98	−97 / −133	−87 / −144	−179 / −215	−169 / −226	−257 / −293	−247 / −304	−369 / −426
					−103 / −139	−93 / −150	−197 / −233	−187 / −244	−283 / −319	−273 / −330	−414 / −471
−27 / −67	−17 / −80	−6 / −103	−55 / −95	−45 / −108	−13 / −153	−103 / −166	−219 / −259	−209 / −272	−317 / −357	−307 / −370	−467 / −530
					−119 / −159	−109 / −172	−239 / −279	−229 / −292	−347 / −387	−337 / −400	−517 / −580

六、常用金属材料、非金属材料与热处理

附表 2-6-1 常用金属材料

标准编号	名称	牌号	说 明	应用举例
GB/T 700—1988	碳素结构钢	Q235(A3)	其牌号由代表屈服强度的字母（Q）、屈服强度值、质量等级符号（A、B、C、D）表示	吊钩、拉杆、车钩、套圈、气缸、齿轮、螺钉、螺母、螺栓、连杆、轮轴、楔、盖及焊接件
GB/T 699—1999	优质碳素结构钢	15	优质碳素结构钢牌号数字表示平均含碳量（以万分之几计），含锰量较高的钢须在数字后加"Mn" 含碳量≤0.25%的碳钢是低碳钢（渗碳钢） 含碳量在0.25%～0.06%之间的碳钢是中碳钢（调质钢） 含碳量大于0.60%的碳钢是高碳钢	常用低碳渗碳钢，用作小轴、小模数齿轮、仿形样板、滚子、销子、摩擦片、套筒、螺钉、螺柱、拉杆、垫圈、起重钩、焊接容器等
		45		用于制造齿轮、齿条、连接杆、蜗杆、销子、透平机叶轮、压缩机和泵的活塞等，可代替渗碳钢作齿轮曲轴、活塞销等，但须表面淬火处理
		65Mn		适于制造弹簧、弹簧垫圈、弹簧环，也可用作机床主轴、弹簧卡头、机床丝杠、铁道钢轨等
GB/T 9439—1988	灰铸铁	HT150	"HT"为"灰铁"二字汉语拼音的第一个字母，数字表示抗拉强度 如HT150表示灰铸铁的抗拉强度σ_b≥175～120 MPa（2.5 mm＜铸件壁厚≤50 mm）	用于制造端盖、齿轮泵体、轴承座、阀壳、管子及管路附件、手轮、一般机床底座、床身、滑座、工作台等
		HT200		用于制造汽缸、齿轮、底架、机体、飞轮、齿条、衬筒、一般机床铸有导轨的床身及中等压力（8 MPa以下）的油缸、液压泵和阀的壳体等
GB/T 11352—1988	铸钢	ZG270—500	"ZG"系"铸钢"二字汉语拼音的第一个字母，后面的第一组数字代表屈服强度值，第二组数字代表抗拉强度值	用途广泛，可用作轧钢机机架、轴承座、连杆、箱体、曲拐、缸体等
GB/T 1176—1987	锡青铜	ZCuSn5Pb5Zn5	铸造非铁合金牌号的第一个字母"Z"为"铸"字汉语拼音第一个字母。基本金属元素符号及合金化元素符号，按其元素含义含量的递减次序排列在"Z"的后面，含量相等时，按元素符号在周期表中的顺序排列	在较高负荷、中等滑动速度下工作的耐磨、耐腐蚀零件，如轴瓦、衬套、缸套、活塞、离合器、泵体压盖以及蜗轮等

附表 2-6-2　常用非金属材料

名　称	名　称	牌名及代号	应　用	说　明
GB/T 5574—1994	普通橡胶板	1613	中等硬度，具有较好的耐磨性和弹性，适于制作具有耐磨、耐冲击及缓冲性能好的垫圈、密封条、垫板	
	耐油橡胶板	3707 3807	较高硬度，较好的耐熔剂膨胀性，可在 −30～+100 ℃机油、汽油等介质中工作，可制作垫圈	
FZ/T 25001—1992	工业用毛毡	T112 T132	用作密封、防漏油、防震、缓冲衬垫等	厚度 1.5～2.5 mm
GB/T 7134—1996	有机玻璃	PMMA	耐酸耐碱。制造一定透明度和强度的零件、油杯、标牌、管道、电气绝缘件等	有色或无色
JB/ZQ 4196—1998	尼龙 6 尼龙 66 尼龙 610 尼龙 1010	PA	有高抗拉强度和良好冲击韧性，可耐热达 100 ℃，耐弱酸、弱碱，耐油性好，灭音性好，可制作齿轮等机械零件	

附表 2-6-3　常用热处理方法

名　称	代　号	说　明	应　用
退火	5111	将钢件加热到临界温度以上 30～50 ℃以上，保温一段时间，然后缓慢冷却（一般在炉中冷却）	用来消除铸、锻、焊零件的内应力，降低硬度，便于切削加工，细化金属晶粒，改善组织增加韧性
正火	5121	将钢件加热到临界温度以上，保温一段时间，然后在空气中冷却，冷却速度比退火为快	用来处理低碳和中碳结构钢及渗碳零件，使其组织细化，增加强度与韧性，减少内应力，改善切削性能
淬火	5131	将钢件加热到临界温度以上，保温一段时间，然后在水、盐水或油中（个别材料在空气中）急速冷却，使其得到高硬度	用来提高钢的硬度和强度极限。但淬火会引起内应力使钢变脆，所以淬火后必须回火
回火	5141	回火是将淬硬的钢件加热到临界点以下的温度，保温一段时间，然后在空气或油中冷却	用来消除淬火后的脆性和内应力，提高钢的塑性和冲击韧性
调质	5151	淬火后在 450～650 ℃进行高温回火，称为调质	用来使钢获得高的韧性和足够的强度。重要的齿轮、轴及丝杠等零件进行调质处理
发蓝 发黑	发蓝或发黑	将金属零件放在很浓的碱和氧化剂溶液中加热氧化，使金属表面形成一层氧化铁所组成的保护性薄膜	防腐蚀，美观。用于一般连接的标准件和其他电子类零件
布氏硬度	HB	材料抵抗硬的物体压入其表面的能力称为"硬度"。根据测定的方法不同，可分为布氏硬度、洛氏硬度和维氏硬度	用于退火、正火、调质的零件及铸件的硬度检验
洛氏硬度	HRC		用于经淬火、回火及表面渗氮、渗氮等处理的零件硬度检验
维氏硬度	HV		用于薄层氧化零件的硬度检验

参 考 文 献

陈锦昌，陈炽坤，孙炜.2012.构型设计制图.北京：高等教育出版社.

陈锦昌.2010.机械制图.北京：高等教育出版社.

陈敏，刘晓叙.2012.AutoCAD 2011 机械设计绘图基础教程.重庆：重庆大学出版社.

大连理工大学工程画教研室.2003.机械制图.北京：高等教育出版社.

杜冬梅，崔永军.2013.工程制图与 CAD.北京：中国电力出版社.

胡仁喜，康士廷，刘昌丽，等.2009.详解 AutoCAD 2009 机械设计.北京：电子工业出版社.

蒋晓.2009.AutoCAD 2009 中文版机械设计实例教程与上机指导.北京：清华大学出版社.

焦永和，叶玉驹，张彤.2012.机械制图手册.北京：机械工业出版社.

焦永和.2003.机械制图.北京：北京理工大学出版社.

金大鹰.2008.机械制图.北京：机械工业出版社.

刘静华，王凤斌，王强.2010.计算机工程图学实训教程.北京：北京航空航天大学出版社.

陆国栋，张树有，谭建荣，施岳定.2010.图学应用教程.北京：高等教育出版社.

马俊，王玫.2007.机械制图.北京：北京邮电大学出版社.

马麟，张淑娟，张爱荣.2011.画法几何及机械制图.北京：高等教育出版社.

钱克强.2008.机械制图.北京：高等教育出版社.

唐克中，朱同钧.2003.画法几何及工程制图.北京：高等教育出版社.

田凌.2007.机械制图.北京：清华大学出版社.

王成刚，等.2011.工程图学简明教程.武汉：武汉理工大学出版社.

王建华，毕万全.2009.机械制图与计算机绘图.北京：国防工业出版社.

詹友刚.2013.中文版 AutoCAD 2013 从零开始完全精通.上海：上海科学普及出版社.

张淑娟，全腊珍，杨启勇.2010.工程制图.北京：中国农业大学出版社.

张友龙.2013.中文版 AutoCAD 2013 高手之道.北京：人民邮电出版社.

周静卿，张淑娟，赵凤芹.2008.机械制图与计算机绘图.北京：中国农业大学出版社.

图书在版编目（CIP）数据

画法几何与机械制图 / 张淑娟，全腊珍主编 . —2
版 . —北京：中国农业出版社，2014.6
普通高等教育农业部"十二五"规划教材　全国高等
农林院校"十二五"规划教材
ISBN 978 - 7 - 109 - 19201 - 0

Ⅰ.①画…　Ⅱ.①张…②全…　Ⅲ.①画法几何-高
等学校-教材②机械制图-高等学校-教材　Ⅳ.
①TH126

中国版本图书馆 CIP 数据核字（2014）第 159066 号

中国农业出版社出版
（北京市朝阳区麦子店街 18 号楼）
（邮政编码 100125）
策划编辑　薛　波
文字编辑　彭明喜
────────────
北京中科印刷有限公司印刷　新华书店北京发行所发行
2007 年 8 月第 1 版　2014 年 8 月第 2 版
2014 年 8 月第 2 版北京第 1 次印刷
────────────
开本：787mm×1092mm　1/16　印张：24.75
字数：590 千字
定价：43.50 元
（凡本版图书出现印刷、装订错误，请向出版社发行部调换）